DIETER REHDER
生物無機化学

塩谷光彦 訳

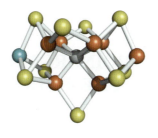

東京化学同人

BIOINORGANIC CHEMISTRY

DIETER REHDER
University of Hamburg

© Dieter Rehder 2014

Bioinorganic Chemistry, First Edition was originally published in English in 2014. This translation is published by arrangement with Oxford University Press. 本著の原著 Bioinorganic Chemistry, First Edition は 2014 年に英語版で出版された. 本訳書は Oxford University Press との契約に基づいて出版された.

まえがき

　生物無機化学は，生物学的過程や生体模倣過程における"無機物"の役割について研究する学問である．"無機物"は，金属イオンや多様で複雑な金属化合物，硫酸塩やリン酸塩のような陰イオンやアンモニウムイオンのような陽イオン，酸素分子やオゾン，炭素，窒素，硫黄の酸化物のような生物学的過程に関わる中性分子を含む．これらの無機イオンや無機化合物のすべては，さまざまな生理機能において固有の役割を果たすことが可能である．したがって，これらは恒常性が失われない限り，生命を維持するうえで必須である．逆に，栄養不良，遺伝子攪乱，環境や食事の乱れによる"無機物"の供給不足や供給過剰は，生命過程の機能障害による病気をひき起こす．

　複合体の形でさまざまな機能を発現するタンパク質のおよそ3分の1，および酵素の約半分が金属イオンを含む．これらの酵素的過程の多くは酸化還元反応を触媒する一方で，酸化還元反応を伴わない有機物や無機物の生成や分解を伴う結合形成や結合開裂反応にも関わっている．このなかで，エステル化や加水分解は代表的な反応である．生命体において，金属イオンが吸収され，標的分子に到達し脱着するためには，適切な認識機能と，金属イオンとその酸化状態に合う配位部位をもつ輸送システムが必要である．

　生命過程は，以下の三つの過程を含む．① 代謝：エネルギー産生や消費と共役する物質の化学変換，② 情報の保持や転写と共役する複製や再生産，③ 進化的調節：与えられた生息地で生き残るための最適化および環境の変化への対応．進化的適応は，個々の保持された遺伝子内の変異，または異なる(細菌)種間の遺伝子の水平移動により行われる．

　固有の生化学反応と連携する無機的な過程は上述のすべての生命過程に関わる．そこで，本書では環境や医薬に関連する課題にも焦点を当てる．医薬品中の"無機物"の例としては，白金製剤を用いた特定の癌の治療や，常磁性ガドリニウムや放射性テクネチウム化合物を用いた診断があげられる．

　本書は，筆者がスウェーデンのルンド大学（2008年）とドイツのハンブルグ大学で過去20年間行った"生物無機化学"の講義をもとにしている．本書の執筆は，基本コンセプトの発展にも貢献してきたルンド大学のEbbe

Nordlander 氏の発想に基づいて始まった.

　さまざまな物質を組合わせて構造をつくり上げることは非常に挑戦的な課題である. 無機化学者にとっては元素に照らして物質を配列することは魅力的なことであるが, 生物学においては機能に焦点が当てられることが多々ある. 本書では, これらの二つの方法を組合わせることを目指した. ほとんどすべての生体内機能において重要な役割を果たす元素（アルカリ金属およびアルカリ土類金属, 鉄, 亜鉛, 硫黄）についてはそれぞれ章立てし, その他の章は機能的な過程に特化している. 後者の例は窒素循環に関わるオキシドレダクターゼや光合成であるが, ニッケルの一般的な役割についてはメタン生成菌やメタン酸化菌と関連づけて説明している. ほかに, 金属-炭素結合や無機医薬品に関する二つの章を設けている.

　本書は無機化学, 有機化学, 生化学の一般的な基礎知識をもつ学生に向けて書かれており, 分析法についても述べている. これらの章とは別に, 導入章として"生体元素"（第1章）と"生命"（第2章）に関して概説している. また, 本書の全体にわたって, 補助的な説明を Box という形でも加えた. これらの説明は, 生物無機化学的な化学種の特徴づけにしばしば用いられる分析法, 対称性や放射活性に関する概説, ならびに銅酵素や有機物の酸化還元といった機能やシステムの概要をカバーしている.

　最後に, 本書の最終工程において建設的なコメントをいただいたオックスフォード大学出版局の Jonathan Crowe 氏に感謝を申し上げたい.

2013 年 6 月, ハンブルグにて

Dieter Rehder

訳者まえがき

生物無機化学は，生体内の"無機物"の構造，物性，機能を通して，代謝（エネルギー産生と消費，物質の化学変換と循環），情報（貯蔵，転写，翻訳，複製），進化（環境への対応）の観点から，生物の仕組みや外部との物質やエネルギーのやりとりを解明する学問です．生体内の"無機物"は多くの場合"有機物"と関わることによりその機能を発揮するため，環境や医療（診断，治療薬）と生体との関わりを合わせると，生物無機化学は周期表のほとんどの元素が関わる学問であるといえます．生命活動のさまざまな過程は，生物を模倣するための，さらには生物を超えたシステムをつくるための発想の原点でもあります．さまざまな元素を視野に入れた新しいアイデアを誕生させ，研究者の物質創成へのモチベーションを高めてきたことも生物無機化学の大きな役割の一つであり，その魅力につながっています．一般に，化学者は元素，生物化学者は構造や機能に注目しますが，本書はどちらにも対応できるように書かれているのが特徴です．

国内では，昭和4年(1929)に東京文京区湯島の金原商店（現 金原出版株式会社）から『生物無機化学』（東 恒人著，四圓五拾錢）が発行されましたが，この約90年間の"生物無機化学"の発展は指数関数的です．たとえば当時のポルフィリンの構造は，ピロール環は含まれているものの環状構造にはなっていませんし，それが複合体をつくるタンパク質の構造に関する情報は皆無でした．しかしながら現在では，ヘムタンパク質の構造や生体内の役割が明らかにされ，さらには化学修飾することにより天然酵素を凌駕する人工ヘムタンパク質へのアプローチも盛んに行われています．

本書は，このように裾野が広く，かつ急速な発展を遂げている生物無機化学の基礎を広くカバーする入門書です．著者のレーダー博士が約20年間行った"生物無機化学"の講義に基づいているため，大学の初年次に基礎化学や基礎生物学を学んだ学生が理解できるように平易な説明がなされています．大学講義の教科書としてふさわしい一冊です．また理論や解析法がBoxという形で補足されており，最新の知見も追記されているため，生物無機化学の領域にアプローチしたい大学院生や若手研究者にとっても有用な成書です．

名古屋大学の山内 脩名誉教授には，本書の全体にわたって大変貴重なご助言をいただきました．いつも温かいご支援とご指導にあずかり，謹んで御礼を申し上げます．

最後に，東京化学同人の井野未央子氏と渡邉真央氏の温かい激励と助言がなければ，本書の上梓はありえなかったことを付して謝意を表します．

2017 年 9 月

塩 谷 光 彦

目　　　次

1. 周期表の生体元素 ………………………………………………………… 1

2. 生命誕生以前と原始生命体: 極限環境微生物 …………………… 10
　2・1　生命とは何か, そして生命はどのように進化したのか? ……… 11
　2・2　極限環境微生物 ……………………………………………………… 17

3. アルカリ金属およびアルカリ土類金属 …………………………… 22
　3・1　はじめに ………………………………………………………………… 23
　3・2　イオンチャネル ………………………………………………………… 26
　3・3　ナトリウムとカリウム ……………………………………………… 30
　3・4　マグネシウム …………………………………………………………… 34
　3・5　カルシウム ……………………………………………………………… 35

4. 鉄: 無機化学と生化学からみた一般的特徴 …………………… 44
　4・1　鉄の一般的性質 ………………………………………………………… 44
　4・2　鉄の動態, 輸送, 鉱化 ……………………………………………… 51

5. 酸素運搬と電子伝達系 ………………………………………………… 66
　5・1　酸素および, ヘモグロビンやミオグロビンによる酸素運搬 …………… 67
　5・2　ヘムエリトリンとヘモシアニンによる酸素運搬 ……………… 72
　5・3　電子伝達系 ……………………………………………………………… 74

viii

6. 鉄, マンガン, 銅が関わる酸化還元酵素 ･･････････････････････ 82
　6・1　リボヌクレオチドレダクターゼ ･･･････････････････ 83
　6・2　スーパーオキシドジスムターゼ,
　　　　　スーパーオキシドレダクターゼ, ペルオキシダーゼ ･･･ 86
　6・3　オキシゲナーゼとオキシダーゼ ･･･････････････････ 90

7. モリブデン, タングステン, バナジウムに基づくオキソ転移タンパク質 ･･･ 102
　7・1　モリブドピラノプテリンとタングストピラノプテリン ･････････････ 103
　　7・1・1　キサンチンオキシダーゼファミリー ･････････････ 105
　　7・1・2　亜硫酸オキシダーゼファミリー ･･･････････････ 108
　　7・1・3　ジメチルスルホキシド(DMSO)レダクターゼファミリー ･･････ 109
　　7・1・4　アルデヒドフェレドキシンオキシドレダクターゼファミリー ･･･ 110
　7・2　バナジウム依存ハロペルオキシダーゼ ･････････････ 111
　7・3　モデル研究 ･････････････････････････････････ 114

8. 硫 黄 循 環 ･･･････････････････････････････････ 119
　8・1　環境中の硫黄循環 ･･････････････････････････ 120
　8・2　硫黄の生体内代謝 ･･････････････････････････ 124

9. ニトロゲナーゼおよび窒素循環を担う酵素 ･････････････ 129
　9・1　窒素循環および自然界のニトロゲナーゼ ･･････････ 130
　9・2　ニトロゲナーゼモデルとモデル反応 ･････････････ 137
　9・3　脱　　窒 ･･････････････････････････････････ 140
　9・4　窒素酸化物 ･･･････････････････････････････ 145

10. メタン循環とニッケル酵素 ･･････････････････････ 153
　10・1　はじめに ･････････････････････････････････ 154
　10・2　メタン産生 ･･･････････････････････････････ 155
　10・3　メタンの生体内酸化 ･･･････････････････････ 160
　10・4　メタン代謝に関与しないニッケル酵素 ･･･････････ 161

11. 光 合 成 ･･･････････････････････････････････ 171
　11・1　はじめに ･････････････････････････････････ 171
　11・2　反応経路 ･････････････････････････････････ 174
　11・3　光合成モデル ･････････････････････････････ 183

12. 亜鉛の生化学……190

12・1　亜鉛に関する概説……191
12・2　亜鉛酵素……197
　12・2・1　炭酸脱水酵素……197
　12・2・2　加水分解酵素……199
　12・2・3　アルコールデヒドロゲナーゼ……205
12・3　遺伝子の転写における亜鉛の役割……207
12・4　チオネイン……209

13. 金属-炭素結合……213

13・1　遷移金属の有機金属化合物……214
13・2　典型金属(半金属)-炭素結合……223
　13・2・1　水　銀……223
　13・2・2　鉛……226
　13・2・3　セレン……227
　13・2・4　ヒ　素……229

14. 無機医薬品……235

14・1　金属と半金属の体内への導入……236
14・2　鉄および銅の恒常性の機能障害……240
　14・2・1　鉄……240
　14・2・2　銅……243
14・3　治療で用いられる金属と半金属……247
　14・3・1　はじめに……247
　14・3・2　金化合物による関節炎の治療……249
　14・3・3　癌治療……252
　14・3・4　その他の金属医薬品……258
　14・3・5　放射性医薬品……264
14・4　画像診断における金属と半金属……268
14・5　一酸化炭素, 一酸化窒素, 硫化水素の毒性と治療の可能性……273

索　引……283

口絵 1 左：西オーストラリアのシャーク湾でみられるドーム型のストロマトライト．[http://www.heritage.gov.au/ahpi より] 右：シアノバクテリア由来の代表的なストロマトライト断片の横断面．明るい部分は石灰質層，暗い部分はケイ素を多く含む炭素質層．[第 2 章より掲載．© Didier Descouens]

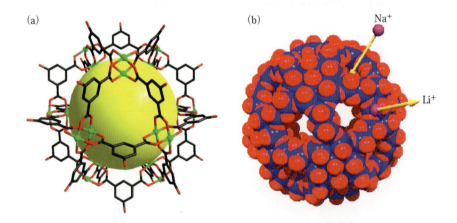

口絵 2 陽イオン輸送の有機金属化学的/無機化学的モデル．(a) 3 回対称性をもつ "窓" の一つから見た MOP–18．Cu は緑，O は赤，C は黒，内孔は黄色でそれぞれ示した．[第 3 章文献 5 より転載．© 2008. WILEY-VCH Verlag GmbH Co. KGaA, Weinheim. Kimoon Kim 博士のご厚意による] (b) ポリオキソモリブデン酸塩 $[Mo_{132}O_{372}(SO_4)_{30}]^{72-}$ の空間充塡モデル．Mo は青，O は赤で示し，S は省略した．3 回対称性をもつ 20 個の "窓" の一つを介した Na^+/Li^+ の対向輸送．内孔は水分子で満たされている．[第 3 章文献 6 より転載．© 2006. WILEY-VCH Verlag GmbH & Co. KGaA, Weinheim. Achim Müller 博士のご厚意による]

xi

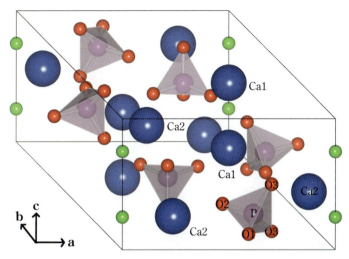

口絵3 ヒドロキシアパタイト/フルオロアパタイト $Ca_5(PO_4)_3(OH/F)$ の結晶構造（単位格子）．PO_4^{3-} の四面体型構造は紫，O^{2-} は赤，Ca^{2+} は青，F^- は緑でそれぞれ示した．［Elsevierの許可を得て，第3章文献18より転載．© 2013．図はBarbara Pavan博士のご厚意による］

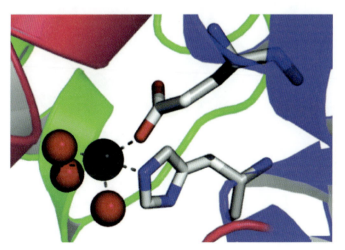

口絵4 プロトポルフィリンIX系へのFe^{II}の導入を担うタンパク質，フェロキラターゼのFe^{II}（大きな黒球）周辺の配位構造およびタンパク質環境．赤球は水分子で，赤，黄緑，紫色のリボン様構造はタンパク質マトリックスである．［第5章文献2より許可を得て転載．© American Chemical Society］

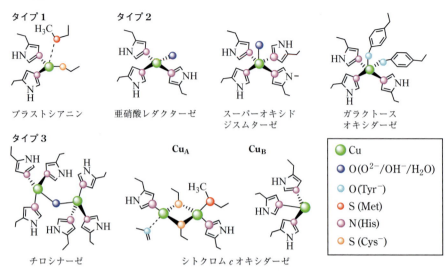

口絵 5 タイプ 1, 2, 3, Cu_A, Cu_B 銅タンパク質. 内容については Box 6・2 を参照せよ.

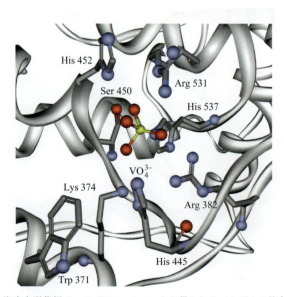

口絵 6 海生大型藻類 *Ascophyllum nodosum* から得られるバナジウム依存ブロモペルオキシダーゼのバナジウム結合ポケット. バナジウムは黄, 酸素は赤, 窒素は青でそれぞれ示した. [Elsevier の許可を得て, 第 7 章文献 9b の p.29 より転載. ©2013. Jens Hartung 博士のご厚意による]

xiii

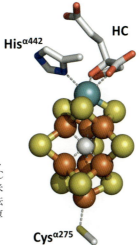

口絵7　FeMocoの構造．HCはホモクエン酸．Feはオレンジ色，Moは水色，Sは黄色，Cは灰色，Oは赤色，Nは濃い青色で示した．［米国化学会の許可を得て，第9章文献8aより転載．©2013．図は，Markus Ribbe博士のご厚意による］

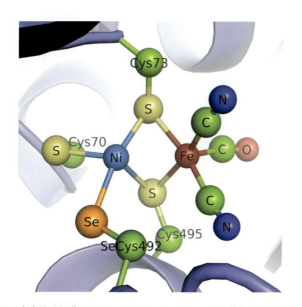

口絵8　硫酸還元細菌 *Desulfomicrobium baculatum* から単離された {FeNiSe} ヒドロゲナーゼ の活性中心．リボン構造は取巻くポリペプチド鎖を表している．第10章より掲載．［Springer Science and Business Mediaの許可を得て，Baltazar C.S.A., *et al., J. Biol. Inorg. Chem.*, **17**, 543-555 (2012) より転載．図は，Carla Baltazar博士のご厚意による］

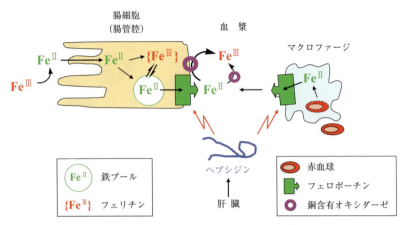

口絵 9 食事による腸管腔での鉄イオンの摂取(左)と体内の鉄恒常性の調節(ヘモグロビンからの鉄の再循環,右).肝臓でつくられるペプチドホルモン,ヘプシジンは,鉄(II)輸送体のフェロポーチンを標的とする.健常人の場合,血清鉄が過剰であると,ヘプシジンの量が増え鉄の吸収や血清中への放出が抑えられるが,血清鉄が不足していると,ヘプシジンの量は抑えられ鉄の吸収や血清中への放出は増加する.[第 14 章より掲載]

周期表の生体元素

　序章では，生物学的機能や医薬機能をもつ化学元素について概観する．医薬機能については，生理学的活性に直接影響を与える金属を扱うこととし，たとえば関節支持具や人工関節に含まれるチタン(Ti)合金のような金属は除外する．一方，水銀(Hg)，鉛(Pb)，ヒ素(As)を含む毒性化合物は取上げることにする．次に，生体系における金属イオンに使われるおもな配位子やそれらの機能について概観する．ここでは"金属イオン"という用語を広義で用い，ケイ素(Si)，ヒ素(As)，アンチモン(Sb)，セレン(Se)といった半金属も含む．配位子は金属イオンの輸送や貯蔵に関わるばかりでなく，金属の生理学的活性を微調整する役割も担う．

　図1・1に示す生体元素の周期表では，生体関連元素を四つのカテゴリーに分類している．白地に黒文字で示した炭素(C)，水素(H)，酸素(O)，窒素(N)，硫黄(S)は，有機物の主要部分，すなわちバイオマスを構成する．また，通常"無機"と考えられる多くの元素は，生物学的，もっと具体的には生理学的な条件において重要な役割を果たす．薄い灰色で示したいくつかの元素は，ほぼすべての生物に含まれる．アルカリ金属のナトリウム(Na)とカリウム(K)，アルカリ土類金属のマグネシウム(Mg)とカルシウム(Ca)，遷移金属のマンガン(Mn)，鉄(Fe)，コバルト(Co)，銅(Cu)，亜鉛(Zn)，非金属のリン(P)，セレン(Se)，フッ素(F)，塩素(Cl)，ヨウ素(I)はこの分類に属する．濃い灰色で示されている他の元素は，金属に属するバナジウム(V)，タングステン(W)，ニッケル(Ni)，カドミウム(Cd)，半金属に属するケイ素(Si)，非金属に属するホウ素(B)であり，ごく少数の生物においてのみ重要である．

図1・1において濃い青色で示されている元素は薬物治療や診断に用いられており（§14・3, §14・4），医薬元素と分類してもよいかもしれない．さらに，生命体に対してごく微量で毒性を示したり，破壊的な放射活性を示す可能性がある金属もある．§13・2では，これらの毒性元素のうち，水色で示したヒ素(As)，鉛(Pb)，水銀(Hg)について詳しく述べる．少量では有益であるが過剰量では毒性を示す元素，特に鉄(Fe)や銅(Cu)については，それぞれの元素とその機能を取扱う章で説明する．

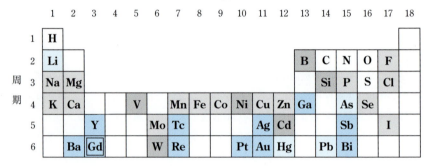

図1・1 生体元素の周期表．白地：バイオマスを構成する元素．薄い灰色：その他の必須元素．濃い灰色：特定の生物のみに必要な元素．濃い青色：治療や診断で用いられる医薬学的に重要な元素．水色：毒性に関連して取上げられる元素．ガドリニウム(Gd)はランタノイド系の一元素であるため，枠で囲んである．

単一元素や元素群に関する概説として，第3章ではアルカリおよびアルカリ土類金属，第4章では鉄，第12章では亜鉛を中心に述べる．硫黄循環や窒素循環については，それぞれ第8章（硫黄）および第9章（窒素）で少し詳しく説明する．

図1・1において青や灰色で強調されている元素については，次のページからそれらのおもな生物学的機能や医薬学的応用に関して要約し，必要に応じて関連する章，節，Boxを追記した．Boxの番号づけは，章の番号に一致している．

生体内で酸化状態が変化しないアルカリ金属およびアルカリ土類金属元素の電荷は，Na^+, Mg^{2+}のようにアラビア数字で表す．酸化数が変化する元素を含めたその他の元素については，$Fe^{II/III}$のようにローマ数字を用いる．ホウ素やケイ素に関してはこの章で述べ，おもな文献をあげるのみで他の章では扱っていない．

Li$^+$ は，双極性障害（躁うつ病）や高血圧症の治療に用いられる（§14・3・4）.

Na$^+$ と **K$^+$** は，細胞内外の最も重要な遊離陽イオンである．これらは浸透圧，膜電位，酵素活性およびシグナル伝達の制御に関わっている（§3・3）.

Mg^{2+} は，クロロフィルの中心金属イオンである（§11・2）．また Mg^{2+} は嫌気的エネルギー代謝（アデノシン三リン酸→アデノシン二リン酸＋無機リン酸）やキナーゼやホスファターゼの活性化（§3・4）に関わり，活性化経路を作動させる.

Ca^{2+} は，シグナル伝達，筋収縮，酵素制御においてきわめて重要な役割を担っている（§3・5）．Ca^{2+} は加水分解酵素の補因子でもあり，サーモリシンのような酵素の構造を決定する役割も果たす（§12・2・2）．また，光合成の酸素発生中心の構成要素，セカンドメッセンジャー，酵素活性化剤でもある．さらに，部分的にフッ素化されたヒドロキシアパタイト Ca$_5$(PO$_4$)$_3$(OH/F) の形で，脊椎動物の内骨格（骨，歯，エナメル質）の主要無機成分である．また，貝，サンゴ，ウニの外骨格は，炭酸カルシウム CaCO$_3$ を組成とするアラゴナイトやカルサイトからなっている（§3・5）.

Gd^{III} は，最も一般的な常磁性金属イオンであり，核磁気共鳴画像法（MRI）の造影剤として用いられている（§14・4）.

V$^{III/IV/V}$ は，バナジウム依存ハロペルオキシダーゼ（§7・2）やバナジウムニトロゲナーゼ（§9・1）の活性中心を構成する．V^{III} と VO^{2+} はホヤに蓄積され，V^{IV} はアマバジンの形でベニテングダケに蓄積される（§7・2）.

Mo$^{IV/V}$ は，モリブドピラノプテリンを構成し，種々のオキシドレダクターゼやアセチレンヒドラターゼの活性中心に含まれる（§7・1）．さらに，モリブデンはモリブデンニトロゲナーゼの鉄-モリブデン補因子の構成要素でもある（§9・1）.

W$^{IV/VI}$ に依存するタングストピラノプテリン（対応する Mo 補因子の類似体）は，おもに好熱性古細菌の数種のオキシドレダクターゼの中に存在する（§7・1）.

Mn$^{II/III/IV}$ は，光合成の水の酸化反応における酸素発生錯体の CaMn$_4$O$_5$ クラスターの基本成分である（§11・2）．リボヌクレオチドレダクターゼは一つか二つのマンガン中心をもつ（§6・1）．またマンガンは，スーパーオキシドジスムターゼの活性中心でもある（§6・2）.

^{99m}Tc は，準安定 γ 放射体（半減期6時間）である．この錯体化合物は，骨癌や梗塞の放射線診断法に用いられている（§14・4）.

Fe$^{II/III/IV/V}$ は，多くの機能をもつ遍在する元素であり，タンパク質（フェリチン，飢餓細胞の DNA 結合タンパク質,フラタキシン）により貯蔵され機能を発現してい

4 1. 周期表の生体元素

る（§4・2）．鉄化合物のバイオミネラリゼーションは，水酸化鉄，ゲータイト，マグネタイト，グレイジャイトの鉱物を生成する（§4・2）．輸送タンパク質のトランスフェリンは鉄輸送を制御し（§4・2），その機能障害は鉄過剰や鉄不足をもたらす（§14・2・1）．鉄が関わる生体機能として，ヘモグロビン（§5・1）やヘムエリトリン（§5・2）による酸素運搬や，電子移動（酸化還元）反応があげられる．電子伝達に関わる鉄タンパク質は，鉄-硫黄クラスター（§9・2, Box 5・1），ヘム鉄（第5章），硫黄やヘムを含まない単核あるいは二核鉄タンパク質（第6章）に依存する．他の鉄酵素の例としては，オキシゲナーゼ P450（§6・3），メタンモノオキシゲナーゼ（MMO）（§10・3），リボヌクレオチドレダクターゼ（§6・1），鉄ヒドロゲナーゼ（§10・2），一酸化窒素レダクターゼ（§9・3）があげられる．ニッケル-鉄および鉄ヒドロゲナーゼにおいては，鉄のカルボニル錯体やシアノ錯体が重要な役割を果たしている（§13・1）．

$Co^{I/II/III}$ は，コバラミンを含む合成酵素や異性化酵素の中心イオンである．ビタミン B_{12} はその一つの例で（§13・1），メチル化体は有機，無機基質のメチル化（例：メタン産生）に関わっている（§10・2）．

$Ni^{I/II/III}$ は，メタン産生において中心的な金属であり，鉄-ニッケルヒドロゲナーゼや，Ni-CH_3 中間体を形成する F430 因子が関わっている（§10・2）．CO デヒドロゲナーゼやアセチル補酵素 A シンテターゼ（§13・1）の活性化経路では，カルボニル-ニッケル中間体が形成される．ニッケル依存酵素に触媒される過程の例として，尿素の加水分解やスーパーオキシドの不均化もあげられる（§10・4）．

$Pt^{II/IV}$ 錯体は，おもに卵巣癌や精巣癌の化学治療に用いられている．その典型的な例はシスプラチン cis-$[Pt(NH_3)_2Cl_2]$ である（§14・3・3）．

$Cu^{I/II}$ はヘモシアニンによる酸素運搬に関わる（§5・2）．プラストシアニン（§11・2），亜硝酸レダクターゼおよび NO レダクターゼ（§9・3），カテコールオキシダーゼおよびガラクトースオキシダーゼ（§6・3）のような電子伝達系に用いられるタンパク質や，オキシゲナーゼ（チロシナーゼ）やジスムターゼ（§6・3）の活性中心には，1個から7個の銅イオンが含まれる．銅はアルツハイマー病にも関わっている可能性がある（§14・2・2）．

$Au^{I/III}$ 化合物は，関節炎の治療と関連して検討されている（§14・3・2）．

Zn^{II} は，加水分解酵素，炭酸脱水酵素，アルコールデヒドロゲナーゼの活性中心である（§12・2）．亜鉛の機能発現は，遺伝情報の転写（亜鉛フィンガー），ペプチドの三次構造および四次構造の安定化（§12・3），DNA 修復酵素（§12・1）にもみ

られる．チオネインとよばれる亜鉛イオンを豊富に含む低分子タンパク質は，亜鉛を貯蔵しその濃度を調節する．一方，チオネインは毒性がある Cd^{II} や Hg^{II} の捕捉剤としても働く（§12・4）．

Cd^{II} は，Zn^{II} と拮抗して毒性を示す．すなわち，Zn^{II} よりも強くシステイン残基に結合し，亜鉛酵素の活性を阻害する．例外として，海洋ケイ藻の炭酸脱水酵素では Zn^{II} ではなく Cd^{II} が用いられている（§12・2・1）．

$Hg^{I/II}$（第一水銀と第二水銀イオン）化合物は非常に毒性が強い．これらのイオンは，タンパク質中のシスチンやシステイン，セレノシステインと反応して不溶性の HgS あるいは HgSe を生成し，タンパク質を変性させるためである．哺乳類では，Hg^{II} は代謝されてメチル水銀 CH_3Hg^+ になる（§13・2・1）．

B^{III} は，天然に存在するいくつかの抗生物質（ボロマイシン等）に含まれている．B^{III} は，ホウ酸の形で，植物の細胞壁の安定化に用いられている（文献1も参照）．

Si^{IV} は，ケイ酸塩の形で，骨の形成に関わっている．シリカ SiO_2 およびシリカゲル $SiO_2 \cdot xH_2O$ は，単子葉植物（例：芝草）やトクサの構造安定化や，ケイ藻の殻（ケイ藻土）の構成成分に用いられている．食物中のケイ素は，骨や結合組織の維持によいとされている[2]．

リン酸中の P^V は $(H_nPO_4^{(3-n)-})$，骨やエナメル質のヒドロキシアパタイト $Ca_5(PO_4)_3(OH)$ やフルオロアパタイト $Ca_5(PO_4)_3F$ の構成成分である．さらに，一リン酸〜三リン酸のエステルは，エネルギー代謝（ATP/ADP/AMP，cGMP），NADPH（Box 12・1）のような還元剤の活性化，代謝経路や異化経路における有機基質の活性化に関わっている．細胞膜中のリン脂質（一つのリン酸エステルを含む脂質）や，DNA や RNA を含むリン酸エステルはすべての生命体にとって必須であり，ありふれたものである．

$As^{III/V}$ を含む毒性の三酸化二ヒ素はメチルアルシン酸に代謝される（§13・2・4）．また，ヒ酸 $HAsO_4^{2-}$ はリン酸に拮抗し生命を脅かす．

Sb^{III} は，たとえば Sb_2O_3 あるいは Sb_2S_3 の形で，にきびや吹き出物の治療において，ときどき消毒剤として使われてきた（§14・3・1）．アンチモン化合物には毒性がある．

Bi^{III} を含む処方薬は，細菌ヘリコバクター・ピロリによりひき起こされる胃炎の治療に用いられる（§14・3・4）．

Se^{-II} は，セレノシステインの重要な構成成分である．セレノシステインは，グルタチオンペルオキシダーゼのような特定の酵素や，代表的な酸化還元酵素のモリブ

ドピラノプテリン補因子に存在する必須アミノ酸である（§7・1）.

F⁻（フッ素）は，アパタイトの OH 基の一部分と置き換わる（§3・5）. サメの歯はほとんど完全にフルオロアパタイト $Ca_5(PO_4)_3F$ である.

Cl⁻は，炭酸水素塩とともに，生理的な液体中で最も重要な遊離陰イオンである（表14・1）. その機能は，イオンの恒常性の制御から電気興奮性の制御まで多岐にわたる[3].

I⁻は，チロキシンのような甲状腺ホルモンの必須成分である. これらのホルモンは，細胞組織中のさまざまな代謝活性を刺激し，また遺伝子情報の転写にも関わっている[3].

　遷移金属の陽イオンは通常遊離型ではなく，配位子に結合した形で存在する. 特に当てはまるのは，酵素の活性中心金属イオンの場合や，金属イオンがペプチドやタンパク質に組込まれて構造を安定化する場合である. 代表的な配位子を図1・2に示す. 窒素配位子は，ペプチドのアミド結合，ポルフィリノーゲン，ヒスチジン（Nδ, Nε），リシン，アルギニン. 酸素配位子は，ペプチドのアミド結合，チロシン，セリン，グルタミン酸，アスパラギン酸. 硫黄配位子は，システインとメチオニン. セレン配位子はセレノシステイン. 酸素，硫黄，セレンは，二重結合を生成する二価陰イオン（オキシド，スルフィド，セレニド）配位子として，あるいは単結合を生成する-OH，-SH，-SeH 配位子として存在する. ペプチド/タンパク質やヘムにみられる有機配位子に加えて，単純な無機配位子が用いられていることも多い（図1・2 e）.

　図1・2　生体内で用いられる遷移金属イオンの代表的配位子.（a1）タンパク質主鎖のペプチド基. ペプチドの窒素原子は，脱プロトンされた形か，あるいは窒素が孤立電子対をもつ sp^3 混成の形のときのみ金属イオンに配位できることに留意. カルボニル酸素も配位可能である.（a2）ここに示すシトクロムのヘム中心のようなポルフィリン配位子は，四座配位子である.（b～d）ペプチドやタンパク質中のアミノ酸残基由来の官能基. カッコ内にアミノ酸の三文字略号および一文字略号を記す.（e）頻繁に用いられる補助配位子[*1].

――――――――――――――

*1　O^{2-}, -OH, O_2^{2-}, S^{2-}のような配位子は，あまり正しいとはいえないが，オキソ，ヒドロキソ，ペルオキソ，チオ配位子としばしばよばれる. 本書の命名は IUPAC に従っており，これらを，オキシド，ヒドロキシド，ペルオキシド，スルフィドとよぶ.

(a1)

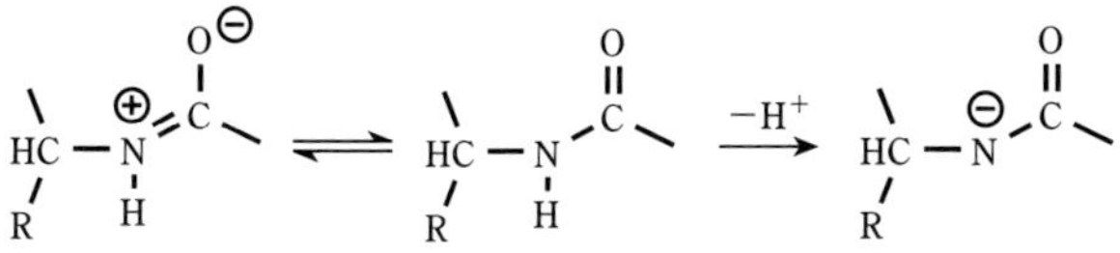

(a2)

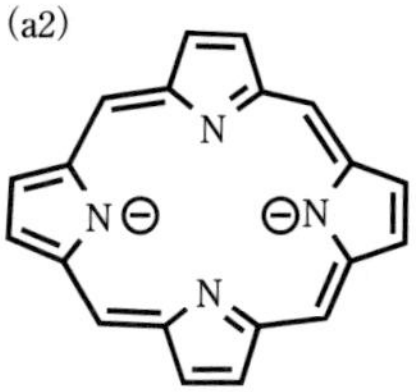

(b)

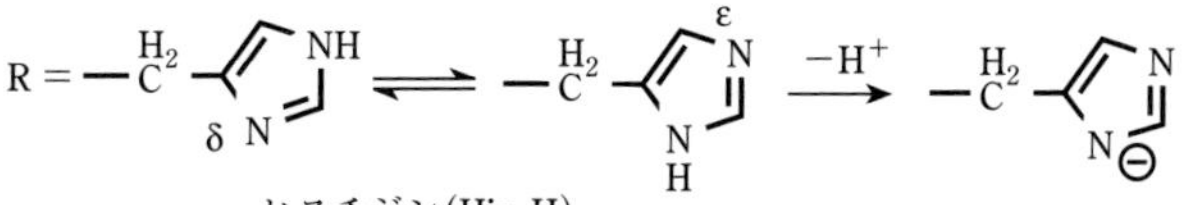

$R =$

ヒスチジン（His, H）

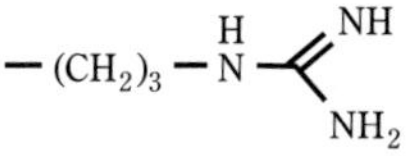

アルギニン（Arg, R） 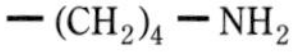　　リシン（Lys, K）

(c)

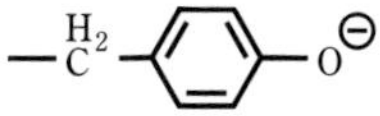

チロシナート（Tyr, Y）

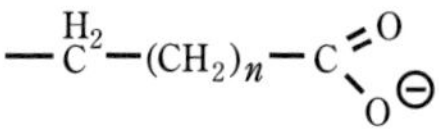

$n=1$: アスパラギン酸（Asp, D）
$n=2$: グルタミン酸（Glu, E）

カルボキシラートの配位様式
（M＝金属イオン）

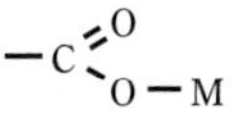

エンドオン型
単座配位

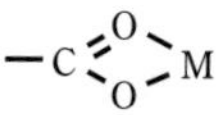

サイドオン型二座配位
（キレート結合）

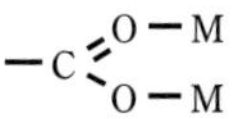

エンドオン型
架橋配位

(d)

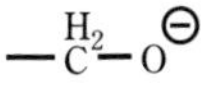

セリナート（Ser, S） 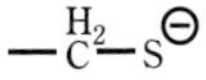　　システイナート（Cys, C） 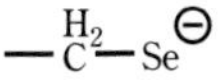　　セレノシステイナート 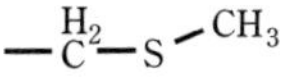　　メチオニン（Met, M）

(e)

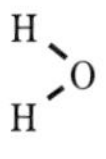

アクア 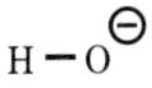　　ヒドロキシド　　オキシド 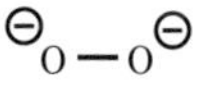　　ペルオキシド

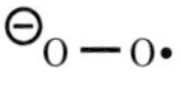

スーパーオキシド
（ハイパーオキシド）

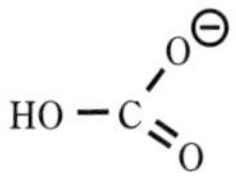

炭酸水素イオン

スルフィド

8   1. 周期表の生体元素

　システイナートやスルフィドのような硫黄を介して結合する配位子は，変形し
やすいという意味で“ソフト”配位子に分類され，酸素供与体を介して結合す
る配位子は“ハード”配位子に分類される．窒素供与体は，その中間に位置す
る．このハード/ソフトに関する概念は Pearson に遡る（p.49，Box 4・1 も参照せ
よ）．

　ハード金属イオンはハード配位子と，ソフト金属イオンはソフト配位子と高い親
和性をもつ．しかし，このシンプルな概念には多くの例外もある．アルカリおよ
びアルカリ土類イオンはハードイオンであると考えられており，通常，おもに酸素
供与体をもつ配位子により配位圏が形成されている．クロロフィル中の Mg^{2+} は例
外であり，ポルフィリンに捕捉されている（§3・4）．ハード配位子は通常，$V^{IV/V}$,
$Mo^{IV/VI}$, $W^{IV/VI}$ のような高酸化状態の前周期遷移金属イオンにも親和性をもつ（例：
バナジウム依存ハロペルオキシダーゼ，§7・2．モリブドピラノプテリンおよびタ
ングストピラノプテリン，§7・1）．マンガンも，光合成の酸素発生中心にみられる
ように（第11章），オキシド配位子を好み，Ⅱ〜Ⅳ価の酸化状態を保つことにより
機能発現している．鉄は自然界では通常，第一鉄イオン(Fe^{II})あるいは第二鉄イオ
ン(Fe^{III})として存在するが，ハード配位子にもソフト配位子にも親和性があり，配
位子の選択性は高くない．ポルフィリノーゲンは，鉄，コバルト，ニッケルに容易
に結合する．例としては，酸素分子や電子を運ぶ含鉄シトクロム類（第5章），コ
バルトを含むビタミン B_{12}（§13・1），ニッケルを含むメタン産生の補因子である
F430 因子があげられる（§10・2）．

　後周期遷移金属イオンである $Cu^{I/II}$ や Zn^{II} は，中間からソフト配位子を好む傾
向がある．亜鉛がもっぱらチオラートに結合する例は，チオネイン（§12・4）や，
アルコールデヒドロゲナーゼの構造的亜鉛中心にみられる（§12・2・3）．亜鉛
酵素のアルコールデヒドロゲナーゼの機能中心には，窒素と硫黄の配位子が亜鉛
に配位しているが，CO_2 の水和や H_2CO_3 の脱水を担う炭酸脱水酵素では（§12・
2・1），亜鉛にヒスチジン残基（イミダゾール基）のみが配位している．銅酵素の
なかでチオラートとイミダゾール基の両方が銅に配位している例として，光合成の
プラストシアニン（第11章），あるいは電子伝達系の O_2 への電子伝達の最後の段
階を触媒するシトクロム c オキシダーゼ（§5・3）があげられる．機能的に連結し
た二つの銅中心を含む亜硝酸レダクターゼ（§9・3）は，窒素配位子のみが結合し
ている銅と窒素配位子と硫黄配位子が結合している銅の両方を含む酵素の一例で
ある．

参 考 論 文

Waldron, K.J., Rutherford, J.C., Ford, D., *et al.*, Metalloproteins and metal sensing. *Nature*, **460**, 823–830 (2009).
［本論文は，タンパク質中の金属センサーがどのように異なる金属を識別し，特定の機能に必要な金属イオンを選び，さらにその金属イオンが金属運搬体（金属シャペロン）によりどのように機能性金属タンパク質に運ばれるかについて手掛かりを提供する］

引 用 文 献

1) Miwa, K., Kamiya, T., Fujiwara, T., Homeostasis of the structurally important micronutrients, B and Si. *Curr. Opin. Plant Biol.*, **12**, 307–311(2009).
2) Jugdaohsingh, R., Silicon and bone health. *J. Nutr. Health Aging*, **11**, 99–110(2007).
3) Pearce, E.N., Andersson, M., Zimmermann, M. B., Global iodine nutrition: where do we stand in 2013? *Thyroid*, **23**, 523–528(2013).

生命誕生以前と原始生命体: 極限環境微生物

　生命の初期進化は約 36 億年前の地球上で始まった．"生命"は，単純な有機分子や複雑な有機分子の代謝ばかりでなく，遷移金属イオンや特にリン（リン酸の形）のような非金属を含む無機物にも依存している．原始大気と海洋，地球の地殻に存在する鉱物に含まれる生命素材から原始細胞への進化，それに続く原始細菌や古細菌への進化発生は無酸素環境で起こった．これらの生命体の後継種は今もなお，酸素がない場所で成長する．24 億年間前の"大酸化イベント"により，おそらく最初は光合成シアノバクテリアといわれているが，有酸素環境に適応した単細胞生物が現われ，彼らは無酸素環境に戻れなくなった．

　約 20 億年前に発生したより複雑な生命体（真核生物）にとって酸素は，私たちが"標準"とよぶ環境条件（気温，気圧，pH，大気や海洋の組成など）の必須要素の一つになった．しかしながら，多くの細菌や古細菌（一部の真核性藻類も含めて）は極限状態に適応してきたため，極限環境微生物とよばれている．極限環境には，温度，気圧，pH，塩分や毒性金属の濃度，紫外線や γ 線への耐性などがあるが，生物無機化学の観点から特に興味深いのは，二酸化炭素以外の炭素源，水の O^{2-} 以外の電子源，光以外のエネルギー源を用いる場合である．

　本章では，まずは昔に遡って，私たちの故郷である地球のごく初期の"化学"について，生命誕生へのシナリオに関連づけて簡潔に述べたい．その次には，化学的現実とそれに基づく生命の繁栄条件が長い年月をかけて変化してきたことに照らして，生命体の発達段階を説明する．そして最後に，極限環境微生物にみられるような極限状態への適応について記述する．

2・1 生命とは何か，そして生命はどのように進化したのか？

生物無機化学の研究は，次のような問いに対する答えを探すのに役立つ．
1) 生命は地球上でどのように進化したか？
2) 私たちと同じような生物形態が，太陽系の他の惑星や太陽系外惑星で可能か？
3) 炭素や水がない生物形態はありうるか？

特に最初の疑問は，Box 2・1 で説明するように，Miller-Urey による実験，最初に Cairns-Smith により提唱された "粘度様有機体" 仮説，Wächtershäuser による "鉄-硫黄ワールド" 仮説などの生命誕生前のシナリオにより検証することができる．現在の細胞の K^+, Zn^{II}, Mn^{II}, リン酸の濃度は，海洋，湖，川のようなありふれた水生生息地に比べて高い．このことは，原始火山のケイ酸塩や硫化物を含む岩の間にできた，地熱からの蒸気が充満した池が，原始細胞が育つ場所としての役割を果たしたことを示唆している[*1]．

　最初の細胞がどのように進化し，荒涼とした過酷な環境に適用したかといった原始時代のシナリオを考えることに加えて，現在地球上に生存する極限環境微生物について研究することは，前述であげたような疑問に答えるのに役立つはずである．一般に極限環境微生物（詳細は §2・2 を参照せよ）は，真核生物に対して原核生物とよばれる細菌あるいは古細菌であり，通常の微生物が存在できない環境で育つ．まれに，原核生物から藻類への遺伝子の水平伝播により，極限環境で生存できる能力が真核生物に与えられることもある．

　図 2・1 に地球上の生物進化の時系列の概略を示す．私たちの惑星は 45.6 億年前に原始太陽系星雲が融合してできた．約 45.3 億年前に，火成岩の再結晶により，初期のまだ不安定な地殻が形成し始めた．地球上で最も古い鉱物，ミクロサイズのジルコン $ZrSiO_4$ の起源は 44 億年前に遡る．原始大気は CO_2, N_2, NH_3, H_2, H_2O, そしておそらくごく微量の O_2 のような分子種からなっていた．この原子大気に由来する H_2O, HCN, CO/CO_2, H_2CO, CH_3SH のような，単純な無機分子，有機分子，単寿命の分子やイオンは，$HPO_4{}^{2-}$ とともに，一連の生体分子（ヌクレオチド，ペプチド，脂質，炭水化物）の基本構成単位である核酸塩基，糖，アミノ酸を与える．これらの基本的な構成素材は，原始地球環境で生成するかもしれないし，あるいは隕石，惑星間や太陽系外からの宇宙塵により与えられたかもしれない．

---

　*1　詳細は Mulkidjanian らの文献を参照せよ．

Miller-Urey や Wächtershäuser の実験（Box 2・1）の結果は，放電（雷）や FeS から FeS_2（パイライト）への酸化反応をエネルギー源とする単純なアミノ酸（2・1 式），チオ酢酸エステル（2・2式），核酸塩基の生成に関して，少なくとも部分的には適切なシナリオを与える．"粘土有機体"，たとえばケイ酸アルミニウムあるいはケイ酸塩の表面や層間は，ペプチド結合，糖，ヌクレオチドの形成を促進することが示されている．特に，ポリヌクレオチドの場合，自己触媒的な再生成が可能な最短のオリゴヌクレオチドといわれている 50 量化まで生成が促進される．これらのシナリオに関する詳細については文献 1）を参照せよ．

$$2CO + N_2 + H_2 + 放電エネルギー \longrightarrow \longrightarrow H_2N-CH_2-CO_2H \quad (2・1)$$

$$2CH_3SH + CO_2 + FeS \longrightarrow CH_3-C(O)SCH_3 + H_2O + FeS_2 \quad (2・2)$$

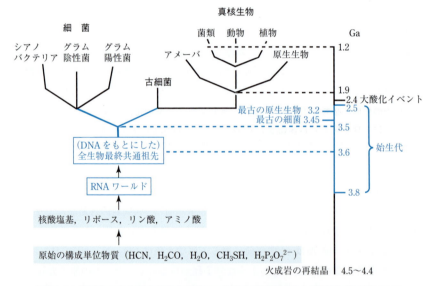

図 2・1 地球上の生命誕生以前と以後の，簡略な系統樹を含む時系列（単位は 10 億年，ノンスケール）．生命分子の構成単位（水色），始生代（青色），細菌，古細菌，真核生物の生命系図（黒色）[*2]．RNA＝リボ核酸，DNA＝デオキシリボ核酸．原核生物（細菌と古細菌）とは対照的に，真核生物は核と特異的な細胞小器官（ミトコンドリアや葉緑体）をもつ．細菌と古細菌は，細胞壁に用いられている脂質で区別される（細菌の場合はエステル脂質，古細菌の場合はテルペノイドエーテル脂質が用いられている）．

[*2] 原核生物と真核生物の中間の性質をもつ，Myojin 准核生物とよばれる生命体が最近報告されている[4]．

Box 2・1　原始地球の基本生体分子の供給に関するシナリオ

Miller–Urey によるシナリオ[2)]　Miller と Urey は，CH_4, NH_3, H_2O, N_2 および少量の CO_2/CO を含む原始大気に近い混合気体を用いる実験を行った．すなわち，酸素や酸化反応を起こす可能性がある成分は完全に除いた．考えられるエネルギー源は必然的に放電（自然界では，雷や先のとがった物体の表面から発生するコロナ放電）であった．原始スープの中から同定できたのは，特にギ酸，酢酸，酪酸，生命に必須のアミノ酸であるグリシンと α-アラニン，生命が必要としないアミノ酸である β-アラニンと α-アミノ-n-酪酸であった．提案された機構は，以下の非化学量論的反応式に従うものである．アセトアルデヒドと HCN が火花により気相で生成し，これらがさらに水中で反応してアミノニトリルとアミノ酸に変換される（ストレッカー合成）．

$$CH_4, N_2, H_2O \longrightarrow \; \longrightarrow HCN, HCHO$$

$$HCN + HCHO \longrightarrow NH_2CH_2CN$$

$$NH_2CH_2CN + H_2O \longrightarrow NH_2CH_2CO_2H$$

Wächtershäuser によるシナリオ[3)]　Wächtershäuser は，現在受け入れられている原始大気の組成（CO_2, N_2, H_2O, 微量の H_2 と O_2）を実験で用いる混合ガスに適用した．すなわち火花放電，宇宙線(おもに高速プロトン)，高エネルギー紫外線による水分解から生じる微量の酸素を含む混合気体を用いた．結合形成とより複雑な分子の生成に必要なエネルギー源は，硫化ニッケルや硫化鉄の酸化反応である．たとえばトロイライト FeS (S^{-II}) からパイライト FeS_2 (S^{-I}) への酸化反応がある．

C−C 結合形成の例として，以下の“活性化酢酸”（チオ酢酸のメチルエステル）の生成があげられる．

$$FeS + HS^- \longrightarrow FeS_2 + H^+ + 2e^- \qquad \Delta G = -118 \, kJ \, mol^{-1}$$

$$2 \, CH_3SH + CO_2 + FeS \longrightarrow CH_3C(O)SCH_3 + H_2O + FeS_2$$

H_2S が豊富な高温水中で最初に生成するアモルファス硫化鉄は，熱力学的に安定な微細なハニカム構造をもつ結晶状スルフィドに変換される．これは，大きな反応表面だけでなく，簡単な有機分子素材のための保護ポケットを提供する．

粘土有機体[5)]　粘土は水蒸気圧に依存して水を吸収したり放出したりする，いわゆる“呼吸”するフィロケイ酸塩である．また，アミノ酸からペプチド，ヌクレオシドからオリゴヌクレオシドといった縮合反応を触媒できる．代表的なものに，陰イオン性の $[SiO_4]$ と陽イオン性の $[Al(O/OH)_6]$ が交互積層した構造と，その隙間を埋める水および水和されたアルカリおよびアルカリ土類金属イオンからなるモンモリロナイトがある．アミノ酸やヌクレオシドは，アルミニウムの空いた部位への結合と，架橋 OH と水素結合を形成することにより活性化される．

$$2 \, NH_2CH_2CO_2H \longrightarrow NH_2CH_2C(O)NHCH_2CO_2H + H_2O$$

最初の生命誕生以前の RNA（リボ核酸）ワールド[6]は 38 億年前に始まり，続いて 36 億年前に全生物最終共通祖先（the last universal common ancestor, LUCA）が現れた．全生物最終共通祖先はすでに，現在のすべての生命体が共通にもつ情報貯蔵体として，加水分解に対してより安定な DNA（デオキシリボ核酸）を用いていた．ただし現在の生命体では，RNA は情報伝達のために依然として必須であり，また，ある特定の生化学プロセスのための触媒（リボザイムとよばれる）として欠くことができない．多くのウイルスは現在でも情報貯蔵のために DNA の代わりに RNA を用いているが，独立した代謝能をもっていないため，厳密には生命体とは考えられていない．

全生物最終共通祖先は多く存在していたが，生き残っているのは一種のみであ

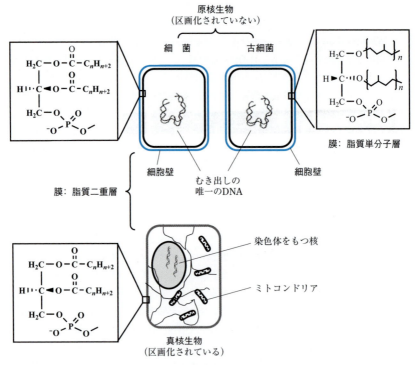

図 2・2　細菌，古細菌，真核生物の細胞を区別するおもな性質．細菌と真核生物の細胞膜は，D 配置のグリセロールを含むエステル脂質二重層をもち，古細菌の細胞は，L 配置のグリセロールを含むエーテル脂質単分子層をもつ．ある種の真核生物の細胞は細胞壁ももつ．

る[6]. のちに，その一種から三つのドメイン（細菌，古細菌，真核生物）が形成された（図2・2）. 真核生物には，単細胞生物と多細胞生物があり，それらの細胞は分化した核をもっている. 一方，細菌や古細菌の細胞にはこのような核がない.

38億年前（RNAワールド）から25億年前（真核生物の出現）までの期間は，始生代とよばれている. ストロマトライト中に見つかった最も古い微化石は，34.5億年前に遡る. ストロマトライトはしばしば微生物（おもにシアノバクテリア）の膜の遺骸でできたドーム型をした岩石構造をとり（図2・3），堆積物や石灰質鉱物と接着している[7]. 最近の知見によると，現在の真核生物につながっているアクリ

 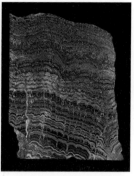

図2・3 左：西オーストラリアのシャーク湾でみられるドーム型のストロマトライト. [http://www.heritage.gov.au/ahpi より] 右：シアノバクテリア由来の代表的なストロマトライト断片の横断面. 明るい部分は石灰質層，暗い部分はケイ素を多く含む炭素質層. [©Didier Descouens　口絵1にもカラーで掲載]

タークとよばれる最古の原生生物（単細胞および数個の細胞からなる真核生物）は，32億年前に誕生しているとされている[8]. さらに，隣の惑星である火星では，おそらくもっと前の39億年前に，生命が進化した可能性がある. このような背景を支持する証拠として，1984年に南極大陸のアランヒルズで見つかった火星隕石 ALH84001がある. この隕石は41億年前に火星の火成岩の結晶化により生成したもので，炭酸塩の中に非常に純粋なマグネタイト Fe_3O_4 の結晶を含んでいる. これは，生命の徴候と考えられている[9]（§4・2も参照せよ）. 走磁性細菌は，地球の磁場の方向に向く習性をもち，その際にマグネトソーム中に集積したマグネタイトを利用する（ときには，Fe_3O_4 の硫黄類似体であるグレイジャイト Fe_3S_4 が用いられる）. 初期の火星も永久磁場をもっていたため，現在の火星の含鉄岩石に跡が残っ

ている.

24億年前の大酸化イベントの際に,シアノバクテリアは有機物質や無機物質の酸化的変換ではとうてい対応できない量の酸素を光合成(光エネルギーを利用する水の酸化,第11章)により供給し始めた.光合成の始まりは,地球上の生命を嫌気的から好気的に変えた.

私たちは,構成単位(細胞システム)が以下の基準を満たす場合に,それを"生命"とみなしている.

1. 細胞成分の代謝能(化学種の産生と変換)と配置能を示す.自己組織化ともいう.

2. 細胞システムと環境の間に,膜を介したフィードバックがある."環境"は,ここでは ① 細胞の周囲の化学的状態(個々のフィードバックは認知とよばれる),② 同じ起源および異なる起源の個々の細胞(コミュニケーション)をさす."膜"は,保護や部分的浸透のための壁であり,細胞の形を決める.

3. 通常,DNAにより情報が貯蔵される.

4. 細胞システムを再生できる.再生には,完全な情報伝達が含まれる.

5. 環境の変化に適応し進化が起こるように,情報伝達はわずかな"不完全さ"(DNA中の突然変異)を含む.さらに進化は,遺伝子水平伝播により進む.すなわち,異なる種や属の細胞生物にもたらされる外生のDNAを直接取込むことにより,遺伝子に変化が起こる.

代謝や再生を維持し,進化を可能にするために,原核生物は呼吸のためにそれぞれ1種類のエネルギー源と電子源(還元等価体),有機物の合成のためにも1種類の炭素源に依存している.通常,エネルギー源は光エネルギー(光子)か酸化反応由来の化学エネルギーである.したがって,光からエネルギーを獲得する光合成生物と,酸化反応からエネルギーを獲得する化学合成生物は区別される.化学合成生物での例を $(2 \cdot 3) \sim (2 \cdot 7)$ 式に示す.

$$Fe^{II} \longrightarrow Fe^{III} + e^- \tag{2・3}$$

$$H_2 \longrightarrow 2H^+ + 2e^- \tag{2・4}$$

$$HS^- + 4H_2O \longrightarrow SO_4^{2-} + 9H^+ + 8e^- \tag{2・5}$$

$$Mn^{II} + 3H_2O \longrightarrow MnO(OH)_2 + 4H^+ + 2e^- \tag{2・6}$$

$$NH_3 + 3H_2O \longrightarrow NO_3^- + 9H^+ + 8e^- \tag{2・7}$$

還元等価体は,有機源(有機栄養生物)あるいは無機源(無機栄養生物)により

もたらされることもある．有機分子（従属栄養生物）や二酸化炭素（独立栄養生物）も炭素源になる例もある[10]．図2・4に概略を示す．一例として，エネルギーや電子源として，HS^-からSO_4^{2-}への酸化反応のような酸化還元作用を用いたり，酢酸を炭素源として利用する化学合成無機従属栄養細菌があげられる．

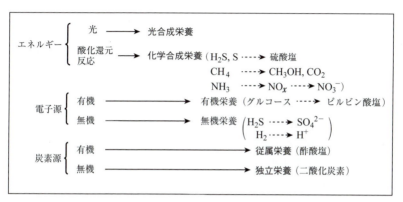

図2・4 代謝経路で用いるエネルギー源，電子源，炭素源に従った原核生物の分類．カッコの中は，反応や基質の例である．

2・2 極限環境微生物

私たちがよく知っている生命体のほとんどは，穏やかな条件下で成長する．ここで"穏やか"とは，温度は（季節や地形による変化はあるが）15 °C ぐらい，圧力範囲は $10^3 \sim 10^7$ Pa (10 mbar～100 bar)，pH は中性付近，塩濃度は 3.5%（約 0.3 M）を超えない程度，γ線や X 線のバックグラウンドは約 2 mGy/年[*3]，感知できる量の水銀，カドミウム，ヒ素といった毒性元素がない，といったことをさす．さらに，栄養素や水が供給されている．一方，極限条件で成長する原核生物もたくさんいる．極限環境微生物とよばれる生物は，さまざまな過酷な状況に対応できる．好熱性生物には，120 °C まで耐えられるものがいる．一方，−15 °C に達するような永久凍

[*3] 単位 Gy（グレイ，1 Gy=1 J kg^{-1}）は，放射エネルギーの吸収線量の測定単位である．一方，単位 Sv（シーベルト，1 Sv=1 J kg^{-1}）は，組織を対象とした線量当量放射を示す．吸収線量(Gy 単位)×重量因子，f=組織当たりの線量当量（単位 Sv）．放射線の性質によって，f は 1 とおよそ 100 の間を変化する．f=1〔電子，光，ミュー粒子，中性子 (E<10 keV μm^{-1})〕．f=2（プロトン，π中間子 π$^+$ および π$^-$）．f=20（α線）．f=100〔中性子 (E=100 keV μm^{-1})〕．

土帯に適応できる好塩性生物もいる．もっともこのような極寒の環境では，繁殖速度がきわめて遅く約50日かかる．好塩性生物は5Mもの高い塩濃度の塩水（NaCl/NaHCO$_3$，死海ではMgCl$_2$/NaCl/CaCl$_2$/KCl）に耐えられる．ソーダ湖に生存する好塩性生物は好アルカリ性生物でもあり，pH 11まで耐えられる．火山（硫気孔）や産業に由来する強酸性（pH 0）の環境には，好酸性生物が生存している[*4]．さらに深度10 kmにもなる，水も炭素源もほとんどない岩石の微小な隙間から，好圧性生物が見つかっている．

　極限環境微生物（古細菌と細菌）からの遺伝子水平伝播は，真核生物に極限条件で成長する能力をもたらすことがある．紅藻 *Galdieria sulphuraria* は，その一例である．この光合成能をもつ藻は，カドミウム，水銀，ヒ素のような毒性元素を多く含む酸性（pH 0〜4），56℃の熱水に生存する[11]．

　これらのほか，氷河下の塩水プールから回収された好圧性生物や微生物にみられるように数百年から数千年もかかるような繁殖速度がきわめて遅い，"適さない"条件に対して，生命体は自身を守るために特別な仕組みを発達させてきた．これらの仕組みを研究することにより，地球外に生存する生命の形態に起こりうるシナリオをたどることができる．このことと関連して驚くべきことは，日本と台湾の間にある沖縄トラフの深海にある二酸化炭素プールで，液体 CO$_2$-CH$_4$ と CO$_2$ ハイドレート CO$_2$⊂(H$_2$O)$_6$ の境界に細菌の個体群が見つかったことだ[12]．紫外線が強いアンデス高地にある硝酸塩が豊富な湖にストロマトライトが存在することも注目に値する[13]．

　およそ24億年前の，"大酸化イベント"とか"酸素危機"（それまでもっぱら嫌気的であった生物の死活問題という観点で）とよばれる分子状酸素 O$_2$ の出現により，嫌気的な適所に退避できなかった生物は，好気的環境で生き延びるための新しい仕組みを発達させなければならなかった．第一鉄や腐敗性有機物のような酸素を消費するシステムが，もはや光合成の過程で生成した酸素のすべてを化学的に吸収できなくなるやいなや，大気中の遊離酸素や海洋に溶けた過剰の酸素が利用できるようになった（第11章）．生き残り戦略の過程で，大酸化イベント以前に微生物が発達させていた代謝過程は役に立ったかもしれない．この代謝過程により"隠れていた"酸素は，すぐに利用できる有機物質の酸化に使われていた．例として，亜硝酸由来の酸素を用いたメタンからメタノール（さらには二酸化炭素）への酸化があ

[*4] 好熱性生物や好酸性生物から単離された亜鉛依存加水分解酵素については§12・2・2を見よ．

げられる[14] (2・8式). 亜硝酸から窒素への変換は, 中間体 N_2O が含まれていない
点を除いて, よく知られている微生物の脱窒過程 (§9・3) に似ている.

$$2NO_2^- \longrightarrow \longrightarrow 2NO \longrightarrow N_2 + O_2$$
$$O_2 + CH_4 \longrightarrow H_2O + CH_3OH \ (\longrightarrow \longrightarrow CO_2) \tag{2・8}$$

　大気中の酸素が増加するにつれ, 水溶性成分の酸化的沈殿や大陸の鉱物の酸化的
風化作用はしだいに顕著なプロセスになっていった. 例として, (1) 第一鉄から第
二鉄への酸化反応, および (2) モリブデン酸塩(VI)の酸化的形成があげられる. 鉄
はすべての生命の必須元素である. pH 7 の水中では $[Fe(H_2O)_6]^{2-}$ と $[Fe(H_2O)_5OH]^+$
の形で存在する可溶性の鉄から, 不溶性の水酸化第二鉄 $Fe(OH)_3 \cdot nH_2O$ や酸化第
二鉄への変換は生命体に進化的適応をもたらし, 鉱化した第二鉄源の供給を確実な
ものにした. モリブデンは, ほとんどの生命が必須とするもう一つの元素である.
鉱物に含まれる $Mo^{II\sim IV}$ が Mo^{VI} に酸化されることにより溶解性が増し, 海洋にモリ
ブデン酸塩 MoO_4^{2-} が放出された. 現在では, モリブデン酸塩の濃度はおよそ100
nM であり, 海水中では最も豊富な遷移金属イオンである.

　モリブデン酸塩が使えるようになったため, 窒素固定細菌は, 約20億年前には
バナジウムや鉄のみのニトロゲナーゼからより効率的なモリブデンニトロゲナーゼ
に切替えることができた[15]. ニトロゲナーゼは, 不活性な N_2 から生物学的に利用
可能な NH_4^+ への還元反応を触媒する. 窒素固定(§9・1)とよばれるこのプロセス
は, 利用できる窒素源の供給量を確保し, 成長や繁殖を力強く促進している.

➕ ま　と　め

　私たちの惑星は45.6億年前に, 原始太陽系星雲が融合して誕生した. 始生代 (38
億年前から25億年前まで) の始まりとともに, H_2O, HCN, CO, CO_2, CH_3SH, リ
ン酸のような原始スープの中で利用できる分子や, 火花放電 (Miller-Urey による
実験) や FeS から FeS_2 への酸化反応 (Wächtershäuser による実験) のエネルギー源
に依存した, 生命誕生以前の形態の進化が始まった. 34.5億年前に最初の細菌が登
場し, 最初の原核生物の誕生は32億年前に遡る. 過剰の酸素は24億年前に利用で
きるようになり (大酸化イベント), 好気性生物の進化が可能になった. 一方, こ
のイベントより前の時期に "隠れていた"酸素 (NO_2^-, NO) を用いて有機基質を
酸化した細菌もいる. 酸素の供給により, 無機基質も酸化された. 進行している進
化のなかで最も重要な例は, 可溶性の第一鉄化合物から不溶性の第二鉄鉱物への変
換, そして不溶性のモリブデン化合物から可溶性のモリブデン酸塩 MoO_4^{2-} への酸

化反応である．この進化は，特に効果的な含モリブデンニトロゲナーゼ酵素の進化を可能にした．

生命は通常穏やかな環境下で，エネルギー源（光合成と化学合成），還元等価体（有機栄養と無機栄養），炭素源（独立栄養と従属栄養）に依存する．しかしながら，多くの原核生物（細菌と古細菌）は，120 ℃ の温度，pH 11 や pH 0，5 M の塩濃度，強い紫外線や γ 線，高圧，液体 CO_2 と水の界面，といった極限条件に適応してきた．

参 考 論 文

David, L.A., Alm, E.J., Rapid evolutionary innovation during an archaean genetic expansion. *Nature*, **469**, 93–96 (2011).
［本論文は，始生代およびその後の遺伝的革新に関するものである（図 2・1）．電子移動や呼吸経路に関わる遺伝子は，始生代の進化的変革期に進化し，大酸化イベント以降に生じた遺伝子は，酸素や酸化還元活性な遷移金属を用いるプロセスにますます関わるようになることが述べられている］

Mulkidjanian, A.Y., Bychkov, A. Yu., Dibrova, D.V., *et al*. Origin of first cells at terrestrial, anoxic geothermal fields. *Proc. Natl. Acad. Sci. USA,* **10**, 1073/pnas.1117774109 (2012).
［著者らは，現在の細胞のイオン組成（高濃度のカリウム，マンガン，亜鉛，リン酸）は原始細胞の生息地のイオン組成を反映していると述べている］

Rampelotto, P.H., Resistance of microorganisms to extreme environmental conditions and its contribution to astrobiology. *Sustainability*, **2**, 1602–1623 (2010).
［地球上の極限条件下で成長する細菌の生活に関する概説．原始的な地球外生命体の可能性と，それが保存された状態で宇宙から地球へ移動することが可能かどうかについて述べられている］

引 用 文 献

1) Rehder, D., *Chemistry in space*. Weinheim: Wiley-VCH, ch.7, (2010).
2) Miller, S.L., Urey, H.C., Organic compound synthesis on the primitive Earth. *Science*, **130**, 245–251 (1959).
3) Wächtershäuser, G., On the chemistry and evolution of the pioneer organism. *Chem. Biodivers*, **4**, 584–602 (2007).
4) Yamaguchi, M., Mori, Y., Kozuba, Y., *et al. J. Electron Microsc*, **61**, 423–431 (2012).
5) (a) Fitz, D., Reiner, H., Rode, B.M., Chemical evolution towards the origin of life. *Pure Appl. Chem.*, **79**, 2101–2117 (2007).
   (b) Joshi, P.C., Aldersley, M.F., Delano, J.W., *et al*. Mechanism of montmorillonite catalysis in the formation of RNA oligomers. *J. Am. Chem. Soc.*, **131**, 13369–13374 (2009).
6) Plaxco, K.W., Gross, M., *Astrobiology*, 2nd ed. Baltimore, MD: The Hopkins University Press, (2011).
7) Gottschalk, G., Discover the world of microbes. Weinheim: WileyBlackwell (WileyVCH), chs.6–7, (2012).
8) Buick, R., Ancient acritarchs. *Nature,* **463**, 885–886 (2010).
9) Thomas-Keprta, K.L., Clemett, S. J., McKay, D. S., *et al.*, Origins of the magnetic nanocrystals in Martian meteorite ALH84001. *Geochim. Cosmochim. Acta,* **73**, 6631–6677 (2009).

引 用 文 献　　　　　21

10) Berg, I.A., Kockelkorn, D., RamosVera, W.H., *et al.*, Autotrophic carbon fixation in archaea. *Nature Rev. Microbiol.*, **8**, 447–460 (2010).

11) Schönknecht, G., Chen, W-H., Ternes, C.M., *et al.*, Gene transfer from bacteria and archaea facilitated evolution of an extremophilic eukaryote. *Science,* **339**, 1207–1210 (2013).

12) Nealson, K., Lakes of liquid CO_2 in the deep sea. *Proc. Natl. Acad. Sci. USA,* **38** 13903–13904 (2006).

13) Newman, D.K., Feasting on minerals. *Science,* **324**, 793–794 (2010).

14) (a) Ettwig, K.F., Butler, M.K., Le, Paslier, D., *et al.*, Nitrite-driven anaerobic methane oxidation by oxygenic bacteria. *Nature,* **464**, 543–548 (2010).
　　(b) Oremland, R.S., NO connection with methane. *Nature,* **464**, 500–501 (2010).

15) Boyd, E.S., Anbar, A.D., Miller, S., *et al.*, A late methanogen origin of molybdenum-dependent nitrogenase. *Geobiology,* **9**, 221–231 (2011).

アルカリ金属および
アルカリ土類金属

　生体内に最も多く存在する金属イオンであるアルカリ金属イオン（Na^+, K^+）やアルカリ土類金属イオン（Mg^{2+}, Ca^{2+}）は，非常に多くの生理学的過程で重要な役割を果たしている．これらの4種のイオンのうち，Mg^{2+}はかなり高い電荷密度（イオン半径に対する電荷の大きさの比）をもつため，クロロフィルのような安定なMg^{2+}錯体の形成や，リン酸エステルが関わる加水分解過程の活性化といった特別な役割を担っている．Ca^{2+}は，炭酸塩やリン酸塩と難溶性化合物を生成する点で他のイオンと異なる．このため，イオン形としての機能（例：筋収縮の引き金）だけでなく，リン酸カルシウムとして骨成分としての役割ももつのである．

　さまざまな制御プロセスが生理学的に正しく機能するために，Ca^{2+}, K^+（おもに細胞質の陽イオン），Na^+（おもに細胞外の陽イオン）の細胞内外の濃度のバランスは，通常イオンポンプによって保証されている．これらに特異的なイオンポンプは，チャネルを形成している膜貫通タンパク質である．チャネルは，機械的，電気的，化学的刺激によりゲートコントロールされ，イオン輸送が濃度勾配に逆らう場合は，リン酸エステル結合の加水分解を動力源としている．

　本章はこの4種の陽イオンの生理学的役割について，それらの本質的な相違点に関連づけつつ付帯的な機能について述べる．また，これに関連して，細胞外と細胞内区画のイオン濃度制御をつかさどるメカニズムについても述べる．さらに，カルシウムのバイオミネラリゼーションについて，特にヒドロキシアパタイトの形成による骨構造の安定化に及ぼす影響に関連させて詳細を説明する．

3・1 はじめに

　生理機能に関連するアルカリ金属およびアルカリ土類金属イオンはNa^+, K^+, Mg^{2+}, Ca^{2+}である. Li^+は, 生理学的投与量で慎重に投与すれば, 気分障害(うつ病性障害や双極性障害)や高血圧症の治療において有用である. これについては§14・3・4で詳しく述べる. Cs^+とK^+は化学的に似ているため, 生理学的には区別ができない. すなわちCs^+はK^+と一緒に体内に取込まれ分布する. 同様に, 生物は化学的に近いSr^{2+}とCa^{2+}を区別できない. Cs^+とSr^{2+}は存在量が少ないので, 区別できなくても健康問題は起こらない. しかしながら, 放射性同位体が原子炉から環境に放出されれば状況は変わる. 原子炉からのおもな有毒な放射性核種は, ^{137}Cs(半減期 $t_{1/2}=30.2$ 年, β^-壊変)[*1] と ^{90}Sr(半減期 $t_{1/2}=28.8$ 年, β^-壊変)である. さらに, Li^+ ($r=0.76$ Å) と Mg^{2+} ($r=0.72$ Å) は同じようなイオン半径(r)をもつため, これらの二つのイオンは生理学的にははっきり区別されていない. したがって, Li^+はMg^{2+}の拮抗薬にもなりうるため, 基本的には毒性がある.

　体重 70 kg のヒトに含まれる4種の必須アルカリ金属およびアルカリ土類金属の平均重量は, Na 105 g, K 140 g, Mg 35 g, Ca 1050 g である. Ca が特に多いのは, 骨の無機部分の主要成分であるためである. 1日の必要量は Na 1.1〜3.3 g, K 2.0〜5.0 g, Mg 0.3〜0.4 g, Ca 0.8〜1.2 g である. これらの量は, 通常の食事から容易に摂取できる.

　Mg^{2+}は例外として, 細胞内外の陽イオンの濃度は著しく異なり, 濃度勾配を形成している. Na^+, K^+, Ca^{2+}の生理作用の多くはこの濃度勾配に依存する. 浸透圧

表3・1　細胞内外区画(ヒトの全細胞)および血液中(赤血球と血漿)の代表的な陽イオンと陰イオンの平均濃度(mM). 比較のために, 海中の平均イオン濃度を含めている.

	K^+	Na^+	Ca^{2+}	Mg^{2+}	Cl^-	HCO_3^-	HPO_4^{2-}	SO_4^{2-}
細胞外, すべての細胞型	4	142	2.5	0.9	120	27	1	10
細胞内, すべての細胞型	155	10	0.001	15	8	10	65	0.5
海　水	10	460	10	52	550	30	0.002	29
赤血球	92	11	0.0001	2.5	50	15	3	—
血　漿	4	140	1.2	0.8	100	25	1.2	0.3

---

*1　放射性核種の半減期は,半数が放射性崩壊するまでにかかる時間である. 中性子からプロトン, 電子 (β粒子), 反ニュートリノに変わることを β$^-$壊変とよぶ.

や細胞膜電位の制御，シグナル伝達の開始と中断，酵素の活性化といったこれらのイオンに特異な機能を確実に行うためには，細胞内外の濃度勾配を適切に制御し維持することが最も重要である．表 3・1 は，4 種の陽イオンの細胞内外の濃度をそれぞれのおもな対陰イオンの濃度とともにまとめたものである．比較のために，一般に生命誕生の地と考えられている海水における濃度も含めてある．

K^+ の細胞内濃度は細胞外濃度の約 40 倍と細胞内に多いが，Na^+ では逆であることに留意すべきである．

以下に，アルカリ金属およびアルカリ土類金属イオンの中心的役割を概観する．

- 内骨格および外骨格の支持: Ca (Mg)
- 膜タンパク質と多糖の架橋による細胞膜の安定化: Mg (Ca)
- 浸透圧の制御: Na, K
- 膜電位の制御: Na, K
- 濃度や電気化学勾配に沿った情報伝達: Na, K, Mg, Ca
- 神経伝達のようなシグナル伝達: Ca, K
- 酵素の活性化と制御: Ca (Mg, K)
- リン酸に依存する代謝経路と異化経路の共活性化: Mg
- アデノシン三リン酸 (ATP) の加水分解の安定化/活性化: Mg
- クロロフィルの Mg，光合成の酸素発生中心 II やカルモジュリンの Ca のような (酵素) 補因子の安定化と機能化

生理的な機能において，電荷密度 $CD = q/r$ （q はイオン電荷，r はイオン半径）は非常に重要である．

	Li^+	Na^+	K^+	Mg^{2+}	Ca^{2+}	Mn^{II}
イオン半径 r 〔Å〕	0.76	1.02	1.38	0.72	1.00	0.83
電荷密度 CD	1.32	0.98	0.72	2.78	2.0	2.41

† 配位数は 6.

電荷密度が高いほど，そのイオンの分子分極能は高くなる[*2]．Mg^{2+} の電荷密度は特に高い．アルカリ金属イオンとは対照的であるが，Mn^{II} のような遷移金属イオ

---

*2 イオンの体積電荷密度は，単位体積あたりの電荷に相当する．イオンが小さいほど，電荷密度は大きくなる．陽イオンが分子に静電的に接触すると，その分子の電子殻が通常の位置から移動し分極する．すなわち，双極子モーメントが誘起される．分極の程度は，そのイオンの電荷密度の関数である．

ンと同様に，Mg^{2+}も（Ca^{2+}もいくぶんその傾向にあるが）窒素配位子や酸素配位子と安定な錯体を形成する．例として，ポルフィリノーゲンに配位される Mg^{2+} を含むクロロフィル a および b（第11章），酸素配位子と結合している Ca^{2+} を含むカルモジュリンがあげられる（§3・5）．

アルカリ金属およびアルカリ土類金属イオンは配位交換がかなり速い．一般に，これらの錯体の安定度定数は小さく，不安定である．水中で他の配位子がないときは，これらのイオンは水和された $[M(H_2O)_x]^{n+}$（$M^{n+} \cdot aq$ とも記す，$x \approx 10 \pm 2$）の形で存在する（Box 3・1も参照せよ）．遷移金属錯体のアクア錯体と異なり，水和圏の水分子の数を決定するのは難しい．その相互作用は弱く，共有結合よりむしろイオン-双極子相互作用である．配位水と周囲の水分子の交換速度は，Na^+，K^+，Ca^{2+} の場合は $10^7 \sim 10^{10}$ s^{-1}，Mg^{2+} の場合は $10^5 \sim 10^7$ s^{-1} である（3・1式）．これは，Mg^{2+} と水和圏の相互作用が Na^+，K^+，Ca^{2+} の場合より強いことを反映している．一般的にいうと，Mg^{2+} の錯体は，これらの他の3種のイオンに比べて，熱力学的のみならず速度論的により安定である．

$$[M(H_2O)_x]^{n+} + H_2O^* \rightleftharpoons [M(H_2O)_{x-1}(H_2O^*)]^{n+} + H_2O \qquad (3・1)$$

（M が Na または K のとき $n=1$，M が Mg または Ca のとき $n=2$）

細胞内外のイオン濃度のバランスが"適切に"維持されることは，生理的機能が適切に作用するためにきわめて重要である．これを実現するためには，陽イオンや陰イオンを特異的に効率良く輸送するシステムが必要になる．アルカリ金属およびアルカリ土類金属イオンのおもな輸送ルートは四つある．(1) 膜を介したイオン交換（例：Na^+ と H^+ の交換），(2) ゲート型チャネルあるいは開口型チャネル（K^+ の場合のみ）を介した，濃度勾配に沿ったエントロピー駆動の受動拡散，(3) アデノシン三リン酸の加水分解と共役する，濃度勾配に逆らった能動輸送(イオンポンプ)，(4) イオノホアに依存する膜貫通輸送（疎水性輸送ともよばれる）[*3]．チャネルを介したイオン輸送については§3・2で詳細を述べる（図3・1にもまとめてある）．イオンチャネルの役割は運搬体タンパク質によっても担われている．運搬体タンパク質は，イオンチャネルと同じような様式である程度機能しているが，イオンの運搬距離はかなり短い．また，運搬体タンパク質の官能基にイオンが結合し，細胞膜内を運搬体が移動し，最後に結合した金属イオンを放出するという過程をとるため，その輸送は比較的遅い．

[*3] イオンチャネルを介した疎水性輸送については，§3・2で述べる．能動的および受動的膜貫通輸送については，§3・3（Na^+，K^+）および§3・5（Ca^{2+}）で説明する．

26 　　　　　3. アルカリ金属およびアルカリ土類金属

Box 3・1　交 換 速 度 論

　金属イオン M^{n+} のアクア錯体 $[M(H_2O)_x]^{n+}$（x は配位水の数）の配位水と配位子 L の交換は，L が中性の単座配位子とすると以下の平衡式で表される．

$$[M(H_2O)_x]^{n+} + L \rightleftharpoons [M(H_2O)_{x-1}L]^{n+} + H_2O$$

この反応の左から右への反応の速度 $v_\rightarrow$ と，その反対向きの反応の速度 $v_\leftarrow$ は，

$$v_\rightarrow = k_\rightarrow c([M(H_2O)_x]^{n+})c(L)$$

および

$$v_\leftarrow = k_\leftarrow c([M(H_2O)_{x-1}L]^{n+})c(H_2O)$$

となる．ここで，c は濃度，$k_\rightarrow$ および $k_\leftarrow$ はそれぞれ右向きおよび左向きの反応の速度定数である．この反応が平衡である場合は，$v_\rightarrow = v_\leftarrow$ および $k_\rightarrow/k_\leftarrow = K$ である．K は，ギブズの自由エネルギー ΔG（$\Delta G = -RT\ln K$，R は気体定数，T は温度）と関連がある平衡定数である．

　特に水分子との交換の場合（すなわち，$L = H_2O^\star$），上記の式と右向きの反応は，

$$[M(H_2O)_x]^{n+} + H_2O^\star \rightleftharpoons [M(H_2O)_{x-1}H_2O^\star]^{n+} + H_2O$$

および

$$v_\rightarrow = k_\rightarrow c([M(H_2O)_x]^{n+})c(H_2O^\star)$$

となる．水の濃度を一定とすると，$k_\rightarrow c[H_2O^\star] = k_1$ となり，水分子の交換速度に対する擬一次速度則が導かれる．

$$v_\rightarrow = k_1 c([M(H_2O)_x]^{n+})$$

k_1 は $t_{1/2} = \ln 2/k_1$ の式により，半減期 $t_{1/2}$（アクア錯体の一つの配位水のうち半数が $H_2O^\star$ と交換するまでにかかる時間）と関連づけができる．Mg^{2+} の半減期 $t_{1/2}$ は通常 10^{-6} s で，Na^+，K^+，Ca^{2+} は 10^{-8}〜10^{-9} s である．

3・2　イオンチャネル

　イオンチャネルは膜貫通タンパク質であり，その内腔表面にグルタミン酸やアスパラギン酸のカルボキシ基やペプチド骨格のカルボニル基が並び，Na^+ や K^+ のようなイオンの輸送を可能にしている．これらのイオンは通常，チャネル内の酸素官能基と弱く配位相互作用しながら輸送され，その際には水和殻の一部あるいは全体がない．イオンチャネルは以下のような種類に区別されている（図 3・1）．

● 開口型チャネル：K^+ のみのためのチャネルで常に開いている．

- ゲート型チャネル：ゲート（あるいは錠）があり通常は閉じていて，必要なときに刺激により開くことができる．刺激の種類により，おもに4種の異なる制御様式がある．
  - 電位依存性：電気化学的な膜電位変化により，チャネルが開閉する．
  - 光駆動性：チャネルロドプシンを照射すると，膜中を陽イオンが流れる．ロドプシン（視紅）は，光受容体として働く色素である．
  - リガンド依存性：化学刺激によりチャネルを開くか閉じるかの選択が決まる．化学的刺激の例として，神経伝達物質（アセチルコリン，ドーパ，グルタミン酸，一酸化窒素），毒類（ニコチン），Ca^{2+}，多価不飽和脂肪酸があげられる．
  - 機械刺激依存性：機械刺激，たとえば変形により膜中で起こる物理的変化がチャネルの開閉を誘発する．

ある特定のイオンのみを輸送するチャネルあるいは運搬体タンパク質を単輸送体とよぶ．2種類以上のイオンを同時に同じ方向に輸送することを共輸送，細胞の内→外と外→内のように反対方向に輸送することを対向輸送という．多くの場合チャネルは単輸送体であり，チャネルの入口にある"選択フィルター"により保証されている．

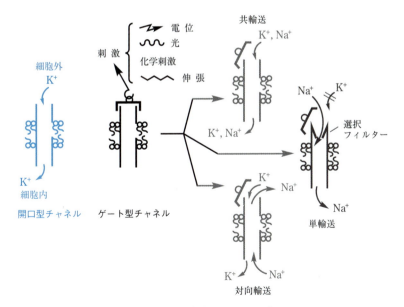

図3・1　おもな膜貫通イオンチャネル．

イオンチャネルはほぼすべての細胞種で発現されており，膜電位の制御，ホルモン分泌（例：インスリン）の調節，腎臓の上皮における塩分と水の輸送の調節，細胞増殖の制御，心筋収縮の制御，神経の電気興奮性のようなさまざまな機能に影響を与えている．電位依存性 K^+ チャネルのほとんどでは，四つの α サブユニットが並んでチャネルを形成している（図 3・2a,b）．さらに，四つの β サブユニットが細胞質か膜とともに会合している．これらの β サブユニットはチャネル孔の活性を調整する．チャネル孔領域の代表的なアミノ酸配列は Thr-Leu/Ile/Ala-Gly-Tyr-Gly-Asp である．水和殻の一部分あるいは全体がないイオンのチャネル孔やチャネル内への断続的な結合は静電的であり，通常は，タンパク質骨格のカルボニル酸素骨格，負の電荷をもつ側鎖官能基（カルボキシ基，アルコキシ基，フェノキシド基），そして（特に Na^+ の場合は）水分子が関わっている．

K^+ チャネルの Na^+ に対する選択性は，図 3・2 に示すように，幾何学的因子に由来する．四つの酸素官能基からなる平面を二つもつ選択フィルターの配位空間は，K^+ には最適に適合するが，Na^+ は小さすぎてぴったりとは適合しない．しかしながら，これはやや簡略化した見方である[1]．というのは，相互作用全体としては，

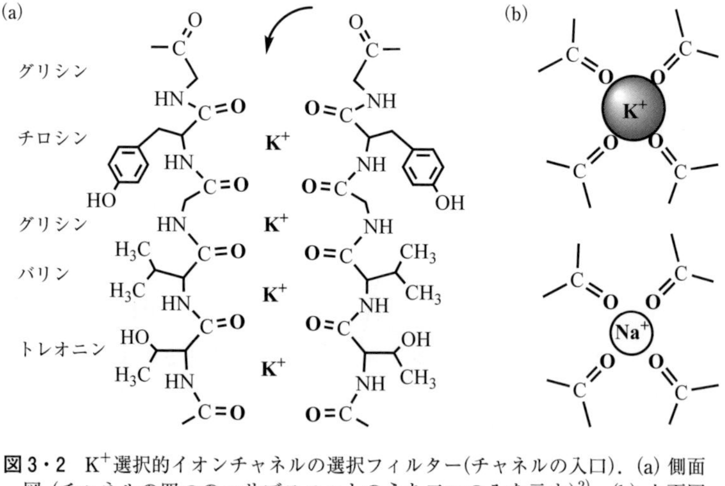

図 3・2 K^+ 選択的イオンチャネルの選択フィルター(チャネルの入口)．(a) 側面図（チャネルの四つの α サブユニットのうち二つのみを示す）[2]．(b) 上面図（四つのカルボニル基からなる二つの重なった平面のうち一つのみを示す）．骨格のカルボニル基以外に，側鎖のカルボキシ基[3]もアルカリ金属イオンへの結合に加わることができる．入口部分が堅いと仮定すると，ここでは Na^+ に対する K^+ の選択性は過大評価されている．

イオンと選択フィルターの官能基間の引力相互作用だけでなく，フィルター内部の官能基間やイオン間の反発相互作用，これらの官能基やイオンと周囲の環境との相互作用があり，それらが考慮されていないからである．さらに，入口にあるタンパク質の残基の柔軟性（立体配座変化）も考慮しなければならない．

幾何学的因子は Ca^{2+} に依存するカリウムチャネルの活性化にも関わっている．細胞内の Ca^{2+} が細胞質中のカリウムチャネルの先端にあるゲート環とよばれる四つのサブユニットに結合すると，ゲート環が花びらのように開き，K^+ の膜貫通輸送が可能になる[4]．

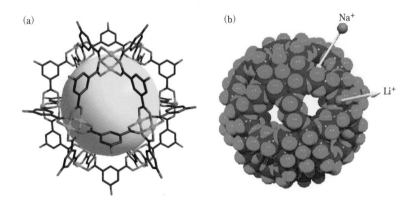

図3・3 陽イオン輸送の有機金属化学的/無機化学的モデル．(a) 3回対称性をもつ"窓"の一つから見た MOP-18[5]．［文献5より転載．©2008 WILEY-VCH Verlag GmbH Co. KGaA, Weinheim. Kimoon Kim 博士のご厚意による］ (b) ポリオキソモリブデン酸塩 $[Mo_{132}O_{372}(SO_4)_{30}]^{72-}$ の空間充塡モデル[6]．3回対称性をもつ20個の"窓"の一つを介した Na^+/Li^+ の対向輸送．内孔は水分子で満たされている．［文献6より転載．©2006 WILEY-VCH Verlag GmbH & Co. KGaA, Weinheim. Achim Müller 博士のご厚意による．口絵2にもカラーで掲載］

アルカリ金属およびアルカリ土類金属イオンの輸送をある程度モデル化した，有機金属化学的あるいは無機化学的モデル分子システムがつくられてきた．優れた例として，脂質膜に埋込んだ銅イオン-金属有機多面体（MOP，図3・3a）[5]や，水中でモリブデン[6]やタングステン[7]を用いたポリオキソ金属酸塩（POM，図3・3b）があげられる．たとえば，MOP-18は24個の Cu^{II} が同数の5-ドデコキシ1,3-ベンゼンジカルボン酸で架橋された集合体である．この集合体は直径13.8Åの固有の疎水内孔をもつため，三角形や四角形の"窓"を通して H^+ やアルカリ金属イオン

を取込みやすくなっている．これを脂質二重膜に埋込むことにより，脂質膜を介してイオンが輸送される．

いわゆるケプレラート型のPOMは，多面体$Mo^{V/VI}O_n$の構造単位が，たとえば硫酸塩や酢酸塩に架橋されて構築されている．これらは直径およそ30 Åで，親水性の内孔をもつ．1.2 Åの開口部をもつ部分的に柔軟な20個の"窓"があり，アルカリ金属イオンとCa^{2+}の交換が可能になっている．

3・3 ナトリウムとカリウム

細胞外ではNa^+の濃度はK^+の濃度の30倍以上であるが，細胞内ではK^+の濃度がNa^+の濃度より約15倍高い（表3・1）．この不均衡を維持することは正しい細胞機能に最も重要である．拡散や，(前章で述べた) 親水基が並んだイオンチャネルを介して脂溶性膜を横断するイオン輸送とともに，Na^+やK^+に特異的なイオンポンプによる能動輸送に基づく非常に効率的な輸送機構が備わっている[8]（図3・4）．

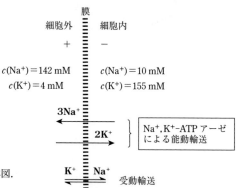

図3・4 Na^+/K^+膜貫通輸送の全体図．
詳細は図3・5a〜cに記す．

膜に結合したこれらのポンプはNa^+, K^+-ATPアーゼ類（ここでは酵素*E*とよぶ）であり，二つの膜貫通糖タンパク質のサブユニットα, βにはATP（アデノシン三リン酸）が結合している（§3・4の図3・8参照）．より大きなαサブユニットは輸送タンパク質として，βサブユニットは細胞膜への固定部としての役割をもつ．イオンに結合する官能基としては，たとえば側鎖のヒドロキシ基（トレオニンやセリン），カルボキシ基（アスパラギン酸やグルタミン酸），そして効率は悪いが，主鎖のカルボニル基がある[8]．

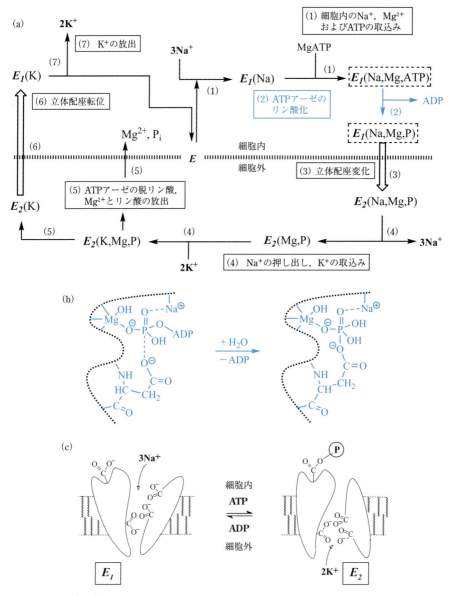

図 3・5 Na$^+$/K$^+$ 対向輸送の個々の反応. (a) 最初のステップ(1)は, E_1 (E は ATP アーゼの略記) による Na$^+$, Mg^{2+} およびリン酸の取込みである. ATP アーゼのリン酸化と脱リン酸は青で強調した. さらに詳しくは (b) を参照せよ. 5 価の遷移状態と, リン酸基とアミノ酸側鎖 (アスパラギン酸) のカルボキシ基が直接結合している構造を示す. (c) Na$^+$ と K$^+$ の膜貫通輸送の過程における立体配座変化.

Na$^+$(細胞内) → Na$^+$(細胞外) // K$^+$(細胞外) → K$^+$(細胞内) という形で濃度勾配に逆らってイオンを輸送するのに必要なエネルギーは，マグネシウムで活性化されたATP（MgATP）の加水分解によって与えられる[*4]．

$$\text{MgATP} + H_2O \longrightarrow \text{MgADP} + P_i \qquad (P_i = HPO_4^{2-}/H_2PO_4^-)$$

この過程のギブズの自由エネルギーは$-35\,\text{kJ mol}^{-1}$である．このイオン輸送の過程では，αサブユニットは酵素 **E** のリン酸化と脱リン酸と連動して，配座 **E₁**（Na$^+$に応答）と配座 **E₂**（K$^+$に応答）の間を切替わる．MgATP 1分子の加水分解に対して，2個の K$^+$ が細胞内に入り，3個の Na$^+$ が細胞外に輸送される．このようにして

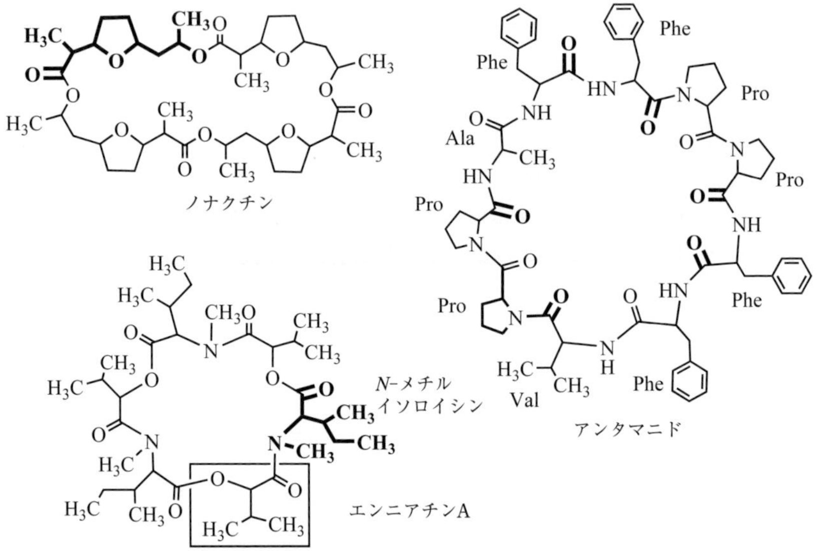

図 3・6 細菌のイオノホアであるノナクチンおよび菌類のイオノホアであるエンニアチン A は K$^+$ に結合するのに対し，菌類のイオノホアであるアンタマニドはペプチドの 6 個のカルボニル基（太字部分）を使って Na$^+$ に結合する．交互に並んだエーテルとエステル基を 4 個ずつもつノナクチン（4 個の単位構造の一つを太字で示す）は，32 員環構造の中の 8 個の酸素官能基を介して K$^+$ に結合する．エンニアチン A は混合エステルペプチドで，4 個のアミノ酸（N-メチルイソロイシン，太字部分）と 4 個のヒドロキシ酸（枠内の α-ヒドロキシイソ吉草酸）からなる．K$^+$ に結合するときは，6 個のカルボニル基が使われている．これらの周辺部には，ノナクチンの場合はメチル基とフラン骨格，アンタマニドの場合はフェニル基，メチル基，イソプロピル基，エンニアチン A の場合はメチル基，イソプロピル基，イソブチル基といった疎水官能基が配置されている．

[*4] MgATP の詳細については§3・4も参照せよ．

生じた電荷の不均衡は，部分的には Na$^+$, Ca^{2+}-ATPアーゼ (§3・5) により，それ以外には受動輸送により保たれている．全体の詳細な過程については図3・4(p.30)に記す．K$^+$の流入やNa$^+$の流出の過程に関する個々の現象については図3・5 (p.31) に要約する．

アルカリ金属イオンの細胞膜輸送はイオノホアによっても行われる．大部分が細菌や菌類によってつくられるイオノホアは，Na$^+$やK$^+$に特異的に結合するためにほとんど酸素官能基でできている大環状化合物である．多座配位子であるイオノホアの結合はエントロピー駆動であり，遷移金属錯体化学における"キレート効果"に匹敵する．エントロピー (無秩序) は，アルカリ金属イオンの水和殻がその多座配位子に置き換わるにつれ増加する (3・2式)．細菌と菌類のイオノホアの例を図3・6に示す．

$$[K(H_2O)_n]^+ + L^- \longrightarrow [K(L)] + nH_2O \quad (n \approx 10) \quad (3・2)$$

輸送中の金属イオンには親水的な酸素官能基が配位し，イオノホアに包接されている．イオノホアはおおよそ球形で，アルキル基やフェニル基による脂溶性の周辺部をもつことで脂溶性膜を介する輸送を可能にしている．クラウンエーテル，クリプタンド，カリックスアレーンのような大環状化合物 (図3・7) はイオノホアのモデル化合物である．

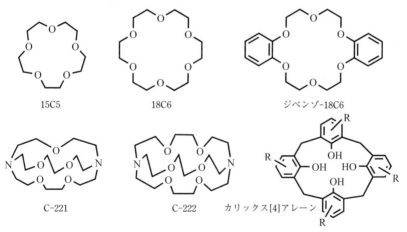

図3・7 Na$^+$やK$^+$に結合するイオノホアのモデル化合物．クラウンエーテル(上段)，クリプタンド (下段左と中央)，カリックスアレーン (下段右)．18C6=18-クラウン-6 (18員環，酸素ドナー)．C-221=クリプタンド-221 (221は二つのアミン窒素を架橋する部位の酸素官能基の数を表す)．カリックスアレーンの[n] (ここではn=4) は，フェノール部位の数を示す．

3・4 マグネシウム

マグネシウムは，アデノシン三リン酸（ATP）やアデノシン二リン酸（ADP）のリン酸基に結合している限りは，リン酸代謝（すなわちエネルギー代謝）において重要な役割を果たしている．Mg^{2+}は配位様式に依存して，加水分解に対するATPやADPの安定化にも不安定化にも関わる．ATPは，Mg^{2+}がリン酸基のβ位とγ位の酸素官能基，あるいはα～γ位すべてのリン酸基の酸素官能基に結合することにより安定化される[9]．Mg^{2+}は，リン酸基の酸素官能基のほか，H_2O/OH^-（pHに依存）や，基質タンパク質のアスパラギン酸やグルタミン酸のカルボキシ基にも結合する．Mg^{2+}がγ位のリン酸部位に移動するとともに水分子がγ-リン酸基に向けられ，末端のγ-リン酸基が加水分解される．このようにして形成された5価の遷移状態を経由してリン酸$H_nPO_4^{(3-n)-}$（$n=1, 2$）が脱離する（図3・8）．生化学分野では無機リン酸をP_iと表す．pH 7.2ではHPO_4^{2-}および$H_2PO_4^-$がほぼ等量ずつ存在する．$Mg^{2+}ATP$（$Mg^{2+}+ATP^{3-}\rightleftharpoons[MgATP]^-$）の錯形成定数は約$10^4\,M^{-1}$（解離定数0.1 mMに相当）であるので，比較的弱い相互作用といってよい．

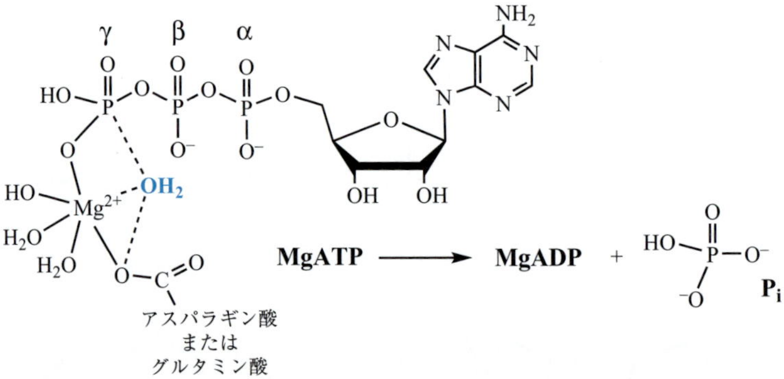

図3・8 アデノシン三リン酸(ATP)の加水分解のMg^{2+}による活性化．基質タンパク質部分は省略（詳しくは，文献10を参照せよ）．Mg^{2+}は水分子（青で示した）を末端のγ-リン酸基に配向させ，加水分解を促進する．

同様にMg^{2+}は，グルコース6-リン酸やDNAのようなリン酸化された基質に結合したり，またホスファターゼの中においても，リン酸エステル結合の加水分解を，三方両錐型の遷移状態を形成するための活性化エネルギーを最小にすることにより促進している（図3・9）．

3・5 カルシウム　　　　35

　ATP の加水分解によって生じたリン酸基が適切な基質に転移すると，その基質は
活性化される．一つの例は，グルコースからグルコース 6-リン酸へのリン酸化で
あり（図3・9右），これは解糖系におけるグルコース分解の出発点である．安静時
の ATP の 1 日あたりの代謝回転は，体重の約半分に相当する．スポーツ活動中の
筋肉細胞のように ATP の代謝回転が高い細胞中では，リン酸はクレアチンキナー
ゼによりクレアチンに転移する（図3・10）．クレアチンリン酸は ATP を速やかに
再生するために有用なリン酸化体である．

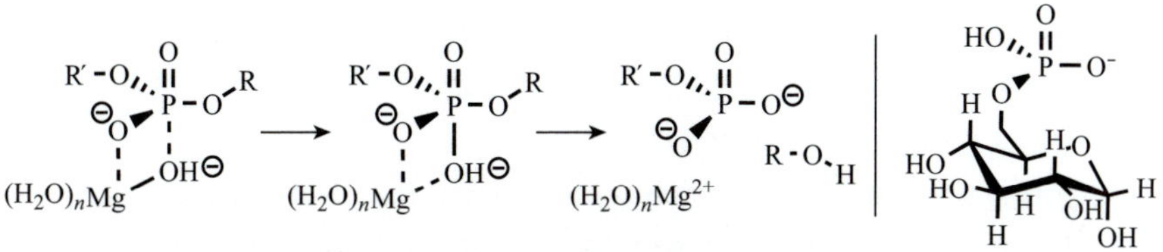

図3・9 Mg^{2+}が媒介するリン酸エステルの加水分解．$[Mg(H_2O)_nOH]^+$とリン酸
エステルとの相互作用の過程で，5 価の両錐型遷移状態が断続的に生じる．反応
の連続的な段階において，エステル結合が切れ，アルコールが脱離し，リン中心
の四面体構造が再生する．R′ は，H かもう一つのエステル残基である．リン酸エ
ステルの例として，グルコース 6-リン酸を右側に示す．

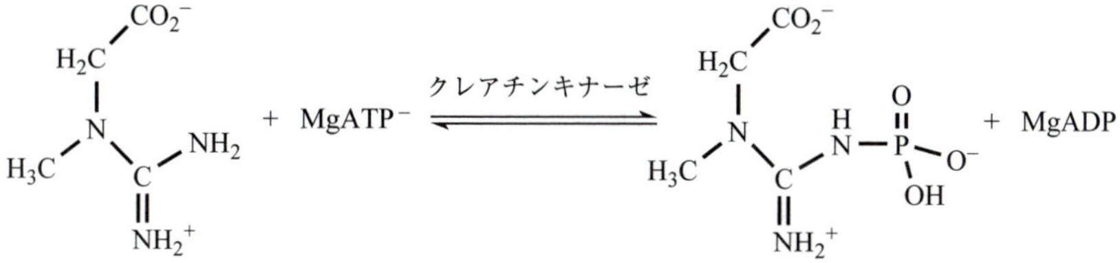

図3・10 クレアチンのリン酸化/脱リン酸．

　第 11 章では，Mg^{2+}がクロロフィルの構成要素として光合成において重要な役割
をもつことを検証する．

3・5 カルシウム

　炭酸塩（アラゴナイト，カルサイト，バテライト），リン酸塩（アパタイト），フッ
化物（フルオロアパタイト）のような難溶性のイオン性カルシウム化合物は，外骨
格や内骨格に取込まれると足場として働くことができる．私たち脊椎動物の骨は，

50％のコラーゲン（繊維状タンパク質）や50％のヒドロキシアパタイト $Ca_5(PO_4)_3$-$(OH)_{1-x}F_x (x \leqq 0.01)$ からなる複合材料である．エナメル質の約95％はアパタイトで，フッ化物の含有量（$x \approx 0.1\%$）は骨よりもいくぶん多い．70 kg のヒトはおよそ1.1 kg のカルシウムをもつが，骨に含まれていないカルシウムはたった 10 g である．この 10 g のカルシウムは，細胞機能の制御，筋肉の収縮/弛緩，血液凝固，酵素調節，K^+ チャネルの開閉といったさまざまな機能に関わっている．好気的代謝や細胞の生存は，ミトコンドリアの Ca^{2+} の恒常性に大きく依存する．さらに，Ca^{2+} はセカンドメッセンジャーとして働くことができる．すなわち，シグナル伝達の活性化，調節，促進に関わる．Ca^{2+} は，Zn^{II} にある程度似ている．Ca^{2+} は加水分解酵素の補因子の役割を担う．たとえば，核酸分解酵素によるリン酸エステル結合の加水分解では Ca^{2+} と Zn^{II} が協働で反応を促進する．Zn^{II} と同様に，Ca^{2+} はタンパク質の三次構造を安定化することもできる（下記参照）．Ca^{2+} の濃度はおおむね低い．細胞内濃度は一般に 1 μM のレベルで，細胞外濃度は $10^3 \sim 10^4$ 倍高い．

Na^+ や K^+ と同様に，Ca^{2+} の膜貫通輸送は Ca^{2+} に特異的なイオンチャネル[11]，ATP 駆動型のカルシウムイオンポンプ[12]，Na^+/Ca^{2+} 対向輸送により行われる．対向輸送を行う輸送体は，Na^+ の負の勾配を利用して Ca^{2+} の濃度勾配に逆らって，細胞内の Ca^{2+} を細胞膜を横断して外に排出する[13]．

カルシウムの代謝機能が正常に働かないと，シュウ酸塩，リン酸塩，血管や分泌器官中のステロイドが原因となって難溶性のカルシウム沈着による沈殿が起こる．血管中では石灰化が起こり，心血管疾患の原因となり，胆嚢，腎臓，膀胱のような分泌器官中では石ができる．骨中の石灰化過程（アパタイト結晶化）の機能に障害があると骨軟化症や骨粗しょう症になる．

カルシウムイオンは筋の収縮と弛緩において重要な役割を担っている．筋細胞は筋原繊維とよばれるタンパク質繊維を含んでおり，筋小胞体の中に組込まれている（図 3・11）．筋小胞体は，1〜5 mM の濃度のカルシウムを貯蔵する終末槽あるいは小胞を含む，広範囲に相互接続した細胞内の網状組織である．Ca^{2+} の貯蔵はカルセケストリンにより行われる．カルセケストリンは，アスパラギン酸やグルタミン酸に由来する多くのカルボキシ基をもち，50 個もの Ca^{2+} に結合する約 50 kDa（キロダルトン）のタンパク質である．筋収縮は，筋小胞体の膜を通して，濃度勾配に沿って Ca^{2+} が細胞質へ放出されることにより起こる．一方，細胞質から筋小胞体の小胞への逆向きの輸送は，濃度勾配に逆らって，たとえばプロトンの対向輸送に共役して ATP アーゼにより駆動される．Na^+, K^+-ATP アーゼと同様に，この酵

素は二つの立体配座 E_1 と E_2 の間を切替わる（§3・3）．全体の要約を(3・3)式に，詳細を図3・12に示す．

$$Ca^{2+}{}_{(細胞質)} + ATP + E_1 \rightleftharpoons Ca^{2+}{}_{(小胞)} + ADP + P_i + E_2 \quad (3・3)$$

前述のように，P_i は無機リン酸を表す．この図は ATP の γ-リン酸基，水分子，タンパク質の主鎖のカルボニル基や側鎖のカルボキシ基に結合している Ca^{2+} の配位環境を示す．

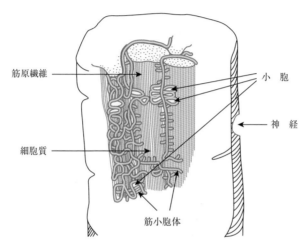

図3・11 Ca^{2+} で駆動される筋の収縮と弛緩に関わる筋細胞の構造．

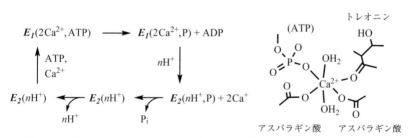

図3・12 （左）筋小胞体の小胞と細胞質の間の Ca^{2+} のサイクル．濃度勾配に逆らう輸送経路（すなわち筋弛緩を伴う細胞質から筋小胞体の小胞への輸送）は，E_1 配座をとる Ca^{2+}-ATPアーゼにより駆動される．（右）E_1 (Ca^{2+}, ATP) における Ca^{2+} 結合部位．［文献12より改変］

Ca^{2+} 依存性酵素の活性化はカルモジュリンファミリーに属するタンパク質により促進される（Calmodulin は *Cal*cium *modul*ating prote*in* からの造語）．カルモジュリンはアミノ酸148個（特殊なトリメチルアンモニウムリシンを含む）の小さなタ

ンパク質で，四つのヘリックス-ループ構造ドメインからなる（図3・13a）．各ドメインはそれぞれ1個のカルシウムイオンに結合できる．Ca^{2+}は7配位から8配位の環境にあり，おもにアスパラギン酸やグルタミン酸の酸性側鎖残基と結合する[14]（図3・13b）．ほかにも，水分子，主鎖のカルボニル基，セリン，トレオニン，チロシンの側鎖のヒドロキシ基が配位子として結合する．

カルモジュリンにCa^{2+}が結合すると立体配座が変化し，疎水性残基（特にメチオニン，イソロイシン，バリン，ロイシンのメチル基）が露出する[15]．この立体配座の変化により酵素への結合が可能になり，基質が活性化される（図3・13c）．Ca^{2+}-カルモジュリンにより活性化される酵素の例として，アデニル酸シクラーゼ，NADキナーゼ，一酸化窒素シンターゼ（§9・4），Ca^{2+}-ATPアーゼがあげられる．

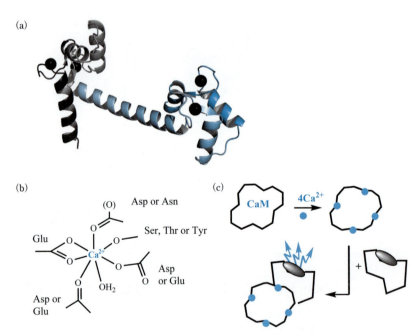

図3・13 カルモジュリン(CaM)．(a) 四つのヘリックス-ループ構造ドメインは水色，青色，薄い灰色，濃い灰色で示してある．黒丸はCa^{2+}を表す．[J. Croweによる．PDB 1CLLに基づく] (b) カルシウムイオンの配位環境（Asn: アスパラギン，Asp: アスパラギン酸，Glu: グルタミン酸，Ser: セリン，Thr: トレオニン，Tyr: チロシン）．(c) CaMによる酵素活性化の略図．CaMにCa^{2+}が結合すると立体配座が変化し，そのCa^{2+}複合体が酵素に結合するようになる．酵素の基質（灰色の楕円）はこのようにして活性化される（青矢印）．

図3・13bに示すCa^{2+}の配位環境の特徴は,Ca^{2+}の役割が構造的なものに限られているものも含めて,他のカルシウムを含むタンパク質にも当てはまる.一つの例は,好熱性細菌の *Bacillus thermoproteolyticus* が産生する熱に安定な34.6 kDaのタンパク質,サーモリシンである[*5].サーモリシンは,かさ高い疎水性アミノ酸のペプチド結合の加水分解を触媒する.触媒中心に一つのZn^{II}があり(§12・2・2),酵素の自己分解を防ぐために,4個の構造的なCa^{2+}により折りたたみ構造が確保されている.

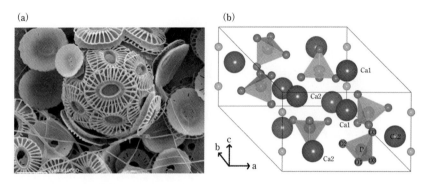

図3・14 (a) 円石藻類 *Emiliania huxleyi*. 円石藻類は石灰質$CaCO_3$の細胞表面をもつ植物プランクトンである.[写真はAlex Poulton博士のご厚意による] (b) ヒドロキシアパタイト/フルオロアパタイト$Ca_5(PO_4)_3(OH/F)$の結晶構造(単位格子).[Elsevierの許可を得て,文献18より転載.©2013 図はBarbara Pavan博士のご厚意による.口絵3にもカラーで掲載]

本章の最初に述べたように,カルシウムは外骨格や内骨格の構造形成にも重要な役割を果たしている.貝殻,卵殻,ウニのとげ,サンゴは炭酸カルシウム$CaCO_3$(三方晶系のカルサイト,直方晶系のアラゴナイト)により構造が支えられている例である.一方,$CaCO_3$の変形六方晶系で熱力学的に不安定なバテライトは淡水貝 *Hyriopsis* の真珠の中に見いだされ,さらに *Myxococcus* 属の土壌細菌によっても産生される.現在の海洋の炭酸カルシウムの約3分の1は円石藻類(マイクロメートルサイズの海洋植物プランクトン)による石灰化(図3・14a)に由来し,海洋中の二酸化炭素固定において重要な役割を果たしている.一方,人為的な二酸化炭素排

[*5] 好熱性細菌は第2章で紹介している.

出や，海水の酸性化による二酸化炭素放出が進行しつつある．シアノバクテリアは，地質年代区分上で，細胞外の作用を介して行われる石灰化に大きく貢献した．最近では，ベンストナイトを形成する細胞内の石灰化も見つかっている．ベンストナイトは $(Ba,Sr)_6Ca_6Mg(CO_3)_{13}$ の組成をもつ非晶質の炭酸塩で，4種の安定なアルカリ土類金属をすべて含む独特な鉱物である[16]．

チリモ目のミカヅキモの頂端にある液胞は，硫酸カルシウムの微結晶（石膏 $CaSO_4 \cdot 2H_2O$）を含んでいる．シュウ酸カルシウム（フーウェライト $CaC_2O_4 \cdot H_2O$，ウェッデライト $CaC_2O_4 \cdot 2H_2O$）は，植物中のカルシウムのバイオミネラリゼーションの例である．

ヒドロキシ基のいくつかをフッ素で置き換えたアパタイト $Ca_5(PO_4)_3(OH)_{1-x}F_x$[*6]（図3・14b）は，骨（$x \approx 0.01$）とエナメル質（$x \approx 0.1$）におけるおもな無機支持体である．サメの歯はほとんど100%がフルオロアパタイト $Ca_5(PO_4)_3F$ である．骨はおもにアパタイトとコラーゲンからなる複合材料である．コラーゲンはグリシンとヒドロキシプロリンを多く含む三重らせん型のタンパク質である．コラーゲン原繊維は，軸方向に配向するアパタイト結晶のための細胞外マトリックスの骨格を形成する．リン酸カルシウムの形成はアスポリンのようなコラーゲンに結合するタンパク質により制御されている．アスポリンはロイシンを多く含み，末端にポリアスパラギン酸領域をもつ．カルシウムイオンはこの領域に結合し，さらにリン酸イオンにも結合する．このようにアスポリンはリン酸カルシウムの最初の非晶質のバイオミネラリゼーションを可能にする．非晶質のリン酸カルシウムはコラーゲン原繊維の間に浸潤し，そこからアパタイト結晶の核形成と成長が進行する[17]．

カルシウムの恒常性（Ca^{2+} の摂取，分布，排出）の制御は，ビタミンDの代謝活性型であるカルシトリオール〔ジヒドロキシ化された 1,25-$(OH)_2D$〕に大きく依存する．カルシトリオールは，消化管の Ca^{2+} チャネルを介する食事による Ca^{2+} の摂取，Ca^{2+}-ATP アーゼを介する血流への Ca^{2+} の送達，腎臓組織からの Ca^{2+} の再吸収を制御する．さらにカルシトリオールは，活性リン酸塩の吸収に関わるため，骨細胞中のアパタイトの会合と解離に密接に関係している．ビタミンDが不足すると骨の脱塩や軟化が起こり，最後にはくる病や骨軟化症になってしまう．

自然界では，バイオミネラリゼーションによりマイクロメートルあるいはナノ

---

*6　実際のアパタイトの単位構造は $Ca_{10}(PO_4)_6(OH)_2$ である．ここでは，簡単のために $Ca_5(PO_4)_3OH$ を用いている．

まとめ 41

メートルサイズの洗練された材料がつくられる．骨粗しょう症治療の薬剤に適用されるものを含めて，特別な目的のために設計された生体適合ナノ粒子が使用されているように，自然界の材料構築を可能にする特別な仕組み（相互作用や一連のプロセス）を理解することは同サイズの人工材料製造における制御法の観点から大変興味深い[19]．

➕ ま と め

Na^+，K^+，Mg^{2+}，Ca^{2+}は非常に多くの生理機能制御において最も重要である．Li^+は医薬品として用いられている．Na^+とK^+はおもに水和物として存在しているが，Ca^{2+}とMg^{2+}は酸素官能基に結合しやすく，Mg^{2+}の場合は窒素官能基にも結合する．Ca^{2+}は不溶性の炭酸塩，シュウ酸塩，リン酸塩の形で荷重支持の役割を果たしている．その例として，貝殻 $CaCO_3$，サボテン科 $CaC_2O_4 \cdot nH_2O$，骨 $Ca_5(PO_4)_3OH$ があげられる．

細胞が正しく働くように，細胞内の K^+ の濃度は高く，Na^+ と Ca^{2+} の濃度は低くなっている．細胞内外の濃度制御は，拡散による膜貫通イオン輸送，ゲート型と開口型（K^+ の例のみ）イオンチャネル，ATPアーゼ（ATP はアデノシン三リン酸）とよばれる MgATP 駆動型イオンポンプによる能動輸送により行われる．

イオンチャネルは化学的刺激，機械的刺激，電気的刺激，光刺激に依存する膜結合タンパク質である．イオンの往復輸送には負電荷をもつアミノ酸側鎖やタンパク質の主鎖のカルボニル基が関わっている．選択性は幾何学的な要因に依存している．イオンポンプによるイオン輸送に必要な自由エネルギーは，Mg^{2+} により活性化される ATP から ADP と無機リン酸への加水分解により得られる．細菌や菌類は，脂溶性膜を介する Na^+ と K^+ の輸送体として環状オリゴペプチド（イオノホア）も使っている．

Ca^{2+} は筋肉の収縮と弛緩において大きな役割を果たしている．筋肉の弛緩は Ca^{2+} に特異的な ATP アーゼに駆動され，筋小胞体の網状組織の小胞への Ca^{2+} の流入と共役している．カルモジュリンのようなタンパク質に結合した Ca^{2+} は，多くの酵素の活性化を促進する一方で，亜鉛依存加水分解酵素のサーモリシンのように単なる構造安定化因子として働く場合もある．脊椎動物において，Ca^{2+} のほとんどは骨や歯の構造内に固定されている．骨はタンパク質のコラーゲンと結晶性アパタイト $Ca_5(PO_4)_3OH$ がほぼ同量含まれた複合材料であり，0.01％以下ではあるが，その OH は F に置換されている．ビタミン D は Ca^{2+} の濃度調整において中心的な役割を果たしている．

参 考 論 文

Kim, I., Allen, T.W., On the selective ion binding hypothesis for potassium channels. *Proc. Natl. Acad. Sci. USA*, **108**, 17963–17968 (2011).
［カリウムチャネルが Na^+ より K^+ を選択的に透過させる機構について，熱力学および速度論の両面から概説されている］

Wopenka, B., Pasteris, J.D., A mineralogical perspective on the apatite in bone. *Mater. Sci. Eng. C*, **25**, 131–143 (2005).
［骨に関する鉱物学的アプローチ．骨の成長過程や，ヒドロキシアパタイトの形成を生化学的に制御する生体機能を洞察する］

引 用 文 献

1) (a) Andersen, O.S., Perspectives on: ion selectivity. *J. Gen. Physiol.*, **137**, 393–395 (2011).
   (b) Kim, I., Allen, T.W., On the selective ion binding hypothesis of potassium channels. *Proc. Natl. Acad. Sci. USA*, **108**, 17963–17968 (2011).
2) (a) Fowler, P.W., Tai, K., Sansom, M.S.P., The selectivity of K^+ ion channels: testing the hypotheses. *Biophys. J.*, **95**, 5062–5072 (2008).
   (b) Cao, Y., Jin, X., Hung, H., *et al.*, Crystal structure of a potassium ion transporter, TrkH. *Nature*, **471**, 336–341 (2011).
   (c) Valiyaveetil, F.I., Leonetti, M., Muir, T.M., *et al.*, Ion selectivity in a semisynthetic K^+ channel locked in the conductive conformation. *Science*, **314**, 1004–1007 (2006).
3) Payandeh, J., Scheuer, T., Zheng, N., *et al.*, The crystal structure of a voltage–gated sodium channel. *Nature*, **475**, 353–358 (2011).
4) Yuan, P., Leonetti, M.D., Hsiung, Y., *et al.*, Open structure of the Ca^{2+} gating ring in the high-conductance Ca^{2+}-activated K^+ channel. *Nature*, **481**, 94–97 (2012).
5) Jung, M., Kim, H., Baek, K., *et al.*, Synthetic ion channel based on metal-organic polyhedra. *Angew. Chem. Int. Ed.*, **47**, 5755–5757 (2008).
6) (a) Rehder, D., Haupt, E.T.K., Bögge, H., *et al.*, Countercation transport modeled by porous spherical molybdenum oxide based nanocapsules. *Chem. Asian J.*, **1**, 76–81 (2006).
   (b) Rehder, D., Haupt, E.T.K., Müller, A,. Cellular cation transport studied by $^{6,7}Li$ and ^{23}Na NMR in a porous Mo_{132} Keplerate type nano-capsule as model system. *Magn. Reson. Chem.*, **46**, 524–529 (2008).
7) Mitchell, S.G., Streb, C., Miras, H.N., *et al.*, Face-directed self-assembly of an electronically active Archimedean polyoxometalate architecture. *Nat. Chem.*, **2**, 308–312 (2010).
8) Shinoda, T., Ogawa, H., Cornelius, F., *et al.*, Crystal structure of the sodium-potassium pump at 2.4 Å resolution. *Nature*, **459**, 446–451 (2009).
9) Liao, J-C., Sun, S., Chandler, D., *et al.*,The conformational states of Mg·ATP in water. *Eur. Biophys. J.*, **33**, 29–37 (2004).
10) (a) Håkansson, K.O., The structure of Mg-ATPase nucleotide-binding domain at 1.6 Å resolution reveals a unique ATP-binding motif. *Acta Cryst.* D, **65**, 1181–1186 (2009).
    (b) Qian, X., He, Y., Luo, Y., Binding of a second magnesium is required for ATPase activity of RadA from *Methanococcus voltae*. *Biochemistry*, **46**, 5855–5863 (2007).
11) De Stefani, D., Raffaello, A., Teardo, E., *et al.*, Aforty-kilodalton protein of the inner membrane is the mitochondrial calcium uniporter. *Nature*, **476**, 336–340 (2011).
12) Picard, M., Lund Jensen, A-M., Sørensen, T.L-M., *et al.*, Ca^{2+} versus Mg^{2+} coordination at the nucleotide-binding site of the sarcoplasmatic reticulum Ca^{2+}-ATPase. *J. Mol. Biol.*, **368**, 1–7 (2007).
13) Liao, J., Li, H., Zeng, W., *et al.*, Structural insight into the ion-exchange mechanism of the

引 用 文 献　　　43

sodium/calcium exchanger. *Science*, **335**, 686–690 (2012).

14) (a) Babu, Y.S., Bugg, C.E., Cook, W.J., Structure of calmodulin refined at 2.2 Å. *J. Mol. Biol.*, **204**, 191–204 (1988).

(b) Kovacs, E., Harmat, V., Tóth, J., *et al.*, Structure and mechanism of calmodulin binding to a signaling sphingolipid reveal new aspects of lipid-protein interaction. *J. Fed. Am. Soc. Exp. Biol.*, **24**, 3829–383 (2010).

15) Tidow, H., Poulsen, L.R., Andreeva, A., *et al.*, A bimolecular mechanism of calcium control in eukaryotes. *Nature*, **491**, 468–472 (2012).

16) Curadeau, E., Benzerara, K., Gérard, E., *et al.*, An early-branching microbialite cyanobacterium forms intracellular carbonates. *Science*, **336**, 459–462 (2012).

17) (a) Kalamajski, S., Aspberg, A., Lindblom, K., *et al.*, Asporin competes with decorin for collagen binding, binds calcium and promotes osteoblast collagen mineralization. *Biochem. J.*, **423**, 53–59 (2009).

(b) Nudelman, F., Pieters, K., George, A., *et al.*, The role of collagen in bone apatite formation in the presence of hydroxyapatite nucleation inhibitors. *Nat. Mater.*, **9**, 1004–1009 (2010).

18) Pavan, B., Ceresoli, D., Tecklenburg, M.M.J., *et al.*, First principles NMR study of fluorapatite under pressure. *Solid State Nucl. Magn. Reson.*, **45–46**, 59–65 (2012).

19) Schwarz, K., Epple, M., Biomimetic crystallization of apatite in a porous matrix. *Chem. Eur. J.*, **4**, 1898–1903 (1998).

鉄：無機化学と 生化学からみた一般的特徴

 遷移金属のなかで鉄は，すべての生命体に広く豊かに存在するという意味で例外的である．あらゆる生物は毒性の可能性がある鉄に依存している．しかし，無機資源におけるFe^{III}はきわめて不溶性で，このことは生物学的過程において，鉄の利用，維持，貯蔵の点で大きな問題があることを示している．

 鉄の生物学的重要性は，第一鉄イオン(Fe^{II})と第二鉄イオン(Fe^{III})の間を容易に行き来でき，配位環境（配位子のハード・ソフト性，配位数や配位構造）に依存して高スピン状態と低スピン状態の間を速やかに切替えられることと関係がある．

 本章では，鉄の輸送と機能化について，その配位環境と関連させて説明する．鉄のバイオミネラリゼーション（貯蔵）についても述べる．酸素の輸送や，酸素種の変化に関連する機能的側面についてはおもに第5, 6, 7章で取扱う．

4・1 鉄の一般的性質

 Fe^{II}とFe^{III}イオンの形としての鉄がもつ，生命における役割は圧倒的である．鉄なしでは，どのような生物でも生命を維持すること，特に代謝を持続させることはできない[*1]．鉄が不足すると鉄代謝の機能障害が起こり，鉄が過剰になるといくつかの健康問題をひき起こす(§14・2・1)．鉄は，Wächtershäuser により"開拓者生物"とよばれてきたものの発達初期において，すでに中心的な役割を果たしてい

[*1] 乳酸菌 *Lactobacillus plantarum* では，たとえば，活性酸素種に対処する鉄の役割はマンガンにより引き継がれている[2]．

4・1 鉄の一般的性質

たかもしれない[1]. すなわち, サブミクロンサイズの鉄あるいは鉄-ニッケルの硫化物からなる擬似細胞体 (ハニカム構造体) は原始スープの成分間の化学反応を可能にし, その生成物がハニカム構造体のいわゆる"細胞壁"に吸着することにより安定化と集積化が起こり, 最終的に組織化してより複雑な生命分子ができた可能性がある.

約 40 億年前の地球の原始大気中のおもな反応性気体成分は CO_2, N_2, H_2O であったが, 微量成分として CO, CH_4, H_2, O_2, H_2S, CH_3SH が含まれていた. 鉄あるいは鉄-ニッケルのおもな硫化物として, パイライト FeS_2, トロイライト FeS, ピロータイト $Fe_{1-x}S$ ($x \fallingdotseq 0 \sim 0.2$), ペントランダイト $(Fe,Ni)_9S_8$ があり, これらはすべて Fe^{II} を含んでいる. パイライトは二硫化鉄であり, その S_2^{2-} 中の硫黄の酸化数は $-I$ である. $-II$ 価の硫黄を用いたトロイライトからパイライトへの酸化反応 (4・1式) は発熱反応であり, その酸化還元電位は Zn/Zn^{II} 対に匹敵する.

$$FeS + HS^- \longrightarrow FeS_2 + H^+ + 2e^-$$
$$\Delta E = -620 \text{ mV}, \quad \Delta G = -118 \text{ kJ mol}^{-1} \tag{4・1}$$

ここで放出されたエネルギーはメタンチオールと二酸化炭素との酸化還元反応に用いられ, 酢酸の活性化体であるチオ酢酸メチルエステル $CH_3CO(SCH_3)$ を生成する(4・2式). (4・1)式で生成した電子は (4・2)式の左辺に含まれる炭素を還元するのに消費され, その炭素の平均酸化数は反応に伴い 0 から $-\frac{2}{3}$ になる. チオ酢酸メチルエステルは, 生物の代謝過程において高エネルギー補因子として中心的な役割を果たしているアセチル補酵素 A (アセチル CoA) の単純な類縁体である. またチオ酢酸メチルエステルは, ペントランダイトを触媒とするメタンチオールと一酸化炭素の非酸化還元的炭素-炭素結合反応によっても生成する (4・3a 式). アニリンの存在下では, ペプチド結合を想起させるアミド結合をもつ, 酢酸のアニリドが得られる(4・3b 式).

$$2CH_3SH + CO_2 + FeS \longrightarrow CH_3-C\overset{O}{\underset{SCH_3}{\Big<}} + H_2O + FeS_2 \tag{4・2}$$

$$2CH_3SH + CO \xrightarrow{\{FeNiS\}} CH_3-C\overset{O}{\underset{SCH_3}{\Big<}} + H_2S \tag{4・3a}$$

$$\xrightarrow{C_6H_5NH_2} CH_3-C\overset{O}{\underset{\underset{H}{N}}{\Big<}}\!\!\!\text{—}\bigcirc + CH_3SH \tag{4・3b}$$

生体内で重要な役割を担う鉄が関わる無機的プロセスのもう一つの例として，電子受容体（EA: 本来の Fe^{II} の一部を Fe^{III} に変換）存在下で，膨大な量の $Fe^{II/III}$ と硫黄が自己集積してできる立方体状の鉄-硫黄クラスターがあげられる．このようなクラスター集積の代表的な例を(4・4)式に示す．生体システムでは，チオール(SH)はシステイン残基に置換される．現存する生命体のほとんどで，さまざまな種類の鉄-硫黄クラスターが電子移動に使われている．原始大気中に微量に存在していた（雷，紫外線，γ 線，太陽風プロトンによる H_2O の分解に由来する）酸素は，電子受容体として働いていたかもしれない．

$$4Fe^{II} + 4S^{2-} + 4HS^- + \{EA\} \longrightarrow \left[\begin{array}{c} HS \diagdown \diagup S-Fe \diagup SH \\ Fe\underset{|}{+}S \quad | \\ |\ Fe\text{-}|\ S \\ S\diagup Fe \diagdown \\ HS \qquad SH \end{array} \right]^{2-} + \{EA^{2-}\} \qquad (4 \cdot 4)$$

生物学的事象における鉄の重要な役割は，一部は鉄が広く存在することに起因する．鉄は地殻に広く豊かに存在し，その重量の 4.7 % を占める．これは地殻に存在する元素のなかで，酸素，ケイ素，アルミニウムについで 4 番目に多い．

宇宙論的には，鉄は酸素，炭素，ネオンの次に多く，金属中では宇宙で最も多く存在する（宇宙論的にいうと，ヘリウムより重い元素はすべて金属である）．また鉄は，その有用性に加えて，生物学的事象において非常に役に立つ性質を示す．

1) 鉄は酸化数 II と III の間を容易に変化でき，また酸化数 IV と V を一時的にとれるため，触媒の金属中心が断続的に高酸化状態をとるような反応も含めて，酸化還元反応を柔軟にする効果をもつ．pH 7 の水溶液における酸化還元電位は $-230\ mV$ である(4・5式)．好気的条件下では，O_2 は通常酸化剤である．pH 7における $(\frac{1}{2}O_2 + 2H^+)/H_2O$ 対の酸化還元電位は $+820\ mV$ である．したがって火成岩中の Fe^{II} は，好気的風化作用により最終的には Fe^{III} になる．Fe^{III} は Fe^{II} に比べ，本質的に中性含水媒体にはほとんど溶けず，そのために有用性が制限される．

$$Fe^{III} + e^- \rightleftharpoons Fe^{II} \qquad (4 \cdot 5)$$

2) 配位ドナー原子の性質（ハード vs ソフト．たとえば，酸素や窒素配位子 vs 硫黄配位子），配位数(3〜6)，配位構造を柔軟に変えられるため，鉄の配位環境や目標基質を無制限に設定できる．

3) 鉄は，窒素配位子中心の（おもに八面体型）配位環境をもつ中程度の強さの配位子場で，異なるスピン状態間（高スピン型と低スピン型の間のスピンクロスオーバー）を容易に行き来できる．スピン状態のスイッチングにより触媒中心の局所構造が微調整され，触媒反応のオン・オフが可能になる（配位子の分類，安定度定数，配位子場分裂については Box 4・1，磁気的性質については Box 4・3 を参照せよ）．

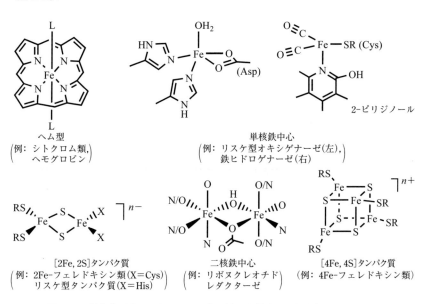

図 4・1 鉄依存反応にみられる，おもな鉄中心構造の一般分類．シトクロム類やヘモグロビンのようなヘム型鉄中心構造は，電子移動や酸素運搬に使われている．鉄-硫黄タンパク質（4・4式）も電子移動に用いられる．酸化物イオンや水酸化物イオンが架橋する二核鉄錯体は，還元酵素や加水分解に使われている．

図 4・1 は，鉄依存反応にみられる鉄中心のおもな種類をまとめたものである．詳細は第5章で述べる．鉄中心の解析ではメスバウアー分光法が広く使われる．この方法は配位環境，鉄の酸化状態，スピン状態や磁気環境に敏感である（Box 4・2）．

強酸性水中では，Fe^{III} はヘキサアクア鉄(III)イオンとして存在する．これらは徐々にヒドロキシ化錯体を生成するブレンステッド酸であり（4・6a～4・6c式），最後には微酸性水中で本質的に不溶性の水酸化第二鉄 $[Fe(H_2O)_3(OH)_3] \equiv Fe(OH)_3 \cdot aq$ になる．鉄の配位水の酸解離反応（4・6式）は縮合反応，すなわち水酸化物イオン

48   4. 鉄: 無機化学と生化学からみた一般的特徴

や酸化物イオンが架橋した凝集体，クラスター，そして最終的には鉱物であるゲータイト $FeO(OH)$ とフェリハイドライト $Fe_{10}O_{14}(OH)_2$ の構成要素の中間的な構成要素からなるコロイドの形成を伴う（図4・2）.

$$[Fe(H_2O)_6]^{3+} + H_2O \rightleftharpoons [Fe(H_2O)_5OH]^{2+} + H_3O^+$$

$$(pK_{a1}=2.2) \qquad (4 \cdot 6a)$$

$$[Fe(H_2O)_5(OH)]^{2+} + H_2O \rightleftharpoons [Fe(H_2O)_4(OH)_2]^+ + H_3O^+$$

$$(pK_{a2}=3.5) \qquad (4 \cdot 6b)$$

$$[Fe(H_2O)_4(OH)_2]^+ + H_2O \rightleftharpoons [Fe(H_2O)_3(OH)_3]^+ + H_3O^+$$

$$(pK_{a3}=6.0) \qquad (4 \cdot 6c)$$

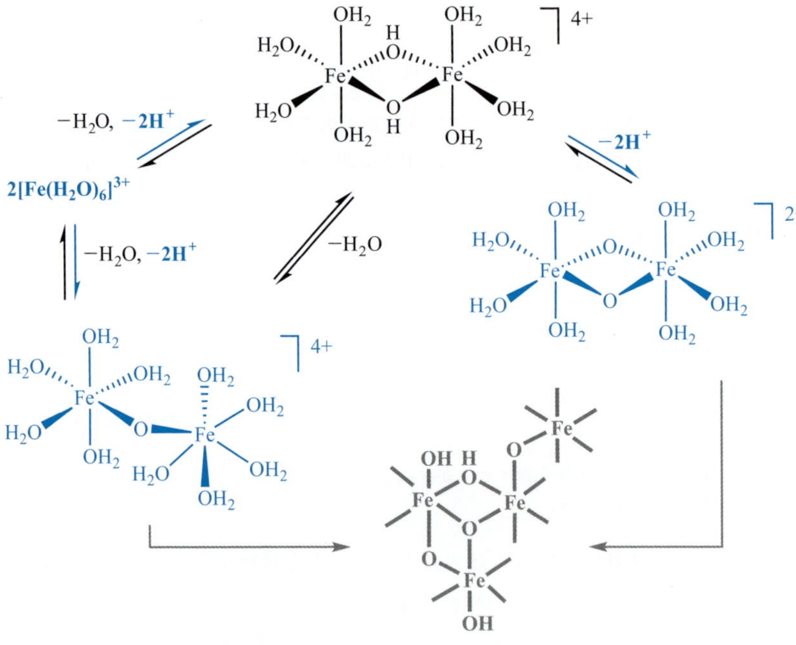

図4・2　水中の Fe^{III} 錯体のプロトン化/脱プロトン反応および会合反応. 青色で示す構造は脱プロトンされた二量体，灰色で示す構造は $FeO(OH)$ の基本構造単位をもつコロイドの部分構造である. 後者は鉱物にも含まれる. ゲータイト $\alpha\text{-}FeO(OH)$，レピドクロサイト $\gamma\text{-}FeO(OH)$，フェリハイドライト $Fe_{10}O_{14}(OH)_2$ は，通常 $5Fe_2O_3 \cdot 9H_2O$ あるいは $FeO(OH) \cdot 0.4H_2O$ と記載される.

Box 4・1　配位化合物: 定義, 安定度, 配位子の分類

　配位化合物 (錯体) は, 中心金属イオン (原子の場合もある) に定まった数の配位子が特定の配置で結合した分子単位あるいはイオン単位である. 単純イオンや複合イオン, あるいは分子双極子や誘起双極子が配位子となりうる. 通常, 配位子は孤立電子対を与える. すなわち, 配位子はルイス塩基であり, 配位中心の金属はルイス酸である. したがって, その結合はルイス酸とルイス塩基の相互作用として記述される. 結合の状態を表す他の概念として, (1) ドナー–アクセプター結合, (2) しばしば L→M〔L は配位子 (ドナー), M は金属 (アクセプター), →は結合電子対〕と記される配位結合がある. 金属原子まわりの価電子数, すなわち金属の価電子数と配位子からの供与電子数の和が 18〔電子配置 $ns^2np^6(n-1)d^{10}$ (n は遷移金属の場合 4〜6)〕, あるいは後周期遷移金属の場合は 16 になるときに金属錯体は安定になる傾向がある.

　平衡式 $M + nL \rightleftharpoons (ML_n)^q$ (n は配位子数, q は錯体の電荷) に従って形成する錯体の安定度は $[(ML_n)^q]/[M][L]_n = K$ で定量化される. 角括弧は平衡時の濃度を表す. K は**安定度定数**あるいは**錯形成定数**で ($pK = -\log K$), その逆数 K^{-1} は**解離定数**とよばれている.

　安定な状態の遷移金属 (イオン) では d 軌道が縮退している. 金属錯体$(ML_n)^q$では, 縮退した状態は部分的あるいは全体的に解ける. 一組の d 軌道の分裂の程度は金属中心の電荷, 配位子の数と配列 (局所対称性については Box 4・3 を見よ), 配位子の強さに依存する. よって配位子を強さの順に並べることができる.

$$\text{ハロゲン化物イオン} \fallingdotseq \{S\} < \{O\} < \{N\} < CN^- < NO^+ \fallingdotseq CO$$

　ここで {S} などは, 配位子が硫黄 S などで配位していることを表す. O_h 対称性の八面体型錯体における, 弱い配位子 (高スピン錯体) および強い配位子 (低スピン錯体) による配位子場分裂の例は Box 4・3 を参照せよ.

　Pearson により導入されたもう一つの分類法に従うと, ソフト金属とハード金属, あるいはソフト配位子とハード配位子に分けられる. Mo^{VI}やFe^{III}のような高酸化状態の前周期遷移金属イオンはハード, 酸素配位子のようなハード配位子を好む. Cu^{I}のようなソフト金属イオンは, システイン残基のチオール基のようなソフト配位子を好む. 一方, このルールに従わない例外はたくさんある.

　錯体の安定性は多座配位子によりさらに増すが, これはキレート効果とよばれるものである. シデロフォアであるエンテロバクチンとFe^{III}から生成する非常に安定な錯体はその一例である (ent^{6-} は六座配位子である. 図 4・4).

$$[Fe(H_2O)_6]^{3+} + ent^{6-} \longrightarrow [Fe(ent)]^{3-} + 6H_2O$$

ここでいうキレート効果はエントロピー効果である. すなわち, 粒子数が 2 個 (左辺) から 7 個 (右辺) に増えることによる.

Box 4・2 メスバウアー分光法

メスバウアー分光法の原理は，γ線の反跳のない放射と吸収に基づき，そのγ線が異なる核エネルギーレベルの間を遷移することを利用する．反跳がない状態は固体（結晶）マトリックスにおいて与えられる．実験装置の概略は以下のとおりである．

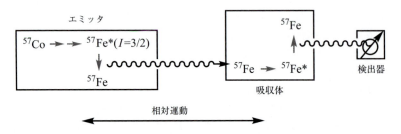

γエミッタは，吸収体(研究対象の試料)に対する相対運動をドップラー効果(電磁波の発生源と検出器との相対的な運動速度の差により，電磁波の周波数が変化すること)を利用して調節し，吸収体と共鳴できるように滑動部に据え付ける．吸収によるγ線の透過率を吸収体の相対速度に対してプロットすると，アイソマーシフト δ (mm s^{-1}) を求めることができる．この値は，NMR 分光法の化学シフトのように，対象としている核の化学的環境に大きく依存する．

生体系で最もありふれたメスバウアー同位体は ^{57}Fe であり，安定な基底状態では $\frac{1}{2}$ の核スピン量子数をもつ．共鳴においてγ量子がもつエネルギーを吸収すると，$\frac{3}{2}$ の核スピン量子数をもつ励起状態の ^{57}Fe* となり，四極モーメントをもつようになる．^{57}Fe メスバウアー分光法で用いられるエミッタ源は ^{57}Co であり，K殻からの電子捕獲を経由して ^{57}Fe*(核スピン量子数 $I=\frac{5}{2}$) と ^{57}Fe* ($I=\frac{3}{2}$) へ崩壊する(半減期：272 日)．^{57}Fe* ($I=\frac{3}{2}$) の崩壊の半減期は 1.4×10^{-7} s であり，その ^{57}Fe* から ^{57}Fe への遷移を伴うγ線の放射エネルギーは 14.4 keV(波長 86 pm に相当)である．

$I=\frac{1}{2}$ と $I=\frac{3}{2}$ の状態間の分裂 ΔE はアイソマーシフトの程度を決定する(右図)．$I=\frac{3}{2}$ の状態は，四極子分裂 ΔQ に依存して四重極ダブレット($m_1=\frac{1}{2}, \frac{3}{2}$)を生じる．$\Delta Q$ (mm s^{-1}) は酸化数，スピン状態(高スピン vs 低スピン)，分子構造の対称性に敏感である．図の右上のスペクトルは二つの四重極ダブレットが重なっており[©2008 WILEY-VCH Verlag GmbH & Co. KGaA, Weinheim, *Angew. Chem. Int. Ed.* **47**, 9537 (2008)]，リスケタンパク質モデルの二つの異なる鉄中心の存在を示している(図 4・1 を参照)．ダブレットのそれぞれは，エネルギー図の中央の m_1 の部分に示すように，二つの遷移があることを表している．マグネタイト Fe$_3$O$_4$ のよ

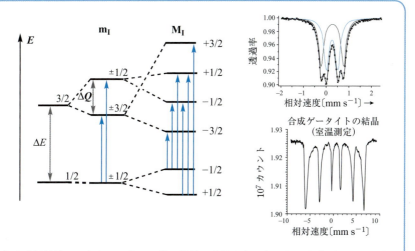

うな磁性材料でみられるように，核の位置に磁場があるとさらに分裂（ゼーマン分裂）して六つのエネルギー副準位を生じる．$\Delta M = \pm 1$ の選択則に従って六つの遷移が可能になり，その結果6本線のスペクトルが得られる．右下のスペクトルはゲータイト $FeO(OH)$ のゼーマン6重線である．これらの6本線は，左から右へエネルギーが大きくなり，エネルギー図の M_I 部分にみられる六つの遷移を示している[3]．

4・2　鉄の動態，輸送，鉱化

図4・3は鉄循環をいくつかの側面から概観したものである．ここに述べたように，水中で特に配位子がない場合は Fe^{III} を利用することはほとんどできない．pHがおよそ6以上で生成する $Fe(OH)_3$ の溶解度が低いため，その取込みが制限されるからである．(4・7)式に示す溶解度積 K_{sp} より，pH 7 ($[OH^-] = 10^{-7}$ mol L^{-1}) の水中では Fe^{III} の濃度は $s = [Fe^{III}] \fallingdotseq 10^{-18}$ mol L^{-1} であり，1 cm^3 あたり 600 個の Fe^{III} ($s \times N_A \times 10^{-3}$，$N_A$ はアボガドロ定数) が溶けていることに相当する．このことから，水酸化鉄や酸化鉄水和物の沈殿から溶出する鉄の濃度がきわめて低いことは明らかである．

$$K_{sp} = [Fe^{III}][OH^-]^3 = 10^{-39} \text{ mol}^4 \text{ L}^{-4} \qquad (4 \cdot 7)$$

細菌，菌類，水生植物，多くの非水生植物の根系は，シデロフォアを分泌して Fe^{III} を利用することができる．これらの"鉄の運搬体"は多機能性キレート配位子とし

て非常に効率良くFe^{III}に結合できるため，Fe^{III}の沈殿物からFe^{III}を集めることができる．生成する錯体の安定度定数Kは，(4・8)式に示すように10^{50}にも達する．

$$K = \frac{[FeL]^{3-}}{[Fe^{III}][L^{6-}]} \fallingdotseq 10^{50}\,M^{-1} \tag{4・8}$$

(Lがエンテロバクチンの場合：図4・4を参照)

図4・4にシデロフォア類のいくつかの例を示す．エンテロバクチンはカテコラート，フェリオキサミンやフェリクロムはヒドロキサメート，リゾフェリンはヒドロキシカルボキシレートがFe^{III}に配位する官能基である．球状のFe^{III}-シデロフォア錯体は，周囲に親水基をもつため水溶性が高い．Fe^{III}錯体は細胞に輸送され，細胞中の受容体により取込まれた後，しばしばエンドサイトーシスにより細胞質に移行する[*2]．細胞内では，シデロフォアの分解あるいはFe^{III}の還元反応により鉄イオンが放出される．

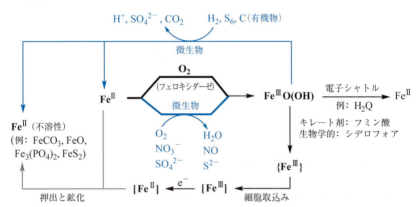

図4・3 鉄循環のおもな特徴．有酸素条件下では，鉄は不溶性の酸化鉄あるいは水酸化鉄の形で存在する(図の右部分)．ヒドロキノンH_2QやBox 9・2に示す還元剤は，Fe^{III}をFe^{II}に還元することにより鉄を移動させる．また，キレート剤はFe^{III}を捕捉して水に溶ける錯体$\{Fe^{III}\}$を形成する．この錯体は水媒体を介した輸送により細胞内に取込まれ$[Fe^{III}]$，$[Fe^{II}]$に還元される．さらに，水素，硫黄，あるいはさまざまな有機物（図の上部）のような昔ながらの還元体による鉄の微生物還元や移動が可能である．ひとたびFe^{II}が生成すると（図の中央部），その再酸化反応は体内外の好気的条件下で達成されうる（最終的には，鉄あるいは銅依存のフェロキシダーゼにより触媒される）．無酸素条件下ではFe^{II}の鉱化が可能であり，シデライト$FeCO_3$，ウスタイトFeO，ビビアナイト$Fe_3(PO_4)_2$，パイライトFeS_2のような鉱物を生成する．微生物による反応は青色で，鉱化の過程は灰色で示す．

[*2] エンドサイトーシスは，細胞膜の陥入により，比較的大きな分子が輸送される過程である．輸送される分子は細胞膜の外側の受容体に取込まれ，膜の内側に輸送され，細胞質に放出される．

4・2 鉄の動態，輸送，鉱化　　53

　脊椎動物の血漿中の Fe^{III} の輸送も含めて，鉄の細胞内輸送ではトランスフェリン (Tf) が用いられている[*3]．ヒトのアポトランスフェリン $hTfH_2$ ("アポ"は金属を含まないことを意味する) は，80 kDa ($1\,Da = 1\,g\,mol^{-1}$) の糖タンパク質 (炭水化物分画 6%) であり，図4・5(a)に示すように，二つの Fe^{III} を含み，それぞれがタンパク質の N 末端と C 末端でローブ構造を形成している．鉄中心には二つのチロシン，一つのアスパラギン酸，一つのヒスチジンの側鎖が配位している．さらに (4・9) 式に示すように，炭酸イオンがいわゆる"シナジー配位子"として配位し，八面体型配位圏を形成する．

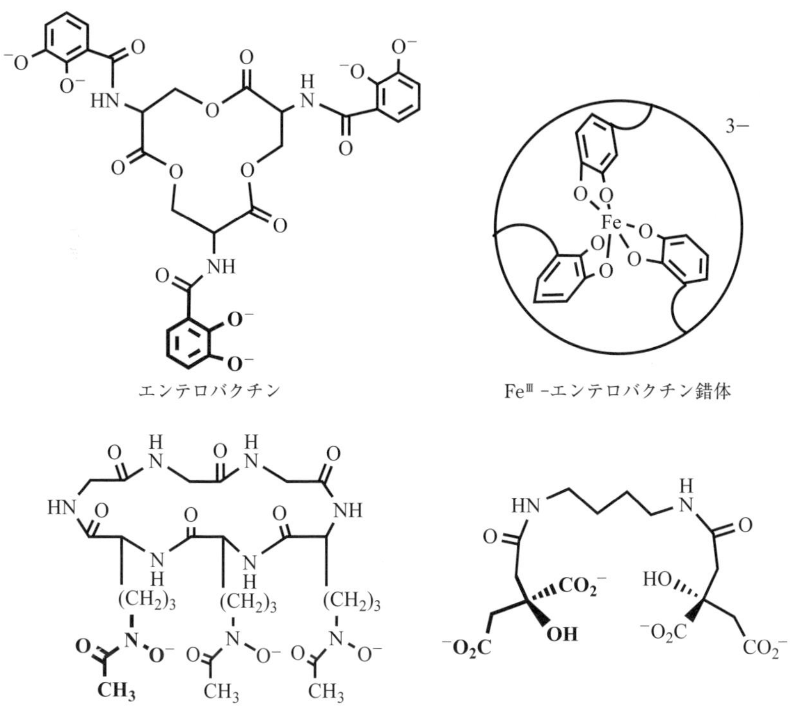

エンテロバクチン

Fe^{III}-エンテロバクチン錯体

フェリクロム

リゾフェリン

図4・4　いくつかのシデロフォア類の化学構造．それぞれについて，Fe^{III} に配位する官能基を太線で強調してある．

[*3]　パーキンソン病やアルツハイマー病といった疾病におけるトランフェリンの可能な役割については§14・2・1を参照せよ．

$$\text{hTfH}_2 + \text{Fe}^{\text{III}} + \text{HCO}_3^- \longrightarrow [(\text{hTf})\text{Fe}^{\text{III}}(\text{CO}_3)]^- + 3\text{H}^+ \qquad (4\cdot9)$$

また図 4・5(b)に示すように，近傍のアルギニンとのイオン対(塩)形成により，さらに安定化されている．

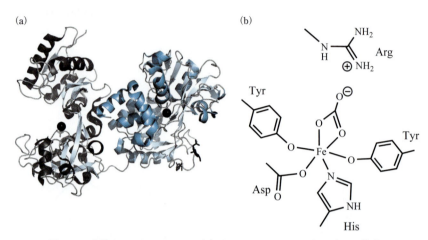

図 4・5 血清トランスフェリン．(a) トランスフェリンのドメインの構成単位（ローブ）構造は青色と灰色で，Fe^{III}は黒色の球で表している．このタンパク質は α ヘリックスと β シートからなる．[J. Crowe による．PDB 3QYT に基づく] (b) "シナジー配位子" として配位している炭酸イオンを含む，トランスフェリンに取込まれた Fe^{III} の配位環境．

pH 7.4（血液の pH）におけるトランスフェリンと Fe^{III} により形成される錯体の安定度定数は $10^{20.2}$ である．Fe^{III} を取込んだトランスフェリンは，使う可能性のある場所に Fe^{III} を運ぶ．例として，ヘモグロビンのヘム部分の前駆体であるプロトポルフィリン IX，鉄-硫黄クラスターの生合成に関わる小さな鉄タンパク質であるフラタキシンへの導入があげられる．過剰の鉄は，後述するように，フェリチンとよばれる鉄貯蔵タンパク質中に蓄えられる．鉄の送達には Fe^{III} から Fe^{II} への還元が必要である(4・10 式)．トランスフェリン Fe^{II} 錯体の安定度定数は $10^{3.2}$ まで低下し，細胞質への Fe^{II} の放出が可能になる．このような還元反応は，アスコルビン酸(ビタミン C) のような物質により効率良く調節されうる．

$$[(\text{hTf})\text{Fe}^{\text{III}}(\text{CO}_3)]^- + e^- + 3\text{H}^+ \longrightarrow \text{hTfH}_2 + \text{HCO}_3^- + \text{Fe}^{\text{II}} \qquad (4\cdot10)$$

食物が口内で咀嚼されたり唾液と混ざるとき，鉄はたいてい Fe^{III} の形である．消化管を通り小腸の還元的な環境に達すると，Fe^{III} は Fe^{II} に還元されて，溶ける形に

4・2 鉄の動態，輸送，鉱化　　　　55

なり腸壁を通して吸収が可能になる．輸送が可能な Fe^{III} への再変換（4・11式）は，通常ヘファエスチン（銅輸送体でフェロキシダーゼであるセルロプラスミンに類似したオキシドレダクターゼ）のような銅依存フェロキシダーゼ類（4・11式の{Cu}）により触媒される（§14・2）[*4]．より一般的には，鉄と銅の恒常性の間には密接な関係がある[4)]（ここでいう恒常性は，金属イオン濃度のようなパラメーターに関する系内の制御をさす）．

$$2Fe^{II} + \frac{1}{2}O_2 + 2H^+ \longrightarrow 2Fe^{III} + H_2O \qquad (4・11)$$

すぐに使わない鉄はすべてフェリチンに蓄えられている．遊離の $Fe^{II/III}$ は，（4・12)式に示すフェントン反応のように，活性酸素ラジカルを生成する可能性があり有毒である．そのため，ヘム，ミトコンドリアのフラタキシン，鉄-硫黄クラスターへの鉄の導入は速やかである必要があり，またフェリチンへの貯蔵もしかりである．酸素や活性酸素種(ROS)に関する詳細は，§5・1を参照せよ．

$$Fe^{II} + H_2O_2 \longrightarrow Fe^{III} + \cdot OH + OH^- \qquad (4・12a)$$

$$Fe^{III} + H_2O_2 \longrightarrow Fe^{II} + \cdot OOH + H^+ \qquad (4・12b)$$

あらゆる細胞種がもっている鉄貯蔵タンパク質は，球殻状タンパク質であるアポフェリチンからなる．ヒトのアポフェリチンは450 kDa のタンパク質で，約170個のアミノ酸からなるサブユニット24個が2, 3, 4回対称を示す配列様式をとる[5)]（図4・6）．外側の直径は130 Å，内側の直径は75 Åである．このカプセル型タンパク質の内表面にはカルボキシ基（グルタミン酸とアスパラギン酸）が配列しており，最初に取込まれた Fe^{III} に結合する．4500個もの Fe^{III} を取込むことができ，より内側の Fe^{III} は酸化物イオンや水酸化物イオンにより架橋されている．この構造は鉱物であるゲータイト $FeO(OH)$ あるいはフェリハイドライト $FeO(OH)・0.4H_2O$ に非常によく似ている（図4・2）．鉄核の全体の組成は，$8FeO(OH)・FeO(H_2PO_4)$ に近く，リン酸も含まれている．

タンパク質被膜の3回対称の細孔やチャネルはアスパラギン酸やグルタミン酸の残基をもつため，内外の鉄イオンの交換を可能にしている．取込みの最初の段階では，鉄イオンはIIの酸化状態をとらなければならない．前述のように，これは輸送体のフェリチンから鉄イオンが還元的に脱離することにより達成される．鉄イオンチャネルを通して取込まれ，フェリチンの中心部分に集まる段階では，鉄イオンはIIIに再酸化される．酸化剤は酸素である（4・13式）．酸化反応は過酸化物イオン

[*4] 鉄の取込みやその調節に関する詳細な説明は，§14・2の図14・2を参照せよ．

が架橋した二核中間体を経由して進行する．興味深いことに，フェリチン中のFe^{III}中心あたりの有効磁気モーメント（ボーア磁子）は 3.85 μ_B しかなく，五つの不対電子をもつ高スピンの Fe^{III} に期待される 5.92 μ_B より明らかに小さい．この違いは，高秩序の擬結晶構造をもつフェリチンの中心部において，鉄中心の間で超交換相互作用（部分的な反強磁性結合）があることを示唆している（磁性に関しては Box 4・3 を参照せよ）．

$$2Fe^{II} + O_2 \longrightarrow Fe^{III} \underset{O^-}{\overset{O^-}{\diagdown O \diagup}} Fe^{III} \xrightarrow{+3H_2O} 2Fe\underset{OH}{\overset{O}{\diagdown\diagup}} + \frac{1}{2}O_2 + 4H^+ \quad (4・13)$$

ヘモジデリンは，古い文献では鉄貯蔵タンパク質の第2形式として説明されていることもあるが，基本的にはフェリチンが変性したものである．あらゆる真核細胞に存在する鉄貯蔵タンパク質フェリチンとともに，Dps タンパク質あるいは Dps フェリチンとよばれる第2のフェリチン類が知られている．Dps タンパク質は[*5]，（真核生物や古細菌に存在するが）もともとは大腸菌の飢餓細胞から DNA 結合タンパク質として発見された．これらは，栄養素が行き届かない細胞中の DNA を酸化ストレス（4・12式にある活性酸素種の生成）から守っている．通常の真核生物のフェリチンとの明らかな違いは，12個のサブユニットが 2，3 回対称の配列により中空構造を形成し[6)]，酸化反応や鉱化の前にフェロキシダーゼ部位で Fe^{II} に結合

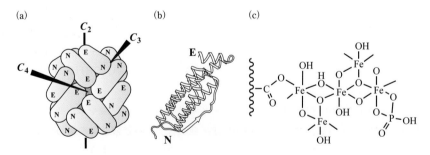

図 4・6 鉄貯蔵タンパク質アポフェリチン．(a) 24 個のサブユニットおよび 2，3，4 回対称の軸を示してある．3 回対称軸は，イオン輸送チャネルとして働く．(b) フェリチンのサブユニット．N と E はそれぞれ，各サブユニットの N 末端ローブ構造ならびに α ヘリックス構造を示す．(c) 鉄中心から見た部分構造．リン酸基はさらにアデノシンに結合できる．

[*5] Dps 様過酸化物抵抗体を Dpr タンパク質ともいう．

4・2 鉄の動態，輸送，鉱化　　57

する点である（4・14式）．Dps タンパク質は，約 500 個の Fe^{III} を貯蔵でき，それらを超常磁性挙動を示すフェリハイドライト粒子の形に配列させる[7]．

$$\{Fe_2\}^{II} + H_2O_2 + H_2O \longrightarrow \{Fe_2O_2(OH)\}^- + 3H^+ \qquad (4・14)$$

　ヒトのフラタキシン類は比較的小さい約 14 kDa（アポタンパク質の分子量）のタンパク質であり，6 個か 7 個の Fe^{II} を取込むことができる．その解離定数は µmol レベルであるため，フラタキシンはシャペロンとしての働くことができ，[2Fe,2S] クラスターの核形成部位への鉄輸送を調節する[8]．鉄イオンは内部にぶらさがっているグルタミン酸やアスパラギン酸のカルボキシ基やヒスチジンのイミダゾール基の ε 窒素と結合している（図4・7）．フリードライヒ運動失調症は，遺伝的に生まれつきフラタキシンが不足するために {FeS} クラスターが十分供給されず，筋肉の調整が失われる状態になる．フラタキシンのサブユニットは多量体に会合できるため，フェリチンや Dps タンパク質と同様に Fe^{III} を貯蔵できる．ただし，Fe^{III} が Fe^{II} に還元されると集合体が解離する点は，フェリチンや Dps タンパク質と異なる．

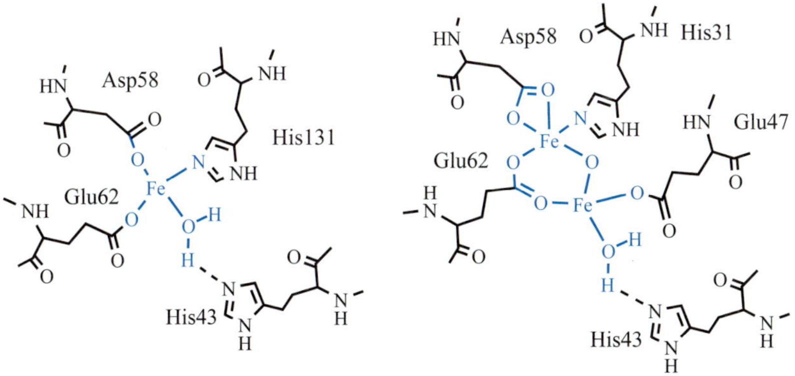

図4・7　細菌の Dps タンパク質の単核鉄および二核鉄
フェロキシダーゼ部位の例．［文献 8b を改変］

　上で述べたように，フェリチン中の $\{FeO(OH)\}_n$ 核の会合は，鉱物のフェリハイドライト中にもみられる．すべてではないが，地中のフェリハイドライトのナノ結晶のほとんどは有機物が起源である可能性があるので，今後もバイオミネラリゼーション（生命活動に関連して産出される鉱物に対して用いられる用語）により産出され続けるだろう．バイオミネラリゼーションは，アポフェリチンの内孔でフェリハイドライトが生成する場合のように，細胞の骨組みの中で起こるときに生物学的に調節されている，あるいは，（微）生物とその環境の間の相互作用により起

こるときに生物学的に誘導されていると考えられている[9]．

生物学的に調節されるバイオミネラリゼーションのもう一つの典型的な例は，走磁性細菌，ミバエ，蜂，伝書鳩，コマドリ，サンショウウオ，ウミガメ，魚類などの生物により産生される，混合原子価の磁性材料であるマグネタイト Fe_3O_4 ($Fe^{II}Fe^{III}_2O_4$) やグレイジャイト Fe_3S_4 ($Fe^{II}Fe^{III}_2S_4$) である[10]（図4・8）．これらは，地球の弱い磁場（約50 μT）で方位を決めるために用いられている．マグネトソームの大きさは通常 $10^{2～3}$ nm ぐらいであるが，酸素が少なく鉄が得られやすい水域環境に生息する走磁性細菌が産出した，長さが4 μm もある巨大なマグネタイト（図4・8c）が5600万年前に沈殿した粘土質の堆積物から見つかっている[11]．

特に純粋なマグネタイト微結晶は"バイオマーカー"と考えられることが多い．すなわち，これらは生物学的起源を示している．興味深いことに，超純粋マグネタイト微結晶が，1984年に南極大陸のアランヒルズで見つかった火星隕石 ALH84001 の中からも発見されている[12]．ALH84001 は，1500万年前に小惑星が火星に衝突した際に破片として飛散し，1万3000年前に地球に落下したとされている．隕石の母岩は41億年前に形成したとされているが，火星のマグネタイトを含んでいる炭素基質は39億年前に形成したとされている．そのため，火星のマグネタイトは

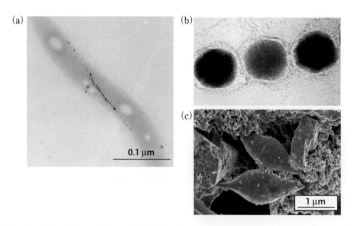

図4・8 (a) 鎖状に並ぶマグネトソーム（膜中のマグネタイト微結晶）をもつ走磁性細菌．(b) マグネトソーム膜に包まれているマグネタイト粒子．(c) 粘土質沈殿物から見つかった巨大な槍の穂状マグネタイト[11]．[(a,b) Faivre, D., Schüler, D., *Chem. Rev.*, **108**, 4875-4898(2008)の許可を得て掲載．©2013 American Chemical Society. (c) 文献11の許可を得て掲載．©2013 National Academy of Sciences, USA. 写真は Dirk Schumann 博士のご厚意による]

地球上の最も古い化石よりも4億年古い.

グレイジャイトの形成は走磁性細菌に限られてはいない. 熱水噴出孔の一種であるブラックスモーカーの底部に生息する腹足類の足の鱗は, パイライトや比率は低いがグレイジャイトにより鉱化された, 複雑なタンパク質コンキオリンからできている. グレイジャイトが含まれているため, この物質はフェリ磁性 (Box 4・3) を示す[13].

走磁性細菌が産出する, 多くの場合モノドメインであるマグネタイトのナノ結晶は, 特定の細胞外皮に収容されている. すなわち, 生物学的に調節されている. 脂質二重膜に組込まれているマグネタイトの集合体はマグネトソームとよばれる. しかしながら, マグネタイトは非走磁性細菌により生物学的な誘導という形でも生成されている. たとえば, 嫌気性かつ耐寒性[*6]である土壌菌 *Geobacter* や *Shewanella* といった属の異化型細菌は嫌気的環境でFe^{III}を外部の電子受容体として用いることができ[14], その際, 乳酸, ギ酸, ピルビン酸, あるいは水素が電子供与体として用いられる. いくつかの *Shewanella* 変種の場合, このような過程により, 粒径が35 nm以上のモノドメインのマグネタイトが産出される. (4・15)式は還元剤としてギ酸を用いるFe^{III}からFe^{II}への還元の例である.

シデライト$FeCO_3$のような鉄鉱物質は, CO_2が存在する非酸性条件下で生成しうる (4・16式). 硫酸還元細菌により産生される硫化物や単体硫黄は, トロイライト FeS, ピローライト $Fe_{1-x}S$ ($x<0,2$), パイライト FeS_2(4・17式)のような硫化鉄の生成の基礎を与える.

$$HCO_2^- + 2FeO(OH) + 4H^+ \longrightarrow HCO_3^- + 2Fe^{II} + 3H_2O \qquad (4・15a)$$

$$Fe^{II} + 2FeO(OH) \longrightarrow Fe_3O_4\downarrow + 2H^+ \qquad (4・15b)$$

$$Fe^{II} + HCO_3^- + OH^- \longrightarrow FeCO_3\downarrow + H_2O \qquad (4・16)$$

$$2Fe^{III} + 3HS^- \longrightarrow FeS_2\downarrow + FeS\downarrow + 3H^+ \qquad (4・17)$$

(4・15a)式と(4・17)式は外因性細菌によるFe^{III}の還元反応の例であるが, 光合成細菌 (図2・4) によるFe^{II}の細胞外酸化も, 鉄のバイオミネラリゼーションの起源に含まれるかもしれない. その例としては, 嫌気性光合成細菌の *Rhodobacter* と硝酸塩還元細菌 *Acidvorax* があげられる[15]. これらの細菌は水溶性のFe^{II}を酸化し, ヘマタイト, フェリハイドライト, ゲータイトのナノ結晶を生成する. ゲータイトの生成を表した(4・18)式と(4・19)式は, それぞれ光合成Fe^{II}酸化および硝

[*6] 好冷性, あるいは耐寒性細菌は標準温度でよく生育するが, 低い温度でも, 成長や代謝の速度は遅くなるものの生育する.

Box 4・3　スピン磁気モーメント

　原子核上の電子は，電子の角運動に伴う磁気モーメントをもつ．外部磁場は，磁気双極子モーメントが印加磁場と反対方向に反発効果が誘起されるような形で，原子内の電子の軌道速度を変化させる．このような影響を受ける物質を，**反磁性**を示すという．反磁性はあらゆる物質の一般的な性質である．

　さらに，電子 e^- はその内部軸の周りを回転し，スピン磁気モーメントをもつ．その回転方向は，通常上向きか下向きの矢印で表される．原子中のすべての電子が対をつくっているときは，これらの効果は相殺される．その系内に，一つかそれ以上の不対電子がある場合は有効なスピンモーメントが生じ，**常磁性**が表れる．常磁性プローブは外部磁場に引きつけられる．

　外部磁場がない限り，スピンモーメントは通常熱的に無秩序に分散し，その物質はバルク磁性を示さない．特定の条件下では，バルク物質中の単一原子やイオン間の相互作用が可能であり，個々の原子のスピンが部分的あるいは完全に平行に配列する．部分配列は**超常磁性**，完全配列は**強磁性**を発現する．バルク領域に近接するスピンが反平行に並ぶとき，その物質は**反強磁性**である．全体の格子が，異なる常磁性原子やイオンからなる二つの副格子で構成され，そのために異なるスピンが対蹠的に配列する粒子が形成される場合，その物質は**フェリ磁性**であるという．

超常磁性

強磁性

反強磁性

フェリ磁性

　正八面体型の $Fe^{II}(d^6)$ および $Fe^{III}(d^5)$ 錯体は，反磁性および常磁性を発現する代表的なスピンシステムである．

- 反磁性：低スピン型 Fe^{II}，全体のスピン状態は $S=0$
- 常磁性：(1) 高スピン型 Fe^{II}，四つの不対電子をもち $S=2$
  　　　　(2) 低スピン型 Fe^{III}，一つの不対電子をもち $S=\frac{1}{2}$
  　　　　(3) 高スピン型 Fe^{III}，五つの不対電子をもち $S=\frac{5}{2}$

　低スピン (ls) 型錯体は CN^- のような強い配位子により形成され，高スピン (hs) 型錯体は H_2O や他の O ドナーや S ドナーのような弱い配位子により形成される．高酸

化状態の中心金属イオンは ls を好み，負電荷をもつ配位子間に反発がある場合は ls を好まない．

　N ドナー，特にヘム中のポルフィリノーゲン配位子は，スピンクロスオーバーが可能な状況を与える．すなわち，温度，溶媒などの環境要因，配位数，一つのアキシアル配位子の交換，などの小さな影響により，Fe^{III} の場合のように $S=\frac{3}{2}$（三つの不対電子）のような中間体を通常経由して，hs と ls の間の交換が可能になる．下の図は，酸化酵素であるシトクロム P450（還元体の Fe^{II} 錯体）の局所 C_{4v} 対称性をもつ活性中心の ls （$S=0$）と hs （$S=1$）の状態を表している（§5・3, Box 5・2）．"対称性"については Box 4・4 を参照せよ．hs と ls の間には中間のスピン状態が存在する．

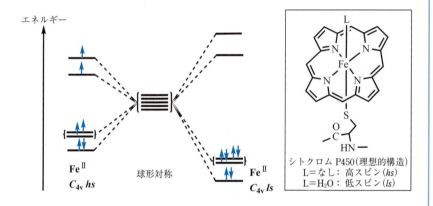

シトクロム P450（理想的構造）
L＝なし：高スピン（hs）
L＝H_2O：低スピン（ls）

Fe^{II}　C_{4v} hs　　球形対称　　Fe^{II}　C_{4v} ls

　スピン状態は"磁気てんびん"で測定できる．常磁性化合物に予想される全スピンモーメント μ は，$\mu=\sqrt{n(n+2)}$（単位はボーア磁子 μ_B，n は不対電子数）で与えられる．この式は第一列遷移金属の場合にうまく当てはまる．

　分子化学では，強磁性および反強磁性結合という用語は，二つ以上の常磁性金属中心 M が配位子 X で架橋されている分子に対して使われる．この多核錯体では金属イオンの磁気モーメントが平行（強磁性交換結合）か反平行（反磁性結合）に配向されている．強磁性結合が非磁性で陰イオン性の架橋配位子 X により仲介される場合，その現象は超交換ともいわれる．奇数の金属中心を含む分子における強磁性結合の場合，局所磁気モーメントの一つは対をつくらない．この現象はスピンフラストレーションとよばれている．

超交換

Box 4・4 対　称　性

　化学分野における"対称性"は，分子(あるいは分子集合体)をもとの分子自身に変換させる特性を表す．下にシクロブタン $C_4H_4{}^{2-}$ やテトラシアノニッケル $[Ni(CN)_4]^{2-}$

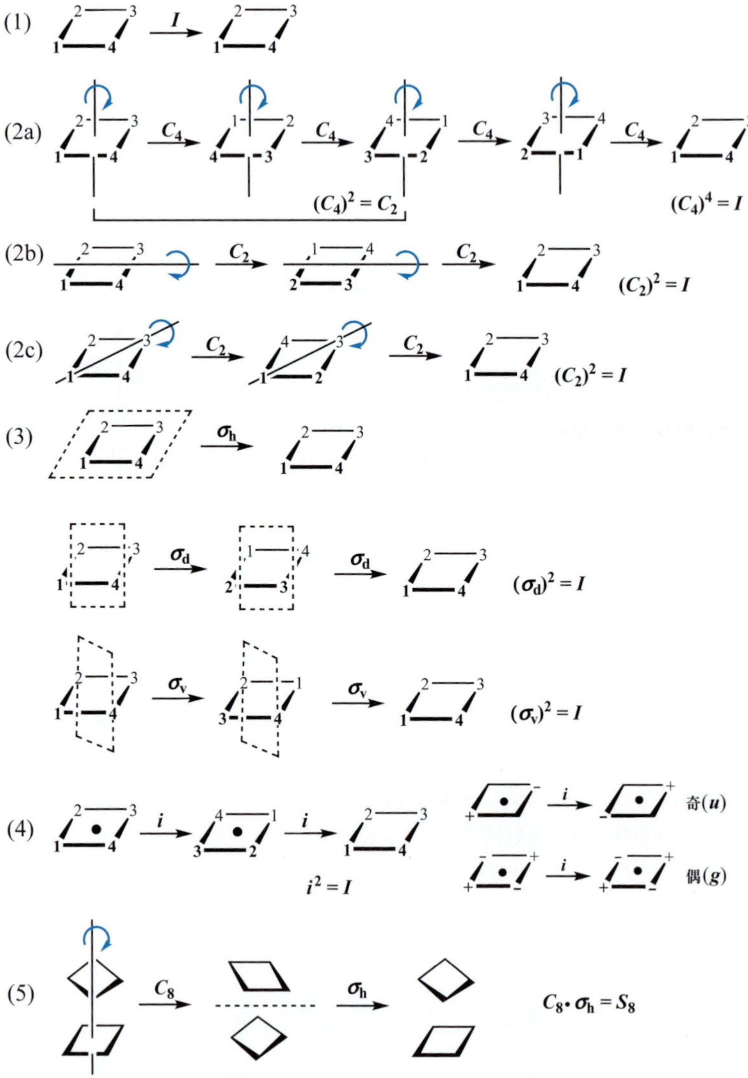

(1)

(2a)
$(C_4)^2 = C_2$ $(C_4)^4 = I$

(2b)
$(C_2)^2 = I$

(2c)
$(C_2)^2 = I$

(3)

$(\sigma_d)^2 = I$

$(\sigma_v)^2 = I$

(4)
$i^2 = I$

奇(u)

偶(g)

(5)
$C_8 \cdot \sigma_h = S_8$

のような真四角な分子の例を示すように，この変換は対称操作により行われる．四角の頂点を仮に1から4と番号づけしてある．

(1) 最も単純な操作は，すべての分子に適応できる恒等操作 I である．

(2) (a) 四角形の中心を通る軸（対称軸）の周りを90°回転させても，もとの四角形と区別がつかない．C_4（C は周期対称：添え字の4は360/90°，すなわち1/4回転を表す）と表示される操作を4回繰返すと〔$(C_4)^4$〕，最初に番号づけした位置に戻すことができる．2回連続で90°回転（180°回転）すると C_2 と同じである．記述子"C"は，回転対称を示すときはしばしば省略する．たとえば，24個のサブユニットをもつタンパク質アポフェリチン（図4・6a）は，C_2, C_3（120°回転3回でもとに戻る），C_4 の三つの対称軸をもち，全体の対称性は単純に234と表す．(b)と(c)は軸に垂直な軸に対する2回回転対称の典型例である．

(3) 鏡面における鏡映は σ と表される（σ はギリシャ文字の"s"で，ドイツ語で鏡を意味する Spiegel に由来する）．鏡映は面内，すなわち四角平面に対して水平 σ_h あるいは垂直に起こりうる．このような鏡面として，二面的垂直面 σ_d あるいは対角線を通る垂直面 σ_v）が可能である．同じ面に対する2回連続の鏡映操作により，もとに戻ることになる．

(4) 点対称あるいは反転 $i \equiv S_2$ は，偶（gerade, g）か奇（ungerade, u）となりうる．p軌道は反転に関しては奇で，d軌道は偶である．

(5) 回転と鏡映の積，回映操作は S_n と表される．ここで S は回転軸に垂直な鏡映面をもつ回映軸である．図示した $n=8$ の場合は45°回転を表す．メタロセン類はこのような対称性を示す例である．

酸塩依存 Fe^{II} 酸化の例である．(4・18)式中の化学式 $\{CH_2O\}$ は，グルコースのような CO_2 固定の産物を表している．ペリプラズム（細菌細胞の膜内外の間の空隙），細胞外表面，細菌膜と会合する細胞外の糖脂質鎖は，鉱物微結晶の核形成の鋳型として働く．

$$4Fe^{II} + CO_2 + 7H_2O + h\nu \longrightarrow 4FeO(OH)\downarrow + \{CH_2O\} + 8H^+ \qquad (4 \cdot 18)$$

$$5Fe^{II} + NO_3^- + 7H_2O \longrightarrow 5FeO(OH)\downarrow + \frac{1}{2}N_2 + 9H^+ \qquad (4 \cdot 19)$$

➕ ま と め

鉄はほとんどすべての生物の必須元素であり，原始地球においては"活性酢酸"（チオ酢酸のメチルエステル）を生成するために FeS の形ですでに使われていた可能性がある．生命活動において鉄が中心的役割を果たしている理由は，それが広く

分布し，酸化状態（おもにⅡとⅢ），配位子の性質，配位数や配位構造，スピン状態を柔軟に変えられるからである．鉄の利用に関するおもな問題は，好気的条件下，通常の生理 pH で不溶性の水酸化鉄が生成することである．多くの生物は，いわゆるシデロフォアといわれる有機物でできた輸送システムで排泄することにより，この問題を解決している．

　鉄はひとたび取込まれると，Fe^{III} の形で鉄輸送タンパク質トランスフェリンに結合できる．トランスフェリンは本質的に同一の Fe^{III} 結合部位をもち，二つのチロシン残基とヒスチジンとアスパラギン酸の残基が一つずつ配位する．同時に炭酸イオンも結合する．過剰の鉄はおもに $FeO(OH)$ の形でフェリチンに貯蔵される．フェリチンは，4500 個の Fe^{III} を貯蔵できる球殻状タンパク質である．フェリチンと連動して，Dps タンパク質やフラタキシンも鉄を取込むことができる．Dps タンパク質は DNA を酸化ストレスから保護し，最高 7 個の Fe^{II} に結合できるフラタキシンは鉄シャペロンとして機能する．鉄は最終的には，電子伝達，酸素分子の輸送や利用，さまざまな酸化還元酵素に関わるシステムの活性中心に運ばれる．おもな機能性鉄錯体としてヘム型分子，[2Fe,2S] および [4Fe,4S] 中心をもつ分子，カルボキシレートやヒスチジンに配位されている単核および二核鉄錯体がある．

　鉄のバイオミネラリゼーションは，走磁性細菌（モノドメインのマグネタイト Fe_3O_4 あるいはグレイジャイト Fe_3S_4 を含むマグネトソーム）および他のさまざまな細菌活性により実現している．二酸化炭素存在下の Fe^{III} の異化型還元は，シデライト $FeCO_3$ やトロイライト FeS やパイライト FeS_2 のような硫化鉄を産生する．FeS_2 や Fe_3S_4 は，腹足類の足の鱗にも見つかっている．細菌活性に誘導される Fe^{II} の酸化により，ゲータイト $FeO(OH)$，フェリハイドライト $Fe_{10}O_{14}(OH)_2$〔または $FeO(OH) \cdot 0.4H_2O$〕，ヘマタイト Fe_2O_3 が産生される．

🔵 参 考 論 文

Taylor, A.B., Stoj, C.S., Ziegler, L., *et al*. The copper-iron connection in biology: structure of the metallo-oxidase Fet3p. *Proc. Natl. Acad. Sci. USA*, **102**, 15459–15464 (2005).
〔多核銅フェロキシダーゼ（O_2 から H_2O への還元を伴う Fe^{II} から Fe^{III} への酸化反応を触媒する）の構造特性に基づいて，鉄の輸送におけるフェロキシダーゼの役割，銅との連携，鉄の恒常性が詳しく説明されている〕

Crichton, R.R., Declerq, J-P., X-ray structures of ferritins and related proteins. *Biochim. Biophys. Acta*, **1800**, 706–718 (2010).
〔"古典的"フェリチン，ヘムをもつ細菌のフェリチン，DNA 結合性 Dps タンパク質，FeS_4 ドメインをもつルブレリトリンを含む，鉄貯蔵タンパク質のスーパーファミリーがまとめられている〕

Lewin, A., Moore, G.R., Le Brun, N.E., Formation of protein-coated iron minerals. *Dalton*

Trans., 3597-3610 (2005).
[Chrichton と Declerq の総説と同様の内容の総説で，フェリチン，Dps タンパク質，フラタキシンの内孔における鉱化過程に重きが置かれている]

⊜ 引 用 文 献

1) Wächtershäuser, G., On the chemistry and evolution of the pioneer organism. *Chem. Biodivers.*, **4**, 584-602 (2007).
2) Archibald, F., *Lactobacillus plantarum*, an organism not requiring iron. *Microbiol. Lett.*, **19**, 29-32 (1983).
3) Gütlich, P., Schröder, C., Schünemann, V., Mössbauer spectroscopy - an indispensable tool in solid state research. *Spectrosc. Eur.*, **24**, 21-31 (2012).
4) Taylor, A.B., Stoj, C.S., Ziegler, L., *et al.*, The copper-iron connection in biology: structure of the metallo-oxidase Fet3p. *Proc. Natl. Acad. Sci. USA*, **102**, 15459-15464 (2005).
5) (a) Ford, G.C., Harrison, P.O.M., Rice, D.W., *et al.*, Ferritin: design and formation of an iron-storage molecule., *Phil. Trans. R. Soc. Lond. B* **304**, 551-565 (1984).
   (b) Crichton, R.R., Declerq, J-P., X-ray structures of ferritins and related proteins., *Biochim. Biophys. Acta.*, **1800**, 706-718 (2010).
6) (a) Lewin, A., Moore, G.R., Le Brun, N.E., Formation of protein-coated iron minerals. *Dalton Trans.*, 3597-3610 (2005).
   (b) Haikarainen, T., Paturi, P., Lindén, J., *et al.*, Magnetic properties and structural characterization of iron oxide nanoparticles formed by *Streptococcus suis* DPr and four mutants. *J. Biol. Inorg. Chem.*, **16**, 799-807 (2011).
7) Zeth, K., Offermann, S., Essen, L-O., *et al.*, Iron-oxo clusters biomineralizing on protein surfaces: structural analysis of *Halobacterium salinarum* DpsA in its low- and high-iron state. *Proc. Natl. Acad. Sci. USA*, **101**, 13780-13785 (2004).
8) (a) Yoon, T., Cowan, J.A., Iron-sulfur cluster biosynthesis. Characterization of frataxin as an iron donor for assembly of (2Fe-2S) clusters in ISU-type proteins. *J. Am. Chem. Soc.*, **125**, 6078-6084 (2003).
   (b) Haikarainen, T., Papageorgiou, A.C., Dps-like proteins: structural and functional insights into a versatile protein family. *Cell. Mol. Life Sci.*, **67**, 341-351 (2010).
9) Konhausera K.O., Bacterial iron mineralisation in nature. *FEMS Microbiol. Rev.*, **20**, 315-326 (2006).
10) (a) Chen, L., Bazylinski, D.A., Lower, B.H., Bacteria that synthesize nano-sized compasses to navigate using Earth's geomagnetic field. *Nature Educ. Knowl.*, **334**, 1720-1723 (2012).
    (b) Lefèvre, C.T., Menguy, N., Abreu, F., *et al.*, A cultered greigeite-producing magnetotactic bacterium in a novel group of sulfate-reducing bacteria. *Science*, **334**, 1720-1723 (2011).
11) Schumann, D., Raub, T.D., Kopp, R.E., *et al.*, Gigantism in unique biogenic magnetite at the Paleocene-Eocene thermal maximum. *Proc. Natl. Acad. Sci. USA*, **105**, 17648-17653 (2008).
12) Thomas-Keprta, K.L., Clemett, S.J., McKay, D.S., *et al.*, Origins of the magnetic nanocrystals in Martian meteorite ALH84001. *Geochim. Cosmochim. Acta.* **73**, 6631-6677 (2009).
13) Warén, A., Bengtson, S., Goffredi, S.K., *et al.*, A hot-vent gastropod with iron sulfide dermal sclerites. *Science*, **302**, 1007 (2003).
14) Roh, Y., Gao, H., Vali, H., *et al.*, Metal reduction and iron biomineralization by a psychrotolerant Fe(III)-reducing bacterium, *Shewanella* sp. strain PV-4. *Appl. Environ. Microbiol.*, **72**, 3236-3244 (2006).
15) Schädler, S., Burkhardt, C., Hegler, F., *et al.*, Formation of cell-iron mineral aggregates by phototrophic and nitrate-reducing anaerobic Fe(II)-oxidizing bacteria. *Geomicrobiol. J.*, **26**, 93-103 (2009).

酸素運搬と電子伝達系

　地球ができた最初の20億年間，大気は窒素，二酸化炭素，水，そしてわずかなメタンで占められていた．その後，約24億年前に，シアノバクテリアが行っていた光合成（第11章）が生命過程に広く行き渡るようになった．その結果，大気の組成は急速に嫌気的から好気的に変化し，窒素とともに酸素は大気の主成分になった（一般に"大酸化イベント"といわれる）．このイベントは，エネルギー源の酸素を還元的に変換して（実質は，生物発生の燃焼である）生命力を獲得する好気性生物が発達した進化過程への道を拓くことになった．

　H_2O と CO_2 を生成するグルコースの酸素酸化による細胞レベルでのエネルギー放出は細胞呼吸とよばれ，外部からの O_2 取込みと組織細胞への送達から始まり，外部への CO_2 の逆向き輸送と共役する．

　乾燥した空気は，おもな成分として20.95％（体積率）の O_2 と78.09％の N_2，少量のアルゴン(0.93％)や CO_2(0.039％)，そしてわずかな量のオゾン O_3 などからなる．水中の酸素の含量は，温度と深さに依存する．15℃で200 kPaの海水（10 mの深さに相当）では，1 Lの水中に16 mgの O_2 が溶けている．O_2 は二つのラジカルをもち，その酸化過程は発熱的であるにもかかわらず，O_2 は比較的安定である．大気温度におけるこの安定性は，有機物の酸化的変換の活性化エネルギーがかなり高いことに起因する．このことにより，生物は"自然発火"を免れている．

　生物内の特定の場所で有機物が酸化されるためには，O_2 は適切な運搬体により空気か水から取込まれ，酸化反応の場所まで移動し，基質が酸化分解されることなく酸化されるように活性化される必要がある．これを実現するために，生物は鉄や銅を利用した酸素運搬システムや，酸素を処理したりその還元に必要な電子を供給

5・1 酸素および，ヘモグロビンやミオグロビンによる酸素運搬　　　67

する複雑なシステムを獲得した．これらのシステムは鉄，銅，マンガン，モリブデン，タングステン，バナジウムのような酸化還元活性な金属をつぎつぎと利用し，ときには補因子である酸化還元活性な有機物と連携する．

　本章では，鉄および銅タンパク質による酸素の取込み，貯蔵，輸送，還元について解説する．第6章では，酸素種の相互変換に関わる補因子に注目して，鉄や銅，マンガンを用いる電子伝達系について概観する．また第7章では，バナジウム，モリブデン，タングステンが関わるレダクターゼ，オキシダーゼ/ペルオキシダーゼ，ジスムターゼを紹介する．

5・1　酸素および，ヘモグロビンやミオグロビンによる酸素運搬

　中性の分子状酸素は，おもに二原子分子 O_2 の形で存在する[*1]．放電や紫外線（<240 nm）のようなエネルギー源は，O_2 を酸素原子に開裂できる．酸素原子と O_2 の再結合はオゾン O_3 を生成する．大気化学との関連で，たとえば NO_2 の光開裂で生成した酸素原子と O_2 からもオゾンが生成しうる．

　電荷をもつ酸素種には，ラジカル陽イオンとして $O_2{}^+$，ラジカル陰イオンとして $O_2{}^-$（スーパーオキシドイオン[*2]）および $O_2{}^{2-}$（ペルオキシドイオン）がある．スーパーオキシドイオン，ペルオキシドイオン，およびそれらのプロトン化した $HO_2{}^-$ と H_2O_2 は，酸素代謝における重要な中間体または副産物である．ヒドロキシルラジカル $\cdot OH$ も含めて，これらの酸素種は活性酸素種（reactive oxygen species, ROS）とよばれる．活性酸素種はメッセンジャー機能を担う一方で，DNA 損傷の原因になったり，他の細胞成分の機能発現の阻害をすることがある．活性酸素種の蓄積による酸化的ストレスが老化と関連することはよく知られている．Fe^{II}

表5・1　二原子酸素種とオゾンの結合特性[†]

分子/分子イオン	$O_2{}^+$	$^1O_2$	$^3O_2$	$O_2{}^-$	$O_2{}^{2-}$	O_3
結合次数	2.5	2	2	1.5	1	1.5
$d(O-O)$ 〔pm〕	112	約125	121	133	149	128
$\nu(O-O)$ 〔cm^{-1}〕	1860		1555	1145	770	1135（対称伸縮） 1089（逆対称伸縮）

† 振動数は O−O 結合の強さ（大きいほど結合が強い）と関係がある．

---

*1　O_2 分子は会合して単寿命の二量体（O_4）や四量体（O_8）を形成することがある．
*2　より正確には"ハイパーオキシド"であるが，使われていない．

と H₂O₂ の反応で生成する・OH ラジカル (5・1式) はフェントン反応として知られている. 図5・1 はさまざまな酸素種の構造式をまとめてあり, 表5・1 は二原子酸素種とオゾンの結合特性を示す.

$$Fe^{II} + H_2O_2 + H^+ \longrightarrow Fe^{III} + H_2O + HO\cdot \quad (5\cdot1)$$

図5・2 の分子軌道図は, 酸素の電子分布をより詳しく記述している. 安定な基底状態では, O_2 は三重項状態 $^3O_2$, すなわち二つの電子が対を形成していない状態

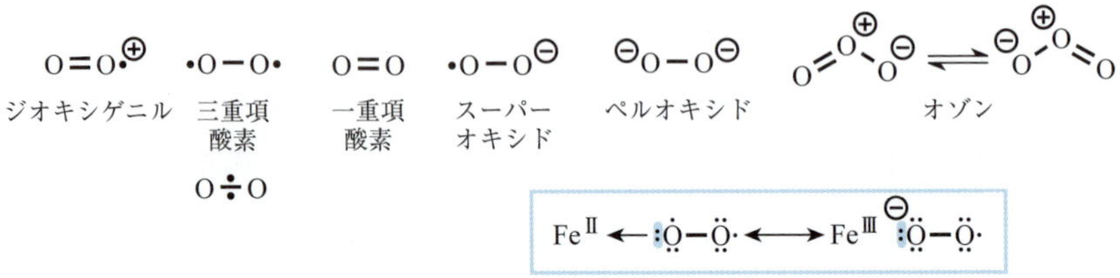

$O=O^{\oplus}$	・O−O・	O=O	・O−O$^{\ominus}$	$^{\ominus}$O−O$^{\ominus}$	$O=\overset{\oplus}{O}\underset{O}{\diagdown}^{\ominus} \rightleftharpoons ^{\ominus}O\underset{O}{\diagdown}\overset{\oplus}{O}=O$
ジオキシゲニル	三重項酸素	一重項酸素	スーパーオキシド	ペルオキシド	オゾン

$O \div O$

$$Fe^{II} \longleftarrow :\dot{O}-\ddot{O}\cdot \longleftrightarrow Fe^{III} \,^{\ominus}:\ddot{O}-\ddot{O}:$$

図5・1 酸素種の構造式およびヘモグロビンやミオグロビン中の Fe・O₂ 中心の二つの共鳴式（青枠内）. $^3O_2$ の場合, 価電子の分布を表す線の一つが全結合次数2を示していないことに注意. Fe・O₂ の式の左向きの矢印 (←) は, 配位結合を表す. すなわち, $Fe^{II}-O_2$ の Fe−O 結合の結合電子の両方が酸素により供給されている. 平衡式の右側では ($Fe^{III}-O_2^-$), 両原子が一つずつ電子を出して2電子の結合電子対を形成している. どちらも反磁性の一重項状態にあり, オキシヘモグロビンやオキシミオグロビンの場合にも当てはまる.

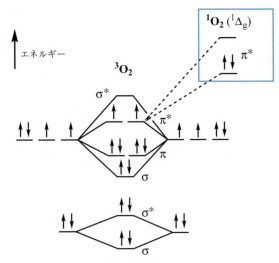

図5・2 三重項酸素($^3O_2$)の分子軌道図. 枠内は一重項酸素($^1O_2$)の π^* 軌道 $^1\Delta_g$.

5・1 酸素および，ヘモグロビンやミオグロビンによる酸素運搬

にある．この状態は，反結合性 π* 軌道である二つの最高被占軌道が同じエネルギーをもつために（二重に縮退しているため）可能となる．三重項酸素を励起すると，一重項酸素を生成し縮退度が上がる*3．一重項酸素は非常に反応性が高く，さまざまな生理的過程において通常は"不要な"活性酸素種として生成する[1]．また一重項酸素は，H_2O_2 が不均化して水と酸素が発生するときに，単寿命の主要生成物として生じる（5・2式）．

$$H_2O_2 \longrightarrow H_2O + \frac{1}{2}{}^1O_2 \qquad (5・2a)$$

$$^1O_2 \longrightarrow {}^3O_2 \quad (\Delta H = -94.3 \text{ kJ mol}^{-1}) \qquad (5・2b)$$

脊椎動物および一部の無脊椎動物（昆虫を含む）では，呼吸器官から体内組織への血流中の酸素運搬をヘモグロビン（Hb）が行っている．Hb は赤血球の中の赤い"色素"である．Hb は $\alpha_2\beta_2$（成人 Hb）か $\alpha_2\gamma_2$（胎児 Hb）*4 の四量体であり，分子

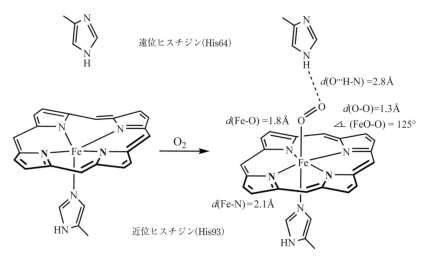

図 5・3 デオキシ体とオキシ体の Hb と Mb の補欠分子族．距離やヒスチジン残基の番号は，Mb のオキシ体に合わせている[3]．Fe や O_2 の酸化状態については図 5・1 の枠内を参照せよ．

---

3 実際，一重項酸素には二つの形がある．2電子が同じ π 軌道に入るより安定な ${}^1O_2$ とともに（図 5・2），縮退していない二つの π* 軌道も1電子ずつ収容できる（しかし，電子スピンは反平行のままである）．一重項酸素の二つの状態は，${}^1\Delta_g$（両電子が同じ π* 軌道に入る）および ${}^1\Sigma_g$（二つの π* 軌道に電子が一つずつ入る）とよばれている．

*4 胎児の Hb は，成人の Hb よりも高い O_2 取込み能をもっている．成人でも，約1% は胎児の Hb のままである．高地に長期滞在するとこの率は上昇するが，これは激しい運動を行う競技者がしばしば用いる一種のドーピング法である．

量は 64 kDa で一つのサブユニットは一つの鉄イオンを含んでいる.筋肉組織は,赤いミオグロビン (Mb, 17.7 kDa) を含み,基本的には Hb 単量体の変異体である.Mb は酸素親和性が Hb よりも高く,Hb から O_2 を奪い,ミトコンドリアの電子伝達系に O_2 を運ぶ.

　Hb や Mb の補欠分子族はヘム類である.ヘムは,四つのメチン基が架橋する四つのピロールからなるポルフィリン環と,四つのピロール窒素が配位する一つの Fe^{II} からなる (図 5・3).この系は通常,プロトポルフィリンIXとよばれている.Fe^{II} はフェロキラターゼというタンパク質が触媒する輸送系によりポルフィリンシステムに運ばれる.フェロキラターゼでは,三つの水分子,一つのヒスチジンの N,一つのグルタミン酸の O が Fe^{II} に配位した正方錐型錯体を形成している[2] (図 5・4).

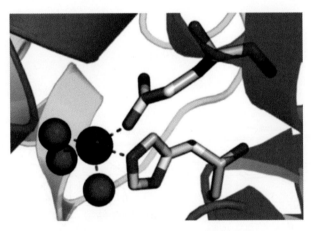

図 5・4　プロトポルフィリンIX系への Fe^{II} の導入を担うタンパク質,フェロキラターゼの Fe^{II} (大きな黒球) 周辺の配位構造およびタンパク質環境.他の球は水分子で,リボン様構造はタンパク質マトリックスである.[文献 2 より許可を得て転載.©American Chemical Society,口絵 4 にもカラーで掲載]

　Fe^{II} と四つの窒素官能基は正方形のほぼ平面な錯体構造を形成する.5 番目のアキシアル位には,いわゆる近位ヒスチジンのイミダゾール窒素(ε) が配位している.Hb のデオキシ体の反対側のアキシアル位近傍には 2 番目の遠位ヒスチジンが存在する.デオキシ体は T 型ともよばれている (T は tensed, 緊張状態).Fe^{II} は高スピンの電子配置 (直径 0.95 Å) をとるため,ポルフィリン環内には完全に収まらない.

5・1 酸素および，ヘモグロビンやミオグロビンによる酸素運搬　　71

むしろこの平面は時計皿の形をとり，Fe^{II}の位置は四つのピロール窒素からなる理想的な平面から近位ヒスチジンに向かって0.4 Åずれている．オキシ体では，酸素が近位ヒスチジンの反対側のアキシアル位でFe^{II}に配位している．酸素自体は曲がって配位しており，遠位ヒスチジンの NH 基との水素結合により安定化されている．O_2の取込みと同時に，Fe^{II}は低スピン電子配置（直径 0.75 Å）をとり，近位ヒスチジンとともに移動し，平らなポルフィリン環に収まる．

　吸気から肺胞へのO_2の取込みや筋肉組織へのO_2の放出は，HCO_3^-/CO_2の取込みと放出と共役している．O_2を組織細胞に放出する赤血球はCl^-とHCO_3^-を交換する．肺では逆向きの現象が起こる．(5・3)式は全体の過程を表している．(5・3c)式の添え字 in と ex はそれぞれ赤血球の細胞内，細胞外を意味する．炭酸と二酸化炭素の相互変換 (5・3b 式) は，亜鉛酵素の炭酸脱水酵素により触媒される（§12・2・1）．

$$Hb \cdot H^+ + HCO_3^- + O_2 \rightleftharpoons Hb \cdot O_2 + H_2CO_3 \qquad (5 \cdot 3a)$$

$$H_2CO_3 \rightleftharpoons H_2O + CO_2 \qquad (5 \cdot 3b)$$

$$(HCO_3^-)_{in} + (Cl^-)_{ex} \rightleftharpoons (HCO_3^-)_{ex} + (Cl^-)_{in} \qquad (5 \cdot 3c)$$

　Hb の酸素親和性は，血液の温度や pH に依存する．ヒトの血液の平均標準温度は 37 ℃ で，正常 pH は 7.4 である．発熱や酸血症は Hb のO_2の取込み能を低下させ，後者は“ボーア効果”としても知られている[*5]．

　Hb が酸化されると (5・4式)，メトヘモグロビン(MetHb) が生成する．MetHbはFe^{III}を含み，アキシアル位にOH^-が配位しているためO_2を取込む能力はない．Hb や Mb 中のFe^{II}を酸化する可能性がある化学種として，一酸化窒素 NO や，OHラジカル，スーパーオキシド，ペルオキシドのような活性酸素種があげられる．補因子 NADH に依存する酵素，メトヘモグロビンレダクターゼは MetHb を Hb に戻すことができる[*6]．したがって，ヒト血中の MetHb の平均含有量は通常 1.5 % を超えることはない．

$$Hb(Fe^{II}) + H_2O \longrightarrow MetHb(Fe^{III}OH) + H^+ + e^- \qquad (5 \cdot 4)$$

　ヘモグロビンには数種の突然変異型があるが，これらは遺伝性があり，O_2結合能

[*5]　現代の原子モデルの創始者 Niels Bohr の父である，Christian Bohr により発見された．
[*6]　NADH はニコチンアミドアデニンジヌクレオチド (NAD) の還元体である (Box 9・2 を参照)．

が著しく低下するために重い疾患をひき起こす．例として，鎌状赤血球貧血[4] やボストン病があげられる．鎌状赤血球貧血の場合，ヘモグロビンの β-グロビン鎖の6 位の親水性グルタミン酸が疎水性バリンに置き換わっている．この突然変異により，O_2 取込み能は約 25 ％まで低下するが，マラリアに対する抵抗力がいくぶん上昇する．したがって，鎌状赤血球貧血は特に熱帯アフリカにおける風土病になっている．ボストン病，すなわちメトヘモグロビン血症の場合，遠位ヒスチジンがチロシンに置き換わるため，O_2 が結合する Fe^{II} 上の第 6 配位座がブロックされ，O_2 取込みができなくなる．この Fe^{II} 上の第 6 配位座は一酸化炭素 CO によってもブロックされる．CO はヘモグロビンやミオグロビンの鉄中心に非常に強く結合し，実際 Hb・CO は Hb・O_2 よりも 250 倍も安定である．CO は吸い込むときわめて危険な無臭の毒性ガスである（§14・5）．

5・2　ヘムエリトリンとヘモシアニンによる酸素運搬

　ヘムエリトリンとヘモシアニンは別の様式をとる酸素運搬体で，多くの無脊椎動物で使われている．その名前とは違って，補欠分子族としてヘムを含まず，それぞれ二つの鉄中心と二つの銅中心をもつ．配位様式は酸素運搬以外の機能をもつタンパク質にみられるものとよく似ている．

　いくつかの門に属する海洋無脊椎動物は，ヘムエリトリン(Hr)を用いて酸素を運ぶ．このタンパク質は 13.5 kDa のサブユニット八つからなり，全体でおおよそ 108 kDa である．Hr の単量体は細菌から見つかっており，それらも酸素運搬体として機能している[5]．Hr ユニットそれぞれが二核鉄中心をもち，一つの酸素分子を運ぶ．デオキシ体では，どちらの鉄も II の状態で，μ-OH$^-$，μ-Asp$^-$，μ-Glu$^-$ で架橋されている（図 5・5a）．一方の Fe^{II} には三つのヒスチジンが ε 窒素で配位し，他方の Fe^{II} には一つか二つのヒスチジンが配位し，空の配座が残っている．

　二核鉄中心による酸素の取込みは酸化的付加反応を経由する．空の配座をもつ Fe^{II} は酸化されて Fe^{III} になり，一方 O_2 は還元されてスーパーオキシド O_2^- になってこの配座に結合し，もう一つの Fe^{II} によりさらに還元されてペルオキシドになる．同時に，架橋 OH のプロトンは Fe^{II} に配位しているペルオキシドの負電荷をもつ末端に移動する．その結果，ヒドロペルオキシド配位子は架橋 μ-O_2^- と水素結合を形成する（図 5・5b）．ヘムエリトリンのデオキシ体とオキシ体の二つの鉄中心は反

強磁性的に結合している．すなわち，二つの Fe^{II} のスピンは反平行である[*7]．非可逆的な酸化により，メトヘムエリトリン様の状態を経由して，Fe^{III} の第6配位座に水酸化物イオンが配位したメトヘムエリトリン（通常のヘムエリトリンの Fe^{II} が酸化されて Fe^{III} になったもの）が生成する（図5・5c）．

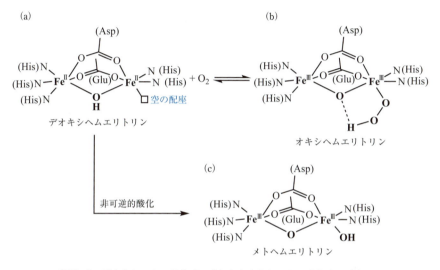

図5・5 デオキシヘムエリトリン (a) からオキシヘムエリトリン (b) への可逆的酸化，およびメトヘムエリトリン (c) への非可逆的酸化．

銅を含むヘモシアニン(Hc)は，カタツムリ，ナメクジ，頭足類などの軟体動物門や節足動物門に属する動物の血液中で広く用いられている酸素運搬体である．後者の例としては，クモ，サソリ，カニがあげられる．ヘモシアニン類は，血中では自由に漂っている．これらの二つの門に属する動物のタンパク質は大きく異なるが，それらの活性中心は似ている．節足動物のヘモシアニンは，通常分子量 75 kDa の単量体サブユニットの六量体であり，Ca^{2+} によりサブユニットは会合している．さらに会合し二十四量体が形成されることもある[6]．軟体動物の機能ユニットの分子量は 50〜55 kDa である．これらのユニットが7個か8個会合するが，さらに会合して十量体や十二量体が生成することもよくある[7]．これらの多量体のサブユニットはすべて協同的に機能を発揮する．

[*7] 磁性については Box 4・3 を参照せよ．

74　　　　　　　　5. 酸素運搬と電子伝達系

　単量体 Hc ユニットの二つの銅中心の距離は，デオキシ体は 4.60 Å，オキシ体で
は 3.56 Å である．デオキシ体では，無色の $Cu^{I}(d^{10})$ のそれぞれは三角形錯体を形
成し（図 5・6a），三つのヒスチジンの ε 窒素が配位している（Cu−N の距離は 1.9,
2.1, 2.7 Å）．O_2 が取込まれると，Cu^{I} は酸化されて $Cu^{II}(d^9)$ になり，O_2 は還元され
て O_2^{2-} になる．O_2^{2-} は二つの Cu^{II} に $\mu:\eta^2,\eta^2$ の様式で配位する（図 5・6b）．二つ
の Cu^{II} 中心は反強磁性的に結合しているため，ESR 不活性である．オキシ Hc は，
配位子から金属への電荷移動（$O_2^{2-} \to Cu^{II}$）のため濃い青色である．

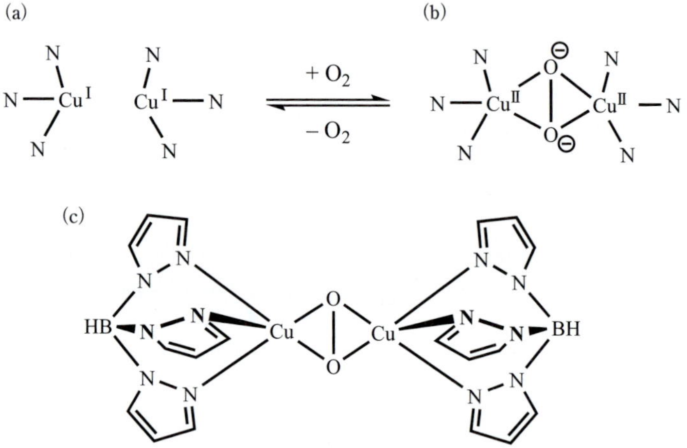

図 5・6　二核銅中心をもつヘモシアニン（a と b はそれぞれ，デオキシ
体とオキシ体）とトリス（ピラゾリル）ボレート（−1 の電荷をもつ）を
配位子とするモデル化合物(c)．(a)と(b)の N はヒスチジンの ε 窒素．

　モデル化合物に適した配位子として，トリス（ピラゾリル）ボレート（−1 の電
荷をもつ）のような，ヒスチジンを模倣した擬芳香族性の窒素系三座配位子がある
（図 5・6c）．

5・3　電子伝達系

　電子伝達系は，真核細胞のミトコンドリアにある．ここで酸素は 4 電子還元され
て水になる．正味の反応（5・5 式）は，電位差 $\Delta E = 1.14$ V あるいはギブズの自由
エネルギー $\Delta G = -217$ kJ mol^{-1} に相当する．この還元反応は，鉄あるいは鉄−銅に

5・3 電子伝達系

基づく電子伝達系酵素による連鎖的な反応により進行する．おもな段階は図5・7に示す．

$$O_2 + 4e^- + 4H^+ \longrightarrow 2H_2O \tag{5・5}$$

電子はNADHやコハク酸塩により運ばれ，酸化されるとこれらはそれぞれNAD$^+$とフマル酸塩になる（5・6式）．ミトコンドリアの膜を介したプロトン移動はプロトン勾配を生じ，O$_2$還元をアデノシン二リン酸（ADP）と無機リン酸からアデノシン三リン酸（ATP）への合成とエネルギー貯蔵に連携させている．

$$NADH \longrightarrow NAD^+ + 2e^- + H^+ \tag{5・6a}$$

$$^-O_2C-CH_2-CH_2-CO_2^- \longrightarrow {^-O_2C-CH=CH-CO_2^-} + 2e^- + 2H^+ \tag{5・6b}$$

電子の移動には，膜に結合した四つの連結したタンパク質複合体 I ～ IV が関わっている．これらの複合体は図5・7中で青色で強調してある．

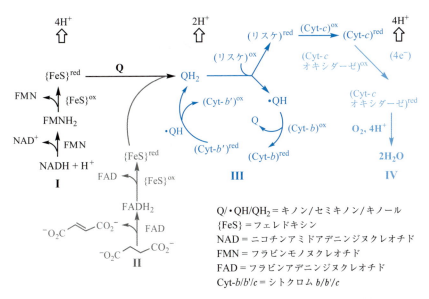

図5・7 ミトコンドリアの電子伝達系の電子およびプロトンの移動．複合体 I から IV で起こる過程については本文を参照せよ．上向きの白抜き矢印は，ミトコンドリア膜を介して移行するプロトンを示している．NADH, FMNH$_2$, FADH$_2$, QH$_2$ については Box 9・2，{FeS} については Box 5・1，シトクロム類については Box 5・2，リスケ中心については図5・8を参照せよ．

5. 酸素運搬と電子伝達系

- 複合体 I では，ニコチンアミドアデニンジヌクレオチド（NADH）はフラビンモノヌクレオチド（FMN）に 2 電子を渡し，さらに 1 電子ずつ 2 回連続して [4Fe,4S] フェレドキシン（Box 5・1，図 5・7 では {FeS} と略記されている）に移動させ，四つの鉄中心（形式的には $Fe^{+2.5}$）を $Fe^{+2.25}$ に還元する．それぞれの電子はユビキノン Q に移動し，ユビセミキノン QH（最初の電子移動），次にユビキノール QH_2（ユビヒドロキノン，2 番目の電子移動）を生成する．Q から QH_2 への還元には二つのプロトンを必要とする．Q/QH_2 はタンパク質マトリックス中で自由に浮遊している．

- 複合体 II では，有機物，特にコハク酸塩からフマル酸への酸化反応由来の電子を提供する．これらの電子はフラビンアデニンジヌクレオチド（FAD）により収容され，再びフェレドキシンを経由してキノンプールに運ばれる．

- 複合体 III では，QH_2 はリスケ中心において 1 電子移動過程で酸化され，セミキノン・QH になる．リスケ中心（図 5・8）は [2Fe,2S] フェレドキシンと似ているが，片方の鉄には二つのヒスチジンが配位している．この電子は次にシトクロム c（Cyt-c）の酸化体に運ばれる．また，一方ではシトクロム b（Cyt-b）に触媒される電子移動により・QH がさらに Q に酸化され，他方ではもう一つの・QH が Cyt-b' により QH_2 に還元される．Cyt-b と Cyt-b' はタンパク質の環境が異なるため，それぞれ高い酸化還元電位と低い酸化還元電位を示す[*8]．シトクロム類については Box 5・2 を参照せよ．

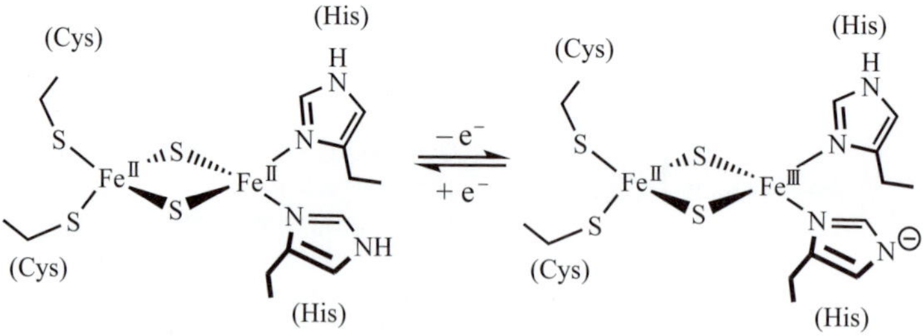

図 5・8 リスケ鉄タンパク質の活性中心の還元体と酸化体．N−Fe−N の角度は 90° に近く，二つのヒスチジンの面はほぼ直角である．

[*8] したがって，これらのシトクロム類は，Cyt-b_H および Cyt-b_L と表されることがある．

- 最終的に，四つの電子は一つずつ Cyt-*c* を経由して Cyt-*c* オキシダーゼに運ばれる（図5・9）．Cyt-*c* オキシダーゼは，二核銅中心（Cu_A），ヘム鉄中心（Cyt-*a*），三つのヒスチジンが配位する銅（Cu_B）と結合するもう一つのヘム鉄（Cyt-*a*$_3$）を含む．O_2 から水への最後の4電子還元は，この Cyt-*a*$_3$/Cu_B 複合体で行われる．

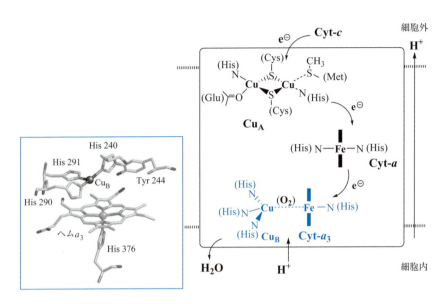

図5・9 Cyt-*c* オキシダーゼの主要構造と電子移動．Cyt-*c* の還元体により，電子は Cu_A に運ばれ，さらに Cyt-*a* を経由して Cyt-*a*$_3$/Cu_B 複合体に移動する．ここで O_2 は段階的に還元されて2分子の H_2O になる．Cyt-*a*$_3$/Cu_B の詳細を青枠内に示す．Cu_A は1電子運搬体で，還元体の場合は Cu はどちらも I であるが，酸化体のときは 1.5 という中間の酸化状態をとる．Cyt-*c* オキシダーゼは酸化還元活性な Cu, Fe 中心に加えて，Zn^{II} と Mg^{2+} を一つずつもっている．［図は文献8の許可を得て転載．©American Chemical Society．画像は Kenneth Karlin 博士のご厚意による］

特に複合体 I および III においては，O_2 に対して電子が流出すると活性酸素種のスーパーオキシドが生成する．これに対して，生命体はスーパーオキシドを"解毒"するための特別な酵素，スーパーオキシドジスムターゼとスーパーオキシドレダクターゼ（§6・2）をもっている．Cyt-*c* と Cyt-*c* オキシダーゼはシアン化物中毒の主要ターゲットであり，CN^- はヘム中の Fe^{III} に強く結合する．

Box 5・1　鉄-硫黄タンパク質

　鉄-硫黄タンパク質は多彩な電子運搬体であるため，あらゆる生命体において，酵素が担う非常に多様な電子運搬過程に関わっている．通常，中央の構造は1～4個，あるいは2×4個の鉄中心をもち，[2Fe,2S], [3Fe,4S], [4Fe,4S] の場合は硫黄で架橋され，そのタンパク質にはシステイン残基 (–S⁻) を介して結合している．クラスターの配置については下記を参照せよ．

　鉄は通常四面体型構造をとるが，いくつかのケースでは，片方の鉄中心の5番目の配位座にシステインかヒスチジンが結合できる．ここに示した例以外にも，鉄イオンの一つに二つのヒスチジンが結合しているリスケタンパク質 (図5・8) や，ニトロゲナーゼの鉄-硫黄クラスター (§9・2) のような鉄-硫黄タンパク質がある．

　S^{2-} が O^{2-} に置換される場合もある．その例として硫酸還元細菌 *Desulfuvibrio vulgaris* の電子伝達中心があげられる．

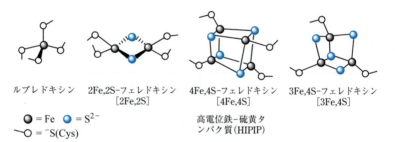

ルブレドキシン　　2Fe,2S-フェレドキシン　　4Fe,4S-フェレドキシン　　3Fe,4S-フェレドキシン
　　　　　　　　　　　[2Fe,2S]　　　　　　　　[4Fe,4S]　　　　　　　　[3Fe,4S]

● = Fe　● = S^{2-}
─○ = ⁻S(Cys)

高電位鉄-硫黄タンパク質 (HIPIP)

　すべての鉄-硫黄タンパク質は一度に一つの電子を運ぶ．電子移動は酸化状態 (Fe^{II}/Fe^{III}) が変化しながら起こる．一般に，電荷はすべての鉄中心上に非局在化する．下表は，中間のクラスターの酸化還元状態の電荷について，これらのクラスターが通常対応できる酸化還元電位の範囲を付記してまとめたものである (文献9を参照せよ)．

	ルブレドキシン	リスケタンパク質	[2Fe,2S]	[3Fe,4S]	[4Fe,4S]	HIPIP [4Fe,4S]
クラスターの電荷[†1]	2+/3+	0/1+	1+/2+	0/1+ または 1+/2+	1+/2+	2+/3+
Fe^{III} の総数[†2]	1	1	2	2～3	2	3
ΔE (V) の範囲	−60～0	+250～+300	−450～−220	−450～−100	−500～−300	+150～+450

†1　中心の鉄-硫黄ユニットの電荷，還元体/酸化体．
†2　クラスター (酸化体) の Fe^{III} 中心の形式上の数．

まとめ
79

Box 5・2　鉄ポルフィリン

　ポルフィリンは環状構造上に非局在化している 22 個の π 電子を含む．すなわちポルフィリンは芳香族である．Fe^{II}/Fe^{III} には，ジアニオンのポルフィリンが配位している．下表に，重要な鉄ポルフィリン類をまとめた．

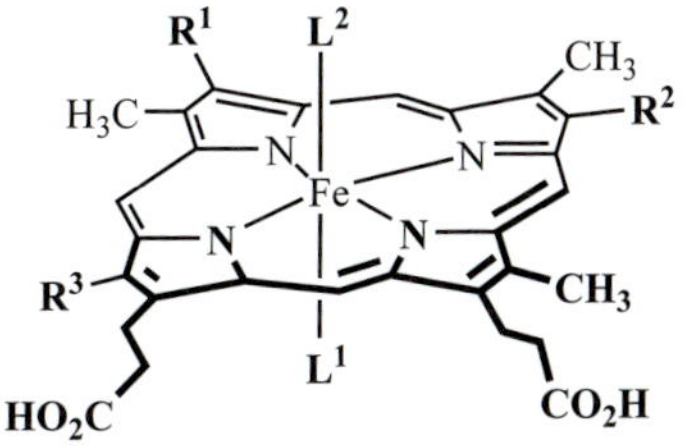

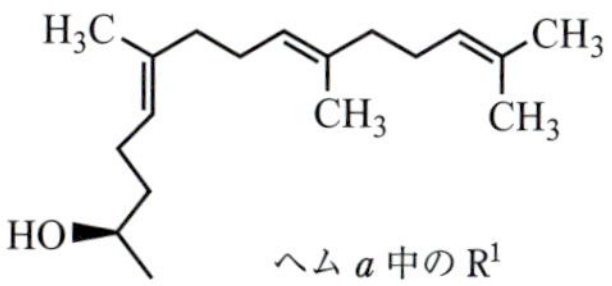

ヘム a 中の R^1

　他の金属を含むポルフィリンやポルフィリノーゲンには，Mg^{2+} を含むクロロフィル，コバラミン（$Co^{I/II/III}$ を含むビタミン B_{12} やその誘導体），メタン産生に重要な $Ni^{I/III}$ に基づく酵素であるメチル補酵素 M レダクターゼの F430 補因子などがある．クロロフィルについては図 11・3 を，コバラミンや F430 については図 10・3 を参照せよ．

	ヘム a	ヘム b	ヘム c	シトクロム P450
L^1	ヒスチジン	ヒスチジンか無置換	ヒスチジン	システイン
L^2	ヒスチジンか無置換	ヒスチジンか無置換	メチオニン	H_2O
R^1	ファルネシル-OH	$-CH=CH_2$	$-CH(CH_3)S-(Cys)^†$	$-CH=CH_2$
R^2	$-CH=CH_2$(ビニル基)	$-CH=CH_2$	$-CH(OH)-CH(CH_3)-S-(Cys)^†$	$-CH=CH_2$
R^3	$-CHO$(ホルミル基)	$-CH_3$	$-CH_3$	$-CH_3$

†　タンパク質骨格に結合している．

➕ ま　と　め

　脊椎動物や他門のいくつかの典型的な動物では，吸入空気中の O_2 は赤血球の赤い色素であるヘモグロビン(Hb)により取込まれ，血流を通して組織中のミオグロビン(Mb)，さらにミトコンドリアに運ばれる．四量体の Hb および単量体の Mb は，テトラピロール系統（プロトポルフィリンⅨ）を含み，その中心の Fe^{II} には四つのピロール窒素とアキシアル位のヒスチジンが配位し，高スピン状態をとる．O_2 の取込みは，空いているアキシアル位に O_2 の末端酸素が曲がった形で配位すること

により起こる. この結合状態は, 低スピン状態の鉄が関わる共鳴混成 $Fe^{II} \leftarrow {}^1O_2 \leftrightarrow Fe^{III}\cdots O_2^-$ により最もよく記述される.

多くの無脊椎動物は, 上記とは異なる O_2 運搬体, ヘムエリトリンやヘモシアニンを用いている. ヘムエリトリンの場合, 二核鉄中心が機能単位である. O_2 は酸化的な結合により取込まれる. すなわち, どちらの Fe^{II} も酸化されて Fe^{III} になり, O_2 は還元されてヒドロペルオキシド HO_2^- になる. ヘモシアニンは, 軟体動物や節足動物の血中に自由に浮遊している大きなタンパク質である. 各サブユニットは協同して働く二つの Cu^I を含む. 酸素が銅に結合するとき, O_2 から O_2^{2-} への還元を伴う. このペルオキシドは二つの Cu^{II} 中心を $\mu{:}\eta^2,\eta^2$ の様式で架橋する.

Hb/Mb により取込まれた酸素は, 最終的にミトコンドリア膜に運ばれ, 電子伝達系で水に還元される. この還元に必要な電子はおもに NADH やコハク酸により与えられ, この過程できわめて重要な役割を果たしているユビキノン/ユビセミキノン/ユビキノールや (リスケ中心を含む) 鉄-硫黄タンパク質をもつ, 酸化還元活性な複合体 I〜IV に沿って運ばれる. 電子伝達や O_2 の還元は, ADP と無機リン酸から ATP を産生する反応を促進する膜貫通のプロトン勾配と共役している.

4 電子移動過程における最後の O_2 の還元は, シトクロム c (Cyt-c) から電子を一度に 1 個ずつ取込む, 複合体 IV 中のシトクロム c オキシダーゼによりなされる. シトクロム c オキシダーゼのおもな電子受容体は二核銅中心 (Cu_A) である. この電子は次に Cyt-a, そして Cyt-a_3 に運ばれる. Cyt-a_3 は $Cu(His)_3$ 中心 Cu_B と密接に関わっている. 最後の O_2 への電子移動は Cyt-$a_3\cdots Cu_B$ ユニットで起こる. Cyt-c と Cyt-a はヘムをもつ鉄タンパク質である.

参考論文

Ascenzi P., Bellelli A., Coletta M., *et al.*, Multiple strategies for O_2 transport: from simplicity to complexity. *IUBMB Life*, **59**, 600–616 (2007).
[この批判的な総説は, 酸素の運搬に関連して生命界で発達した戦略についてまとめたものであるが, 本書では扱っていないひどく変わった戦略も記載されている]

Collman J.P., Ghosh S., Recent applications of a synthetic model of cytochrome c oxidase: beyond functional modeling. *Inorg. Chem.*, **49**, 5798–5810 (2010).
[シトクロム c オキシダーゼの活性部位の構造および機能モデルについて詳しく述べられており, 酵素の研究がモデル化学に, また逆に, モデル化学が酵素の研究にいかに影響を与えるかを理解するのに役立つ]

引用文献

1) Agnez-Lima L.F., Melo J.T.A., Silva A.E., *et al.*, DNA damage by singlet oxygen and cellular protective mechanisms. *Mutat. Res.: Rev. Mutat. Res.*, **751**, 15–28 (2012).

引　用　文　献　　　　81

2) Hansson M.D., Karlberg T., Rahardja M.A., *et al.*, Amino acid residues His183 and Glu264 in Bacillus subtilis ferrochelatase direct and facilitate the insertion of metal ion into protoporphyrin IX. *Biochemistry*, **46**, 87–94 (2007).

3) (a) Chen H., Iketa-Saiko M., Shaik S., Nature of the Fe-O_2 bonding in oxy-myoglobin: effect of the protein. *J. Am. Chem. Soc.*, **130**, 14778–14790 (2008).
   (b) Shaik S., Chen H., Lessons on O_2 and NO bonding to heme from ab initio multireference/multiconfiguration and DFT calculations. *J. Biol. Inorg. Chem.*, **16**, 841–855 (2011).

4) Orkin S.H., Higgs D.R., Sickle cell disease at 100 years. Science, **329**, 291–292 (2010).

5) Kao W.C., Wang V.C. -C., Huang Y.-C., *et al.*, Isolation, purification and characterization of hemerythrin from Methylococcus capsulatus (Bath). *J. Inorg. Biochem.*, **102**, 1607–1614 (2008).

6) Jaenicke E., Pairet B., Hartmann H., *et al.*, Crystallization and preliminary analysis of the 24-meric hemocyanin of the emperor scorpion (Pandinus imperator). *PLoS One*, **7**, e23548 (2012).

7) Gatsogiannis C., Markl J., Keyhole limpet hemocyanin: 9 Å cryoEM structure and molecular model of the KLH1 didecamer reveals the interfaces and intricate topology of the 160 functional units *J. Mol. Biol.*, **385**, 963–983 (2008).

8) Kim E., Helton M.E., Wasser I.M., *et al.*, Superoxo. µ-peroxo, and *µ*-oxo complexes from heme/O_2 and heme-Cu/O_2 reactivity: copper ligand influences in cytochrome c oxidase models. *Proc. Natl. Acad. Sci. USA*, **100**, 3623–3628 (2003).

9) Lill R., Function and biogenesis of iron-sulphur proteins. *Nature*, **460**, 831–838 (2009).

6

鉄，マンガン，銅が関わる
　　　　　　　　　　酸化還元酵素

　前章は，鉄あるいは銅を含む運搬体による酸素輸送について述べた．酸素の輸送機構は好気性生物だけでなく，酸素にさらされることもある嫌気性生物にとっても非常に重要である．嫌気性生物の場合，酸素の排除や還元は無毒化と関連がある．生命体はさらに，O_2 や酸素由来のペルオキシド（H_2O_2, HO_2^-, O_2^{2-}）やスーパーオキシド（O_2^-）を，好ましくない副反応で生成した反応性の高いラジカル類（スーパーオキシドやヒドロキシルラジカル）の無毒化を含めて，さまざまな過程において処理することができる．

　分子状酸素 O_2 は，呼吸だけでなく，生命体に必須な他の機能のためにも直接あるいは間接的に用いられる．たとえば，酸素は鉄やマンガンを含有する酵素を活性化し，DNA の材料を連携して供給するための反応性の高い有機ラジカル中間体（チロシルラジカル）の生成を調節する．ほかにも O_2 を使って RH 結合に酸素を挿入したり，基質を酸化したりする酵素がある．これらの酵素は，それぞれオキシゲナーゼ（酸素添加酵素）およびオキシダーゼ（酸化酵素）とよばれている．オキシゲナーゼとオキシダーゼの活性中心では，銅か鉄，あるいは銅と鉄の両方が用いられている．

　スーパーオキシドやペルオキシドのような活性酸素種は，不均化反応を触媒するスーパーオキシドジスムターゼ，還元反応を触媒するスーパーオキシドレダクターゼ，酸化反応を触媒するペルオキシダーゼにより不活化する．これらの酵素は，特に金属の利用に関して多様であり，活性中心は鉄，マンガンあるいはニッケルを含んでいる．

6・1 リボヌクレオチドレダクターゼ 83

　本章では，直接あるいは間接的に，酸素を変換したり反応に用いている多くの金属含有酵素からいくつかの例を選んで説明する．Box 6・1 にこれらの特異な酸化還元酵素の概略をまとめる．全体を示すためにヒドロゲナーゼ（§13・1）に関する説明も加えた．

6・1　リボヌクレオチドレダクターゼ

　リボヌクレオチドレダクターゼ(RNR)類は，リボ核酸(RNA)の構成単位であるヌクレオチドからデオキシリボヌクレオチドへの還元反応を触媒し，デオキシリボ核酸(DNA)の構成単位を生成する．リボヌクレオチドレダクターゼの触媒活性部位は，二つの鉄イオン(図6・1)，二つのマンガンイオン，あるいはマンガンと鉄イオンの両方を含んでいる．このマンガン変異体は，鉄不足や酸化ストレスがある条件下で発現される[1]．

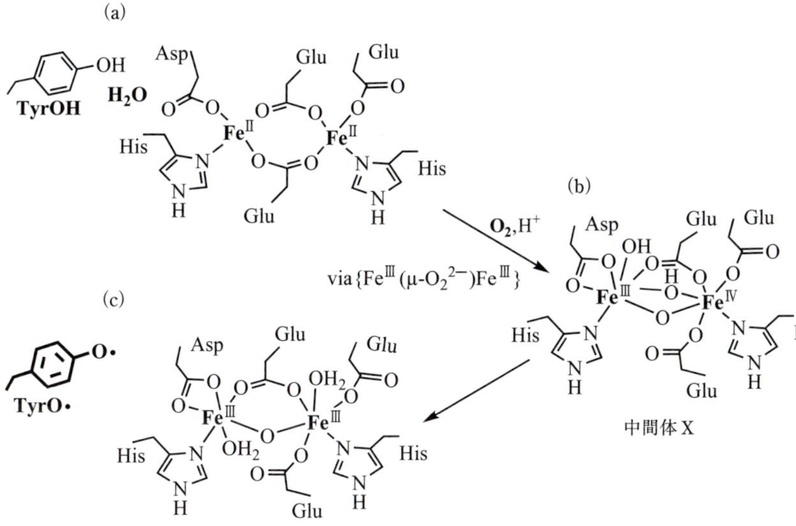

図6・1　リボヌクレオチドレダクターゼの二核鉄中心．(a) 還元型．(c) 酸化型．(b) 鉄中心の一つがⅣの酸化状態をもつ"中間体X"は[2]，TyrOH から一つの電子を受取り，チロシルラジカル TyrO・が生成する．チロシンとアスパラギン酸の配位していないカルボキシ基の酸素原子の相互作用は，1個の水分子を介して可能になる．TyrOH と近傍の鉄中心の距離は約 6.5 Å である．

Box 6・1　水素，酸素が関わる酸化還元酵素

ヒドロゲナーゼは水素分子の酸化還元反応を可逆的に触媒する酵素である．

$$H_2 \rightleftharpoons H^+ + H^-$$
つぎに $H^- \longrightarrow H^+ + 2e^-$
全体の反応：$H_2 \rightleftharpoons 2H^+ + 2e^-$

全体の反応は基質からの H の引き抜き（脱水素）あるいは基質への H の移動（水素化）と共役することができる．

$$基質-H_2 \rightleftharpoons 基質 + 2H^+ + 2e^-$$

酸化還元酵素は基質から電子を引き抜く触媒的酸化反応，および基質に電子を与える触媒的還元反応の総称である．これに関連する用途の広い系として，鉄–硫黄タンパク質やシトクロム類がある．

いくつかの酸化還元酵素は，基質の脱水素に酸素を用いたり，基質の水素化に水を用いる．

$$または \quad 基質-H_2 + \frac{1}{2}O_2 \rightleftharpoons 基質 + H_2O$$
$$基質-H_2 + O_2 \longrightarrow 基質 + H_2O_2$$

還元反応のみを触媒する酵素はレダクターゼ（還元酵素），酸化反応のみを触媒する酵素はオキシダーゼ（酸化酵素）である．

オキシゲナーゼ（酸素添加酵素）は，O_2 の一つか二つの酸素原子を基質に挿入する．挿入された酸素原子の数によって，モノオキシゲナーゼとジオキシゲナーゼに区別されることがある．

モノオキシゲナーゼ：$基質 + \frac{1}{2}O_2 \longrightarrow 基質＝O$ または $基質-OH$

デオキシゲナーゼは，基質から酸素原子を除く反応を触媒し，還元酵素の特別な例である．

ペルオキシダーゼは，酸素化反応において過酸化水素を用いるオキシゲナーゼである．

$$基質 + H_2O_2 \longrightarrow 基質＝O（または基質-OH）+ H_2O$$

ジスムターゼは，-1 の酸化状態の酸素を含むペルオキシドや，$-\frac{1}{2}$ の酸化状態の酸素を含むスーパーオキシドのような酸素種の不均化反応を触媒する．カタラーゼとスーパーオキシドジスムターゼは以下のように区別される．

カタラーゼ：$H_2O_2 \longrightarrow H_2O + \frac{1}{2}O_2$
半反応：$H_2O_2 \longrightarrow O_2 + 2H^+ + 2e^-$（酸化）
$H_2O_2 + 2H^+ + 2e^- \longrightarrow 2H_2O$（還元）

スーパーオキシドジスムターゼ：$2O_2^{\bullet-} + 2H^+ \longrightarrow H_2O_2 + O_2$
半反応：$O_2^{\bullet-} \longrightarrow O_2 + e^-$（酸化）
$O_2^{\bullet-} + e^- + 2H^+ \longrightarrow H_2O_2$（還元）

6・1 リボヌクレオチドレダクターゼ　　85

この還元過程は，二核鉄（II）中心と近傍の TyrOH[*1] から "中間体 X"（図 6・1）
を経由して生成した，二核鉄チロシルラジカル Fe_2^{III}-TyrO・によって開始される．
全部で 4 電子が関わる Fe_2^{III}-TyrO・の形成を（6・1）式に示す．4 電子のうち 2 電子
は O_2 による Fe^{II} から Fe^{III} への酸化反応，もう 1 電子はチロシンから与えられ，最
後の四つ目の電子は系外のタンパク質表面のトリプトファンから与えられる．

$$\{Fe^{II}Fe^{II}\} + O_2 + TyrOH + H^+ + e^- \longrightarrow \{Fe^{III}\text{-}OH(\mu\text{-}O)Fe^{IV}\} + TyrOH$$
$$\longrightarrow \{Fe^{III}(\mu\text{-}O)Fe^{III}\}\text{-}TyrO\cdot + H_2O$$
$$(6\cdot1)$$

チロシルラジカル TyrO・は，チイルラジカル CysS・（6・2 式には示されていない）
の生成を介して，リボースの 2′ 位の水素を引き抜く[3]（6・2 式）．同時に CysS-
SCys を生成するが，フラビンモノヌクレオチド（$FMNH_2$）により再還元される[*2]．

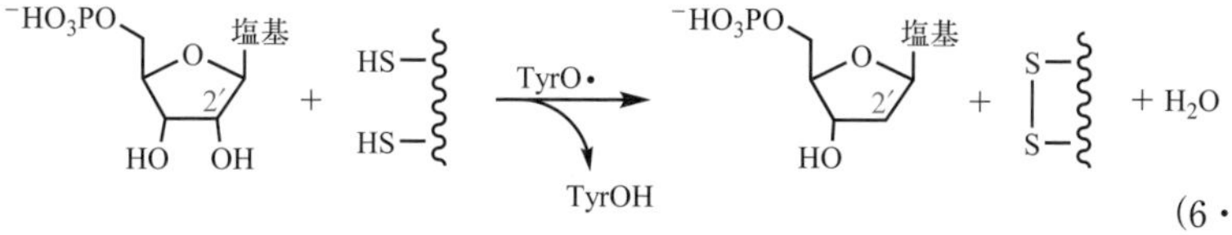

$$(6\cdot2)$$

二核マンガン RNR と二核鉄 RNR の違いはわずかである[1]．図 6・2(a) に示すよ
うに，還元体では三つのグルタミン酸が二つのマンガン中心を架橋し，そのうち

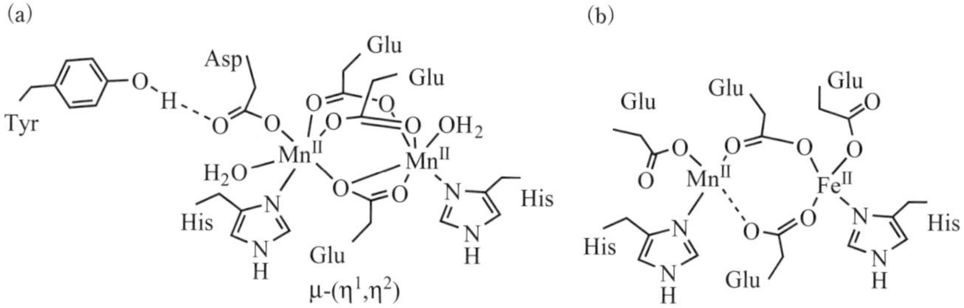

図 6・2　(a) 二核マンガン RNR[1] および（b）マンガン-鉄 RNR[4] の還
元体の活性部位．(a) の TyrOH と近傍のマンガン中心の距離は 5.8 Å
である．マンガン-鉄 RNR において，チロシンはフェニルアラニン（示
されていない）に置換されている．

───────────────

*1　クラス I RNR に属する補因子としてチロシルラジカル（TyrO・）を用いるリボヌクレオチド
　　レダクターゼ類．{Mn, Fe} 中心をもつサブクラス Ic では，チロシンはフェニルアラニンに置き
　　換えられ，TyrO・の役割は Mn^{IV} が担っている．クラス II RNR にはビタミン B_{12} 補酵素（アデ
　　ノシルコバラミン）が含まれており，Co-炭素結合の均一開裂によりそのラジカルが生成する．
*2　$FMN/FMNH_2$ については Box 9・2 を参照せよ．

の一つが $\mu\text{-}(\eta^1,\eta^2)$ の配位様式をとる．マンガンそれぞれには，端に水分子が配位している．このため，酸化剤との触媒反応の間にアクア配位子が失われることになる．アスパラギン酸はチロシンと直接水素結合を形成する．二核鉄 RNR の場合のように，二核マンガン(II)-RNR は，中間体の $\{Mn^{III},Mn^{IV}\}$ 状態を経由して，$\{Mn^{III},Mn^{III}\}$-TyrO・を生成する．

異核マンガン-鉄 RNR（図 6・2b）では，二核鉄 RNR のチロシン（ラジカル）（図 6・1）の隣の鉄がマンガンに，アスパラギン酸はグルタミン酸に置き換わっている．さらに，$\{Fe,Fe\}$ および $\{Mn,Mn\}$ レダクターゼに含まれるチロシンは $\{Mn,Fe\}$ レダクターゼではフェニルアラニンに置き換わっており，$\{Mn^{II},Fe^{II}\}$ 体が酸素と反応して生成する $\{Mn^{IV},Fe^{III}\}$ 体はチロシルラジカルの代わりに用いられ，RNA におけるリボースの還元を媒介する[4]．この異種二核 $\{Mn,Fe\}$ 補因子は，極限環境微生物により優先的に用いられている．

6・2 スーパーオキシドジスムターゼ，スーパーオキシドレダクターゼ，ペルオキシダーゼ

酸素代謝に伴うさまざまな副反応により生成する活性酸素種であるスーパーオキシドラジカルアニオン $O_2^{\bullet-}$ は，たとえば DNA のような細胞成分の損傷による酸化ストレスをひき起こす．スーパーオキシドジスムターゼ(SOD)は，① 鉄，② マンガン，③ 鉄かマンガン，④ 銅と亜鉛，⑤ ニッケルを補因子に用いて過酸化水素と水に不均化することにより，$O_2^{\bullet-}$ の"無毒化"を触媒する（6・3式）．ニッケル SOD の詳細については §10・4 を参照せよ．マンガン SOD と鉄 SOD は，活性部位や全体のタンパク質の折りたたみ様式がよく似ている．

$$2O_2^{\bullet-} + 2H^+ \longrightarrow H_2O_2 + O_2 \tag{6・3}$$

不均化反応は，スーパーオキシドの酸化と還元が交互に起こる 2 段階のピンポン機構により進行する（6・4式）．

$$O_2^{\bullet-} + \{M^{(n+1)+}-OH\} + H^+ \longrightarrow O_2 + \{M^{n+}-OH_2\} \tag{6・4a}$$

$$O_2^{\bullet-} + \{M^{n+}-OH_2\} + H^+ \longrightarrow H_2O_2 + \{M^{(n+1)+}-OH\} \tag{6・4b}$$

$$(n=1 \text{ のとき Cu, } n=2 \text{ のとき Fe, Mn, Ni})$$

SOD の活性部位を図 6・3 に示す．銅-亜鉛 SOD では[5]，Zn^{II} はタンパク質の構造を完全な状態に保っているが，電子移動には直接関わらない．実質すべての真核

生物は銅-亜鉛 SOD を含むが，細胞質ではホモ二量体として，ミトコンドリアや細胞外空間ではホモ四量体として存在する．この酵素の突然変異はスーパーオキシドの分解を抑えてしまう可能性がある．SOD の突然変異，あるいは銅輸送タンパク質（いわゆる銅シャペロン）による銅の供給や組込み機能の低下は，筋萎縮性側索硬化症のような神経変性疾患をひき起こす．

　鉄 SOD やマンガン SOD は原核生物にも真核生物にもみられるのに対し，ニッケル SOD は原核生物に限られる．鉄 SOD やマンガン SOD は，機能するのに Fe か Mn のどちらを必要とするか決まっているものと[6]，どちらでもよいものがある．後者はまれで，cambialistic SOD とよばれており，超好熱性古細菌で確認されている[7]．

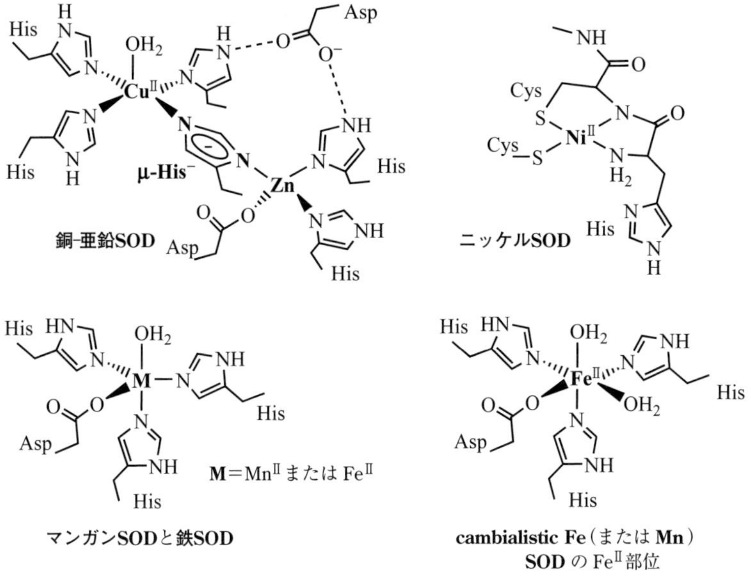

図6・3 スーパーオキシドジスムターゼの活性部位．銅-亜鉛 SOD は酸化体（Cu^{II}）を示してある．銅-亜鉛 SOD の還元体では，架橋している脱プロトンしたヒスチジン窒素と Cu の間の結合は切れる．他の SOD は還元体を示してある（Ni^{II}, Fe^{II}, Mn^{II}）．マンガン SOD および鉄 SOD の酸化体（Fe^{III}, Mn^{III}）では，OH^- がアキシアル配位子である．スーパーオキシドは，cambialistic SOD の Fe^{II} 体の水分子が配位している部位に結合するといわれている．

図6・4に，銅-亜鉛 SOD により触媒される $O_2^{\bullet-}$ の不均化反応の過程を示す．反応は次のように連続的に起こる．

1. 一つ目のスーパーオキシドアニオンが Cu^{II} に結合する．この状態は $O_2^{\bullet-}$ と近傍のアルギニンの $=NH_2^+$ との間の相互作用により安定化される．
2. スーパーオキシドは Cu^{II} を Cu^{I} に還元し，その結果生じた中性 O_2 は放出される．二つ目の $O_2^{\bullet-}$ は Cu^{I} に結合し，それに伴って架橋しているヒスチジンアニオンはプロトン化して Cu^{I} から解離する．
3. Cu^{I} は結合しているスーパーオキシドをペルオキシドに還元し（Cu^{I} は Cu^{II} に酸化される），そのペルオキシドはプロトン化されて H_2O_2 になる．
4. H_2O_2 の放出，アルギニンのプロトン化，Cu^{I} とヒスチジンアニオンの再結合により，最初の状態が再生される．

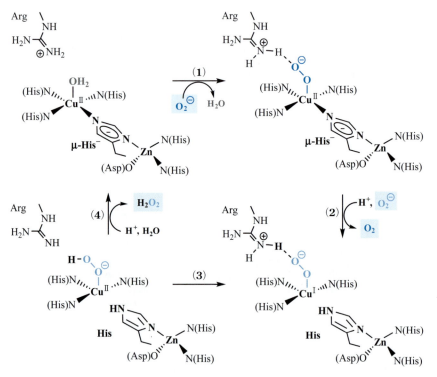

図6・4 銅-亜鉛 SOD によるスーパーオキシドの不均化反応．基質の $O_2^{\bullet-}$ と生成物（O_2 と H_2O_2）は枠内に示す．(1)から(4)への各段階の詳細については，本文を参照せよ．

6・2 スーパーオキシドジスムターゼ, スーパーオキシドレダクターゼ, ペルオキシダーゼ　89

　嫌気性生物にとっては, 酸素を発生する SOD は逆効果なので, スーパーオキシドを処理するためにはジスムターゼの代わりにスーパーオキシドレダクターゼ (SOR) を使っている[*3]. SOR の末端の電子供与体は, 単核の 5 配位鉄中心 {Fe(His)₄Cys}[8] か（図 6・5a）, ルブレリトリンに属する二核鉄中心である[9]（図 6・5b）.

　単核の Fe^{II} 中心に対して, 四つのヒスチジン残基が正方錐のエクアトリアル位で結合し, アキシアル位にはシステイン残基がアニオンの形で結合している（図 6・5a）.

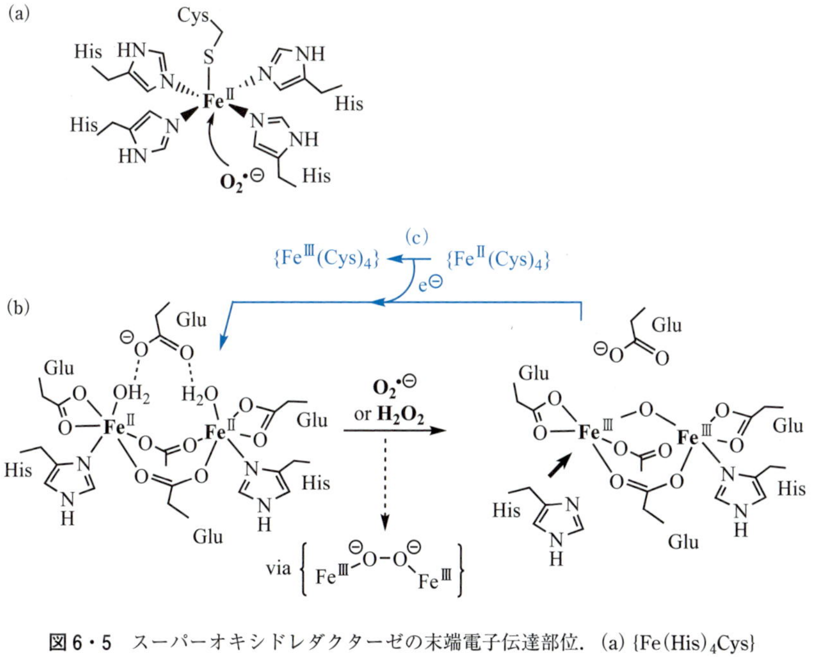

図6・5　スーパーオキシドレダクターゼの末端電子伝達部位. (a) {Fe(His)₄Cys} の鉄中心は, スーパーオキシドを還元するためにアキシアル位が空いている. (b) ルブレリトリン部位はいくつかのペルオキシダーゼにもみられ, ペルオキシド中間体が提唱されている[9]. (c) {Fe^{II}(Cys)₄} からルブレリトリンの酸化体への電子リレーは, 青で示すように, 電子は一つずつ伝達される. 電子を受取る鉄中心は太い矢印で示す. ルブレドキシン {Fe(Cys)₄} については Box 5・1 を参照せよ.

─────────────

[*3]　SOR は嫌気性細菌だけでなく, 微好気性菌のような酸素濃度が低い環境で繁殖する生物にも見つかっている.

90 **6. 鉄，マンガン，銅が関わる酸化還元酵素**

もう一つのアキシアル位にはスーパーオキシドが結合し，スーパーオキシドへの電子移動が促進される（6・5a式）．Fe^{III}からFe^{II}への再還元は，外からの電子供与体により行われる（6・5b式）[8]．

$$\{Fe^{II}(His)_4Cys\}O_2^{\bullet-} + 2H^+ \longrightarrow \{Fe^{III}(His)_4Cys\} + H_2O_2 \qquad (6\cdot5a)$$

$$\{Fe^{III}(His)_4Cys\} + e^- \longrightarrow \{Fe^{II}(His)_4Cys\} \qquad (6\cdot5b)$$

多くの場合，Fe^{III}からFe^{II}への還元反応に必要な電子は，離れたルブレドキシン型$\{Fe(Cys)_4\}$の中心からタンパク質群を経由して運ばれる（ルブレドキシンについては Box 5・1 を参照）．還元等価体（電子）は，NAD(P)H により$\{Fe(Cys)_4\}$に運ばれ，さらに SOR に伝達される（図6・5c）.

SOR 中のルブレリトリンによる電子移動の機構は，活性中心にルブレリトリンをもつ鉄含有ペルオキシダーゼの機構に似ている．ペルオキシダーゼは，SOD や SOR で生成した過酸化水素を基質として有機物を酸化する（6・6式）．

$$RH + H_2O_2 \longrightarrow ROH + H_2O \qquad (6\cdot6)$$

6・3 オキシゲナーゼとオキシダーゼ

オキシゲナーゼとオキシダーゼはあらゆる生物にみられる．モノオキシゲナーゼは，O_2の一つの酸素原子を有機物に導入する反応を触媒するのに対して，ジオキシゲナーゼは二つの酸素原子を導入する．オキシダーゼは基質の酸化的脱水素反応を触媒し，O_2からH_2OへのH_2O_2を経由する還元を伴う．オキシゲナーゼもオキシダーゼも，触媒中心に銅か鉄をもつ.

以下では，最初に代表的な酸素化反応と酸化反応を概観し，さらにそれらの機構についてより詳しい洞察を加えたい.

$$RCH_2OH \longrightarrow RCHO + 2H^+ + 2e^- \qquad (6\cdot7a)$$

$$O_2 + 2H^+ + 2e^- \longrightarrow H_2O_2 (\longrightarrow H_2O + \frac{1}{2}O_2) \qquad (6\cdot7b)$$

銅酵素の例として，ガラクトースオキシダーゼ（オキシダーゼ）やチロシナーゼ（オキシゲナーゼとオキシダーゼの両方の機能をもつ）があげられる．ガラクトースオキシダーゼは[10]，第一級アルコールからアルデヒドへの2電子酸化を触媒する（6・7a式）．次に，この反応で生成した還元等価体は，O_2からH_2O_2への還元に用いられる（6・7b式）.

6・3 オキシゲナーゼとオキシダーゼ　　　91

チロシナーゼは，フェノールから o-ヒドロキノンへのヒドロキシ化反応（オキシゲナーゼ機能）とヒドロキノンからキノンへの酸化反応（オキシダーゼ機能）を連続して触媒する．一例として，チロシンから神経伝達物質であるドーパミンの前駆体ドーパへの酸化的ヒドロキシ化反応[*4]（6・8式），および引続きドーパから対応するキノンへの酸化反応があげられる（6・9式）．このキノンはさらに酸化されてインドールキノンになる．茶色の皮膚色素メラニンの形成や，果物や野菜が茶色になる現象もこの反応に由来する[11]．

$$\text{チロシン} \xrightarrow[\text{H}_2\text{O}]{\text{O}_2, 2\text{H}^+, 2e^-} \text{ドーパ} \qquad (6・8)$$

$$\text{ドーパ} \xrightarrow{2[\text{H}]} \text{ドーパキノン} \qquad (6・9)$$

$$\xrightarrow{4[\text{H}]} \text{インドールキノン}$$

$$\longrightarrow \text{メラニン}$$

　　（6・9)式のドーパから o-キノンへの酸化反応は，カテコールオキシダーゼにより触媒される．カテコールオキシダーゼは，一般にカテコール類をキノン類に酸化する．

$$\xrightarrow{2[\text{H}]} \qquad (6・10)$$

この酵素は，（6・10)式に示すように，アスコルビン酸（ビタミンC）からデヒドロアスコルビン酸への酸化も触媒することから，アスコルビン酸オキシダーゼとよばれる[12]．（6・10)式の還元等価体 [H] は，O_2 が受取ることができるため，ビタミンCは抗酸化剤の性質をもつ．

---

　*4　ドーパは L-3,4-ジヒドロキシフェニルアラニンである．ドーパミンでは，カルボキシ基が水素に置換されている．

多くの酸化反応や酸素化反応は,補欠分子族としてヘムをもつ P450 酵素スーパーファミリー[13] に属する酵素により触媒される[*5]. 代表的な反応は,有機物質 RH からアルコール体 ROH への酸素化反応(6・11 式)であり,同時に NADPH も酸化される.

$$RH + O_2 + NADPH + H^+ \longrightarrow ROH + H_2O + NADP^+ \qquad (6 \cdot 11)$$

鉄をベースとするもう一つの酵素群はリスケ中心を利用している[*6]. 除草剤ジカンバ(2-メトキシ-3,6-ジクロロ安息香酸)の酸化的脱メチル反応(6・12 式)は,末端リスケオキシゲナーゼをもつ酵素を特徴づける反応例である[14]. この酵素の活性中心は,リスケ型鉄二核補欠分子族とともに,{Fe(His)$_2$Glu} 中心を利用している. この反応では,ジカンバのメチル基が酸素化されてホルムアルデヒドを生成する.

シトクロム c オキシダーゼの例でみられるように,酵素的酸化反応において銅中心と鉄中心は協同で働くことができる. シトクロム c オキシダーゼは,シトクロム c の酸化反応と O_2 の還元反応を共役している. 電子伝達系の末端にあるこの過程の概要については,§5・3 の図 5・9 で説明している.

いくつかの酵素の触媒反応について概説してきたが,それらの構造や反応機構に焦点を当ててもう少し詳しく考察してみよう.

チロシナーゼ類は二つの銅中心をもつタイプ 3 銅タンパク質(Box 6・2 を参照)であり,どちらも銅イオンに三つのヒスチジンが配位した三方錐型構造をもつ. Cu^I 体の二つの Cu^I 間の距離は 3.4 Å である. チロシンの酸化反応は,以下に示す反応段階で進行すると推察されている(図 6・6).

1. 酸素分子は,二つの Cu^I 中心を酸化しながら,ペルオキシドイオンの形で二つの Cu^{II} の間に挿入される. ペルオキシドイオンはサイドオン型で配位し,対称な $\mu:\eta^2,\eta^2$ 構造を形成する.

[*5] Box 5・2 を参照せよ. P450 は,シトクロムの Fe^{II} 体の一酸化炭素付加体が 450 nm に吸収極大をもつことから,このようによばれている.
[*6] 前章の図 5・8 を参照せよ.

6・3 オキシゲナーゼとオキシダーゼ 93

2. チロシン残基は，片方の銅中心にチロシナート型で配位し，O_2^{2-}はプロトン化されHO_2^-になる．

3. ヒドロペルオキシド配位子の片方の酸素が$TyrO^-$のオルト位に転位し，カテコラートを生成する．これと同時にヒスチジンの一つがプロトン化され，銅中心から離れる．

4. (a) カテコラートがプロトン化されカテコールが生成すると，ヒスチジンがもとの配位構造に戻り，銅中心間のμ-オキシド架橋構造が残る．(b) 副反応においては，カテコラートが二つの銅中心を直接に2電子還元し，その結果o-キノンと水分子が架橋した二核Cu^I中心が生成する．

5. 4(a)からさらに進み，$\{Cu^{II}\}_2$から$\{Cu^I\}_2$への2電子還元，およびプロトン化によるオキシド架橋の解離により最初の状態が再生する．

アスコルビン酸をデヒドロアスコルビン酸に酸化する（6・10式）触媒であるアスコルビン酸オキシダーゼは，多核銅酵素の例の一つであり，単核のタイプ1とタ

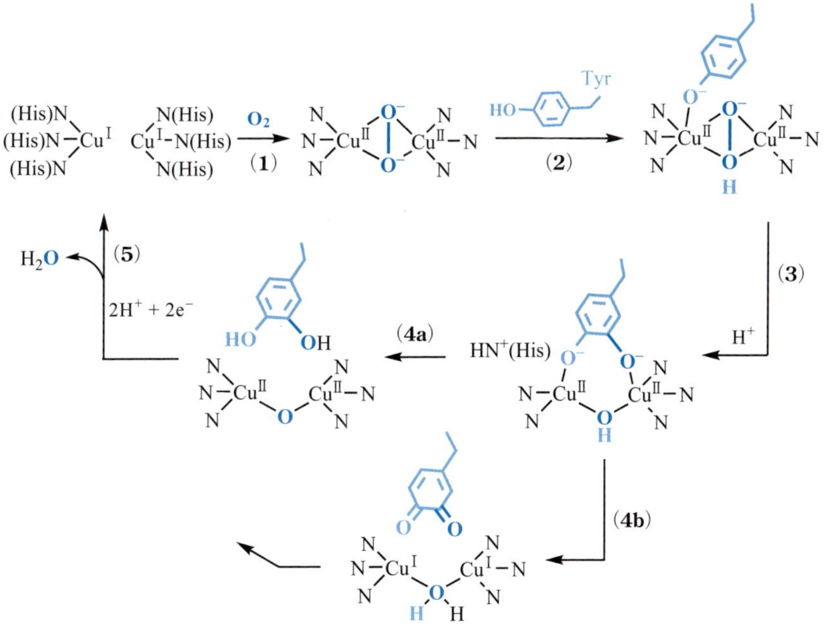

図6・6 チロシナーゼによるフェノール類（例：チロシン）からカテコール類（例：ドーパ）やキノン類への酸化反応の推定機構．詳細は本文を参照せよ．

イプ 2 銅中心および二核のタイプ 3 銅中心をもつ（図 6・7 を参照せよ）．酸素 O_2 は二核中心で水 H_2O に還元される．

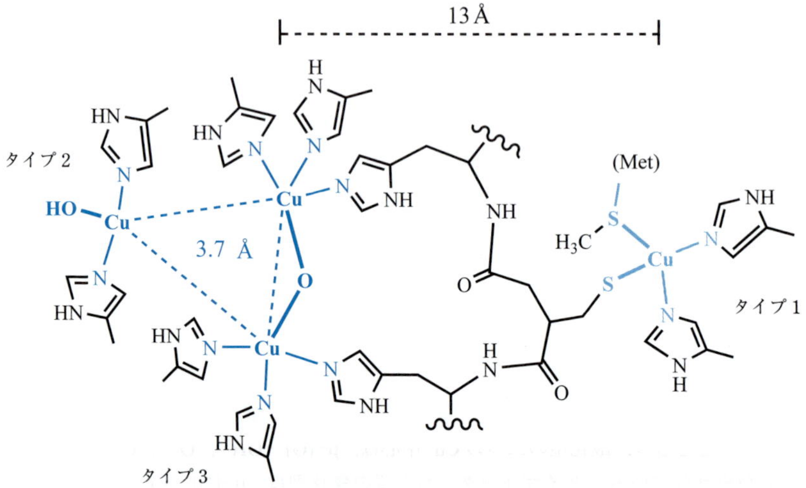

図 6・7 アスコルビン酸オキシダーゼの四つの銅中心は三つの異なる型（タイプ 1～3）をもつ．銅酵素の分類については Box 6・2 を参照せよ．

Box 6・2　銅タンパク質の分類

　銅はすべての生命体の必須元素である．体重 70 kg のヒトは，約 150 mg のタンパク質結合銅をもっている．§14・2・2 に概説するように，銅の供給が不足しても過剰になっても，生理学的過程に重篤な機能障害をひき起こす．銅含有酵素の活性は，Cu^{II} と Cu^{I} の二つの酸化状態の切替えにより発現される．

　銅タンパク質はおもに，銅中心の配位構造や内圏配位子や，関連する分光学的性質に従ってタイプ 1, 2, 3, Cu_A, Cu_B, Cu_Z に分類される．口絵 5 にタイプ 1, 2, 3, Cu_A, Cu_B をカラーで示す．Cu_Z については，§9・3 の図 9・10 を参照せよ．

　タイプ 1　ブルー銅タンパク質ともよばれる．銅は一つのシステインの $-S^-$ と二つのヒスチジンの窒素（通常，$N\varepsilon$ 位の窒素）が配位した平面三角形か平面に近い三方錐型の配位構造をもつ．その青色は，600 nm（ε 3000 M^{-1} cm^{-1}）の配位子から中心金属への（$CysS^- \rightarrow Cu^{II}$）電荷移動遷移に起因するものである．

　ESR 特性: Cu^{II}(d^9) の 1 電子と核スピン $I=3/2$ をもつ同位体 ^{63}Cu（存在比 70%）

のカップリングによる四つのシグナル成分. 超微細結合定数($A_\parallel = 5 \times 10^{-4}$ cm^{-1})はとりわけ小さい.

タイプ1銅タンパク質のほとんどは電子移動に関わる. 単核のタイプ1銅中心はプラストシアニンやアズリンにみられる. アズリンには, エクアトリアル方向から配位する His$_2$Cys に加えて, アキシアル方向から二つの配位子（メチオニンと主鎖のカルボニル基）が弱く相互作用している.

タイプ2　銅には通常, 三つのヒスチジンとアミノ酸残基由来の酸素ドナーあるいは窒素ドナーが一つ配位し, 平面四角形（あるいは四角錐型）構造をとる. 数例ではあるが, アキシアル位に酸素ドナーが配位した構造もみられる. 分光学的性質や ESR の超微細結合定数（$A_\parallel = 1.8 \times 10^{-3}$ cm^{-1}）は"普通"である.

オキシダーゼ, レダクターゼ, オキシゲナーゼ, ジスムターゼの機能単位は, タイプ2銅中心である. タイプ2銅タンパク質の例として, 亜硝酸レダクターゼ, ガラクトースオキシダーゼ, 銅-亜鉛スーパーオキシドジスムターゼがある.

タイプ3　三つのヒスチジン残基が配位した三角形構造をとる, 二つの近接した銅中心をもつ. 酸化型の二つの Cu^{II} 中心は, μ-{O}（OH$^-$, O^{2-}, O$_2^{2-}$）により架橋されている. タイプ3銅タンパク質の酸化型は, μ-{O} → Cu^{II} の電荷移動遷移のために青色である. 二つの Cu^{II} 中心は反強磁性的に強く結合しているため, ESR は不活性である.

タイプ3銅中心は, 酸素運搬（ヘモシアニン）や酸素活性化（カテコールオキシダーゼやチロシナーゼ）を担っている.

タイプ1〜3が組合わさった銅タンパク質は, タイプ4とよばれることがある. 例として, セルロプラスミンやアスコルビン酸オキシダーゼがあげられる. セルロプラスミンは六つの銅中心（三つのタイプ1, 一つのタイプ2, 二つのタイプ3）をもち, 銅の貯蔵タンパク質やフェロキシダーゼの機能を果たす. アスコルビン酸オキシダーゼは, 四つの銅中心をもち, タイプ1〜3のそれぞれを備えている.

この系に属していない銅中心の構造がいくつかある. Cu$_A$ 中心には, 二つの銅イオンに, 二つのヒスチジンと一つのメチオニン残基, タンパク質主鎖のカルボニル基が結合し, さらに二つのシステイン残基が架橋している. Cu$_B$ 中心では, 銅イオンに三つのヒスチジンが配位し, タイプ3と関連した三方両錐型構造がみられる. Cu$_A$ と Cu$_B$ の例は, シトクロム c オキシダーゼの電子伝達系の最初と最後の部分にある. 一酸化二窒素レダクターゼは Cu$_Z$ 中心をもち, 四つの銅イオンには七つのヒスチジン残基が配位し, さらに硫黄原子が架橋している.

96　　6. 鉄，マンガン，銅が関わる酸化還元酵素

　ガラクトースオキシダーゼ（GO）は，ガラクトースからガラクトヘキソジアル
デヒドへの酸化反応*7，より一般的にいうと第一級アルコールからアルデヒドへ
の酸化反応に関わっている（6・7式）．ガラクトースオキシダーゼはタイプ2の銅
酵素である．その反応経路は，以下の反応段階からなる（図6・8）．

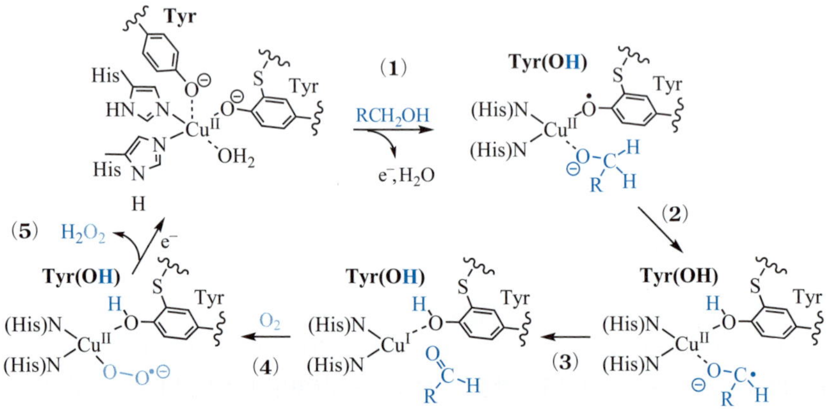

図6・8 ガラクトースオキシダーゼの触媒中心における第一級アルコールか
らアルデヒドへの酸化反応．破線は弱い結合を表す．(1)から(5)への経路
については本文を参照せよ．

1. H_2O がアルコラート RCH_2O^- に置換するのと同時に，アキシアル位のチロシン
　がプロトン化されて解離し，さらにシステインの硫黄原子を介してタンパク質
　本体とつながっているエクアトリアル位のチロシンから1電子が引き抜かれる．
$$TyrO^- \longrightarrow TyrO\cdot + e^-$$

2. 水素ラジカルが，配位しているアルコラートからチロシルラジカルに移動する．
$$RCH_2O^- + TyrO\cdot \longrightarrow R\overset{\cdot}{C}HO^- + TyrO^-$$

3. $R\overset{\cdot}{C}HO^-$ により Cu^{II} が Cu^{I} に還元され，アルデヒド RCHO が解離する．

4. 空いた配位座に酸素 O_2 が結合し，Cu^{I} は Cu^{II} に酸化されると同時に O_2 はスー
　パーオキシド $O_2^{\bullet-}$ に還元される．

5. スーパーオキシドが還元とプロトン化を受け，最初の状態が再生される．

---

*7　ガラクトヘキソジアルデヒドは，ヘキサアルドースであるガラクトースの2電子酸化反応の
　生成物である．C1位とC6位に二つのアルデヒド基が生成する．

6・3 オキシゲナーゼとオキシダーゼ　　97

　鉄オキシゲナーゼは，ヘム鉄酵素にも非ヘム鉄酵素にもなりうる．すでに述べたように，ヘム鉄オキシゲナーゼはシトクロム P450 に作用する．提案されている反応経路は図6・9に示した．

1. 有機基質 RH は，疎水効果によりタンパク質のポケット内に Fe^{III} 中心の近くに取込まれ（Fe^{III} には直接には結合しない），同時にアキシアル位の水分子が解離する．
2. Fe^{III} は Fe^{II} に還元される．
3. 酸素分子は酸化的付加反応により Fe^{II} に結合し，スーパーオキシドイオンを生成する．

$$Fe^{II} + O_2 \longrightarrow Fe^{III} + O_2^{\bullet -}$$

4. スーパーオキシド配位子は外部から運ばれた電子によりさらに還元され，ヒドロペルオキシドイオンを生成する（$Fe^{III}\text{-}O_2H^-$）．
5. ヒドロペルオキシドは Fe^{III} から O_2H^- への2電子移動により水に還元される．生成した Fe^V-オキシド中間体は，Fe^{IV}-オキシルラジカルと共鳴安定化している．
6. RH はこのオキシル中間体に付加し，アルコールが配位した Fe^{III} 中心を生成する．
7. このアルコール体 ROH と水が置き換わって，もとの状態に戻る．

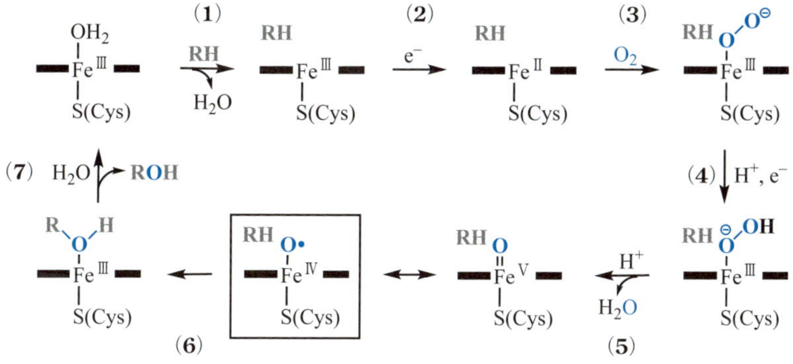

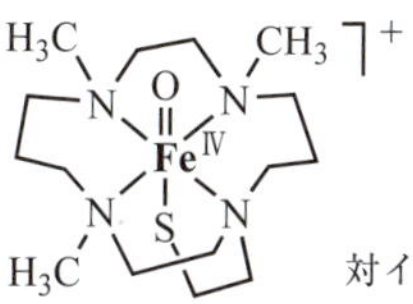

図6・9 P450 により触媒される炭水化物の酸化反応の経路．トリメチルシクラム[15] 由来の N_4S 型五座配位子を含む右の Fe^{IV} 錯体は，枠内の Fe^{IV} 中間体の優れたモデルである．(1) から (7) の反応段階については本文を参照せよ．

98   6. 鉄，マンガン，銅が関わる酸化還元酵素

鉄の高原子価の中間体は，さまざまな配位子を用いてモデル化されている[15]．図6・9に一例を示してある．

非ヘム鉄オキシゲナーゼにおいて，触媒部位の鉄には，一般に二つのヒスチジン残基とグルタミン酸かアスパラギン酸のカルボキシ基が配位している．リスケオキシゲナーゼは，{Fe(His)$_2$(Glu/Asp)}部位に加えて，リスケ中心とよばれる{Cys$_2$Fe(μ-S)$_2$Fe(His)$_2$}部位をもつ（図6・10）．還元等価体（電子）はNAD(P)H,

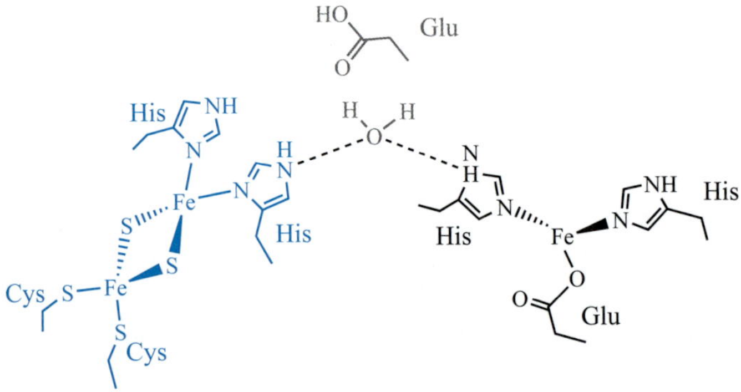

図6・10 ジカンバ O-デメチラーゼ/モノオキシゲナーゼの活性部位[14]．リスケ中心は青，{Fe(His)$_2$(Glu)}部位を黒で示す．一部の水素結合ネットワークのみ灰色で示す．この酵素が触媒する反応については(6・12)式を参照せよ．

フラビン，フェレドキシンにより，これらの鉄中心に運ばれる．最も重要な電子供与体である NADH が関わる一連の反応を(6・13)式に示す．これらの最後の反応における O$_2$ の活性化は，Fe^{II}-ヒドロペルオキシド中間体(Fe^{III}OOH)を経由して起こると考えられる．

$$\text{または} \quad \begin{aligned} \text{NADH} &\longrightarrow \text{NAD}^+ + \text{H}^+ + 2e^- \\ [\text{FeS}]^{red} &\longrightarrow [\text{FeS}]^{ox} + e^- \end{aligned} \qquad (6・13a)$$

$$\begin{aligned} [\text{リスケ}]^{ox} + e^- &\longrightarrow [\text{リスケ}]^{red} \\ [\text{リスケ}]^{red} &\longrightarrow [\text{リスケ}]^{ox} + e^- \end{aligned} \qquad (6・13b)$$

$$\{\text{Fe}^{III}(\text{His})_2\text{Glu}\} + e^- \longrightarrow \{\text{Fe}^{II}(\text{His})_2\text{Glu}\} \qquad (6・13c)$$

$$\frac{1}{2}\text{O}_2 + 基質 + 2\{\text{Fe}^{II}(\text{His})_2\text{Glu}\} \longrightarrow 基質-\text{OH} + \{\text{Fe}^{III}(\text{His})_2\text{Glu}\}$$
$$(6・13d)$$

⊕ ま と め

リボヌクレオチドからデオキシリボヌクレオチドへの還元反応は，リボヌクレオチドレダクターゼ（RNR）類が触媒する．この酵素は通常二核鉄中心をもつが，ある生物ではマンガン，あるいはマンガンと鉄に依存している．二核鉄 RNR は，O_2 を用いて二核鉄チロシルラジカルを生成する．このチロシルラジカルは，中間体のチイルラジカルの生成を介してリボースの2′位のヒドロキシ基を引き抜き，その結果リボースをデオキシリボースへ変換する．

酸素の消費や再循環の多くの過程において，スーパーオキシド $O_2^{\bullet-}$ は中間体もしくは副生成物である．この毒性を示す可能性がある活性ラジカルを除くためには，酸化還元活性な金属（鉄，マンガン，ニッケル，銅）を含むスーパーオキシドジスムターゼ（SOD）やスーパーオキシドレダクターゼ（SOR）が用いられる．スーパーオキシドジスムターゼは，$O_2^{\bullet-}$ から O_2 と H_2O_2 への不均化を触媒する．一例として，タイプ2の銅中心をもつ銅-亜鉛スーパーオキシドジスムターゼがあげられる．ここでは亜鉛は構造を保つ役割をもつ．スーパーオキシドレダクターゼは $O_2^{\bullet-}$ から H_2O_2 への還元反応をひき起こす．スーパーオキシドレダクターゼ類の代表的な酵素は，末端電子供与体として補因子 {Fe(His)$_4$Cys} あるいはルブレリトリンをもつ．ルブレリトリンは二つのグルタミン酸に架橋された二つの鉄中心をもち，さらにヒスチジンとグルタミン酸が結合している．

オキシゲナーゼ（酸素添加酵素）が O_2 由来の酸素原子を基質に導入する反応を触媒するのに対して，オキシダーゼ（酸化酵素）は基質の脱水素反応を触媒する．どちらの酵素群も銅や鉄に依存する．銅酵素の例として，ガラクトースオキシダーゼやチロシナーゼがあげられる．ガラクトースオキシダーゼはタイプ2銅を活性中心にもち，ガラクトースからガラクトヘキソジアルデヒド，より一般的にはアルコールからアルデヒドへの2電子酸化反応を触媒する．チロシナーゼはタイプ3銅タンパク質であり，チロシンからドーパへの酸素化反応，およびドーパからドーパキノン，インドールキノン，および茶色の皮膚色素メラニンへの酸化反応を触媒する．アスコルビン酸オキシダーゼ類はタイプ1〜3の銅中心をそれぞれ一つずつもち，アスコルビン酸をデヒドロアスコルビン酸に酸化する．

鉄オキシゲナーゼは，ヘムあるいは非ヘム中心をもつ．ヘムの例としてシトクロム P450 類に属する酵素がある．非ヘムの例は，ジカンバ *O*-デメチラーゼ/モノオキシゲナーゼがある．補因子 P450 を含む酵素は，{Fe$^{\text{IV/V}}$(O)} 中間体を経て基質の C−H 結合に酸素原子を挿入し，その結果ヒドロキシ基を生成する．ジカンバオキシゲナーゼの活性部位は，リスケ中心と {Fe(His)$_2$(Glu)} を含む．この酵素はメチルエーテル基を酸素化し，その結果そのメチル基はホルムアルデヒドに変換される．

100 6. 鉄, マンガン, 銅が関わる酸化還元酵素

📖 参 考 論 文

Högbom, M., Metal use in ribonucleotide reductase R2, di-iron, di-manganese and heterodinuclear − an intricate bioinorganic workaround to use different metals for the same reaction. *Metallomics*, **3**, 110–120 (2011).
［リボヌクレオチドレダクターゼ類の活性中心やタンパク質環境の構造と機能が, 同じ比較基準で取上げられている. また, モノオキシゲナーゼのような酸素活性化酵素の二核鉄中心に関連して説明されている］

Crichton, R.R., Declercq, J.-P., X-ray structures of ferritins and related proteins. *Biochim. Biophys. Acta*, **1800**, 706–718 (2010).
［二核鉄を含むスーパーオキシドジスムターゼとスーパーオキシドレダクターゼはフェリチンのスーパーファミリーに属する. これらの構造に関する比較検討がされている］

Silavi, R., Divsalar, A., Saboury, A.A., A short review on the structure–function relationship of artificial catecholase/tyrosinase and nuclease activities of Cu-complexes. *J. Biomol. Struct. Dynamics*, **30**, 752–772 (2012).
［チロシナーゼとカテコラーゼのモデル化合物の, 医薬に関する課題や環境問題における可能性について議論されている］

📑 引 用 文 献

1) Boal, A.K., Cotruvo, J.A., Jr, Stubbe, J., *et al.*, Structural Basis for activation of class Ib ribonucleotide reductase. *Science*, **329**, 1526–1530 (2010).
2) (a) Mitić, N., Clay, M.D., Saleh, L., *et al.*, Spectroscopic and electronic structure studies of intermediate X in ribonucleotide reductase R2 and two variants: a description of the Fe^{IV}–oxo bond in the Fe^{III}–O–Fe^{IV} dimer. *J. Am. Chem. Soc.*, **129**, 9049–9065 (2007).
   (b) Shanmugam, M., Doan, P.E., Lees, N.S., *et al.*, Identification of protonated oxygenic ligands of ribonucleotide reductase intermediate X. *J. Am. Chem. Soc.*, **131**, 3370–3376 (2009).
3) Nordlund P., Reichard P., Ribonucleotide reductases. *Annu. Rev. Biochem.* **75**, 681–706 (2006).
4) (a) Andersson, C.S., Öhrström, M., Popović - Bijelić A., *et al.*, The manganese ion of the heterodinuclear Mn/Fe cofactor in *Chlamydia trachomatis* ribonucleotide R2c is located at metal position 1. *J. Am. Chem. Soc.*, **134**, 123–125 (2012).
   (b) Roos, K. Siegbahn, P.E.M., Oxygen cleavage with manganese and iron in ribonucleotide reductase from *Chlamydia trachomatis*. *J. Biol. Inorg. Chem.*, **16**, 553–565 (2011).
5) (a) Antonyuk, S.V., Strange, R.W., Marklund, S.L., *et al.*, The structure of human extracellular copper–zinc superoxide dismutase at 1.7 Å resolution: insight into heparin and collagen binding. *J. Mol. Biol.*, **388**, 310–326 (2009).
   (b) Mera-Adasme, R., Mendizábal, F., Gonzales, M., *et al.*, Computational studies of the metal binding site of the wild-type and the H46R mutant of the copper,zinc superoxide dismutase. *Inorg. Chem.*, **51**, 5561–5568 (2012).
6) Jackson, T.A., Gutman, C.T., Maliekal J., *et al.*, Geometric and electronic structures of manganese-substituted iron superoxide dismutase. *Inorg. Chem.*, **52**, 3356–3367 (2013).
7) Nakamura, T., Torikai, K., Uegaki, K., *et al.*, Crystal structure of the cambialistic superoxide dismutase from *Aeropyrum pernix* K1 – insights into the enzyme mechanism and stability. *FEBS J.*, **278**, 598–609 (2011).
8) (a) Bonnot, F., Duval, S., Lombard, M., *et al.*, Intermolecular electron transfer in two-iron superoxide reductase: a putative role for the desulfredoxin center as an electron donor to the iron active site. *J. Biol. Inorg. Chem.*, **16**, 889–898 (2011).
   (b) Kurtz, D.M., Jr., Avoiding high-valent iron intermediates: superoxide reductase and

引 用 文 献　　　101

rubrerythrin. *J. Inorg. Biochem.*, **100**, 679–693 (2005).

9) Dillard, B.D., Demick, J.M., Adams, M.W.W., *et al.*, A cryo-crystallographic time course for peroxide reduction by rubrerythrin from *Pyrococcus furiosus*. *J. Biol. Inorg. Chem.*, **16**, 949–959 (2011).

10) Lee, Y.-K., Whittaker, M.M., Whittaker, J.W., The electronic structure of the Cys-Tyr• free radical in galactose oxidase determined by EPR spectroscopy. *Biochemistry*, **47**, 6637–6649 (2008).

11) (a) Olivares, C. Solano, F., New insights into the active site structure and catalytic mechanism of tyrosinase and its related proteins. *Pigment Cell Melanoma Res.* **22**, 750–760 (2009).
(b) Fairhead, M. Thoeny-Meyer, L., Bacterial tyrosinases: old enzymes with new relevance to biotechnology. *New Biotechnol.*, **29**, 183–191 (2012).

12) Quintanar, L., Stoj, C., Taylor, A.B., *et al.*, Shall we dance? How a multicopper oxidase chooses its electron transfer partner. *Acc. Chem. Res.*, **40**, 445–452 (2007).

13) Fasan, R., Tuning, P450 enzymes as oxidation catalysts. *ACS Catal.* **21**, 647–666 (2012).

14) (a) Dumitru, R., Jiang, W.Z., Weeks, D.P., *et al.* Crystal structure of dicamba monooxygenase: a Rieske nonheme oxygenase that catalyzes oxidative demethylation. *J. Mol. Biol.*, **392**, 498–510 (2009).
(b) D'Ordine, R.L., Rydel, T.J., Storek, M.J., *et al.*, Dicamba monooxygenase: structural insights into a dynamic Rieske oxygenase that catalyzes an exocyclic monooxygenation. *J. Mol. Biol.*, **392**, 481–497 (2009).

15) Bukowski, M.R., Koehntop, K.D., Stubna, A., *et al.*, A thiolate-ligated non-heme oxoiron(IV) complex relevant to cytochrome P450. *Science,* **310**, 1000–1002 (2005).

モリブデン,タングステン,バナジウムに基づくオキソ転移タンパク質

　前周期遷移金属であるバナジウム,モリブデン,タングステンは産業界において鉄鋼生産に,あるいは酸化物の形では酸化反応の触媒として広く用いられている.触媒としての利用には,バナジウムはVとIV,モリブデンとタングステンはVI,V,IVの酸化状態をとれることが生かされている.さらに,硫化モリブデンに基づく触媒は多目的に使える脱硫剤であるため,精製後の原油の脱硫に用いられている.

　これらの金属は,自然界でも酸化還元酵素の活性中心として用いられている.たとえば,モリブデン–鉄–硫黄補因子を含むニトロゲナーゼに触媒される窒素からアンモニアへの還元反応については第9章で説明する.

　特にモリブデンはすべての生命体に必須である.ヒトでは,モリブデンを含む酸化還元酵素が4種同定されている.これらの酵素に触媒される生命維持に必要な反応の例として,① プリン代謝物のキサンチンの分解(これにより腎不全を防いでいる),② 硫酸塩への酸化による亜硫酸塩の無毒化,③ アルデヒド(例:アルコールの代謝物であるアセトアルデヒド)の酸化による無毒化があげられる.これらのすべての反応において,モリブデンはVI,V,IVの酸化状態を循環する.

　微量必須元素であるモリブデンのヒトの1日に必要な量は約150〜500 μg[*1]である.寿命75歳として換算すると,一生の間に必要な量はおよそ10 gということになる.モリブデンは存在量の少ない元素の一つであるが,比較的どこにでも存在し,モリブデン酸 MoO_4^{2-} が水溶性であるため容易に利用できる.しかしながら,酸性

[*1] 日本人の食事摂取基準(2015,厚生労働省)では 20〜30 μg と定められている.

雨による土壌の酸性化や銅による土壌の汚染はモリブデンのバランスを崩す．酸性媒体中ではポリオキソモリブデン酸が生成し，銅が存在すると不溶性の銅-モリブデンのキュバン型クラスターが生じ，放牧牛に関する深刻な問題につながる．

本章の概説に加え，§9・3（硝酸レダクターゼ）と§10・2（ホルミルメタノフランデヒドロゲナーゼ）ではモリブドピラノプテリンについて簡単に説明する．

原核生物，特に好熱性古細菌や超好熱性古細菌がもついくつかの酵素では，モリブデンはタングステンに置き換えられているが，モリブデンとは異なり，タングステンは生命体全体には影響を与えていない．

バナジウムも，さらに進化した生命体である脊椎動物や他の門に属する生物の酵素過程の機能を引き継いでいないが，いくつかの細菌のニトロゲナーゼではモリブデンの代替となっている．バナジウムは藻類，菌類，地衣類，いくつかの放線菌がもつバナジウム依存ハロペルオキシダーゼ (VHPO) の活性中心にも使われている．興味深いことに，モリブデンやタングステンとは対照的に，バナジウムはバナジウム依存ハロペルオキシダーゼ中では酸化状態の変化を伴う機能はもっていない．むしろ，V価のバナジウムはルイス酸性中心として機能している．

7・1　モリブドピラノプテリンとタングストピラノプテリン

モリブデンと結合する補因子リガンド系は，通常ピラノプテリンあるいはモリブドプテリンとよばれている．文献によっては，モリブデンを含んでも含まなくても"モリブドプテリン"が用いられていることがある．混乱を避けるために，ここではモリブデンを含まないリガンドシステムについては"ピラノプテリン"，モリブデンを含むリガンドシステムについては"モリブド (Mo-) ピラノプテリン"を使うことにする．また，これと関連してタングステンを含むシステムについては"タングスト (W-) ピラノプテリン"を使うことにする．リガンドのピラノプテリンについては図7・1を参照せよ．

Mo/W-ピラノプテリンにおいて，モリブデンとタングステンの酸化状態はIV，V，VIの間を循環し，2電子移動過程を可能にする．これらの電子は通常，フェレドキシン，ヘムタンパク質，あるいは FAD に順番に伝達される[*2]．これらの酵素に触

---

*2　FAD については Box 9・2，フェレドキシンについては Box 5・1 を参照せよ．

媒される酸化還元反応の一般式を (7・1) 式に示す[1]．ここで X と XO は，有機，無機基質のどちらでもありうる．

$$X + H_2O \rightleftharpoons XO + 2e^- + 2H^+ \qquad (7 \cdot 1)$$

この反応は酸化酵素（オキシダーゼ）や脱水素酵素（デヒドロゲナーゼ）により左から右へ触媒的に進行し，還元酵素（レダクターゼ）により右から左に進行する．また，酸化還元酵素（オキシドレダクターゼ）は両方向の反応を触媒する．しかしながら，すべての反応がこの一般式に当てはまるわけではない．例外としては，ギ酸デヒドロゲナーゼ，一酸化炭素 (CO) デヒドロゲナーゼ，アセチレンヒドラターゼ (AH) に触媒される変換反応があげられる．アセチレンヒドラターゼに促進されるアセチレンの水和反応は，ピラノプテリンが関わるタンパク質による触媒反応でしかみられず，正味の反応は非酸化還元過程である．

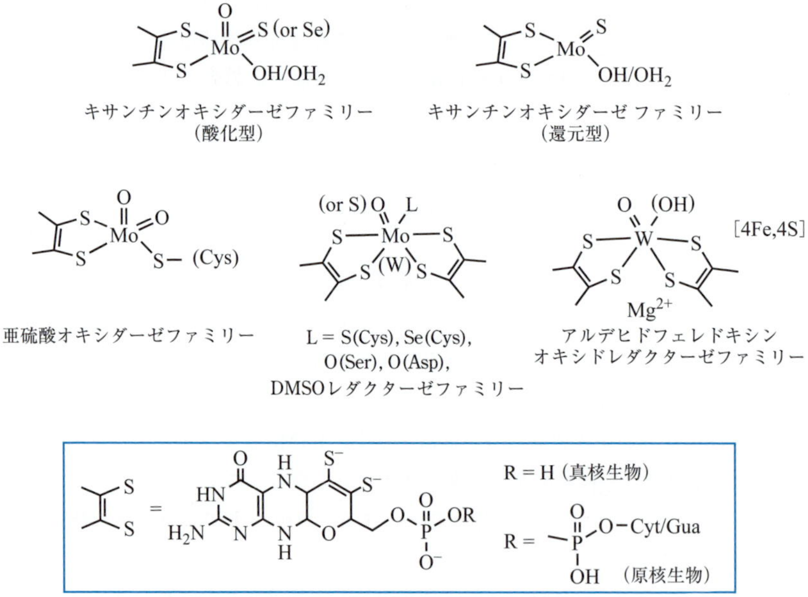

キサンチンオキシダーゼファミリー
（酸化型）

キサンチンオキシダーゼ ファミリー
（還元型）

亜硫酸オキシダーゼファミリー

L = S(Cys), Se(Cys),
O(Ser), O(Asp),
DMSOレダクターゼファミリー

[4Fe,4S]

アルデヒドフェレドキシン
オキシドレダクターゼファミリー

R = H（真核生物）

R =（原核生物）

図7・1 モリブデンやタングステンに依存するオキシダーゼ/レダクターゼの四つのファミリーの活性部位の代表例．キサンチンオキシダーゼファミリーについては酸化型 (Mo^{VI}) と還元型 (Mo^{IV})，他のファミリーについては完全還元型のみを示す．DMSO レダクターゼファミリーの一つであるギ酸デヒドロゲナーゼは，モリブデンの代わりにタングステンを含むことができる．青枠内は，ピラノプテリン配位子である．Cyt はシトシン，Gua はグアニンである．

Mo/W-ピラノプテリンの四つのファミリー[*3]は，図7・1に示すように，通常モリブデンやタングステンの配位圏により区別される．タングステン酵素は，おもに好熱性古細菌中に存在し，通常アルデヒドフェレドキシンオキシドレダクターゼの一つであるが，DMSO レダクターゼファミリーの一つであることもある．哺乳類ではこれまでに，亜硫酸オキシダーゼ，キサンチンオキシダーゼ，硝酸レダクターゼ，アミドキシム還元成分の4種のモリブデン酵素が同定されている．最後の酵素は，N-ヒドロキシ化合物の還元的脱酸素反応を触媒する[2]．

本章では，Mo/W-ピラノプテリンの四つのファミリーの代表例について，これらの酵素により触媒される正味の反応も含めて分類を行い，代表的な反応の機構について考察する．

7・1・1 キサンチンオキシダーゼファミリー

キサンチンオキシダーゼファミリーは，キサンチンデヒドロゲナーゼあるいはアルデヒドオキシダーゼともよばれている．

アルデヒドオキシダーゼは，C−H 結合の開裂と C−O 結合の生成を同時に触媒

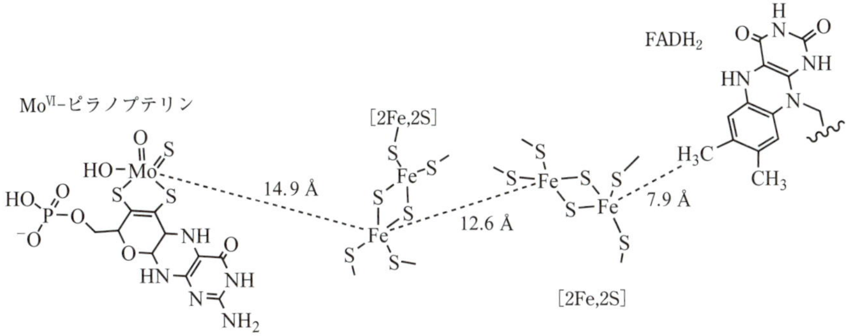

図7・2　キサンチンオキシダーゼファミリーにおける，モリブドピラノプテリン補因子からフラビンアデニンジヌクレオチド (FAD) への電子リレーに関わる金属補因子の配列．[Romão, M. J., *Dalton Trans.*, 4053-4068 (2009) に基づいて書き直した (参考論文を参照せよ)]

[*3]　四つの代表的なファミリー (キサンチンデヒドロゲナーゼファミリー，亜硫酸オキシダーゼファミリー，DMSO レダクターゼファミリー，アルデヒドフェレドキシンオキシドレダクターゼファミリー) に加えて，ギ酸デヒドロゲナーゼ，アセチレンヒドラターゼの2種類のタングステン酵素 (ここでは DMSO レダクターゼファミリーに含まれているとみなす) もファミリーの一つとして扱われることがある[1]．

106　　7. モリブデン，タングステン，バナジウムに基づくオキソ転移タンパク質

し，その結果アルデヒドをカルボン酸に酸化する (7・2式).

$$RCHO + H_2O \longrightarrow RCO_2H + 2H^+ + 2e^- \qquad (7\cdot2)$$

　触媒が回転する間に Mo^{VI} は Mo^{IV} に還元され，図7・2に示すように，それらの電子はピラノプテリンを介して二つの非等価な[2Fe,2S]型フェレドキシンと FAD に連続して運ばれ，最終的に NAD^+ に到達する．アルデヒドオキシドレダクターゼは (7・2)式の反応とその逆反応の両方を触媒する．同じ型の反応が古細菌のアルデヒドフェレドキシンオキシドレダクターゼにより触媒されるが，この酵素は補因子としてのタングストピラノプテリンと，おもな電子受容体としての[4Fe,4S]型フェレドキシンを含む．§7・1・4では，このタングステン酵素と関連して，アルデヒドオキシダーゼの反応機構を説明する．

　キサンチンデヒドロゲナーゼは，ヒポキサンチンからキサンチン，さらに尿酸までの酸化反応を触媒する．後者の反応については (7・3) 式を参照せよ．ヒポキサンチンはグアニンに由来するので，この酵素はプリン代謝に関わっていることになる．

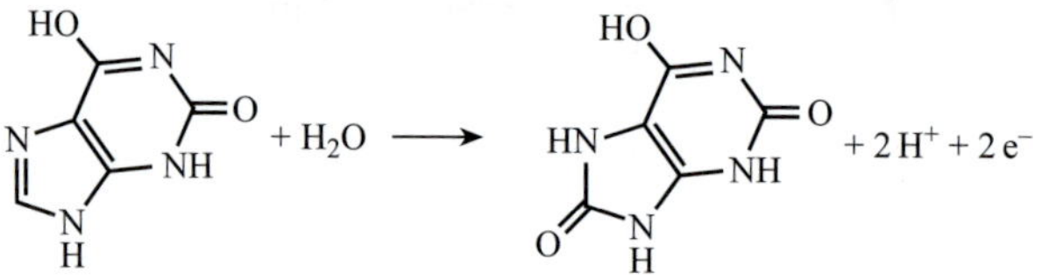

$$(7\cdot3)$$

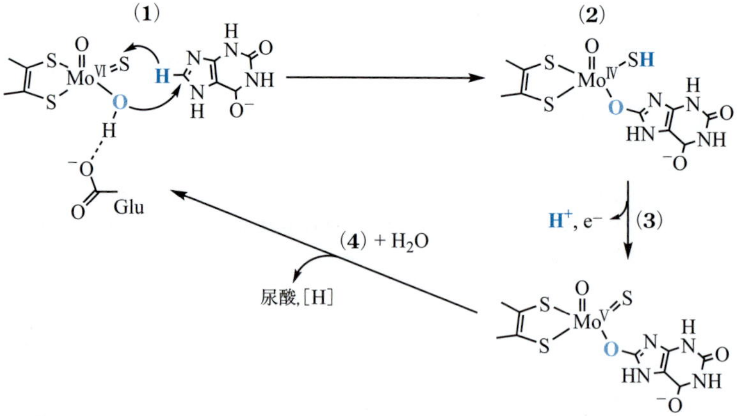

図7・3　キサンチンデヒドロゲナーゼが触媒する，キサンチンから尿酸への脱水素/酸化反応の推定触媒サイクル.

7・1 モリブドピラノプテリンとタングストピラノプテリン

この機構に含まれるおもな経路は図7・3に示してある．ステップ(1)では，モリブデンに配位しているヒドロキシ基はグルタミン酸側鎖により活性化され，基質にオキソ基を与え，それと同時に基質からスルフィド基にヒドリド移動が起こる（ステップ2）．この過程でモリブデンはⅥ価からⅣ価に還元される．ステップ(3)では，還元等価体（$[H] \equiv H^+ + e^-$）が放出され，Ⅴ価の中間体が生成する．ステップ(4)では2番目の[H]が放出され，さらに尿酸塩とヒドロキシ基が置き換わって酸化生成物の尿酸が放出されてもとの状態に戻る．

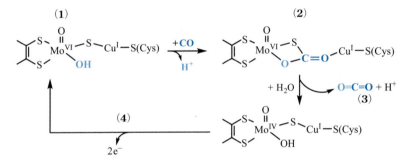

図7・4 COデヒドロゲナーゼのモリブデン-銅活性中心における一酸化炭素から二酸化炭素への酸化反応．ステップ(1)〜(4)については本文を参照せよ．

COデヒドロゲナーゼは一酸化炭素を二酸化炭素に変換する（7・4式）．アルデヒドオキシダーゼのように，電子はモリブデン酵素から，二つの[2Fe,2S]フェレドキシンを含む鉄-硫黄タンパク質，およびフラボタンパク質のFADに向かって移動する．

$$CO + H_2O \longrightarrow CO_2 + 2H^+ + 2e^- \qquad (7・4)$$

COデヒドロゲナーゼは，モリブデン-銅の二核中心をもつため，注目に値する[3]．図7・4(1)に示すように，Cu^Iは少し曲がった直線構造をとり，μ-スルフィド配位子を介してモリブデンを連結し，さらにシステイン残基を介してタンパク質につながっている．この代謝回転の間で一酸化炭素は銅-スルフィド結合の間に挿入され，ステップ(2)に示すように，Mo^{VI}とCu^Iを架橋する形でチオ炭酸塩，μ:η^2,η^1-(CSO_2^{2-})を形成する．ステップ(3)では，Mo^{VI}からMo^{IV}への還元を伴って二酸化炭素が放出される．ステップ(4)において，2電子がフェレドキシンに移動することにより最初の状態が再生する．

108   7. モリブデン，タングステン，バナジウムに基づくオキソ転移タンパク質

7・1・2　亜硫酸オキシダーゼファミリー

　亜硫酸イオンから硫酸イオンへの酸化反応（植物や動物などの高等生物におけるシステインとメチオニンの酸化的分解反応の最後のステップ）は，亜硫酸オキシダーゼにより触媒される（7・5式）．真核生物の場合，亜硫酸オキシダーゼは亜硫酸の解毒に重要である．細菌の亜硫酸デヒドロゲナーゼは，地球規模での硫黄循環において重要な役割を果たしている（第8章）．

$$HSO_3^- + H_2O \longrightarrow SO_4^{2-} + 3H^+ + 2e^- \qquad (7 \cdot 5)$$

　亜硫酸オキシダーゼは，最終的な電子受容体としてフェレドキシンではなく，シトクロムbかシトクロムc型のヘム鉄を用いる．推定されている機構では（図7・5），最初に亜硫酸イオンがモリブデン中心のエクアトリアル位のオキソ基を攻撃し，過渡的にスルファトMo^{IV}錯体が生じる（ステップ1）．次に硫酸イオンが加水分解により遊離し（ステップ2），二つの電子を一つずつ近くのヘム中心に運ぶことにより最初の状態に戻る（ステップ3）．

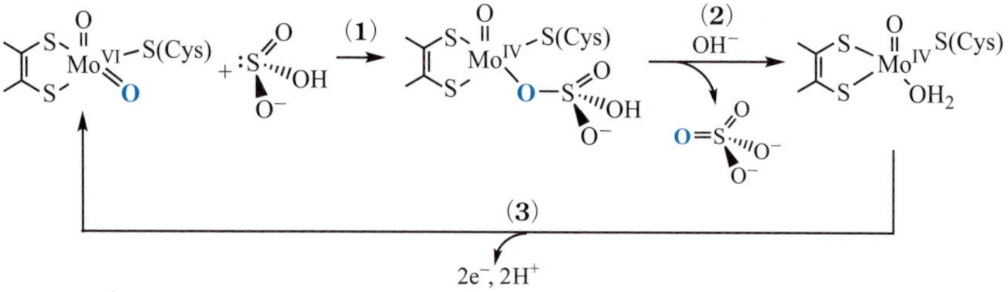

図7・5　亜硫酸オキシダーゼによる亜硫酸水素塩から硫酸塩への酸化反応．

　硝酸レダクターゼは硝酸塩を亜硝酸塩に還元する（7・6式）．亜硫酸オキシダーゼファミリーに属している硝酸レダクターゼは，植物，藻類，菌類のような真核生物にみられる同化[*4]型硝酸レダクターゼである．DMSOレダクターゼファミリーに属する原核生物の硝酸レダクターゼは，同化酵素と異化酵素のどちらにもなれる．一般に硝酸レダクターゼは，窒素循環全体において重要な酵素である．詳細については§9・3を参照せよ．真核生物の硝酸レダクターゼにおける最終的な電子受容

[*4]　これと関連して，"同化"は生成物（ここでは亜硝酸塩であるが，これはさらに代謝されてアンモニウム塩になる）が生体内に残ることをさす．"異化型"硝酸還元では，硝酸塩は亜硝酸塩にも還元され，さらにATP生成を伴ういくつかの酵素反応を経て窒素分子まで還元される．

体はヘム b と FAD であり，原核生物の硝酸レダクターゼでは[4Fe,4S]/[3Fe,4S]
フェレドキシンとヘム b/c である.

$$NO_3^- + 2H^+ + 2e^- \longrightarrow NO_2^- + H_2O \qquad (7 \cdot 6)$$

7・1・3 ジメチルスルホキシド(DMSO)レダクターゼファミリー

DMSO レダクターゼファミリーは他のファミリーと異なり，モリブデンやタングステン中心の配位環境や触媒される反応に多様性がある. この多様性は，触媒部位の第二配位圏のわずかではあるが重要な違いにより生まれる. 金属に直接配位するアミノ酸として，DMSO レダクターゼのセリン残基，アセチレンヒドラターゼのシステイン残基，ギ酸デヒドロゲナーゼのセレノシステイン残基[*5]，膜結合性同化型硝酸レダクターゼのアスパラギン酸残基があげられ，ヒ酸オキシダーゼではアミノ酸残基は金属に結合していない.

DMSO レダクターゼ[4]は，ジメチルスルホキシドから，加熱調理したキャベツ特有の臭いをもつジメチルスルフィド (DMS) への還元反応を触媒する (7・7式). ジメチルスルフィドは地球規模の硫黄循環において重要なガスである (第8章). 水界では，微生物活動によりジメチルスルフィドから抗凍結剤になりうる DMSO に酸化される[*6].

$$(CH_3)_2SO + 2H^+ + 2e^- \longrightarrow (CH_3)_2S + H_2O \qquad (7 \cdot 7)$$

ギ酸デヒドロゲナーゼはタングステンあるいはモリブデンを含み，セレノシステイン残基 Se-Cys を介してタンパク質に結合する. (7・8) 式は，その反応の全体を表している.

$$HCO_2^- \longrightarrow CO_2 + H^+ + 2e^- \qquad (7 \cdot 8)$$

図7・6の推定機構の(1)に示すように，ギ酸が Se-Cys に代わってモリブデンに直接結合する. 負電荷をもつ Se-Cys 基は，近傍の正電荷をもつアルギニン残基 Arg^+ により安定化される. 配位したギ酸からスルフィド配位子に水素陰イオンが移動し，CO_2 を放出しながら $Mo^{VI}=S(H^-)$ から $Mo^{IV}-SH$ へと変化し金属中心が還元される(ステップ2). 最後のステップ(3)では，[4Fe,4S]フェレドキシンに電子

[*5]　$HSe-S$ 基をもつセラニルシステインとは異なるので注意が必要である.
[*6]　微生物変換の例として，嫌気性の紅色光合成細菌によるジメチルスルフィドから DMSO への酸化反応があげられる.

110　7. モリブデン，タングステン，バナジウムに基づくオキソ転移タンパク質

が渡されもとの状態に戻る.

　タングステンを含むアセチレンヒドラターゼは，酸化還元反応を触媒しないモリブデン/タングステン酵素のスーパーファミリーの珍しい例である. もっと正確にいえば，水の H と OH がアセチレンの炭素間の三重結合に付加し，中間体のビニルアルコールは速やかに互変異性化し，最終生成物のアセトアルデヒドになる(7・9式)[5].

$$\text{HC} \equiv \text{CH} + \text{H}_2\text{O} \longrightarrow \{\text{H}_2\text{C}=\text{CHOH}\} \longrightarrow \text{H}_3\text{C}-\text{CHO} \qquad (7 \cdot 9)$$

　しかしながら，アセチレンヒドラターゼの活性は，強い還元剤による活性化が必要である. このことは，その活性体が酸化状態Ⅳのタングステンを含むことを示唆している.

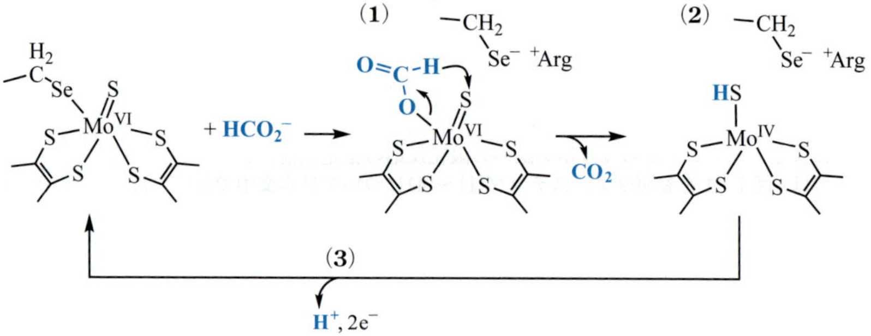

図7・6　ギ酸の脱水素反応の推定機構

7・1・4　アルデヒドフェレドキシンオキシドレダクターゼファミリー

　アルデヒドオキシドレダクターゼは，(7・2)式に従ってアルデヒド基の C−H 結合に水分子の酸素官能基を酸化的に挿入して，アルデヒドからカルボン酸への酸化反応とその逆反応を触媒する. 古細菌のタングステン含有アルデヒドフェレドキシンオキシドレダクターゼ の推定機構[1b] を図7・7に示す. 最初のステップ(1)では，近くにある水分子が活性中心近傍のグルタミン酸残基との水素結合により活性化される. それと同時に，アルデヒドのカルボニル基はチロシンとの水素結合により活性化される. ステップ(2)では，活性化されたアルデヒドが$W^{Ⅵ}$中心により求電子的に攻撃される. 次に，水素陰イオンがオキソ基に移動し$W^{Ⅵ}$が$W^{Ⅳ}$に還元される(ステップ3). $W^{Ⅳ}$は 1 電子ずつ再酸化され$W^{Ⅵ}$になり，その電子は[4Fe,4S]フェレドキシンに移動する. 中間体として生成する常磁性の$W^{Ⅴ}(d^1)$ の状態は，電子スピン共鳴法 (ESR) により証明されている[6].

興味深いことに，タングステンをモリブデンに置き換えた酵素は不活性であることが密度汎関数法により提案されている．ステップ(4)における $\{Mo^{VI}=O\}$ の生成は吸熱反応($59\ kJ\ mol^{-1}$)である[7]．

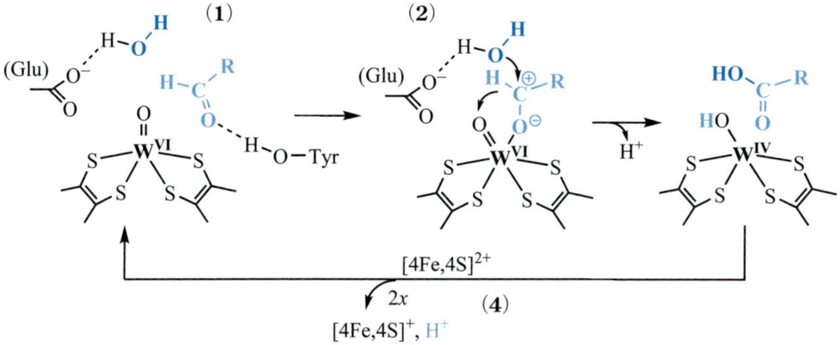

図7・7　古細菌のタングステン含有アルデヒドフェレドキシンオキシドレダクターゼによるアルデヒドからカルボン酸への酸化反応の推定機構．ジチオレン配位子については，図7・1を参照せよ．ステップ(1)～(4)については本文中で説明する．

7・2　バナジウム依存ハロペルオキシダーゼ

シアノバクテリアを含むいくつかの細菌のニトロゲナーゼ(§9・1) の FeMo/V-補因子中のモリブデンはバナジウムに置き換えることができる．これは，バナジウムとモリブデンが周期表上で対角位置にあり，化学的に類似性があることと一致している[*7]．これとは対照的に，モリブドピラノプテリンの補因子中のモリブデンをバナジウムに置き換えると，酵素は不活性化する．それでもなお，いくつかの生命体は，過酸化水素 H_2O_2 からハロゲン化物イオン(Cl^-，Br^-，I^-)，擬ハロゲン化物イオン(N_3^-，SCN^-)，有機スルフィドのような基質へオキソ基を転移する反応にバナジウムを用いる．ハロゲン化物イオン Hal^- の酸化反応は，2 電子酸化物として，Hal=Br の場合 HOBr，Br_2，Br_3^- のような Hal^+ を生成する．この反応例として(7・10) 式に示すような次亜臭素酸の生成があげられる．バナジウム依存ハロペルオキシダーゼ(VHPO) に触媒されるこのオキソ転移反応は，基質の2 電子酸化反応に相当する．基質がないときは一重項酸素 $^1O_2$ が生成し (7・11 式)，速やかに三重

---

*7　周期表で対角位置にある2元素(例：第4周期5族のバナジウムと第5周期6族のモリブデン)は原子半径やイオン半径が近い値であるため，化学的性質が似ていることがありうる．

項酸素に遷移する．

$$Br^- + H_2O_2 + H^+ \longrightarrow HOBr + H_2O \qquad (7・10)$$

$$2H_2O_2 \longrightarrow {}^1O_2 + 2H_2O \qquad (7・11)$$

プロキラルな有機スルフィドは，エナンチオ選択的にスルホキシドに酸化される（7・12式）．この反応は生体内でも体外の有機合成においても潜在的に重要である．

$$RSR' + H_2O_2 \longrightarrow R(R')S=O + H_2O \qquad (7・12)$$

バナジウム依存ハロペルオキシダーゼは，多くの海生大型藻類，菌類，地衣類，一部の放線菌が発現する．中間体 Hal^+ は強力なハロゲン化試薬であるため（7・13式），生命体の生息環境に抗生物質[8]を含む多くの有機ハロゲン化合物を提供する．Hal^+ は効率良い酸化剤であるため，次亜ハロゲン酸に含まれる Hal^+ は防汚剤としても働く．クロロペルオキシダーゼを含み HOCl を生産する菌類は，寄生する相手のリグノセルロース細胞壁を分解し侵入するために，この高い酸化能をもつ次亜塩素酸塩を利用する．

$$RH + HOBr \longrightarrow RBr + H_2O \qquad (7・13)$$

バナジウム依存ハロペルオキシダーゼの活性中心において，バナジン酸 $H_2VO_4^-$ はタンパク質マトリックスのヒスチジンの $N\varepsilon$ 位の窒素に結合する[9]．バナジウムは三方両錐型配位構造をもち[*8]，活性部位のいくつかのアミノ酸とイオン対や水素結合を形成している（図7・8）．

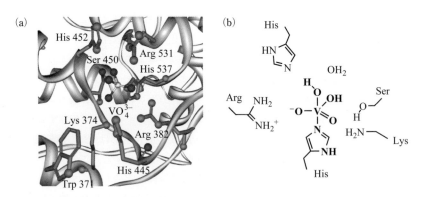

図7・8 (a) 海生大型藻類 *Ascophyllum nodosum* から得られるバナジウム依存ブロモペルオキシダーゼのバナジウム結合ポケット．(b) バナジウム依存ブロモペルオキシダーゼのバナジウムの配位環境．[(a) Elsevier の許可を得て，文献 9b の p.29 より転載．©2013．Jens Hartung 博士のご厚意による．口絵6にもカラーで掲載]

藻類のブロモペルオキシダーゼのX線構造解析によると,基質の臭素はバナジウム中心に直接結合せず,セリンやアルギニンのような活性部位のアミノ酸を介して相互作用することを示している. 図7・9に,バナジウム依存ブロモペルオキシダーゼによるハロゲン化物から次亜ハロゲン酸への酸化反応全体に関する提案機構を示す. これに基づくと,触媒回転の間バナジウムは異なる酸化状態をとることはなく,V価の状態を保っている[10]. ステップ(1)では,$H_2VO_4^-$のヒドロキシ基は過酸化物イオンに置き換わる. ペルオキシド配位子はプロトン化してヒドロペルオキシドになり(ステップ2),これに臭化物イオンが求核的に攻撃する. バナジウムは,ペルオキシドおよびヒドロペルオキシドの両中間体において,ひずんだ正方錐型構造をとる. ステップ(3)では,次亜臭素酸が放出され,最初の触媒中心に戻る.

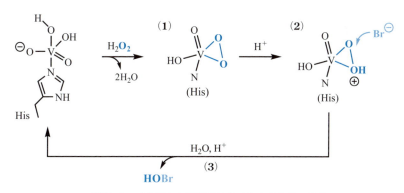

図7・9 バナジウム依存ブロモペルオキシダーゼの活性中心における臭素酸化反応の触媒過程.

テングダケ属のいくつかの種は,アマバジンとよばれる低分子量のバナジウム化合物を含む[11]. ベニテングダケ *Amanita muscaria* はその一例である[*9]. アマバジンでは(図7・10),オキソ基をもたないバナジウム(IV)は N-ヒドロキシイミノ二酢酸 H_3hida に由来するトリアニオン配位子が二つ結合した8配位構造をとる. -2 の電荷をもつアニオン性錯体 $[V(hida)_2]^{2-}$ は,Ca^{2+} と電荷的に釣り合っている. アマバジンの役割は明らかではないが,アマバジンは昔の名残であり,現在では酸化還元活性酵素の余分な成分になっていると考えたくなる. いずれにせよ,ア

---

*8 興味深いことに,この構造モチーフはバナジウムに阻害されるホスファターゼにもみられ,これはバナジウムが抗糖尿病活性をもつことと関連がありそうである(§14・3・4).
*9 ベニテングダケは毒キノコとしても知られている.

114 7. モリブデン，タングステン，バナジウムに基づくオキソ転移タンパク質

マバジンはカタラーゼ活性 (7・11 式) とペルオキシダーゼ活性 (7・14 式) をもつ.

$$C_6H_{12} + H_2O_2 + Br^- + H^+ \longrightarrow C_6H_{11}Br + 2H_2O \qquad (7 \cdot 14)$$

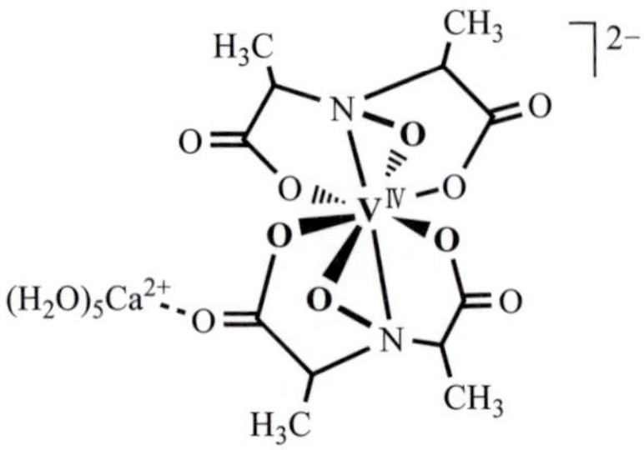

図7・10 ベニテングダケ *Amanita muscaria* から得られるアマバジンの分子構造. {Ca(H₂O)₅}{V(hida)₂}〔hida＝*N*-オキシイミノジアセタト(3−)〕の正味電荷はゼロである.

7・3 モデル研究

なぜ，モリブデンおよびタングステン酵素は，独特なジチオレン部分で金属イオンに配位するプテリン配位子を用いるのか？ ジチオレン (2−) あるいはエン-ジチオラート(2−) は，ノンイノセント配位子である. すなわち，この配位子は金属中心に対して配位子の電子を移動させ，金属イオンの擬1電子還元をひき起こすことができる. 図7・11 では，モリブデン-ジチオレン部分の共鳴構造を用いて，この配位子効果を説明する.

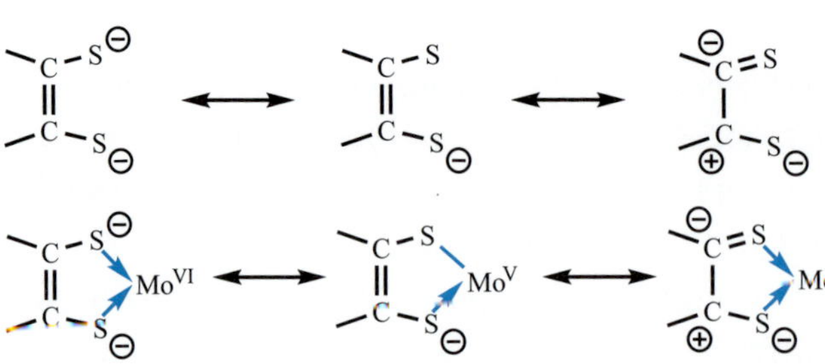

図7・11 モリブデン-ジチオレン部分の三つの共鳴構造. 青い矢印は S⁻ から Mo^VI への配位結合を表す (結合電子対はもっぱらチオラートから与えられている). 青で示した結合は，S-Mo^V の共有結合を表す (この場合，電子対は S と Mo から均等に与えられている).

ピラノプテリン配位子のジチオレン部分の性質は，触媒サイクルにおいて電子移動のオン・オフを容易にするだけでなく，モデル錯体と基質の間の有用な電子移動も可能にする．Mo/W-ピラノプテリンのモデルは，通常，生物由来ではないかなりシンプルなジチオレン配位子を用いた錯体に基づいている．Mo/W-ピラノプテリンの四つのファミリーに属する酵素の配位環境を再現したいくつかの例[1a,12,13]を図7・12に並べた．

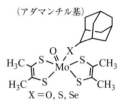

図7・12 Mo/W-ピラノプテリンオキシドレダクターゼの四つのファミリーのモデル化合物，およびバナジウム依存ブロモペルオキシダーゼ(VHPO)の活性中心モデル．

オキソ転移の代表的なモデル反応として，DMSOを用いるホスフィン PR_3 *[10]からホスフィンオキシド $R_3P=O$ への酸化反応がある．

モデル錯体 $LMo=O$（Lはジチオレン配位子）により触媒される反応全体を(7・15)式に示す．これはオキシドモリブデン(VI)部分からホスフィンへのオキソ転移(7・15a 式)，および DMSO からモリブデン(IV) 部分へのオキソ転移を含む(7・15b 式)．

$$(CH_3)_2S=O + PR_3 \longrightarrow (CH_3)_2S + O=PR_3 \qquad (7・15)$$
$$LMo^{VI}O + PR_3 \longrightarrow LMo^{IV} + O=PR_3 \qquad (7・15a)$$
$$LMo^{IV} + (CH_3)_2S=O \longrightarrow LMo^{VI}O + (CH_3)_2S \qquad (7・15b)$$

---

*[10] R=Hあるいは炭素を介して結合する有機基である場合，PR_3 はホスファンとよぶのがより正しい（IUPAC推奨の命名とも一致している）が，一般的には用いられていない．

図7・12は，バナジウム依存ハロペルオキシダーゼの活性中心のモデルも示す．この錯体は，バナジウム依存ハロペルオキシダーゼのバナジウム中心の O_4N 型の三方両錐型構造，およびスルフィドからスルホキシドへのエナンチオ選択的酸化反応[14]のモデル化に成功している．§7・2の(7・12)式を参照せよ．

➕ ま と め

モリブデン，タングステン，バナジウム元素は，非常に多くの2電子移動反応を触媒し，通常基質に O^{2-} を導入したり（酸素化反応），基質から O^{2-} を除いたり（脱酸素反応）する．したがって，これらの活性中心のほとんどが酸化還元触媒として働く．アセチレンヒドラターゼは一つの例外であり，アセチレンからアセトアルデヒドへの水和反応を触媒する．

広く存在する Mo 酵素や，まれに存在する W 酵素では，金属中心にはプテリン配位子の一つないし二つのジチオレン基が配位している．触媒サイクルにおいて金属中心の酸化状態は，中間体のV状態を介してⅥとⅣの間を変化する．バナジウム酵素（バナジウム依存ハロペルオキシダーゼ，VHPO）では，タンパク質マトリックスのヒスチジンにバナジン酸 $H_2VO_4^-$ が結合している．触媒サイクルにおいて，バナジウムの酸化状態は変化しない．

モリブデンおよびタングステン酵素は，プテリン以外の配位子により四つのグループに分けられる．キサンチンオキシダーゼファミリーの酵素の酸化体では，一つのプテリン以外に O^{2-}，OH/H_2O，S^{2-}，Se^{2-} が Mo に配位している．亜硫酸オキシダーゼファミリーの酵素では Mo しか用いられておらず，プテリン以外には二つのオキシドと一つのシステイン残基が配位している．DMSO レダクターゼファミリーでは，金属中心（ほとんどの場合 Mo）に二つのプテリンが配位し，その配位圏は O^{2-}/S^{2-} やアミノ酸残基（システイン，セレノシステイン，セリン，アスパラギン酸）により補完される．ギ酸デヒドロゲナーゼは，このファミリーのなかでタングステン中心をもつ一例である．最後に，好熱性古細菌がもつアルデヒドフェレドキシンオキシドレダクターゼファミリーの酵素は，二つのプテリンと O^{2-} が配位するタングステン中心をもつ．すべての場合，基質から金属中心に移動した電子は，プテリンを介して，外部の電子受容体であるフェレドキシン，シトクロム，FAD に伝達される．

バナジウム依存ハロペルオキシダーゼは藻類，地衣類，菌類，一部の放線菌に存在しうる．これらは H_2O_2 により，ハロゲン化物イオン X^- から X^+（たとえば次亜ハロゲン酸）への2電子酸化反応を触媒する．この X^+ 体は，次の基質（特に有機化合物）をハロゲン化できる．ハロゲン化物以外の基質としては，擬ハロゲン化物

やスルフィドがある.

ピラノプテリンのジチオレン部分はノンイノセントであるため，基質，金属中心，プテリン間の電子移動過程を容易にしている．単純なジチオレン配位子をもつMo/W-ピラノプテリンのモデル錯体は，多くの場合もとの生物学的過程を効果的に再現している.

参 考 論 文

Romão, M.J., Molybdenum and tungsten enzymes: a crystallographic and mechanistic overview. *Dalton Trans.*, 4053–4068 (2009).
［モリブド/タングスト-ピラノプテリンの三つのおもなファミリーの構造や機構が，多くの図解入りで，詳細かつ明解に概説されている］

(a) Megalon, A., Fedor, J.G., Walburger A., *et al*., Molybdenum enzymes and their maturation. *Coord. Chem. Rev.*, **255**, 1159–1178 (2011).

(b) Hille, R., The molybdenum oxitransferases and related enzymes. *Dalton Trans.*, **42**, 3029–3040 (2013).
［モリブド-ピラノプテリン酵素の分類と構造に関する最近の総説である］

Rehder D., The future of/for vanadium. *Dalton Trans.*, **142**, 11749–11761 (2013).
［バナジウムを含む物質の産業上の利用に関連した，バナジウムの生物学に関する記事］

引 用 文 献

1) (a) Schulzke, C., Molybdenum and tungsten oxidoreductase models. *Eur. J. Inorg. Chem.*, 1189–1199 (2011).
   (b) Bevers, L.E., Hagedoorn P-L., Hagen W.R., The bioinorganic chemistry of tungsten. *Coord. Chem. Rev.*, **253**, 269–290 (2009).

2) Havemeyer, A., Lang, J., Clement, B., The fourth mammalian molybdenum enzyme mARC: current state of research. *Drug Metabol. Rev.*, **43**, 524–539 (2011).

3) Dobbek, H., Gremer, L., Kiefersauer R., *et al*., Catalysis at a dinuclear [CuSMo(=O)OH] cluster in a CO dehydrogenase resolved at 1.1-Å resolution. *Proc. Natl. Acad. Sci. USA,* **99**, 15971–15976 (2002).

4) Hanson, G.R., Lane, I., Dimethyl sulfoxide (DMSO) reductase, a member of the DMSO reductase family of molybdenum enzymes. *Biol. Magn., Reson.*, **29**, 169–199 (2010).

5) Seiffert, G.B., Ullmann, G.M., Messerschmidt A., *et al*., Structure of the non-redox-active tungsten/[4Fe:4S] enzyme acetylene hydratase. *Proc. Natl. Acad. Sci. USA*, **104**, 3073–3077 (2007).

6) Veloso-Bahamonde, R., Ramirez-Tagle, R., Arratia-Perez, R., DFT modeling of the tungsten(V) cofactor of the hyperthermophilic *Pyrococcus furiosus* tungsto-bispterin enzyme via the calculated EPR parameters. *Chem. Phys. Lett.*, **491**, 214–217 (2010).

7) Liao, R-Z., Why is the molybdenum-substituted tungsten-dependent formaldehyde ferredoxin oxidoreductase not active? A quantum chemical study. *J. Biol. Inorg. Chem.*, **18**, 175–181 (2013).

8) Kaysser, L., Bernhardt, P., Nam, S-J., *et al*., Meroclorins A–D, cyclic meroterpenoid antibiotics biosynthesized in divergent pathways with vanadium-dependent chloroperoxidases. *J. Am. Chem. Soc.*, **134**, 11988–11991 (2012).

118   7. モリブデン，タングステン，バナジウムに基づくオキソ転移タンパク質

9) (a) Littlechild, J., Rodriguez, E.G., Isupov, M., Vanadium-containing bromoperoxidase - insights into the enzymatic mechanism using X-ray crystallography. *J. Inorg. Biochem.*, **103**, 617–621 (2009).
(b) Wischang, D., Radlow, M., Schulz, H., *et al.*, Molecular cloning, structure, and reactivity of the second bromoperoxidase from *Ascophyllum nodosum. Bioorg. Chem.*, **44**, 25–34 (2012).

10) Coletti, A., Galloni, P., Sartorel, A., *et al.*, Salophen and salen oxo vanadium complexes as catalysts of sulfides oxidation with H_2O_2: mechanistic insights. *Catal. Today,* **192**, 44–55 (2012).

11) da Silva, J.A.L., Fraústo da Silva, J.J.R., Pombeiro, A.J.L., Amavadin, a vanadium natural complex: Its role and applications. *Coord. Chem. Rev.*, **257**, 2388–2400 (2013).

12) Holm, R.H., Solomon, E.I., Majumdar, A., *et al.*, Comparative molecular chemistry of molybdenum and tungsten and its relation to hydroxylase and oxotransferase enzymes. *Coord. Chem. Rev.*, **255**, 993–1015 (2011).

13) Enemark, J.H., Cooney, J.J.A., Wang, J-J., *et al.*, Biomimetic inorganic chemistry. *Chem. Rev.*, **104**, 1175–1200 (2004).

14) Wu, P., Santoni, G., Fröba, M., *et al.*, Modelling the sulfoxygenation activity of vanadate-dependent peroxidases. *Chem. Biodivers.*, **5**, 1913–1926 (2008).

硫 黄 循 環

"硫黄"といえば,空気に触れると酸化されて単体硫黄や二酸化硫黄になる硫化水素 H_2S や熱い水蒸気が吹き出す硫黄噴気孔のような火山活動を連想するだろう. 腐った卵 (H_2S の臭い),花火のときの SO_2 の突き刺すような臭い,あるいは心地良い香りとしてトリュフの芳香であるジメチルスルフィド ($CH_3)_2S$ を連想するかもしれない.さらに,硫黄を含む鉱物も,これまでに発見されている.たとえば "Fool's Gold(愚者の金)",すなわち金とよく間違われるパイライト FeS_2 や,メキシコのチワワ州ナイカの大洞窟で見つかった巨大な $CaSO_4 \cdot 2H_2O$ の結晶である石膏があげられる.

中世の錬金術師にとって,硫黄と水銀は Empedocles の 4 個の元素の組合わせの典型であった[*1]. それによると,熱くて乾燥した火と熱くて湿った空気を混ぜると硫黄ができ,冷たくて流動性のある水と冷たくて乾燥した土を混ぜると水銀ができる.さまざまな純度と比で水銀と硫黄を混ぜることにより,さまざまな金属や鉱物ができると考えられていた("硫黄-水銀理論").この理論は,721~815 年に生存したペルシャ/アラブの自然哲学者であり錬金術師でもある Jābir ibn Hayyān(ラテン名では Geber)の時代に遡る.この理論は,偽 Geber とよばれた錬金術師により 13~14 世紀に復活した(もちろん,現代の化学者は水銀と硫黄を混ぜると辰砂 HgS ができることを知っている).16 世紀初頭になると,精神や心の観点から硫黄は "可燃性" と関連づけられるようになった.この考え方は Paracelsus の時代に始まり,

---

[*1] Empedocles(紀元前 490~430 年)の 4 個の元素は,後に普及しさらに第 5 元素が Aristotle(紀元前 384~322 年)により加えられた.第 5 元素アイテール(エーテル)は,惑星や星をつくる神の物質として取入れられた.

約2世紀半も続いた.

硫黄に関してはまだ不可解なことがある. ジメチルスルフィドは海洋性細菌の硫黄代謝のおもな最終生成物であり, 海から対流圏に放出され, 長い間雲の形成や降雨の唯一の原因であると考えられてきた. しかし, これは本当なのか? また酸素がある水域環境の生命体が, 硫酸塩 (Ⅵ価のS) をおもな硫黄源として, どのように硫酸塩を活性化し, 必須アミノ酸に必要な−Ⅱ価のSに還元するのか? さらに無酸素環境で生存する他の生命体が, H_2S や硫化物の形で存在する硫黄をどのように酸化して生存しているのだろうか?

本章では, 地球化学的かつ生命化学的な硫黄循環について, それらが相互にどのようにつながっているかを含めて詳細に記述する.

8・1　環境中の硫黄循環

硫黄循環のおもな段階の一部を図8・1に示す. 硫黄の揮発する形, すなわち二酸化硫黄 SO_2 や硫化水素 H_2S は, 火山噴気孔, 有機物質の分解, 自然燃焼や人為的燃焼により岩石圏から大気に放出される. 二酸化硫黄や硫化水素は, 大気中では (8・1) 式のように, 鉱物由来のちり粒子中の遷移金属イオンの触媒作用により硫酸塩や硫酸になる[1]. 硫酸 H_2SO_4 は, 霧や雨により大気から洗い流され, 地表に再堆積する. 湿気や水表面では, 強酸である H_2SO_4 は解離して SO_4^{2-} を生成する. この硫酸塩のほとんどの部分は海洋の生命体に摂取され, 生体内で H_2S に還元されて (8・2式), 有機硫黄化合物に取込まれる (§8・2).

$$H_2S + 4H_2O \longrightarrow H_2SO_4 + 8H^+ + 8e^- \tag{8・1a}$$

$$SO_2 + 2H_2O \longrightarrow H_2SO_4 + 2H^+ + 2e^- \tag{8・1b}$$

$$SO_4^{2-} + 9H^+ + 8e^- \longrightarrow HS^- + 4H_2O \tag{8・2}$$

海洋の生命体, 特にサンゴ礁にすむ藻類は, H_2S を基質としてアミノ酸のメチオニンを合成する. メチオニンはさらに代謝されてジメチルスルホニオプロピオン酸 (DSP) になる. 海洋中の微生物は, この有機硫黄化合物を常食として炭素および硫黄源とし, かなりの量の硫黄を揮発性のメタンチオール[*2] CH_3SH[2a] やジメ

[*2]　CH_3SH はメチルメルカプタンともいう. 原始生命体の発展における CH_3SH や硫化鉄の潜在的意義については Box 2・1 を参照せよ.

チルスルフィド $(CH_3)_2S$ [2b] の形で放出する．非常に反応性の高い CH_3SH は速やかに代謝回転し，細菌により硫黄含有アミノ酸に同化される一方，比較的安定な $(CH_3)_2S$ は海水表面から排出されて対流圏に運ばれ，そこでエアロゾル粒子を形成し雲をつくる[*3]．$(CH_3)_2S$ はさらに，おもに OH ラジカルによって酸化され，ジメチルスルホキシド $(CH_3)_2SO$（8・3式）を経由してメタンスルホン酸 CH_3SO_3H や亜硫酸 H_2SO_3 となり，最後に硫酸 H_2SO_4 になる．

$$(CH_3)_2S + 2OH \longrightarrow (CH_3)_2SO + H_2O \qquad (8・3)$$

これらの化合物は微粒子相に入り雲の水滴に含まれ，最終的には雨で再堆積する．

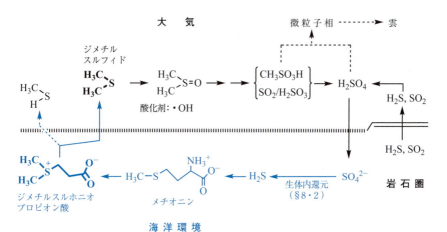

図 8・1 大気と海洋水域の間の硫黄循環．この循環過程は，酸化還元反応や生物学的および非生物学的な硫黄のメチル化や脱メチル反応を含んでいる．その中で二つの重要な化合物は，ジメチルスルホニオプロピオン酸とその代謝物であるジメチルスルフィドである．詳細は本文を参照せよ．

次に，無機硫黄化合物から有機硫黄化合物への生体内変換に関するいくつかの例について，代謝過程と関連づけて説明する．Box 8・1 では，生命を維持し，硫黄循環において重要な役割を果たしている無機硫黄化合物および有機硫黄化合物を概観する．

[*3] 最近までジメチルスルフィドは，水蒸気の濃度や雲の形成を決める海洋の揮発性主成分と考えられていた．この考え方は現在見直されつつある[3]．

Box 8・1　生体内の代表的な硫黄化合物

硫黄の酸化状態は，VI（最も酸化された状態）から$-$II（最も還元された状態）までをとりうる．岩石圏中のおもな無機硫黄化合物は，石膏 $CaSO_4 \cdot 2H_2O$ のような硫酸塩，単体硫黄 S_8，硫化物である．硫化物の例として，パイライト（Fe^{II} と S^{-I} を含む FeS_2）およびトロイライト（S^{-II} を含む FeS_x，x は 1 に近い）があげられる．ある磁性細菌は，地球の磁場の方向を知るために，グレイジャイト $Fe^{II}Fe^{III}_2S_4$（§4・2）を用いており，また硫黄細菌は準安定な S_6 を細胞内に蓄えることができる．海洋におけるおもな硫黄源は硫酸塩（VI），濃度は 28 mM である．また，硫酸塩は血漿のおもな成分でもあり，その平均濃度は 0.3 mM である．酸素のない環境，たとえば深海付近のブラックスモーカーにおいても，H_2S や硫化金属は広く存在する．大気中における無機硫黄化合物には，H_2S，SO_2，SO_3，H_2SO_4 がある．

下図に，おもな無機硫黄化合物について，それぞれの硫黄の平均酸化数（太字）とともに，生理条件下でとりうるプロトン化状態を示した．

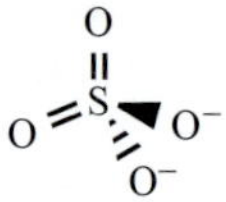

硫酸塩 $SO_4{}^{2-}$　　　亜硫酸塩 $HSO_3{}^{2-}$　　　チオ硫酸塩 $S_2O_3{}^{2-}$　　　テトラチオン酸塩 $S_4O_6{}^{2-}$

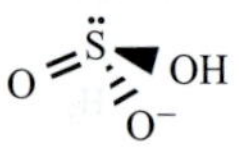

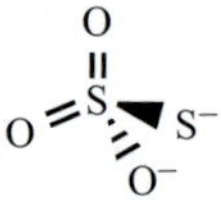

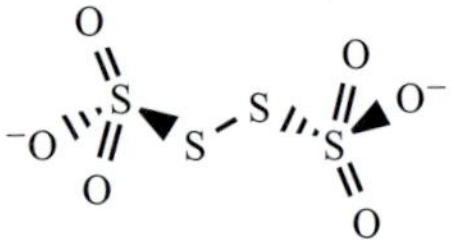

VI　　　　　　　　**IV**　　　　　　　　　**II**　　　　　　　　　　**2.5**

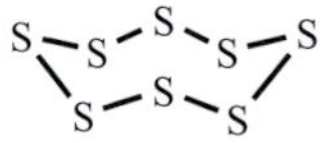

環状-S_8, α-S 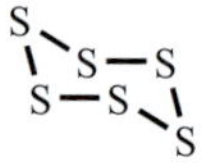　　　環状S_6, ρ-S　　　ジスルファン　　　硫化水素
　　　単体硫黄　　　　　　　　　　　H_2S_2　　　　　　　HS^-

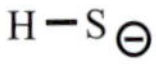

0　　　　　　　　　　　　　　　　　　　　**$-$I**　　　　　　　**$-$II**

有機硫黄化合物の場合，硫黄の酸化状態は通常，VI（硫酸塩），IV（スルホン酸塩），II（スルホン），0（スルホキシド），$-$I（ジスルフィド），$-$II（硫化物，チオシアン酸塩）である．コンドロイチン硫酸（図 8・2）は，生体内のスルホン化剤であるアデノシン 5′-ホスホ硫酸（APS）やホスホ-APS（PAPS）のように（図 8・3），生理的に活性な硫酸塩である．キュバン $[Fe_4S_4Cys_4]$ のような鉄-硫黄クラスターは（Box 5・1），無機硫化物と有機硫化物の両方を含む．この一般的なクラスターは，酸化還元活性酵素の補因子として広く使われている．酵素反応の含硫黄補因子の他の例として，本書では亜硫酸オキシダーゼにみられるようなモリブドプテリンのジチオレン部分

(§7・1),メタン生成のメチル補酵素 M (§10・2),アセチル補酵素 A (C₂断片の伝達物質として広く使われている"活性酢酸"),および心臓血管の機能に必須なタウリンがあげられる.

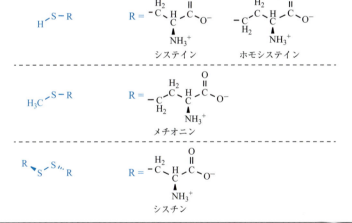

8・2　硫黄の生体内代謝

血漿中の硫酸塩 (0.3 mM) は,炭酸水素塩 (25 mM),グリシン (2.3 mM),乳酸塩 (1.5 mM),リン酸水素塩 (1.2 mM) についで5番目に多い溶質である.硫酸イオン SO_4^{2-} は栄養素として体内に入り,腸で吸収され,腎臓で排出されたものが最終的には再吸収される.血漿中の硫酸イオンの濃度は,腎臓における透過や再吸収による"腎クリアランス機構"で維持される[4a].SO_4^{2-} は高い電荷のため強い親水性を示し,細胞膜を直接透過することができない.そのため SO_4^{2-} の透過は通常,膜に結合した硫酸イオン輸送体が担い,Na^+ あるいは H^+ の透過と連動する共輸送の形で行われる.

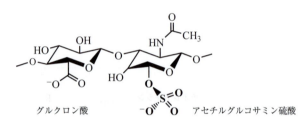

図8・2　軟骨の主成分であるコンドロイチン硫酸の単位構造.

食事で摂取する硫酸塩に加えて,食物中に含まれる有機硫黄化合物(特にシステインやメチオニン)の酸化反応によっても,硫酸塩の恒常性を保つことができる.硫酸塩は細胞の正常な成長や発達にも必要である.すなわち,硫酸塩はさまざまな活性化や無毒化の過程に関わっており,また膜や組織の構成成分の形成にも役立っている[4b].一例として,軟骨組織のような構造組織の主成分となるオリゴ糖であるコンドロイチン硫酸(図8・2)があげられる.硫酸塩は肝細胞において,亜硫酸塩と硫酸塩の酸化還元的相互変換を担うモリブデン依存酵素(8・4式)である亜硫酸オキシダーゼ/レダクターゼ(§7・1)により,亜硫酸塩に還元される.還元剤の亜硫酸塩の生理学的酸化反応は,すなわち無毒化の過程である.

$$SO_4^{2-} + 2e^- + 3H^+ \rightleftharpoons HSO_3^- + H_2O \qquad (8・4)$$

もっと一般的にいえば,硫酸塩は有機硫黄化合物(特にアミノ酸のシステイン/シスチンやメチオニン)の合成と供給のための最初のおもな(原栄養体の微生物[*4]

[*4] 原栄養体の微生物は,窒素源や硫黄源として無機物質から細胞の成分を合成する.

8・2 硫黄の生体内代謝

にとっては唯一の）出発原料である．ここでは，硫黄の酸化数は，システインやメチオニンは最低の−II，シスチンは−Iである．硫酸還元細菌はヒトの結腸にも見つかる．例として，大腸のデスルホビブリオ属，デスルホモナス属，デスルホバクター属に属する細菌があげられる．これらの細菌により行われる反応は全体として，水素から硫化水素への変換による硫酸塩の還元反応である（8・5式）．

$$SO_4^{2-} + 4H_2 + H^+ \rightleftharpoons HS^- + 4H_2O \qquad (8・5)$$

微生物による硫酸塩の活性化は，アデノシン 5′−ホスホ硫酸（APS），あるいは微生物によっては 3′−ホスホアデノシン 5′−ホスホ硫酸（PAPS）[5]（図 8・3）の形成から始まり，このステップはスルホトランスフェラーゼ[6]とよばれる酵素により触媒される．活性化された硫酸塩は，タンパク質や多糖類の官能基になるか（スルホン化とよばれる過程[*5]），亜硫酸塩に還元される．これらの還元過程は，ジチオール/ジスルフィド型活性部位をもつ小さなタンパク質であるチオレドキシンにより触媒される．アデノシン 5′−ホスホ硫酸を基質とするそれぞれのレダクターゼも，[Fe_4S_4]クラスターの補因子を一つ含む．

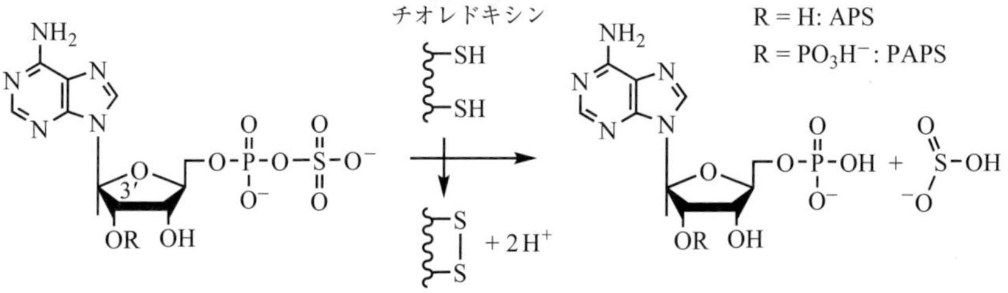

図 8・3 チオレドキシンによる活性化された硫酸塩 S（VI）から亜硫酸水素塩 S（IV）への還元反応．硫酸塩はアデノシン三リン酸（ATP）により活性化される．APS＝アデノシン 5′−ホスホ硫酸，PAPS＝3′−ホスホ−APS.

図 8・4 に，微生物による硫酸塩から硫化物への還元反応および硫化物から硫酸塩への再酸化反応に関するさまざまな経路の概観を示す．活性化された硫酸塩から硫化物への変換は，異化型還元反応もしくは同化型還元反応により起こる．または両方の反応による場合もある．同化型還元反応は，還元された硫黄を有機化合物に導入させる方向に進む．システイン，ホモシステイン，メチオニンが最も顕著な例

---

*5 硫酸化あるいは硫化としても知られている．スルホン化は機構的側面（スルホン基の移動）をさす言葉であり，硫酸化や硫化はその生成物（硫酸エステル）をさす言葉である．Box 8・1 も参照せよ．

である．嫌気呼吸（酸素を用いない酸化反応）の形で進む異化型還元反応では，硫酸塩は還元的に無機硫化物（基本的には HS^-）に変換される．反対向きの経路である異化型酸化反応では硫酸塩が生成する．

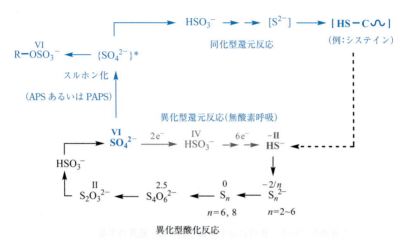

図 8・4 生体内の硫黄循環のおもな経路．$\{SO_4^{2-}\}^*$ は活性化された硫酸塩をさし（APS や PAPS については図 8・3 を参照），$[S^{2-}]$ は有機基質中の低原子価の硫黄をさす．R はフェノール性ヒドロキシ基，ヒドロキシアミノ基を介して硫酸塩と結合するタンパク質あるいは多糖類（例については，図 8・2 を参照）．硫黄の酸化状態は，その化学式の上に示す．

ソーダ湖でよく育つハロアルカリ親和性細菌のチオアルカリビブリオは，硫化水素 HS^- をオリゴスルフィド S_n^{2-}（$n=3〜8$）や単体硫黄を経由して（トリチオン酸塩やペンタチオン酸塩の生成を伴いながら）テトラチオン酸塩 $S_4O_6^{2-}$ に酸化し，さらに亜硫酸塩や硫酸塩に酸化する微生物の一例である[7]．この細菌は，硫黄源として二硫化炭素[*6]やチオシアン酸塩に依存することもできる．後者の場合，加水分解によるおもな生成物はシアン酸塩と H_2S である．次に，H_2S は硫酸塩に酸化され，シアン酸塩はアンモニアと二酸化炭素に変換される（8・6 式）．

$$NCS^- + H_2O \longrightarrow H_2S + NCO^-$$
$$(\longrightarrow \longrightarrow SO_4^{2-} + NH_3 + CO_2) \tag{8・6}$$

[*6] 好酸性，好熱性古細菌に由来する亜鉛依存 CS_2 ヒドロラーゼによる CS_2 から H_2S と CO_2 への変換については §12・2・2 を参照せよ．

酸化反応の電子受容体は，硝酸塩，亜硝酸塩，N_2O であり，N_2 が最終の還元生成物となる．

もう一つの面白い話題である海洋堆積物におけるメタン酸化（資化性）古細菌と硫酸還元細菌の間にみられる協力関係については§10・3で要約する．図8・5に古細菌の硫酸還元反応の生成物である多硫化物が，細菌による不均化反応により硫酸塩へと戻される特別な経路を示す[8]．

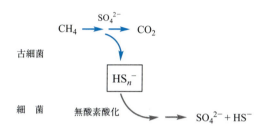

図8・5 古細菌により行われるメタンの酸化反応と硫酸塩の還元反応（青色）．細菌の硫黄から硫酸塩と硫化物への不均化反応（灰色）と連携している．枠内に示す多硫化物では，硫黄の平均酸化数は $-(II/n)$ である．

ま と め

生物学的あるいは非生物学的な過程で大気中に放出される硫黄化合物のほとんどは，最終的に硫酸になり雨で洗われて海に戻る．一度水圏に運ばれると，硫酸は水生の微小植物により還元的に代謝される．最も重要な代謝物はジメチルスルホニオプロピオン酸(DSP)である．DSPはさらに CH_3SH と $(CH_3)_2S$ に分解され，後者は後に空気酸化によりジメチルスルホキシドや硫酸となり，水蒸気が濃縮され水滴となる．$(CH_3)_2S$ は酸性雨の元凶と考えられている．

硫酸塩は，炭酸水素塩やリン酸水素塩についで，血清中に最も多く存在する無機陰イオンである．血漿中の濃度(0.3 mM)は，基本的には腎臓での排出や再吸収により維持されている．硫酸塩は活性化や無毒化の過程で用いられたり，軟骨のような支持組織中で炭水化物とエステル化されたりする．中間的な酸化状態の硫黄を含む生体関連硫黄化合物には，スルホン酸塩 RSO_3^- やスルホン R_2SO_2 がある．

細菌による硫酸還元反応は，アデノシン一リン酸に硫酸が結合する，すなわちアデノシン 5′-ホスホ硫酸(APS)の生成による硫酸の活性化から始まる．APSにおいて活性化された硫酸塩 $S(VI)$ は，無機硫化物への同化型還元反応，あるいはシステインやメチオニンのような有機物の不可欠な成分としての硫化物への異化型還元反

応を介して，S(−Ⅱ)に還元される．嫌気的環境で生息する細菌は，硫化物の異化型酸化反応ができる．ハロアルカリ親和性細菌のチオアルカリビブリオはその一例である．

🄸 参 考 論 文

Thomas, D., Surdin-Kerjan, Y., Metabolism of sulfur amino acids in *Saccharomyces cerevisiae*. *Microbiol. Mol. Biol. Rev.*, **61**, 503–532 (1997).
［本総説は，それぞれの過程の転写制御を含めた，システインとメチオニンの合成への硫酸同化過程を取扱っている］

🄳 引 用 文 献

1) Harris, E., Sinha, B., van Pinxteren, D., *et al.*, Enhanced role of transition metal ion catalysis during in-cloud oxidation of SO_2. *Science*, **340**, 727–730 (2013).
2) (a) Reisch, C.R., Stoudemayer, M.J., Varaljay, V.A., *et al.*, Novel pathway for assimilation of dimethylsulphoniopropionate widespread in marine bacteria. *Nature*, **473**, 208–211 (2011).
   (b) Vila-Costa, M., Simó, R., Harada, H., *et al.*, Dimethylsulfoniopropionate uptake by marine phytoplankton. *Science*, **314**, 652–654 (2006).
3) Quinn, P.K., Bates, T.S., The case against climate regulation via oceanic phytoplankton sulphur emission. *Nature*, **480**, 51–56 (2011).
4) (a) Markovich, D., Aronson, P.S., Specificity and regulation of renal sulfate transporters. *Annu. Rev. Physiol.*, **69**, 361–375 (2007)
   (b) Markovich, D., Physiological roles and regulations of mammalian sulfate transporters. *Physiol. Rev.*, **81**, 1499–1533 (2001).
5) Bhave, D.P., Hong, J.A., Keller, R.I., *et al.*, Iron–sulfur cluster engineering provides insight into the evolution of substrate specificity among sulfonucleotide reductases. *ACS Chem. Biol.*, **7**, 306–315 (2011).
6) Gamage, N., Barnett, A., Hempel, N., *et al.*, Human sulfotransferases and their role in chemical metabolism. *Toxicol. Sci.*, **90**, 5–22 (2006).
7) Sorokin, D.Y., Kuenen, J.G., Haloalkaliphilic sulfur-oxidizing bacteria in soda lakes. *FEMS Microbiol. Rev.*, **29**, 685–702 (2004).
8) Milucka, J., Ferdelman, T.G., Polerecky, L., *et al.*, Zero-valent sulfur is a key intermediate in marine methane oxidation. *Nature*, **491**, 541–546 (2012).

ニトロゲナーゼおよび
窒素循環を担う酵素

　生物が利用できる形の窒素は，現存する生命体の成長，繁栄，ならびに複製の制限因子である．急激に増加した人間への栄養供給もしかりである．生物が利用できる窒素源，基本的には人工肥料の主成分であるアンモニア塩を確保する必要はかつてないほど高まっている．現在，農業用窒素化合物を生産するための工業的窒素固定の量は，特に大気中や水圏の不活性分子状窒素のような利用しにくい窒素の生物学的および地球化学的な変換におおよそ匹敵する．人工肥料の世界的需要は，ある程度だが自然界の窒素循環を破壊している．

　自然界は，複雑ではあるが効率の良い分子窒素固定法を備えている．すなわち N_2 をアンモニウムイオンに還元し，生命過程に直接用いている．窒素固定とよばれるこの変換法は，本章の焦点の一つである．生物学的窒素固定は，工業的窒素固定のハーバー－ボッシュ法に対応するものである．最近，生物学的窒素固定を促進する酵素が，一酸化炭素を炭化水素に変換する反応を触媒することが証明された．したがって，この反応はフィッシャー－トロプシュ過程とも似ているといってよい．

　本章で述べるもう一つのおもな題目は，自然界で窒素がどのようにアンモニア（窒素の酸化状態が最も低い），N_2，硝酸塩（窒素の酸化状態が最も高い）の間を循環しているかである．窒素が関わる生化学的過程における有用性と分化能を理解することは，この数十年間の生物無機化学の重要な課題であり，また今後も主要な関心事となるであろう．

　硝化作用（アンモニアから硝酸塩への変換反応）と脱窒作用（硝酸塩から N_2 への変換反応）における重要な分子の一つは，一般に猛毒の気体と考えられている一酸化窒素 NO である．しかしながら，およそ 500 年前に Paracelsus が言った"服

用量が毒をつくる"という観点からは，NO は多機能性メッセンジャーとして働き，発光生物の発光を誘起する．このような NO の両面性，すなわち毒性と有用性については本章の最後の節で述べる．

9・1　窒素循環および自然界のニトロゲナーゼ

Box 9・1 に基本的な有機および無機窒素化合物をまとめた．地球上の窒素の多く（およそ 2×10^{17} t）は，地球のマントルと地殻堆積物を構成する岩石中に，おもに硝酸塩（N^V）やアンモニア（N^{-III}）の形で保存されている．窒化物（N^{3-}）は非常にまれである．一例として，隕石や彗星のちり粒子の中で見つかったオスボーナイト TiN があげられる．大気は 4×10^{15} t の窒素をほとんど N_2 の形で，海洋は 10^{12} t の窒素を硝酸塩，亜硝酸塩，アンモニア，および溶存 N_2 の形で含む．土壌の生命体は 3×10^{11} t，動物や植物は 10^{10} t の窒素を，アミンや核酸塩基のような有機物質の中に還元された形で含んでいる．

　生命体は，有効な潜在的窒素源として，窒素を含む岩盤を用いることもできる．特に雲母片岩は層間にかなりの量の窒素を NH_4^+ の形で含んでおり，岩石の風化で放出しうる[1]．しかしながら，窒素を有効に利用するおもな方法としては，（空気中あるいは水に溶けている）N_2 の還元，すなわち"窒素固定"とよばれる過程が必要である．

　もっと一般的にいうと，窒素固定は分子状窒素を生物学的および非生物学的に窒素化合物に変換することである．この変換反応は，二つの窒素原子間の三重結合の結合エネルギー $949 \ kJ \ mol^{-1}$ に打ち勝つ必要がある．原理上は，窒素からアンモニアへの還元反応は非生物学的に，たとえば Fe^{II} イオンにより起こりうる．生物学的には，自由生活性窒素固定細菌（アゾトバクター）やシアノバクテリア（ラン藻 *Anabaena*），一部の古細菌，おもにマメ科植物と共生する菌類 *Rhizobium* により行われ，最終的にアンモニウムイオン NH_4^+ を生成する．

　生物学的窒素固定は，窒素供給全体のおよそ半分を占める．対流圏での放電（雷）や成層圏での短波長紫外線，太陽風（ほとんどは高速放出されるプロトン），宇宙放射線（プロトンと γ 線）のような非人間活動起源の固定（9・1式）は 10 % を占める．

$$N_2 \longrightarrow 2N$$
$$N + O_2 \longrightarrow NO + O \tag{9・1}$$
$$NO + xO \longrightarrow NO_{x+1}$$

Box 9・1　窒素化合物

　窒素と水素からなる化合物には，アンモニア NH_3（ハーバー–ボッシュ法により N_2 と H_2 から合成される），アンモニウムイオン NH_4^+，ヒドラジン N_2H_4，アジ化水素酸 HN_3 がある．HN_3 由来の塩であるアジド（例: NaN_3）は，生物学的検定を経て殺菌剤として用いられる．NaN_3 のような窒化物は，形式的にはアンモニアに由来する．アンモニアは多くの金属イオンと効率良く錯体を形成する．例として，Cu^{II} と結合した濃青色のテトラアンミン錯体 $trans$-$[Cu(H_2O)_2(NH_3)_4]^{2+}$ がある．アンモニウムイオンはブレンステッド酸であるため，アンモニウム塩の水溶液は酸性である．

　窒素と酸素からなる化合物には，特に温室効果ガスとして効率の高い亜酸化窒素 N_2O（"笑気ガス"），一酸化窒素 NO（オストワルド法により，アンモニアを燃焼して合成する），温度に依存して N_2O_4 と平衡にある赤褐色の NO_2（水に触れると NO_2 は HNO_2 と HNO_3 を生成する），五酸化二窒素 N_2O_5 がある．環境学の分野では，酸化窒素はしばしば NO_x に含まれる．HNO_3 に由来する塩は硝酸塩，HNO_2 の場合は亜硝酸塩とよばれる．亜硝酸イオン NO_2^- はさらに酸化されてペルオキシ亜硝酸塩 $ONOO^-$ になる．次亜硝酸 "HNO"（実際には $HON=NOH$）は，脱窒作用における中間体の役割を担う．ヒドロキシアミン NH_2OH は，酸化状態 $-I$ の窒素を含む．

　有機窒素化合物には，アミン類（第一級アミン RNH_2，第二級アミン R_2NH，第三級アミン R_3N），ヘテロ環窒素化合物（代表的な例は，図の上段を参照せよ），

ピリジン　　ピペリジン　　ピリミジン　　ピロール　　イミダゾール　　アデニン

(1a)　　　　　　　　(1b)　　　　　　　　　　(2)

(3)　　　　　　　(4)　　　　　　　(5)　　　　　　(6)

アミド類(1a)，ペプチド類(1b)，アミノ酸(2)，ヒドロキサム酸(3)，ニトロ化合物 RNO_2，ニトロソアミン(4)，ジアゾ化合物(5)，シッフ塩基(6)，ニトロソチオール RS-NO がある．

他の窒素化合物には，シアン化水素 HCN とシアニド CN^-，シアン酸塩 NCO^-，チオシアン酸塩 NCS^- がある．これらはすべて代謝過程で生成されうる．シアニドは特に毒性が高い一方で，酵素の配位子としても用いられている（鉄ヒドロゲナーゼがその一例である）．炭酸のアミドには，カルバミン酸 $O=C(OH)NH_2$，そのエステルであるカルバメート $O=C(OR)NH_2$，尿素 $O=C(NH_2)_2$ があげられる．

世界全体の窒素変換の残りの 40 ％は，ハーバー-ボッシュ法，石炭や原油のような化石燃料や原油由来の生成物（ガソリン，ディーゼル）の燃焼によるものである．これらの過程により化石中の有機窒素化合物は NO_x に酸化される．N_2 から NO_x への空気酸化は，VO_x のような触媒活性成分の存在下でのちり粒子の表面や，燃焼機関中でも起こりうる．

表 9・1　工業的および生物学的な窒素固定に必要な条件

	ハーバー-ボッシュ法	生　物　起　源
反　応	$N_2 + 3H_2 \rightleftharpoons 2NH_3$	$N_2 + 10H^+ + 8e^- \longrightarrow 2NH_4^+ + H_2$ （Fe/Mo-ニトロゲナーゼの場合）
温　度	500 ℃	約 20 ℃（好熱菌の場合，最高 92 ℃）
圧　力	$200 \sim 450 \times 10^5$ Pa	10^5 Pa
触　媒	$Fe(+ Al_2O_3 + K_2O + \cdots)$	ニトロゲナーゼ （Fe,Fe/Mo,Fe/V-S クラスター）
変換率	17 ％	75 ％（モリブデンニトロゲナーゼの場合）
年間生産	約 2×10^8 t	約 10^8 t

表 9・1 に工業的および生物学的な窒素固定に必要な条件を列記する．どちらの過程も鉄触媒を用いる．ただし，ハーバー-ボッシュ法では高圧と高温が必要であるが，生物学的な窒素固定は通常の大気雰囲気下で進行する．しかもその収率は非常に高く，植物による利用効率もかなり高い．工業的な窒素固定では，約 80 ％の窒素が環境中に失われてしまうのである．

9・1 窒素循環および自然界のニトロゲナーゼ

窒素循環に関連する主要な生物学的経路を図9・1に示す．N_2 からアンモニウムイオンへの還元反応に必要な電子は，(9・2)式に示すように（{CH_2O}はグルコースのような分子を表す），有機物中の炭素から CO_2 への呼吸酸化により供給される．この還元等価体は鉄タンパク質により供給され，Mg^{2+} で活性化されたアデノシン三リン酸（ATP）からアデノシン二リン酸（ADP）と無機リン酸へのエネルギー放出型加水分解反応（9・3式）によりゲート制御される．反応全体に関わるプロトンの一部は H_2 に還元される．したがって，窒素固定を担う酵素であるニトロゲナーゼはヒドロゲナーゼ活性ももつといってよい．モリブデンニトロゲナーゼの反応中心で進行する反応全体は (9・4)式のように表せる．P_i は無機リン酸 $H_2PO_4^-$ を表す．

$$\{CH_2O\} + \frac{1}{2}O_2 \longrightarrow CO_2 + 2H^+ + 2e^- \tag{9・2}$$

$$ATP(Mg) + H_2O \longrightarrow ADP(Mg) + H_2PO_4^- \tag{9・3}$$

$$N_2 + 10H^+ + 8e^- + 16ATP \\ \longrightarrow 2NH_4^+ + H_2 + 16ADP + 16P_i \tag{9・4}$$

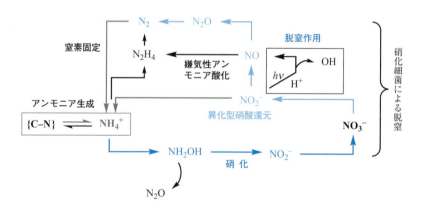

図9・1　窒素循環における生物学的な経路（文献2も参照せよ）．"嫌気性アンモニア酸化"の反応全体式は $NH_4^+ + NO_2^- \longrightarrow N_2 + 2H_2O$ である．異化型硝酸還元 $NO_3^- \rightarrow NO_2^- \rightarrow \rightarrow NH_4^+$ は，酸素量が非常に低い水域での"嫌気性アンモニア酸化"に NH_4^+ を供給するおもな経路である[3]．海洋における活性窒素の相当な量が，従属栄養性の脱窒過程 $NO_3^- \rightarrow NO_2^- \rightarrow \rightarrow N_2$ により除かれてしまう．{C-N}は，アミノ酸やヌクレオチドのような有機窒素化合物を表している．硝化細菌による脱窒は細菌の作用だが，NH_2OH（図の左下）を介する NH_4^+ の酸化による温室効果ガスの N_2O の生成は古細菌によるものである[4]．生物学的な NO の生成（水色の線）とは別に，土壌の亜硝酸塩から放出された $HNO_2(\equiv HONO)$ が光分解[5]（四角の中）されて大気中の NO の起源となる可能性がある．

モリブデンニトロゲナーゼは二つの部分からできている(図9・2). 一つは鉄タンパク質のホモ二量体, もう一つは $\alpha_2\beta_2$ 型四量体の鉄-モリブデンタンパク質である[6a]. 64 kDa の鉄タンパク質は, 二つのサブユニットの境目に一つの[4Fe,4S] クラスター (鉄-硫黄クラスターについては Box 5・1 も参照せよ)をもち, それぞれのサブユニットには ATP が一つずつ結合している. 通常 NADH から供給される電子は, ATP の加水分解反応に駆動される形で鉄-モリブデンタンパク質に移動する.

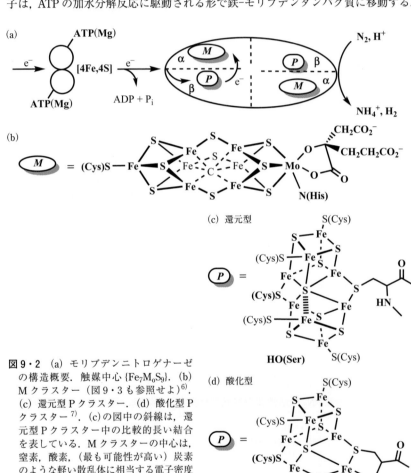

図9・2 (a) モリブデンニトロゲナーゼの構造概要. 触媒中心 {Fe₇MoS₉}. (b) M クラスター (図9・3も参照せよ)[6]. (c) 還元型 P クラスター. (d) 酸化型 P クラスター[7]. (c)の図中の斜線は, 還元型 P クラスター中の比較的長い結合を表している. M クラスターの中心は, 窒素, 酸素, (最も可能性が高い) 炭素のような軽い散乱体に相当する電子密度を表す. 中心にある六つの鉄イオンは, 三方柱型構造をとる. P クラスターと M クラスターは 20 Å 離れており, 二つの M クラスター間の距離は 70 Å である.

9・1 窒素循環および自然界のニトロゲナーゼ

鉄-モリブデンタンパク質は M クラスターと P クラスターを二つずつもち，C_2 対称性をもつ四量体を形成する．P クラスターの構造は，一つの Fe_8S_7 核をもつダブルキュバンである．二つのサブクラスター，[4Fe,4S] と [4Fe,3S] はシステイン残基により架橋され[7]，酸化状態に依存した全体構造を保っている（図 9・2c,d）．N_2 の最後の還元反応が起こる M クラスターの中核も，Fe_7MS_9 型ダブルキュバンである．図 9・2b，図 9・3 に示すように，M は Fe（鉄ニトロゲナーゼ），V（バナジウムニトロゲナーゼ），そしてほとんどの場合，Mo（モリブデンニトロゲナーゼ）である[*1]．

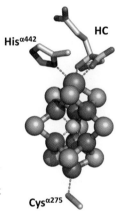

図 9・3 FeMoco の構造．HC はホモクエン酸．[米国化学会の許可を得て，文献 8a より転載．©2013．図は Markus Ribbe 博士のご厚意による．口絵 7 にもカラーで掲載]

両方そろった鉄-モリブデン補因子，略して FeMoco (iron-molybdenum cofactor) は，200 kDa のタンパク質である．モリブデンには，三分岐した三つのスルフィド架橋配位子，ヒスチジンの δ 位窒素，ホモクエン酸の近接したカルボキシ基とヒドロキシ基が結合し，八面体型構造を形成している．このクラスターはさらに，Mo と反対側の鉄中心に結合しているシステイン残基を介して，タンパク質マトリックスと結合している．N_2 の活性化や還元の機構については，現在少しずつ解明されてきている．

Fe_7MoS_9 構造の中心は，炭素，窒素，酸素のような軽い原子に相当する電子密度が検出され，X 線発光分光法のデータには炭素が最もよく一致した[6b]．さらに，^{13}C や ^{14}C を用いた標識実験の最近のデータによると[8a,b]，中心原子はアデノシル

[*1] 現在最もよく知られているモリブデンニトロゲナーゼの出現は，バナジウムおよび鉄ニトロゲナーゼと比べるとかなり遅く，たった 15〜22 億年前のことである．

メチオニンのメチル基に由来する μ_6-カーバイド（C^{4-}）であることが示されている（§13・1を参照せよ）[*2]．今回の還元過程に関する概念はモデル研究から導かれているが，これに関しては§9・2で説明する．

N_2 以外の不飽和分子もニトロゲナーゼの基質になりうる．たとえばアセチレンは D_2O の存在下，還元的に重水素化されて，（9・5）式に示すようなエチレンに変換される．また，イソニトリルは第一級アミン，メタン，エチレンの混合物に変換される（9・6式）．窒素固定細菌の一つのアゾトバクターで発現される $\alpha_2\beta_2\delta_2$ 構造をもつバナジウムニトロゲナーゼの場合，モリブデンがない環境や低温状態において，M クラスター中のモリブデンはバナジウムに置き換わっている[9a, b)]．バナジウムニトロゲナーゼは一酸化炭素の還元反応も触媒する[9c)]（9・7式）．これはハーバー–ボッシュ法とフィッシャー–トロプシュ法をつなぐものである．同様に一酸化炭素はモリブデンニトロゲナーゼの基質にもなりうるが，メタンは生成しない．

$$H-C\equiv C-H + H_2 + D_2O \longrightarrow \begin{matrix} H & & H \\ & C=C & \\ D & & D \end{matrix} \tag{9・5}$$

$$H_3C-N\equiv C + H_2 \longrightarrow \longrightarrow CH_3NH_2,\ CH_4,\ H_2C=CH_2 \tag{9・6}$$

$$\begin{array}{l} CO \\ \ \ \Big\downarrow{\scriptstyle H^+ + e^-} \\ \ \longrightarrow CH_4,\ CH_2=CH_2,\ CH_2=CH-CH_3, \\ \ \ \ \ \ \ CH_2=CH-CH_2-CH_3,\ n\text{-}C_4H_{10} \end{array} \tag{9・7}$$

ニトロゲナーゼは，還元等価体（電子）として通常は NADH に依存する．一方，N_2 固定は CO デヒドロゲナーゼ（COD）やスーパーオキシドレダクターゼ（SOR）とも共役することができる[10)]．（9・8)式に示すように，モリブドプテリン補因子を含む COD（§7・1）は，H_2O_2 およびスーパーオキシドラジカルイオン $O_2^{\bullet-}$ の生成を伴いながら，CO を CO_2 に酸化できる．ここで $O_2^{\bullet-}$ はマンガン SOR により O_2 に酸化される（§6・2）．運搬された電子は N_2 還元経路に導入される．

$$\begin{array}{l} CO + H_2O + \dfrac{3}{2}O_2 \longrightarrow CO_2 + \dfrac{1}{2}H_2O_2 + O_2^{\bullet-} + H^+ \\ \ \ \ \ \ \ \ \ \ \ \ \ O_2^{\bullet-} \longrightarrow O_2 + e^- \\ N_2 + 6e^- + 8H^+ \longrightarrow 2NH_4^+ \end{array} \tag{9・8}$$

[*2]　アデノシルメチオニンについては§13・2・4を参照せよ.

9・2 ニトロゲナーゼモデルとモデル反応

Fe_7MoS_9 クラスターにより触媒される N_2 還元反応については，以下の主段階が明らかにされてきた[11]．図9・4も参照せよ．

(1) 水素原子は，Mo中心に近い μ_3-S（μ_3-S*）を介してつぎつぎに会合し，μ_2-S と μ_3-S*，および架橋スルフィドに近接する鉄原子に接近する．

(2) N_2 は，Fe*に η^1 配位あるいはより可能性の高い η^2 配位の形で結合し，H が N_2 に導入されることで N_2H，NNH_2，$HNNH$，そして最終的には N_2H_4 に変換される．

(3) N-N 結合が切断されて，Fe-NH_2 および Fe-NH_3 を生成する．

中心原子 μ_6-X（Xは炭素Cである可能性が最も高い）の役割は，六つの X-Fe 結合の一つ，すなわち Fe* との結合を長くすることである．これにより，N_2 が Fe* に選択的に結合する．

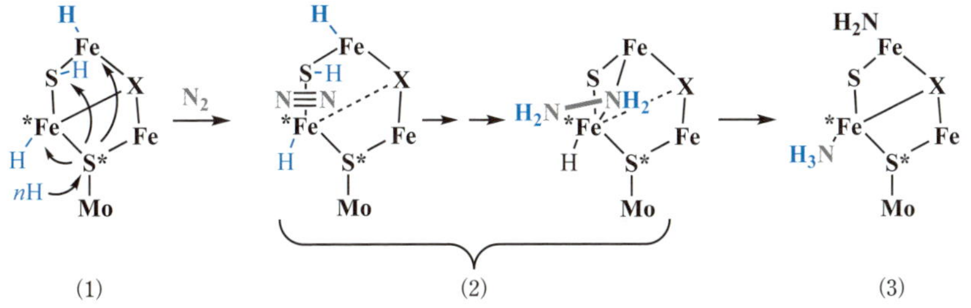

図9・4 Mクラスターにおけるいくつかの N_2 還元中間体[11]．Xは C^{4-} である可能性が高い[8]．(1)〜(3)の各段階については本文を参照せよ．

酵素モデルは，構造と機能両方の優れたモデルであること，すなわち，酵素の活性中心の構造特性をよく表し，最も活性が高い生理学的環境（温度，圧力，pH，塩分濃度，酸素の有無）における酵素機能を再現できることが理想である．しかしながら，実際のところは（特にニトロゲナーゼの場合），この二つの要件を満たすものはないため，私たちは世界の大きなニーズである窒素固定（おもに硝酸塩およびアンモニウム塩の形）の方法として，いまだに厳しい条件を必要とするハーバー–ボッシュ法に頼らざるをえない．

FeMoco（Mクラスター）そのものは，アデノシルメチオニンおよび Mg^{2+}-ATP 存在下[12]，補酵素タンパク質を含む系において鉄（II）イオン，スルフィド，モリ

ブデン (Ⅳ) 酸塩，ホモクエン酸塩から合成が可能である．一方，このクラスターの構造モデルは，機能活性がないものに限られている．しかしながら，6電子と8プロトンにより，N_2 からアンモニウムイオンへ変換される生物学的窒素固定を模倣する，有望な機能モデルも報告されている（ヒドロゲナーゼの副反応を考慮していない．§9・1の9・4式を参照せよ）．これらは，窒素固定における反応順序や反応中間体を知る手掛かりを与える．

　ニトロゲナーゼの最初の機能モデルは，ホスフィン配位子により安定化された低原子価のモリブデン(Mo^0) およびバナジウム(V^{-I})-窒素錯体である．ホスフィン(PR_3) と N_2 の存在下，THFで安定化されているクロリド錯体から合成されるこれらのシンプルな錯体は（9・9式），プロトンを供与する試薬で処理すると，アンモニアあるいはヒドラジンを生成する（9・10式）．

$$Mo/VCl_3(THF)_3 + Na + N_2 + PR_3 \longrightarrow \longrightarrow [Mo(N_2)_2(PR_3)_4]/V(N_2)_2(PR_3)_4]^-$$

$$(9 \cdot 9)$$

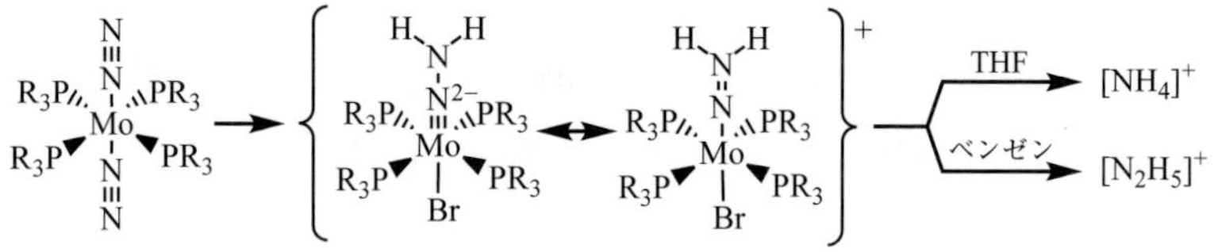

$$(9 \cdot 10)$$

　モリブデン錯体の場合，ヒドラジド（-2価）/ジアゼン中間錯体が同定されている．他のいくつかの中間種の解析に基づき[13,14]，図9・5に示される反応中間体が提案され，その一部は同定された．これらは，鉄中心に配位して活性化された窒素に連続して電子やプロトンが導入されて生成する．配位している N_2 の活性化は，フリーの窒素の ν (N≡N) $= 2331$ cm^{-1} が低波数側にシフトすることにより説明さ

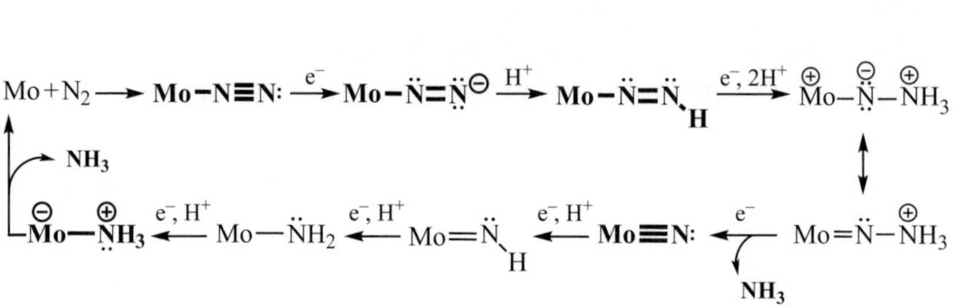

図9・5　N_2 還元反応において提案されている代表的な中間体．
太線：一部は同定されている．

れている．たとえば，cis-$[Mo(N_2)_2(dppe)_2]$（dppe＝$Ph_2P(CH_2)_2PPh_2$）においては，対称伸縮振動（2033 cm^{-1}）と逆対称伸縮振動（1980 cm^{-1}）の低波数側へのシフトが観測される．

さらに最近開発された機能モデルとして，モリブデン中心が立体的にかさ高い{Mo}N_2錯体があげられる[14]（図9・6a）．この立体障壁は二量化（{Mo}$_2\mu$-N_2の形成）を妨げるが，N_2，還元等価体，およびプロトンは接近できる．還元等価体とプロトンは，それぞれペンタメチルクロモセンおよび2,6-ルチジンボレート塩から供与される（図9・6b,c）．図9・5の太線および太字の部分は，この反応過程で同定された中間体を示している．

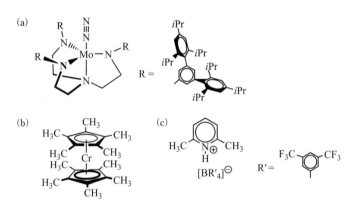

図9・6 "Yandulov-Schrock システム"[14] の触媒的窒素還元反応に用いられる三つの反応試薬．(a) Mo^{III}に基質のN_2が配位している触媒．R＝3,5-ビス[(トリイソプロピル)フェニル]フェニル．(b) 還元剤のペンタメチルクロモセン．(c) プロトン源の2,6-ルチジンボレート塩．

この唯一の機能モデルは，N_2還元反応の活性中心はヘテロ金属のモリブデンかバナジウムであるという仮定に基づいていることを忘れてはならない．この仮定は，鉄ニトロゲナーゼの反応効率がモリブデンやバナジウムニトロゲナーゼより低いという事実から妥当に思われるが，モリブデン/バナジウムの部位の利用は，補酵素中のヘテロ金属の配位部位が空いていることを前提としている．このことは，配位しているホモクエン酸の官能基の一つがプロトン化されることにより可能となる．一方，構造がひずんでいる六つの鉄中心が利用できる．むき出しになっている鉄中心は4配位の三方錐型構造をとる（図9・2b）．

140　　　　　9. ニトロゲナーゼおよび窒素循環を担う酵素

　図9・7に示すニトリド Fe^V 錯体は,トリス(イミダゾリル)ボレート配位子により安定化され,プロトン源としての水と還元剤のコバルトセン $\eta^5\text{-}(C_5H_5)_2Co\,(Cp_2Co)$ で処理すると,高収率で NH_3 を放出する[15]. この反応は,ニトロゲナーゼの補酵素において N_2 還元反応が鉄の上で起こることを具現化していると考えてもよいかもしれない. また,ハーバー–ボッシュ法の最初の過程,すなわち,分子状 N_2 が活性鉄触媒の表面で開裂すると同時に鉄に結合したニトリドを生成し,逐次 N^{3-} が水素化されてアンモニアを放出する,という過程を知るうえでの手掛かりを与えている.

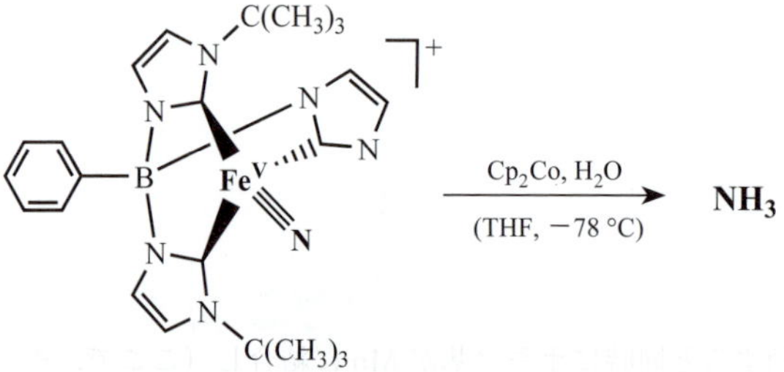

図9・7 還元的プロトン化による,Fe^V に結合したニトリド N^{3-} からアンモニアへの変換. ここでは,還元剤はコバルトセン Cp_2Co,プロトン源は水である[15].

9・3 脱　　窒

　図9・1で示したように,アンモニウムイオンは硝酸塩の還元から亜硝酸塩を経て生成する. 硝酸塩からアンモニウム塩への還元反応を触媒するレダクターゼは,ヘムのみに依存する場合と,ヘムと[4Fe,4S]型タンパク質の両方に依存する場合がある. 亜硝酸塩 NO_2^- は,アンモニアに向かう経路と窒素分子への還元的変換の経路の交差点にある. $NO_3^- \rightarrow NO_2^- \rightarrow NO \rightarrow N_2O \rightarrow N_2$ の過程[*3]（9・11 式）は脱窒,もっと正確にいえば従属栄養脱窒とよばれている（ここで,従属栄養は成長源として CO_2 の代わりに有機炭素を用いることと関連がある）. 逆の経路である NH_4^+ から NO_3^- への酸化反応は硝化とよばれ,ヒドロキシアミン NH_2OH と亜硝酸塩

---

*3　N_2O を回避する過程 $NO_2^- \rightarrow NO \rightarrow N_2$ の場合,メタンの酸化反応と共役している.（2・8）式と第2章の文献 8) を参照せよ.

NO_2^- を経由する（9・12 式）．(9・11)式と (9・12)式で表される一連の反応を組合わせた全体の過程は，しばしば硝化-脱窒とよばれている．

$$NO_3^- + 2H^+ + 2e^- \longrightarrow NO_2^- + H_2O \tag{9・11a}$$

$$NO_2^- + 2H^+ \longrightarrow NO^+ + H_2O$$
$$NO^+ + e^- \longrightarrow NO \tag{9・11b}$$

$$2NO + 2e^- \longrightarrow {}^-ONNO^-$$
$${}^-ONNO^- + 2H^+ \longrightarrow N_2O + H_2O \tag{9・11c}$$

$$N_2O + 2H^+ + 2e^- \longrightarrow N_2 + H_2O \tag{9・11d}$$

$$NH_4^+ + H_2O \longrightarrow NH_2OH + 3H^+ + 2e^- \tag{9・12a}$$

$$NH_2OH + H_2O \longrightarrow NO_2^- + 5H^+ + 4e^- \tag{9・12b}$$

$$NO_2^- + H_2O \longrightarrow NO_3^- + 2H^+ + 2e^- \tag{9・12c}$$

(9・11a) 式に示す反応は，モリブドピラノプテリン補因子を含む酵素により触媒される（§7・1）．提案されている触媒過程の概略を図9・8に示す．最初のステップでは，硝酸塩は還元状態のモリブデン(Mo^{IV}) 中心に結合している．次に，2 電子が窒素に移動すると同時にオキソ基が Mo に結合し（ここで，モリブデンは酸化されて Mo^{VI} になる），亜硝酸塩が放出される．この触媒中心は最後に，フラビンアデニンジヌクレオチドの還元体（$FADH_2$）によるオキシドモリブデン(VI) の 2 電子還元により再生する（Box 9・2 を参照せよ）．

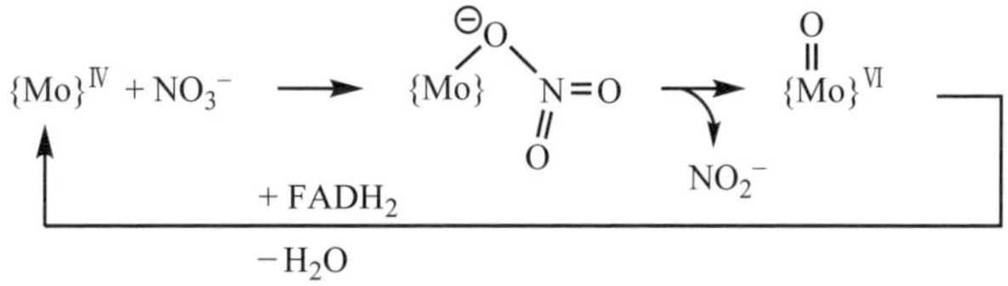

図 9・8　硝酸レダクターゼのモリブドピラノプテリン補因子 {Mo}（§7・1）により触媒される硝酸塩の還元．FAD＝フラビンアデニンジヌクレオチド．

次の亜硝酸塩から一酸化窒素 NO への 1 電子還元反応は（9・11b 式），亜硝酸レダクターゼにより触媒される[16a, b]（図9・9）．この酵素はタイプ 1 銅中心 {Cu1} とタイプ 2 銅中心 {Cu2} を含む（Box 6・2）．{Cu1} は電子を運搬するが，{Cu2} は基質の結合に関わる．ニトロホリンとよばれるヘム型補因子に基づく亜硝酸レダクターゼも知られている[16c]．(9・13)式の一連の反応は銅酵素の反応に似ている．最終的には，亜硝酸レダクターゼはモリブドピラノプテリン補因子でも機能を発揮できる（§7・1）．

Box 9・2　生体内酸化還元過程の代表的な酸化還元活性補因子

機能単位の酸化型を青色，還元型を灰色で示す．

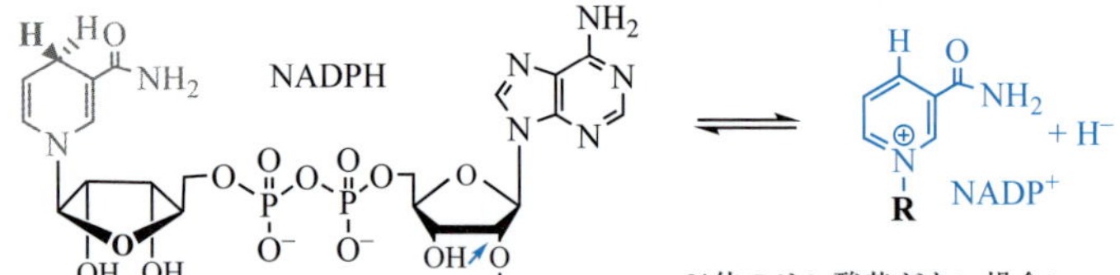

NADPH

NADP$^+$ + H$^-$

2′位のリン酸基がない場合：
NADH ⇌ NAD$^+$ + H$^-$
NAD(P)＝ニコチンアデニン
ジヌクレオチド（リン酸）

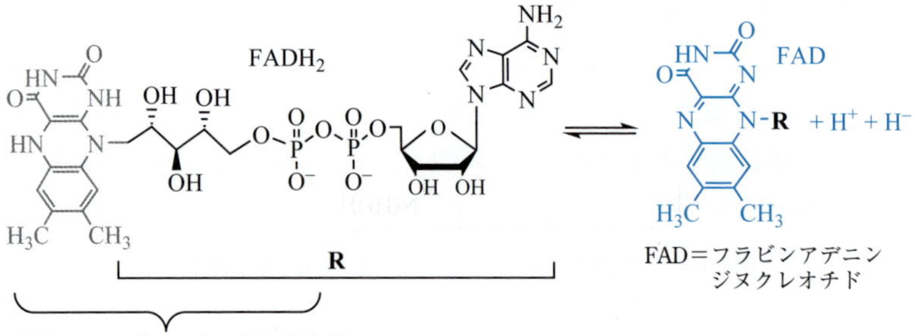

FADH$_2$

FAD + H$^+$ + H$^-$

FAD＝フラビンアデニン
ジヌクレオチド

FMN＝フラビンモノヌクレオチド

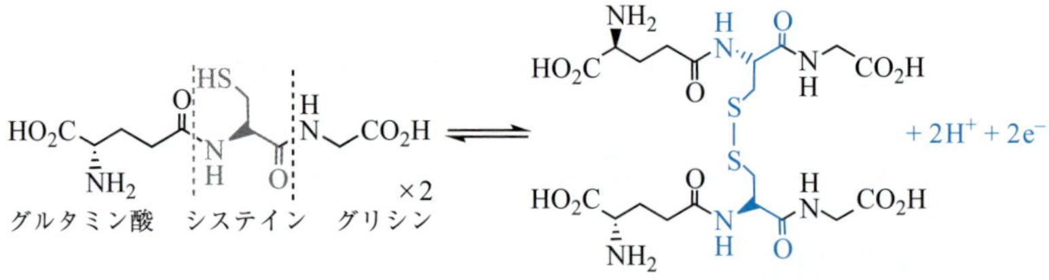

グルタミン酸　システイン　グリシン　×2

+ 2H$^+$ + 2e$^-$

2GSH（グルタチオン還元体） ⇌ (GS)$_2$（グルタチオン酸化体）

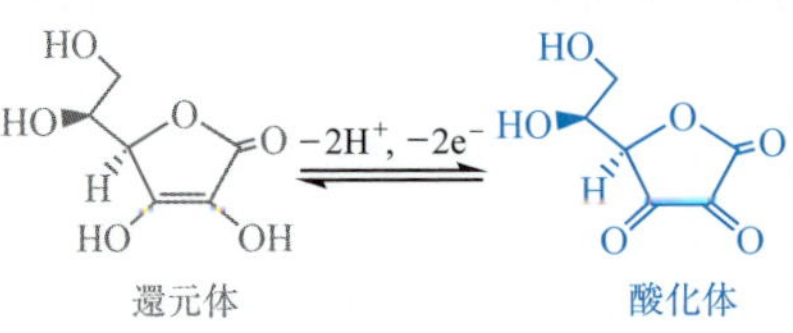

−2H$^+$, −2e$^-$

還元体　　　　　　酸化体
アスコルビン酸（ビタミンC）

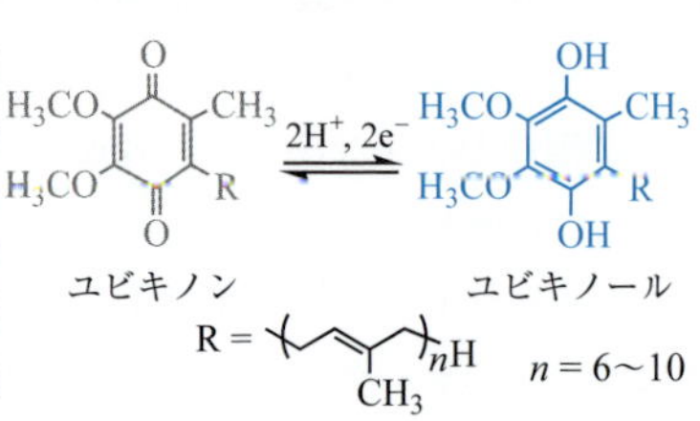

2H$^+$, 2e$^-$

ユビキノン　　　　　　ユビキノール

R =

nH

CH$_3$

n = 6〜10

9・3 脱窒

$$\{Fe^{II}\} + NO_2^- \longrightarrow \{Fe^{II}-NO_2^-\} \quad (9・13a)$$
$$\{Fe^{II}-NO_2^-\} + 2H^+ \longrightarrow \{Fe^{II}-NO^+\} + H_2O \quad (9・13b)$$
$$\{Fe^{II}-NO^+\} \longrightarrow \{Fe^{III}NO\} \longrightarrow \{Fe^{III}\} + NO \quad (9・13c)$$

NO をさらに一酸化二窒素 N_2O（笑気ガスとして有名）に還元する反応は一酸化窒素レダクターゼにより触媒されるが，その触媒部位はヘム鉄（一つのアキシアルヒスチジンをもつヘム b_3, Box 5・2）といわゆる Fe_B とよばれる非ヘム鉄を含んでいる．Fe-Fe 間距離は，図 9・10a に示すように 3.9 Å である．

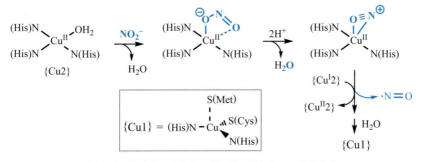

図 9・9　亜硝酸レダクターゼに触媒される亜硝酸塩から一酸化窒素への還元反応の提案機構.

より離れたもう二つのヘムが，ヘム b_3/Fe_B 反応中心への電子移動に関わっている．Fe_B 中の鉄中心は少しひずんだ三方錐型構造をとり，三つのヒスチジン Nε 位の窒素原子[*4]と頂点にはグルタミン酸残基が配位している．(9・11c) 式で示したように，次亜硝酸塩は配位した二つの NO が還元されて N-N 結合を形成することにより生じる過渡種であると考えられる．次亜硝酸塩は次にプロトン化され，N_2O を生成する．一酸化窒素レダクターゼとシトクロム c オキシダーゼの基質結合部位の構造は似ており，これらの酵素ファミリーの祖先が共通であることを示唆している．

脱窒の最後の 2 電子還元反応 (9・11d 式) は一酸化二窒素レダクターゼにより触媒される．(9・11d) 式で表される全反応のギブズの自由エネルギーは -340 kJ mol^{-1} であり，N_2O は熱力学的には不安定である．しかしながら，この還元的分解は速度論的に不利で，N_2O は比較的安定な気体となっている．その大気中での平均滞留時間は 114 年に達する．この安定性は環境問題をひき起こす．すなわち，N_2O

[*4]　二つのイミダゾール窒素のうち，タンパク質主鎖に結合する側鎖に近い方を Nδ，もう一方を Nε とよぶ．

は CO_2 の約290倍も強い温室効果ガスである.

一酸化二窒素レダクターゼは二核銅中心 (Cu_A) をもち (シトクロム c オキシダーゼも同様の Cu_A 中心をもつ. §5・3), 触媒部位として機能する四核銅中心 (Cu_Z) への電子移動に関わっている. この四核銅中心 (Cu_Z) (図9・10b)[18] は, 中心で無機硫黄が四重 (μ_4) 架橋した少しひずんだ四面体型構造をとり, これにヒスチジン残基の七つのイミダゾールが配位している. この銅中心のうち二つには, さらに H_2O か OH^- が配位している. また, 近傍に塩化物イオンが存在する.

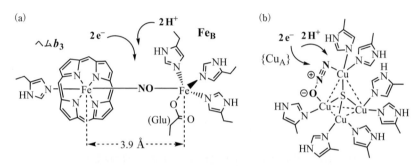

図9・10 (a) 一酸化窒素レダクターゼの触媒中心部位. 文献17)では, ヘム b_3 (ポルフィリン環の置換基は省略) の Fe^{II} 中心と Fe_B の両方に一酸化窒素が結合していると考えられている. その結果 NO は NO^- に還元され, それが2分子結合して $^-ONNO^-$ を生成すると同時にプロトン化され, N_2O と H_2O に変換される (9・11c式). (b) 四核銅中心 (Cu_Z) の二つの銅に基質が結合した一酸化二窒素レダクターゼの活性部位[18]. 休止状態では, H_2O か OH^- 配位子が結合している.

一酸化二窒素レダクターゼにより触媒される最初のステップでは, N_2O は完全に還元された Cu_Z ($\{Cu^I_4\}$) 中心の二つの銅イオン上の H_2O/OH^- 配位子と置換し結合すると提案されてきた. 次に N_2O は2電子還元を受け, N_2 を放出しオキシド型 $\{Cu^{II}_2, Cu^I_2\}$ 中心を生成する. これは, Cu_A 中心から2電子を受け, さらに2個のプロトンを受けた結果, 活性型であるアクア型 $\{Cu^I_4\}$ 中心を再び活性化する.

硝化, すなわちアンモニアから硝酸塩への酸化反応 (9・12式) は, 分子状酸素によるアンモニアからヒドロキシルアミンへの酸化反応から始まる. 全体の反応 (9・14式) に示すように, 全体の電子の収支は2電子の消費となる. すなわち, NH_3 が NH_2OH に酸化されるときに2電子が放出されるが, 分子状酸素から二つの O^{2-} への還元反応には4電子が必要である. 一つの O^{2-} は NH_2OH に挿入され, もう一つは H_2O になる. この反応を触媒する酵素, アンモニアモノオキシゲナーゼ

（より正確にいうと，アンモニウムモノオキシゲナーゼ）は，まだ構造的な特徴づけがなされていない．ESR 測定により，ヘム鉄や非ヘム鉄に加えてタイプ 2 銅が含まれていることが示唆された．この非ヘム鉄は，おそらくオキシド架橋の二核鉄中心をもつ膜結合性メタンモノオキシゲナーゼと関連している[19]．

$$NH_4^+ + O_2 + H^+ + 2e^- \longrightarrow NH_2OH + H_2O \qquad (9 \cdot 14)$$

一連の酸化反応の 2 番目は，4 電子が放出される NH_2OH から亜硝酸塩への酸化である（9・12b 式）．この酸化反応に関わる酵素，ヒドロキシルアミンオキシドレダクターゼは活性中心に 24 個のヘムをもつ[20]．活性部位の重要なヘム P460 は，シトクロム c ファミリーに属する（Cyt-c，§5・3）．"460" は 460 nm に吸収極大をもつことに由来する．P460 の鉄中心のアキシアル位にはヒスチジン残基が配位し，もう一方のアキシアル位は基質の結合や反応に用いられる．

9・4 窒素酸化物

ラジカル種である一酸化窒素（図 9・11）は，生体内では脱窒の中間生成物であり（§9・3 を参照），高等生物ではアルギニンから生成する（後述）．非生物学的には，放電（雷，9・15 式）や宇宙線（おもにプロトン）や高エネルギー（紫外線）の照射により，対流圏や成層圏において N_2 と O_2 から NO が生成する．また，人為的には燃料の燃焼によっても生成する．酸素の存在下では，NO は容易に酸化されて NO_2 になる（9・16 式）．紫外線の影響下，すなわち晴れた日には，対流圏の NO_2 は NO と O に開裂し，排気ガス由来のアルカンを酸化してアルキルヒドロペルオキシドを生成し，さらには分子状酸素と反応してオゾンを生成する（9・17 式）[*5]．この現象は都市部では"光化学スモッグ"とよばれている．成層圏では NO はオゾン層の破壊を触媒し（9・18 式），南極圏や，最近では北極圏にも，季節変動性のオゾンホールをもたらしている．

$$N_2 \longrightarrow 2N$$
$$N + O_2 \longrightarrow NO + O \qquad (9 \cdot 15)$$

[*5] 大気中のヒドロペルオキシドは，以下の一連の式に従っても生成する．
$$RH + \cdot OH\ (H_2O_2 \text{ 由来}) \longrightarrow R\cdot + H_2O$$
$$R\cdot + O_2 \longrightarrow ROO\cdot$$
$$ROO\cdot + HOO\cdot\ (O_2 \text{ と H 原子から生成}) \longrightarrow ROOH + O_2$$

$$2NO + O_2 \longrightarrow 2NO_2 \qquad\qquad (9\cdot16)$$

$$NO_2 + h\nu \longrightarrow NO + O \qquad\qquad (9\cdot17a)$$

$$O + C_2H_6 + NO_2{\cdot} \longrightarrow C_2H_5O_2H + NO{\cdot} \qquad\qquad (9\cdot17b)$$

$$O + O_2 \longrightarrow O_3 \qquad\qquad (9\cdot17c)$$

$$NO + O_3 \longrightarrow NO_2 + O_2 \qquad\qquad (9\cdot18a)$$

$$NO_2 + O \longrightarrow NO + O_2 \qquad\qquad (9\cdot18b)$$

NO はラジカル種であり，活性中心に金属イオンを含む機能性タンパク質の銅や鉄中心に結合するため，高等生物に対しては μmol 濃度で毒性を示す．たとえば，ヘモグロビンは O_2 よりも1万倍強く NO に結合する．そのため，酸素運搬を担うヘモグロビンの機能を著しく阻害する．NO が結合すると NO^- に還元され，O_2 と等電子構造になり，O_2 と同様に曲がったエンドオン結合を示す．

図 9・11　一酸化窒素の二つのメソマー体

より一般的には，NO はさまざまなヘム型タンパク質の鉄中心と相互作用し，$\{FeNO\}^6$ および $\{FeNO\}^7$ 付加体を生成する．これはニトロシル–鉄錯体に適用される，いわゆる Enemark-Feltham 表記法に従うものであるが，上付の数字は鉄中心の原子価殻の電子（Fe^{III}, Fe^{II}, Fe^{I} に対してそれぞれ 5, 6, 7）と NO 上の電子（中性ラジカルの場合は 1，NO^- アニオンの場合は 2）の合計数である．NO はアミン類をニトロシル化し，亜硝酸を経由して，発がん性のニトロソアミン類を生成するため（9・19 式），毒性を示すもう一つの原因となる．亜硝酸は生体内でも，たとえば葉菜に含まれる硝酸塩の還元反応により生成する．

$$NO + H_2O \longrightarrow HNO_2 + e^- + H^+ \qquad\qquad (9\cdot19a)$$

$$R_2NH + HNO_2 \longrightarrow R_2N-NO + H_2O \qquad\qquad (9\cdot19b)$$

NO の毒性は，FeS タンパク質の鉄–硫黄クラスターを容易に分解することにもよる．さらには，NO は O_2 や O_2^- により容易に酸化されて，組織や DNA を損傷する強力な酸化剤である NO_2 や $ONOO^-$ を生成することも毒性の一因である（9・20a 式）．血液や組織中の遊離 NO 濃度は，オキシ Hb/Mb（Hb＝ヘモグロビン，Mb＝ミオグロビン）による NO から硝酸塩への酸化反応により調節されている（9・20b 式）．

$$NO + O_2^- \longrightarrow ONO_2^- \qquad (9 \cdot 20a)$$
$$NO + Hb \cdot O_2 \longrightarrow \longrightarrow NO_3^- \qquad (9 \cdot 20b)$$

　一方，一酸化窒素はサブ nmol 濃度で，心臓血管のシグナル伝達をはじめとする多機能メッセンジャーや神経伝達物質として重要な役割をもつため，生体内でも合成される．NO はヘムタンパク質の金属中心を標的とし，環状グアノシン一リン酸 (cGMP) の細胞濃度を上昇させる．cGMP はシグナル伝達を担うセカンドメッセンジャーであり，血管のような平滑筋組織を弛緩させて血管を拡張し（血流をよくし），血圧を下げる効果をもつ．以前に使用されていた高血圧薬のニトロプルシドのナトリウム塩 $Na_2[Fe(NO)(CN)_5]$ は，この金属錯体からの NO の放出を利用したものである．

　NO 濃度の上昇に伴い cGMP 濃度が上昇すると，海綿体血管組織が膨張し陰茎勃起が起こる．バイアグラの機能は，ホスホエステラーゼ（リン酸エステル結合の加水分解を触媒する酵素）による cGMP の分解を阻害することに由来する．NO の治療効果については，その抗菌活性も含めて §14・5 に詳しく述べる．

　アスコルビン酸塩とデオキシ Hb/Mb は，亜硝酸塩を一酸化窒素に還元できる．この反応は生体内の NO 生合成経路を構成する．NO の生合成はアルギニンの＝NH（あるいは＝NH_2^+）基の酸化反応によっても達成される（図 9・12b）．NO の生成

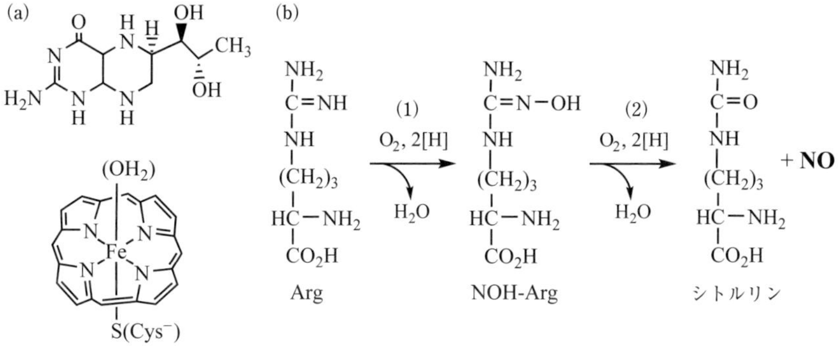

図 9・12　一酸化窒素シンターゼ．(a) 酸化還元活性なビオプテリン（還元型テトラヒドロ体）と触媒活性なヘム中心（ポルフィリン環の置換基は省略）．(b) 二つの連続したモノオキシゲナーゼ反応．アルギニン(Arg)は酸化されて NOH-Arg，さらにシトルリンになる．[H]は NADPH のような還元等価体（Box 9・2 を参照せよ）を表している．ステップ(1)では，4 電子（[H]から 2 電子とアルギニンから 2 電子）で O_2 1 分子が還元され，ステップ(2)では[H]が 1 電子，NOH-Arg が 3 電子を供給して 2 番目の O_2 分子が還元され NO が遊離する．

に伴う酸化生成物はシトルリンである．この過程は一酸化窒素シンターゼ（あるいは NO シンターゼ，NOS）により触媒され，この酵素はカルシウムにより調節されるタンパク質であるカルモジュリン(§3・5)により活性化される．NOS はその活性中心に，一つのヘムと酸化還元活性なビオプテリンをもつ[21,22]（図9・12a を参照せよ）．このヘムはシトクロム P450 ファミリーに属し(§5・3)，片方のアキシアル位にはシステイン残基のチオラートが配位している．

NOS には三つの異なる機能をもつものが知られている．(1) 神経中の nNOS（n: neuron）は，シグナル伝達を開始し記憶機能に関わっている．(2) マクロファージ中の iNOS（i: immune）は感染時に NO の遊離をひき起こし，免疫系の感染細菌の殺菌剤として作用する．(3) 内皮組織細胞の eNOS（e: endothelial）は，血管筋の緊張度の調節により血圧を調整する．

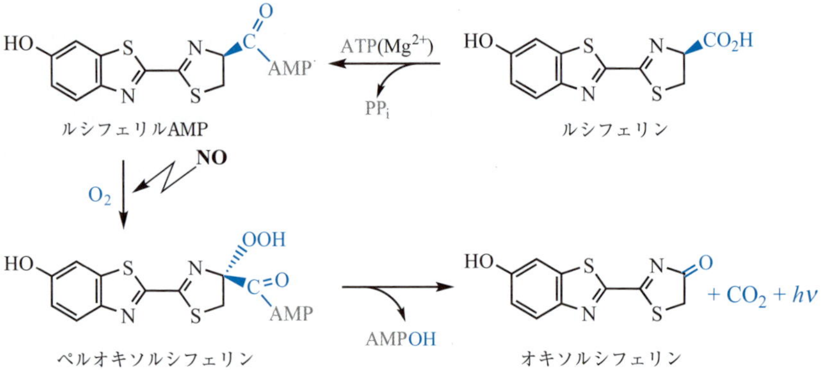

図9・13 NO が誘起する化学発光．ジグザグ矢印は，NO がシトクロム類への O_2 結合を妨げる間接的な作用を示す．PP_i は無機二リン酸 $H_2P_2O_7^{2-}$（ピロリン酸）を示す．

NO は，ツチボタルの発光器官のスイッチを入れるのにも使われる[23]．ツチボタルの発光は，ルシフェリンと ATP から生成するルシフェリル AMP（アデノシン一リン酸）から，ペルオキシルシフェリンを経由するオキソルシフェリンへの酸素酸化反応に由来する（図9・13）．ツチボタルは，O_2 を消費するペルオキシルシフェリンの生成反応を始めるために NO 合成を始動する．NO は，NO が Fe に配位し呼吸における酸素消費を抑えることにより，ミトコンドリアのシトクロム類を阻害する（図9・13 のジグザグ矢印で表されている）．このようにして，O_2 が使えるようになり化学発光が始まる．生物発光が可能な他の生物も，同じ機構を用いている．

海洋でリン光を発する渦鞭毛藻類の夜光虫はその一例である.

このように，一酸化窒素は単なる毒性分子ではなく，低い濃度では生化学的な過程や応答に必須である．したがって，NO は生命体において合成され，自然界にももたらされる．同様の考察は，通常毒性があると考えられている他の分子やイオンについても準用される．例として CO や H_2S があげられるが，これらについては§14・5で述べる.

⊕ まとめ

水中や大気中に存在するおもな窒素種は N_2 である．N_2 は不活性分子であるため，生物学的に利用するためには，アンモニウムイオン（窒素固定）や窒素酸化物に変換される必要がある．細菌やシアノバクテリアによる窒素固定は，ハーバー–ボッシュ法により工業的に生産されるアンモニアとほぼ同量を与える，きわめて重要な自然過程である．一部のアンモニアは，雲母片岩のような風化された岩盤によってももたらされる．突き詰めれば，地殻に存在する窒素資源のほとんどは生物起源といってよい.

窒素循環全体には，窒素固定（$N_2 \rightarrow NH_4^+$），硝化（$NH_4^+ \rightarrow NO_2^-$ および NO_3^-），異化型硝酸還元（$NO_3^- \rightarrow NO_2^- \rightarrow NH_4^+$），嫌気性アンモニア酸化（$NH_4^+ + NO_2^- \rightarrow N_2$），硝化菌脱窒（$NO_3^- \rightarrow N_2$）が含まれる．窒素固定は，反応中心に M クラスター $\{Fe_7MS_9\}$（M＝Mo, V, Fe）をもつニトロゲナーゼにより触媒され，そのなかで最も優れているのは FeMoco（鉄–モリブデン補因子）である．N_2 とともに，アルキン，イソニトリル，CO もニトロゲナーゼの基質になりうる.

機能モデルとして，Mo^0 や V^{-I} の窒素錯体や，立体的にかさ高い三脚四座アミン配位子がモリブデンに配位した Yandulov-Schrock システムがあげられる．モデル研究は，$Mo-N=NH$ や $Mo\equiv N$ といった窒素固定の中間体を理解するうえでの手掛かりとなる．脱窒は 4 段階で起こる.

(1) $NO_3^- \longrightarrow NO_2^-$（モリブドプテリン補因子を含む硝酸レダクターゼ）

(2) $NO_2^- \longrightarrow NO$　（二核銅中心 $\{Cu1\}$ および $\{Cu2\}$ をもつ亜硝酸レダクターゼ）

(3) $NO \longrightarrow N_2O$　（ヘム鉄と $\{Fe(His)_3Glu\}$ 中心をもつ一酸化窒素レダクターゼ）

(4) $N_2O \longrightarrow N_2$　（$\{Cu_4(\mu_4\text{-}S)\}$ をもつ一酸化二窒素レダクターゼ）

硝化は 2 段階で起こる.

(1) $NH_4^+ \longrightarrow NH_2OH$

　　　　　　　（$\{Cu2\}$，ヘム鉄，非ヘム鉄をもつアンモニアモノオキシゲナーゼ）

(2) $NH_2OH \longrightarrow NO_2^-$（P460）

脱窒の中間体として，あるいは真核生物において NO シンターゼにより触媒される
アルギニンの酸化反応で生成する NO は，ヘモグロビンなどの鉄イオンに強く結合
するため，より進化した生命体にとっては有毒である．大気中の NO は，雷によ
る O_2 と N_2 の反応や，NO_2 の光分解に由来する．一方で，生理学的濃度の NO は，
高血圧を緩和したり，感染細菌を殺したり，記憶機能に関わるため有益である．ツ
チボタルのような発光能力をもつ多くの生命体は，O_2 のヘモグロビンへの接近を
妨げるために NO を合成し，このヘモグロビンに結合しなかった O_2 をルシフェリ
ンの酸化反応に利用する．この過程では，エネルギーが可視光の形で放出される．

参 考 論 文

Canfield, D.E., Glazer, A.N., Falkowsky, P.G., The evolution and future of Earth's nitrogen
cycle. *Science*, **330**, 192–196 (2010).
[工業的に生産された含窒素肥料による水塊の富栄養化や大気中への温室効果ガス N_2O
の流入がもたらしている，自然界の窒素循環の崩壊を強調している]

Einsle, O., Tezcan, F.A., Andrade, S.L.A., *et al.*, Nitrogenase MoFe-protein at 1.16 Å
resolution: a central ligand in the FeMo-cofactor. *Science*, **297**, 1696–1700 (2002).
[ニトロゲナーゼの最初の高分解 X 線研究が述べられている．10 年以上前の本論文によ
り，自然界の窒素固定の機能面に関する広範な研究に注目が集まるようになった]

Voss, M., Montoya, J.P., Oceans apart. *Nature*, **461**, 49–50 (2009).
[著者らは，酸素極小層における微生物代謝により，海洋から N_2 が減少していることを
簡潔に説明している．N_2 産生については，硝酸還元，あるいは亜硝酸還元とアンモニ
ア酸化に遡って説明されている]

Lehnert, N., Scheidt, W.R., Preface for the inorganic chemistry forum: the coordination
chemistry of nitric oxide and its significance for metabolism, signaling, and toxicity in
biology. *Inorg. Chem.*, **49**, 6223–6225 (2010).
[一酸化窒素の毒性と有益性について述べている一連の論文への序説]

Lee, S.C., Holm, R.H., The clusters of nitrogenase: synthetic methodology in the
construction of weak-field clusters. *Chem. Rev.*, **104**, 1135–1158 (2004).
[生物無機化学における合成チャレンジとして，生体関連 {Fe(Mo)S} クラスターとその
合成誘導体が取上げられている]

引 用 文 献

1) Morford, S.L., Houlton, B.Z., Dahlgren, R.A., Increased forest ecosystem carbon and nitrogen
storage from nitrogen rich bedrock. *Nature*, **477**, 78–81 (2011).
2) (a) Canfield, D.E., Glazer, A.N., Falkowsky, P.G., The evolution and future of Earth's nitrogen
cycle. *Science*, **330**, 192–196 (2010).
(b) Lam, P., Lavik, G., Jensen, M.M., *et al.*, Revising the nitrogen cycle in the Peruvian oxygen
minimum zone. *Proc. Natl. Acad. Sci. USA* **106**, 4752–4757 (2009).
3) (a) Kartal, B., Maalcke, W.J., de Almeida, N.M., et al., Molecular mechanism of anaerobic
ammonium oxidation. *Nature*, **479**, 127–130 (2011).

引 用 文 献　　　151

(b) Prokopenko, M.G., Hirst, M.B., DeBrabandere, L., *et al.*, Nitrogen losses in anoxic marine sediments driven by *Thioplocaanammox* bacterial consortia. *Nature*, **500**, 184–198 (2013).

4) Santoro, A.S., Buchwald, C., McIlvin, M.R., *et al.*, Isotopic signature of N_2O produced by marine ammonia-oxidizing archaea. *Science*, **333**, 282–285 (2011).

5) Su, H., Cheng, Y., Oswald, R., *et al.*, Soil nitrite as a source of atmospheric HONO and OH radicals. *Science*, **333**, 1516–1587 (2011).

6) (a) Einsle, O., Tezcan, F.A., Andrade, S.L.A., *et al.*, Nitrogenase MoFe-protein at 1.16 Å resolution: a central ligand in the FeMocofactor. *Science*, **297**, 1696–1700 (2001.)
(b) Lancaster, K.M., Roemelt, M., Ettenhuber, P., *et al.*, X-ray emission spectroscopy evidences a central carbon in the nitrogenase iron–molybdenum cofactor. *Science*, **334**, 974–977 (2011).

7) (a) Peters, J.W., Stowell, M.H.B., Soltis, S.M., *et al.*, Redox-dependent structural changes in the nitrogenase P-cluster. *Biochemistry*, **36**, 1181–1187 (1997).
(b) Drennan, C.L., Peters, J.W., Surprising cofactors in metalloenzymes. *Curr. Opin. Struct. Biol.*, **13**, 220–226 (2003).

8) (a) Wiig, J.A., Lee, C.C., Hu, Y., *et al.*, Tracing the interstitial carbide of the nitrogenase cofactor during substrate turnover. *J. Am. Chem. Soc.*, **135**, 4982–4983 (2013).
(b) Boal, A.K., Rosenzweig, A.C., A radical route for nitrogenase carbide insertion. *Science*, **337**, 1617–1618 (2012).
(c) Wiig, J.A., Hu, Y., Lee, C.C., *et al.*, Radical SAM-dependent carbon insertion into the nitrogenase M-cluster. *Science*, **337**, 1672–1675 (2012).

9) (a) Fay, A.W., Blank, M.A., Lee, C.C., *et al.*, Characterization of isolated nitrogenase FeVco. *J. Am. Chem. Soc.*, **132**, 12612–12618 (2010).
(b) Rehder, D., Vanadium nitrogenase. *J. Inorg. Biochem.*, **80**, 133–136 (2000).
(c) Hu, Y., Lee, C.C., Ribbe, M.W., Extending the carbon chain: hydrocarbon formation catalyzed by vanadium/molybdenum nitrogenases. *Science*, **333**, 753–755 (2011).

10) Ribbe, M., Gadkari, D., Meyers, O., N_2 fixation by *Streptomyces thermoautotrophicus* involves a molybdenum-dinitrogenase and a manganese superoxide oxidoreductase that couple N_2 reduction to the oxidation of superoxide produced from O_2 by a molybdenum-CO dehydrogenase. *J. Biol. Chem.*, **272**, 26627–26633 (1997).

11) Dance, I., Ramifications of C-centering rather than N-centering of the active site FeMo-co of the enzyme nitrogenase. *Dalton Trans.*, **41**, 4859–4865 (2012).

12) Curatti, L., Hernandez, J.A., Igarashi, R.Y., *et al.*, In vitro synthesis of the iron–molybdenum cofactor of nitrogenase from iron, sulfur, molybdenum, and homocitrate using purified proteins. *Proc. Natl. Acad. Sci. USA*, **104**, 17626–17631 (2007).

13) Lehnert, N., Tuczek, F., The reduction pathway of end-on coordinated dinitrogen II. Electronic structure and reactivity of Mo/W-N_2, -NNH, and -NNH_2 complexes. *Inorg. Chem.*, **38**, 1671–1682 (1999).

14) (a) Yandulov, D.V., Schrock, R.R., Catalytic reduction of dinitrogen to ammonia at a single molybdenum center. *Science*, **301**, 76–78 (2003).
(b) Schrock, R.R., Catalytic reduction of dinitrogen to ammonia by molybdenum: theory versus experiment. *Angew. Chem. Int. Ed.*, **47**, 5512–5522 (2008).

15) Scepaniak, J.J., Vogel, C.S., Khusniyarov, M.M., *et al.*, Synthesis, structure, and reactivity of an iron(V) nitride. *Science*, **331**, 1049–1052 (2011).

16) (a) Li, H-T., Chang, T., Chang, W-C., *et al.*, Crystal structure of C-terminal desundecapeptide nitrite reductase from *Achromobacter cycloclastes. Biochem. Biophys. Res. Commun.*, **338**, 1935–1942 (2005).
(b) Dell'Acqua, S., Pauleta, S.R., Moura, I., *et al.*, The tetranuclear copper active site of nitrous oxide reductase: the CuZ center. *J. Biol. Inorg. Chem.*, **16**, 183–194 (2011).
(c) He, C., Ogata, H., Knipp, M., Formation of the complex of nitrite with ferriheme b β-barrel protein nitrophorin 4 and nitrophorin 7. *Biochemistry*, **49**, 5841–5851 (2010).

152　　　　　9. ニトロゲナーゼおよび窒素循環を担う酵素

17) Hino, T., Matsumoto, Y., Nagano, S., *et al.*, Structural basis of biological N$_2$O generation by bacterial nitric oxide reductase. *Science,* **330**, 1666–1670 (2010).

18) (a) Haltia, T., Brown, K., Tegoni, M., *et al.*, Crystal structure of nitrous oxide reductase from *Paracoccus denitrificans* at 1.6 Å resolution. *Biochem. J.*, **369**, 77–88 (2003).
(b) Dell'Acqua, S., Pauleta, S.R., Moura, I., *et al.*, The tetranuclear copper active site of nitrous reductase: the CuZ center. *J. Biol. Inorg. Chem.*, **16**, 183–194 (2011).

19) Gilch, S., Meyer, O., Schmidt, I., Electron paramagnetic studies of the copper and iron containing soluble ammonia monooxygenase from *Nitrosomonas europaea. Biometals,* **23**, 613–622 (2010).

20) Prince, R.C., George, G.N., The remarkable complexity of hydroxylamine oxidoreductase. *Nat. Struct. Biol.*, **4**, 247–250 (1997).

21) Li, H., Igarashi, J., Jamal, J., *et al.*, Structural studies of costitutive nitric oxide synthases with diatomic ligands bound. *J. Biol. Inorg. Chem.*, **11**, 753–768 (2006).

22) Delker, S.L., Ji, H., Li, H., *et al.*, Unexpected binding modes of nitric oxide synthase inhibitors effective in the prevention of cerebral palsy phenotype in an animal model. *J. Am. Chem. Soc.*, **132**, 5437–5442 (2010).

23) Trimmer, B.A., Aprille, J.R., Dudzinski, D.M., *et al.*, Nitric oxide and the control of firefly flashing. *Science*, **292**, 2486–2488 (2001).

メタン循環とニッケル酵素

　メタン(CH_4)は地球の炭素循環において大きな役割を果たしており,その放出量と吸収量を明らかにすることは重要である.メタンは天然ガスの主成分として,工業生産,家庭の暖房,代替燃料車の動力供給などのエネルギー源としての需要が高まっている.一方,メタンは温室効果にもますます寄与しつつある.大気中のメタンはほんの微量であるが(体積混合比は 1.8 ppm),その温室効果への寄与は二酸化炭素 CO_2(約 400 ppm=0.04 %)のおよそ半分にのぼる.CH_4 が地球表面から放射され,さらに大気へ再放射された赤外熱放射を吸収する効率は,CO_2 の約 25 倍大きい.

　産業化以前の時代(約 250 年前)と比べて,大気中のメタンの量は 3 倍になった.メタンガスは滞留時間が 9〜15 年と短いにもかかわらず,増え続けている.CH_4 のおもな人為的発生源には,石炭採掘,石油抽出,深く掘った頁岩や砂岩の水圧破砕(フラッキング),漏出ガス管,バイオマスの燃焼がある.二次的発生源としては,地球温暖化の結果,永久凍土帯の湖沼や深海堆積物に蓄積されているメタンハイドレートからメタンが放出されることがあげられる.メタンハイドレートは,他の燃料をすべて合わせたものよりも大きなエネルギーを貯蔵していると考えられている.

　天然でのメタン産生は,生物起源と非生物起源に分けられる.反すう動物の胃の中の微生物によるセルロースからメタンへの変換は,生物によるメタン産生の例であり,蛇紋岩化作用はメタンの非生物的産生の例である."蛇紋岩化作用"とは,CO_2 が鉄鉱物質によりメタンに還元される地質学的な過程である.

154　　　　　　　　10. メタン循環とニッケル酵素

　メタン生成菌によるメタン産生を担う代表的な酵素,メチル補酵素 M レダクターゼは, ニッケル含有補因子を含む. 微生物はメタンを産生するばかりでなく, 消費もする. 蛇紋岩化作用のように海底堆積物中で非生物的に産生されるメタンや, メタン生成菌により生物的に産生されるメタンのほとんどは, 実際に炭素源としてメタンを用いるメタン酸化菌のような原核生物により行われる, 好気的あるいは嫌気的メタン酸化反応と関連している. これには, 再びニッケル酵素が関わっており, 地球規模での炭素, 酸素, 窒素循環におけるニッケルの重要性がわかる.

　ニッケルを含む酵素は, 以下のように多くの過程に関わっている.

- 水素化および脱水素反応
- アセチル補酵素 A の合成, および一酸化炭素と水から二酸化炭素と還元等価体への変換反応
- スーパーオキシドの不均化反応
- 尿素の加水分解

　本章の最後の節では, これらのニッケル酵素を理解するための手掛かりを与える. ニッケルが酵素反応において広く使われているのは, ニッケルが配位化学的な柔軟性をもち, 約 1.5 V もの電位範囲でその酸化状態 I, Ⅱ, Ⅲ を循環しうることに由来する.

10・1　はじめに

　自然界の生物的メタン産生および大気中への放出は, シロアリや反すう動物に共生する嫌気性メタン生成古細菌 (これらは発酵を促進し, 消化管中のセルロースを消化している) によるものである. これらの古細菌は, 湿地土壌, 稲田, 農業廃棄物中にも存在する. 熱帯地域では, 樹木が湿った低い位置で微生物が産生したメタンを葉に移動させ, 大気中に放出する "煙突" の役割を担っている. 大腸菌のようなグラム陰性菌も, 活性化されたメチルホスホン酸エステル $CH_3\text{-}PO_2(OH)OR^{2-}$ [*1] をメタン源として, メタンを産生する[1]. 一部の腐生菌は, アミノ酸のメチオニンのチオメチル基を前駆体として用い, 好気的に (酸素存在下で) メタンを産生することが見いだされている[2]. メタン生成古細菌による還元的メタン産生のおもなメタン源は CO_2, CO, 酢酸塩である. ここでは通常, H_2 が還元剤として用いられる.

---

*1　R はリボース 5-リン酸を表す. メチル-リン結合を切断して CH_4 を生成するのに必要な水素は, 5′-デオキシアデノシンのメチル基により与えられる.

10・2 メタン産生

　地下に蓄えられているメタンのほとんどは，石炭や石油と同様に，そしてしばしば同じ場所で，非生物的に大量の有機体から熱と圧力により生成される．もう一つの非生物的メタン源は，蛇紋岩化作用とよばれる過程にある．この過程では，水由来のプロトンと CO_2 が H_2 と CH_4 に還元される．この還元等価体は，カンラン石 $(Mg_xFe_{2-x})SiO_4$ のような鉱物中の鉄(II)中心によって運ばれる．カンラン石は，マグネタイト $Fe^{II}Fe^{III}_2O_4$ や蛇紋石（ケイ酸マグネシウム）に変換される．(10・1a)式に，全体の過程を表す（両辺の物質量は合っていない）．この酸化還元変換で生成する水素は，さらにペントランダイト〔硫化鉄-ニッケル$(Fe,Ni)S_{0.9}$〕[3]のような触媒の存在下，HCO_3^- あるいは CO_2 と反応してメタンを生成する(10・1b 式)．

$$(Mg,Fe)_2SiO_4 + H_2O + CO_2 \longrightarrow$$
$$Fe_3O_4 + Mg_3Si_2O_5(OH)_4 + H_2 + CH_4 \tag{10・1a}$$
$$4H_2 + CO_2 \longrightarrow CH_4 + 2H_2O \tag{10・1b}$$

　大気中に放出されたメタンの物質量の均衡は，OH ラジカルと反応しメチルラジカルと水を生成する反応により失われる．このメチルラジカルは，もう一つのラジカルと反応してホルムアルデヒドを生成しうる．

10・2　メタン産生

　無機および有機炭素化合物を CH_4 に変換するメタン産生は，鉄，モリブデン，コバルト，ニッケルを酵素の機能中心とする複雑な過程である．還元的に CH_4 を放出する最後のステップには，ポルフィリン様のニッケル錯体が含まれる．

　セルロースのような生体物質は細菌，原生動物，菌類により分解され，おもに酢酸塩，乳酸塩，プロピオン酸塩，酪酸塩，エタノールに変換される．乳酸塩，プロピオン酸塩，酪酸塩，エタノールは，細菌によりさらに発酵されてギ酸塩 HCO_2^-，CO_2，H_2 に変換される．これらは酢酸塩 $CH_3CO_2^-$ とともに，メタン産生の基質である[4]．酢酸は，いわゆるタイプ I メタン生成菌により，CO_2 と CH_4 に変換される(10・2a 式)．ギ酸塩と CO_2 は，H_2 とともにタイプ II メタン生成菌による CH_4 産生の基質となる（CO_2 を基質とする反応については 10・2b 式を参照せよ）．ギ酸塩は CO_2 と還元等価体を与える（10・3式）．(10・2b)式と(10・3a)式における [H] は，$H^+ + e^-$ あるいは $\frac{1}{2}H_2$ を表す．

$$CH_3CO_2H \longrightarrow CH_4 + CO_2 \tag{10・2a}$$
$$CO_2 + 8[H] \longrightarrow CH_4 + 2H_2O \tag{10・2b}$$

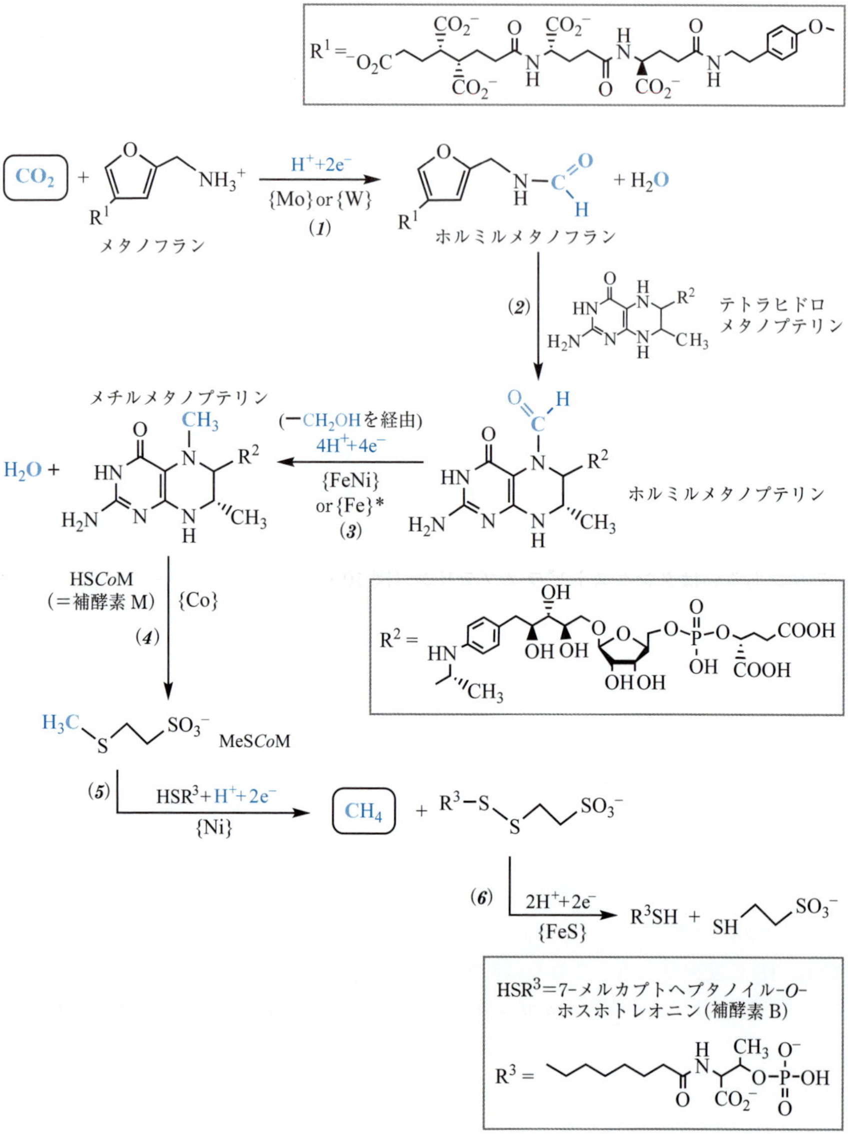

図 10・1 メタン生成菌による CO_2 から CH_4 への還元的変換の概観. ステップ(**4**)と(**5**)の HS*Co*M と MeS*Co*M は, それぞれ補酵素 M およびメチル補酵素 M である. 補因子 {Mo/W}, {FeNi}, {Fe}, {Co}, {Ni} については図 10・3 を参照せよ. ステップ(**3**)の {Fe}*は, ニッケルが不足している場合を示している.

10・2 メタン産生

メタン産生に必要な H_2 のほとんどは,水素分子を産生する細菌により供給される.(10・3b)式に示す酵素によるギ酸塩からの H_2 発生は,ADPとリン酸からのATPへの合成,すなわちエネルギー貯蔵過程とつながっている[5].生物的に産生されるメタンのおよそ3分の1は CO_2 から誘導され,残りのメタンのほとんどは酢酸塩のメチル基に由来する[6].

$$HCO_2^- \longrightarrow CO_2 + [H] + e^- \qquad (10・3a)$$
$$HCO_2^- + H_2O \longrightarrow HCO_3^- + H_2 \qquad (10・3b)$$

CO_2 から始まる生物的メタン産生過程のおもなステップを図10・1にまとめる.また,さまざまな過程に関わる酵素の補因子を図10・3(次ページ)に示す.

メタン産生の最初のステップ(図10・1のステップ *1*)は,CO_2 の2電子還元に始まり,同時にメタノフランにホルミル基が導入され,ホルミルメタノフランを生成する.この過程はホルミルメタノフランデヒドロゲナーゼにより触媒される.この酵素の補欠分子族は,亜硫酸レダクターゼファミリーに属するモリブドピラノプテリンあるいはタングストピラノプテリン(図10・3a)を含んでいる[*2]. 図10・2に示すように,まず CO_2 はモリブドピラノプテリンの還元体中の Mo^{IV} に配位して活性化され,次にモリブデンからの電子移動により2電子還元される.このとき,Mo^{IV} は酸化されて Mo^{VI} になる.Mo^{IV} への再還元は NADH により行われる.NAD^+/NADH については Box 9・2 を参照せよ.

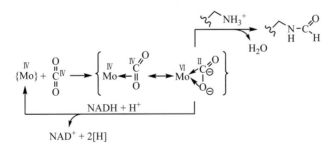

図 10・2 メタノフランへの還元的 CO_2 転移反応と触媒機構(右上.ホルミルメタノフランの詳細については図10・1を参照せよ).{Mo}はモリブドプテリンの活性中心(図10・3a).

[*2] モリブドピラノプテリンについては,§7・1 も参照せよ.

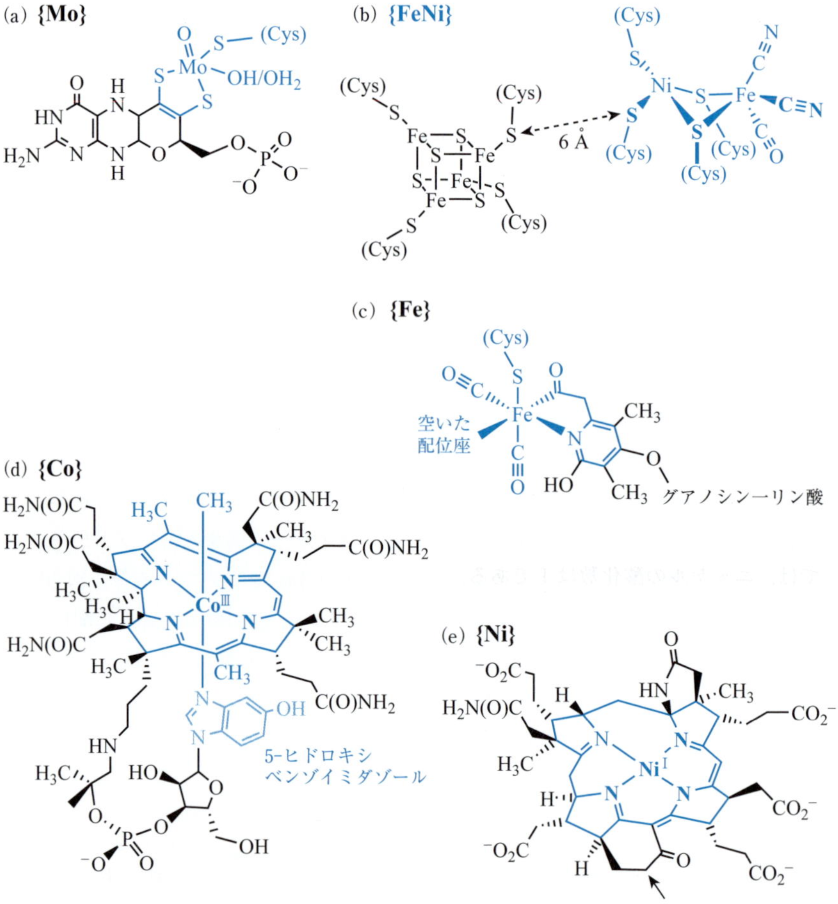

158　　10. メタン循環とニッケル酵素

図 10・3　CO_2 還元によるメタン産生に関わる酵素群の活性中心．還元等価体の移動に
関わる中心ユニットは青色で強調してある．(a) {Mo} は亜硫酸レダクターゼファミ
リーの属するモリブドピラノプテリンである．Mo は W で置換できる．(b) 鉄-ニッ
ケルヒドロゲナーゼ {FeNi} の基質と直接相互作用している鉄-ニッケル中心は，電子
移動を介して立方体型[4Fe,4S]コアとつながっている．(c) 一部の古細菌では，ニッ
ケルの供給が限られている場合，{FeNi} は鉄ヒドロゲナーゼ {Fe} に置き換えられる．
(d) {Co} は，アキシアル位の塩基がビタミン B_{12} の 5,6-ジメチルベンゾイミダゾー
ルの代わりに 5-ヒドロキシベンゾイミダゾールである点で，ビタミン B_{12}（§13・1,
図 13・5）とは異なる．(e) 部分的に飽和ポルフィリン様骨格をもつ F430{Ni} は，
メチル補酵素 M（MeSCoM）のメチル基（形式的に CH_3^+）に，CH_3^- が Ni^{III} に配位
する形を経由して，最後の還元等価体（$Ni^I \rightarrow Ni^{III} + 2e^-$）を提供する（図 10・4 も参
照せよ）．好気的メタン酸化においては，矢印がさしている位置に，$-SCH_3$ 基が S 配
置でそれぞれの MeSCoM レダクターゼの補因子 F430 に結合している（§10・3）．

図10・1ステップ(*2*)では,ホルミル基がテトラヒドロメタノプテリンに転移し,二つの連続する2電子還元反応(*3*)によりメチル基に還元される.これらの過程は鉄-ニッケルヒドロゲナーゼ{FeNi}(図10・3b)に触媒される.ニッケルが不足している状況では,一部の古細菌は鉄のみを含むヒドロゲナーゼ{Fe}(図10・3c)を発現する.このように生成したメチルメタノプテリンのメチル基は,メルカプトエタンスルホン酸(補酵素M,HS*Co*M[*3])に転移する(*4*).この転移反応は,ビタミンB_{12}と類似のコバラミン{Co}(d)により媒介される.{Co}は,アキシアル位の塩基がビタミンB_{12}の5,6-ジメチルベンゾイミダゾールの代わりに5-ヒドロキシベンゾイミダゾールである点で,ビタミンB_{12}(§13・1,図13・5)とは異なる.このようにして,補酵素Mはメチル補酵素M(MeS*Co*M)に変換される.

ステップ(*5*)では,メチル補酵素Mと同じくチオール化合物である補酵素Bが反応して非対称ジスルフィドを生成し,最後の2電子を提供してメタンの生成と放出をひき起こす.このステップは,ニッケルのポルフィリン様錯体である補因子F430(図10・3e)を含むMeS*Co*Mレダクターゼにより触媒される.F430の還元体では,ニッケルの酸化数はⅠである.

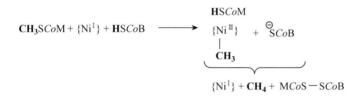

図10・4 MeS*Co*M,補酵素B,MeS*Co*Mレダクターゼの補因子F430のニッケル中心の相互作用によるメタンの放出.ニッケル中心からメチル基は2.1 Å,HS*Co*Mは2.4 Å[7],HS*Co*Bは約8.7 Å離れている.

ステップ(*6*)の2電子還元によるHS*Co*MとHS*Co*Bの再生は,ヘテロジスルフィドレダクターゼにより触媒される.このレダクターゼは,活性中心に立方体型[Fe_4S_4]フェレドキシンをもつ.図10・4に示すように,MeS*Co*M由来のメチル基は,メタニドH_3C^-として断続的に$Ni^{Ⅲ}$に配位し,二つのスルフィド(HS*Co*Mと^-S*Co*B)が関わるニッケル中心の酸化還元反応の過程でメタンが放出される[7].

[*3] *Co*(=coenzyme,補酵素)は,Co(コバルト)と区別するためイタリックで表す.

10・3 メタンの生体内酸化

メタン産生の逆反応,すなわちメタンからより高い酸化状態の炭素物質（CO_2,メタノール,ホルムアルデヒド,ギ酸,一酸化炭素を経由）への変換は,原核生物のメタン酸化細菌により行われる.メタンを酸化するためには,熱力学的に安定性が高い C−H 結合（$\Delta H = -435 \ kJ \ mol^{-1}$）の切断が必要であり,好気的条件では主生成物としてメタノールを与えることができる（10・4 式）.嫌気的条件でのメタン酸化反応では,硝酸塩,亜硝酸塩,硫酸塩,亜硫酸塩,Mn^{IV},Fe^{III} が電子受容体になる（10・5〜10・7 式）.多くの場合,これらの反応はメタン酸化古細菌と共生し酸化等価体を与える細菌により行われる.

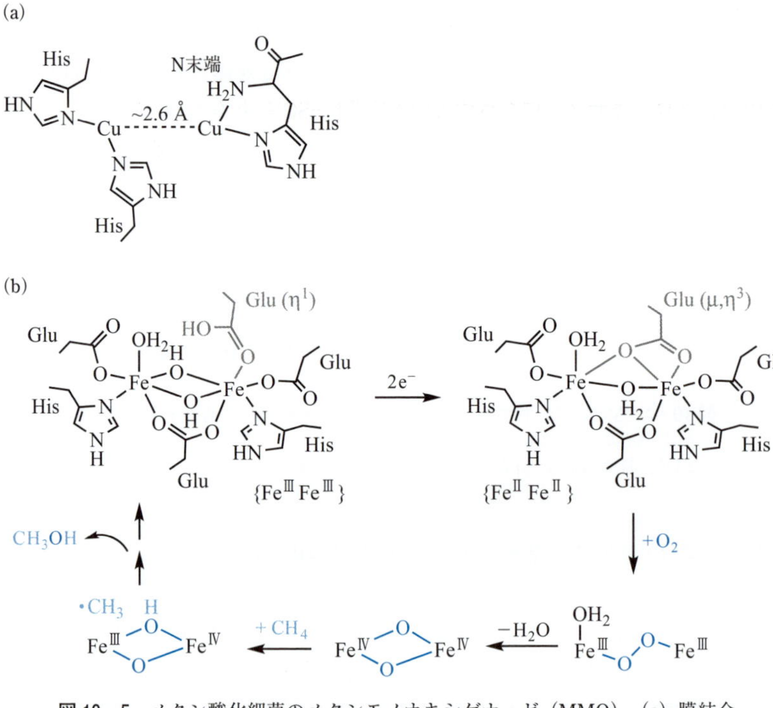

(a)

(b)

図 10・5 メタン酸化細菌のメタンモノオキシゲナーゼ（MMO）.(a) 膜結合性（微粒子状）MMO の活性中心.おそらく μ-O_2^{2-} 架橋構造をもつと考えられる活性中間体はまだ単離されていない.(b) 可溶性 MMO はメタンからメタノールへの酸化反応の重要なステップを含む.

メタンの O_2 による酸化反応（10・4式）と亜硝酸塩によるメタンの嫌気的酸化反応[8]（10・5式）は，共生しないメタン酸化細菌による，つまり古細菌がいないときのメタン酸化の例である．（10・5）〜（10・7）式に基本的な反応を示す．（10・5）式におけるメタン酸化反応の最終酸化剤は，$NO_2^- \longrightarrow NO \longrightarrow O_2 + N_2$ に表されるように O_2 である．

$$CH_4 + O_2 + 2H^+ + 2e^- \longrightarrow CH_3OH + H_2O \qquad (10 \cdot 4)$$

$$3CH_4 + 8NO_2^- + 8H^+ \longrightarrow 3CO_2 + 4N_2 + 10H_2O \qquad (10 \cdot 5)$$

$$CH_4 + SO_4^{2-} + H^+ \longrightarrow CO_2 + HS^- + 2H_2O \qquad (10 \cdot 6)$$

$$CH_4 + 4MnO_2 + 8H^+ \longrightarrow CO_2 + 4Mn^{II} + 6H_2O \qquad (10 \cdot 7)$$

興味深いことに，CH_4 を CO_2 に酸化する硫酸還元細菌およびメタン酸化古細菌の共生圏では，ニッケル酵素，すなわちメタン生成古細菌がメタン産生の最終ステップに利用する MeS*Co*M レダクターゼの近い同族体が使われている[9]．これにより，図10・4にまとめた反応とは逆向きの反応が触媒される．これらのメタン酸化共生圏の古細菌がもつ MeS*Co*M レダクターゼの補因子 F430 は，図10・3(e)の構造中のシクロヘキサノン環をさす矢印の位置に-SCH$_3$ 基をもつ．

共生しないメタン酸化細菌によるメタンからメタノールへの酸化反応は（10・4式），活性中心に二核銅[10]（図10・5a）あるいは二核鉄[11]（図10・5b）中心をもつメタンモノオキシゲナーゼ(MMO)により触媒される．すべてのメタン酸化細菌は，銅イオンが十分に存在する条件下では銅中心をもつ膜結合性 MMO を発現する．一部のメタン酸化細菌は，銅イオンが不足している場合に，鉄中心をもつ可溶性 MMO を発現する[12]．どちらの酵素も，メタン以外の有機基質の酸化反応を触媒する．

10・4　メタン代謝に関与しないニッケル酵素

本節では，ニッケル酵素であるヒドロゲナーゼ，CO デヒドロゲナーゼ，アセチル補酵素 A シンテターゼ，ウレアーゼ，スーパーオキシドジスムターゼについて説明する．

ヒドロゲナーゼは，水素分子とプロトン/電子との間の可逆的変換反応を触媒する(10・8a式)．この反応は，(10・8b)式と図10・6に示すように，H_2 の不均一開裂を介して進行する．これは，重水 D_2O の存在下では HD と HDO が生成することから証明された(10・8c 式)．

(10・8a)式と (10・8b)式において，おもな最終的な電子受容体は O_2, NO_3^-, SO_4^{2-}, ホルムアルデヒド HCHO, CO_2 である．ホルミル基からメチル基への段階的還元反応の例については，§10・2 のメタン産生で説明したとおりである（図 10・1 の **3** を参照せよ）．細菌による水素/酸素から水への変換（10・9 式）は，古典的な Knallgas（爆鳴気）反応に相当する．この反応は，たとえば 85〜95 ℃ が最適成長温度である最も古い細菌，超好熱性真正細菌 *Aquifex aeolicus* により行われている[13a]．

$$H_2 \rightleftharpoons 2H^+ + 2e^- \quad (10・8a)$$

$$H_2 \longrightarrow H^+ + H^- \longrightarrow 2H^+ + 2e^- \quad (10・8b)$$

$$H_2 + D_2O \rightleftharpoons HD + HDO \quad (10・8c)$$

$$2H_2 + O_2 \longrightarrow 2H_2O \quad (10・9)$$

ヒドロゲナーゼ類は，二核鉄中心（{FeFe} ヒドロゲナーゼについては §13・1 の図 13・2a を参照せよ），単核鉄中心 {Fe}（図 10・3c），あるいは鉄-ニッケル中心 {FeNi}（図 10・3b）をもつ．鉄-ニッケルヒドロゲナーゼの {FeNi} 中心により段階的に触媒される H_2 の酸化/H^+ の還元について図 10・6 に示す．

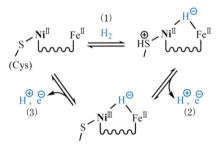

図 10・6 {FeNi} ヒドロゲナーゼ類の活性中心における可逆的かつ段階的な H_2 の酸化反応（時計回り）と H^+ の還元反応（反時計回り）の概略図（10・8b 式）．{FeNi} については図 10・3b を参照せよ．H_2 の酸化過程のステップ(1)：H_2 の不均一付加反応．ステップ(2)：Ni^{II} から Ni^{III} への酸化と $H^+ + e^-$ の放出．ステップ(3)：H^- による Ni^{III} から Ni^{II} への還元と $H^+ + e^-$ の放出．

この $H_2/2H^+$ の相互変換に関わる {FeNi} 中心は，1〜3 個のフェレドキシンと共役している．これらのフェレドキシンは，ヒドロゲナーゼの酸化還元パートナーへの電子移動を仲介する．また，酸素損傷に対する保護機能を発揮し，その生命体に O_2 耐性を与えることもできる[13b]．

{FeNi} ヒドロゲナーゼ類の中で，{FeNiSe} ヒドロゲナーゼ類は特殊である．硫

酸還元細菌から単離されたこれらの酵素は，ニッケルに配位しているシステイン残基の一つがセレノシステイン残基に置き換わっている[14]（図10・7）．この酵素類も，酸素が存在する環境で H_2 を発生することができる．

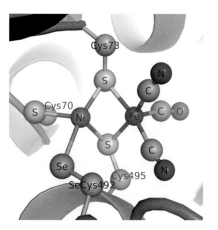

図10・7 硫酸還元細菌 *Desulfomicrobium baculatum* から単離された {FeNiSe} ヒドロゲナーゼ の活性中心．リボン構造は取巻くポリペプチド鎖を表している．[Springer Science and Business Media の許可を得て，Baltazar, C.S.A., *et al., J. Biol. Inorg. Chem.*, **17**, 543–555 (2012) より転載．図は，Carla Baltazar 博士のご厚意による．口絵8にもカラーで掲載]

ニッケル酵素である CO デヒドロゲナーゼ（CODH）およびアセチル補酵素 A シンテターゼ（ACS）の機能様式は，互いに密接に関連がある．CODH は CO オキシドレダクターゼの一種である．すなわち，この酵素は一酸化炭素と二酸化炭素の酸化還元的相互変換を可逆に触媒する（10・10式）．"CO デヒドロゲナーゼ"という言葉は少々誤解をまねく恐れがある．というのは，CO ではなく水が脱水素されるからである．（10・10）式の左から右への反応は，たとえばマグネタイト Fe_3O_4 に触媒される工業的に重要な水性ガスシフト反応と，生物学的に等価である．（10・10）式の逆反応である CO_2 と H_2 から還元的に生成する CO は，70 Å のトンネルを通って補酵素 A（HS*Co*A）に輸送され，メチルコバラミン {CH_3-Co} により供給されるメチル基と結合してアセチル補酵素 A を生成する．この反応全体は（10・11）式に示されている．

$$CO + H_2O \rightleftharpoons CO_2 + H_2 (\text{または } 2[H]) \quad (10 \cdot 10)$$

$$CO + HS\textit{Co}A + CH_3Cb(Co^{III}) \longrightarrow CH_3C(O)S\textit{Co}A + H^+ + Cb(Co^I)^- \quad (10 \cdot 11)$$

このコバラミンは，通常アキシアル位に結合しているベンゾイミダゾール（§13・1, 図13・5）がコバルトから解離した形で機能する．さらに，近くにある $[4Fe,4S]^{2+/+}$

フェレドキシンは，電子移動に関わっている[*4]．酵素 CODH と ACS の触媒機能に関連する部位は図 10・8 に示す．

CODH の活性中心は，外部の四面体型鉄中心に接触している[Fe$_3$NiS$_4$]クラスターを含む[15]．図 10・8 には示していないが，さらに二つの鉄–硫黄クラスターが

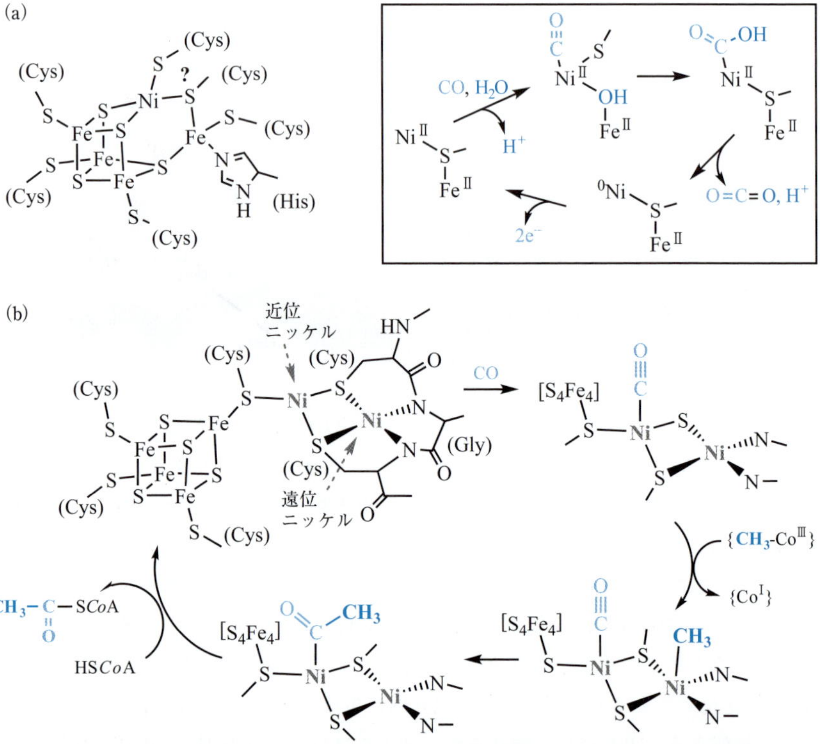

図 10・8 (a) CO デヒドロゲナーゼ (CODH) の活性中心および CO と H$_2$O から CO$_2$ と 2[H] への変換 (10・10 式) の推定反応機構 (枠内)．"?" をつけてある架橋システイン残基は，すべての CODH 類には存在していないようである．
(b) アセチル補酵素 A シンテターゼ (ACS) の中心部，およびメチルコバラミン {CH$_3$-Co} 由来のメチル基と配位活性化されている CO からのアセチル基生成の推定反応機構．

[*4] [Fe$_4$S$_4$] やコバラミンを含む複合体は，通常"コリノイド鉄–硫黄タンパク質"とよばれている．コリノイドはコバラミンのテトラピロールコリン骨格をさす．

外部の酸化還元に関わるタンパク質に電子を運ぶ．(10・10)式に示す反応過程を簡単にして図10・8に組込んである．ACS の活性中心は，二核ニッケル中心とシステイン残基により架橋されている$[Fe_4S_4]$フェレドキシンを含む．遠位ニッケル中心は，二つの架橋システイン残基と二つのタンパク質主鎖由来の窒素配位子により平面四角形構造をもつ．

可能な反応経路の最初のステップでは，CO が鉄-硫黄クラスターに隣接する還元された近位ニッケル(Ni^0)に結合する．次に，メチルコバラミンが遠位ニッケルにメチル基を運ぶ．このメチル基は次にカルボニル配位子に転移し，最後のステップで，生成したアセチル基が補酵素 A に転移する．

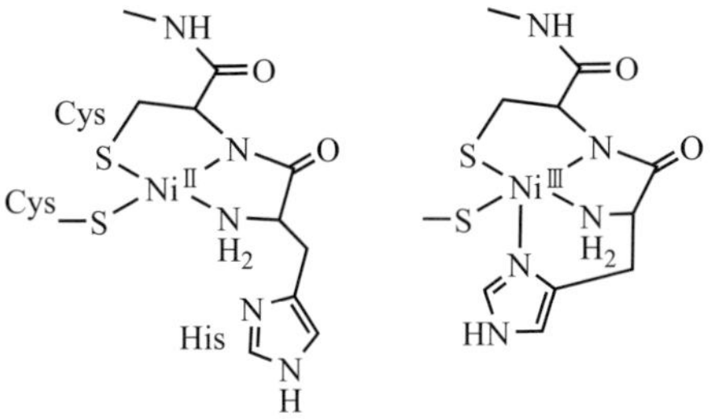

図 10・9 スーパーオキシドジスムターゼの中心金属が Ni^{II} および Ni^{III} のときの配位環境[16]．スーパーオキシドは $Ni^{II/III}$ のアキシアル位に配位し(10・13a, b式)，さらに隣接するタンパク質マトリックスのアミノ酸と水素結合して安定化される．

もう一つの酸化還元酵素であるスーパーオキシドジスムターゼ(SOD)は，スーパーオキシドの不均化反応を触媒する(10・12式)．

$$2O_2^{\bullet -} + 2H^+ \longrightarrow H_2O_2 + O_2 \qquad (10 \cdot 12)$$

ラジカル陰イオンであるスーパーオキシド $O_2^{\bullet -}$ は，O_2 代謝の間に生成する活性酸素種である．これは細胞防御システムの一部であり，酸化的損傷の原因でもある．金属イオンを含む SOD も数種あり，活性中心に銅，鉄，マンガンを含む．ニッケル SOD は，細菌 *Streptomyces* やシアノバクテリア，海洋性の単細胞の緑藻 *Ostreococcus* にも見つかっている．

SOD のニッケル中心は，その酸化状態に応じて Ni^{II} では 4 配位平面構造(S_2N_2)，あるいは Ni^{III} では正方錐型構造(S_2N_3)をとる(図10・9)．4 配位平面構造は，二つのシステイン残基および二つのタンパク質主鎖由来の窒素配位子からなる．Ni^{III} の

166　　　　　　　**10. メタン循環とニッケル酵素**

状態での５番目のアキシアル位には，ヒスチジン側鎖のイミダゾール窒素(Nδ)が配位する．$O_2^{\bullet-}$ の不均化は２段階で起こる[16]．最初は $O_2^{\bullet-}$ が Ni^{II} に配位し，Ni^{II} により１電子還元されプロトン化された後，過酸化水素として放出される(10・13a式)．可能なプロトン供与体は近くにあるチロシンである．２番目のステップでは，２番目の $O_2^{\bullet-}$ が Ni^{III} に結合して Ni^{II} に還元し，同時に O_2 が放出される(10・13b式)．

$$Ni^{II} + O_2^{\bullet-} \longrightarrow Ni^{III}(O_2^{\bullet-})$$
$$Ni^{II}(O_2^{\bullet-}) + 2H^+ \longrightarrow Ni^{III} + H_2O_2 \qquad (10 \cdot 13a)$$
$$Ni^{III} + O_2^{\bullet-} \longrightarrow Ni^{III}(O_2^{\bullet-}) \longrightarrow Ni^{II} + O_2 \qquad (10 \cdot 13b)$$

上述の酸化還元活性なニッケル酵素とは対照的に，ウレアーゼ[*5] は尿素をアンモニアとカルバミン酸(塩)に加水分解する反応を触媒する(10・14a式)．水中ではカルバミン酸は不安定なため，さらに非酵素的に加水分解されて炭酸と１当量のアンモニアを生成する(10・14b式)．尿素の非酵素的分解はアンモニアとシアン化水素酸を生成するが(10・15式)[*6]，この反応はきわめて遅く半減期は 33 年である．これに比べて酵素による加水分解反応の半減期は 10^{-9} 秒である．

$$O=C(NH_2)_2 + H_2O \longrightarrow O=C(OH)NH_2 + NH_3 \qquad (10 \cdot 14a)$$
$$O=C(OH)NH_2 + H_2O \longrightarrow H_2CO_3 + NH_3 \qquad (10 \cdot 14b)$$
$$O=C(NH_2)_2 \longrightarrow NH_3 + HOCN \qquad (10 \cdot 15)$$

尿素は，含窒素有機化合物の分解反応のおもな最終代謝物である．尿素からアンモニアと H_2CO_3/HCO_3^- への加水分解は，地球規模の窒素循環への重要な供給源である(第9章)．ウレアーゼは植物，菌類，ヘリコバクター・ピロリも含めた細菌に存在する．世界人口の約半数がピロリ菌に感染している．この菌は胃粘膜に存在し，胃や十二指腸中の炎症性疾患(胃炎)，潰瘍，上皮性悪性腫瘍をひき起こす．これらは抗生物質による治療が必要である．ピロリ菌のウレアーゼによる尿素からアンモニアへの分解は，アンモニア層を形成することで胃の中の強酸 HCl (pH 約2)を中和してこの菌を保護するだけでなく，胃の組織を酸による損傷から防御する役割ももつ．したがって，感染している人のほとんどは，ピロリ菌に対する投薬治療は必要ない．

---

*5　ウレアーゼは最初に構造決定された酵素である(J.B. Sumner, 1926 年)．しかしながら，ニッケルの存在が確認されたのは 1976 年のことである．

*6　高温でシアン酸アンモニウム NH_4OCN から尿素を合成する逆反応は，ウェーラー尿素合成(1828 年)として知られている．

10・4 メタン代謝に関与しないニッケル酵素

ウレアーゼ[17]は，三量体の四量体構造 $\{(\alpha\beta)_3\}_4$ をもち，分子量は 1.1 MDa である．活性中心のそれぞれのサブユニットは，OH^- およびリシンをアミン成分とするカルバメート配位子が架橋した，二つの Ni^{II} をもつ（図 10・10）．片方の Ni^{II} には 5 配位（二つのヒスチジン残基，一つの H_2O，OH^- および $LysNHCO_2^-$ 架橋配位子）であり，もう一方の Ni^{II} にはアスパラギン酸残基（カルボキシ基）が単座配位子として結合している．架橋している $\mu\text{-}OH^-$，二つのアクア配位子，外部の H_2O/OH^- は四面体的に並んでいる．

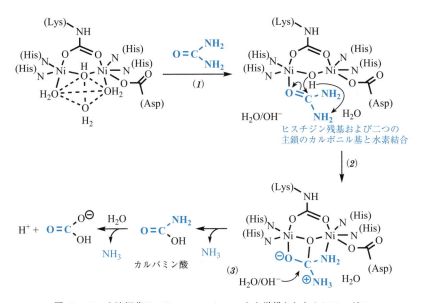

図 10・10 土壌細菌 *Bacillus pasteurianum* から単離されたウレアーゼの活性中心，および二つのニッケル中心により触媒される尿素の加水分解反応の推定機構．(*1*)～(*3*) の連続反応については本文を参照せよ．

触媒回転の最初のステップ（図 10・10 の *1*）では，尿素はカルボニル酸素と一方のアミノ基で二つの Ni^{II} 中心を架橋する．もう一つのアミノ基は，主鎖のカルボニル基と酵素ポケットのヒスチジン残基と水素結合する．次のステップ(*2*)では，架橋している $\mu\text{-}OH^-$ のプロトンが外側のアミノ基に移動し，尿素の炭素原子は $\mu\text{-}O^{2-}$ に結合する．最終ステップ(*3*)では，外部の OH^- 基が尿素の炭素原子を攻撃し，同時にアンモニアとカルバミン酸を放出する．

まとめ

メタンの生成と消滅が起こりうるのは，微生物（それぞれ，メタン生成菌とメタン酸化菌）の助けによる場合と非生物学的な場合がある．非生物学的メタン産生の例として，鉄鉱物の触媒による CO_2 から CH_4 への還元反応（蛇紋岩化作用）があげられる．メタンは地球温暖化の温室効果ガスとしての重要度が増しており，その源には化石燃料の利用によるものに加えて，永久凍土帯や深海域からのメタンハイドレート（クラスレート）がある．大気中の CH_4 は，OH ラジカルとの反応により消去される．

メタン生成菌は CO_2，ギ酸塩，酢酸塩のような基質を還元的にメタンに変換する．CO_2 から CH_4 と H_2O への変換は，8当量の還元等価体を生成する．最初のステップは，モリブドピラノプテリン補因子によるメタノフランへの還元的ホルミル基転移，およびひき続くメタノプテリンへのホルミル基移動である．このホルミル基はさらに，鉄-ニッケルヒドロゲナーゼに触媒される，二つの連続する2電子過程でメチル基に還元される．このメチル基は，コバラミンを介して，メルカプトエタンスルホン酸（補酵素 M，HSCoM）に移動し，メチル補酵素 M（MeCoM）を生成する．最後のステップでは，メタニド H_3C^- は，メチル補酵素 M レダクターゼのポルフィリン様補因子である F430 の Ni^{III} 中心に配位し，最後に CH_4 として放出される．

メタン生成の逆反応である CH_4 の生体内酸化反応は，メタン酸化菌により，好気的（O_2 により CH_4 を CH_3OH 経由で CO_2 に変換）あるいは嫌気的に行われている．後者の場合，亜硝酸塩，硫酸塩，あるいは高酸化状態の遷移金属イオンが電子受容体である．これらの過程に関わる古細菌の一部は，酸化等価体をもたらす無機栄養細菌と共生する．硫酸還元細菌/メタン酸化古細菌の共生圏では，メタン生成菌の F430 に密接に関わっているニッケル酵素に依存する．

可逆な変換反応 $H_2 \rightleftharpoons H^+ + H^- \rightleftharpoons 2H^+ + 2e^-$ を担う自然界のヒドロゲナーゼには，一つか二つの鉄中心をもつ鉄ヒドロゲナーゼ，鉄-ニッケルヒドロゲナーゼ {FeNi} の3種類が存在する．後者の場合，鉄に二つの CN^- と一つの CO 配位子が配位し，システイン残基がニッケルとの間を架橋している．ニッケルにはさらに二つのシステイン残基が配位している（{FeNiSe}ヒドロゲナーゼの場合は，システイン残基とセレノシステイン残基が配位している）．

ニッケルを含む補因子は，合成酵素や加水分解酵素といったいくつかの酸化還元酵素にも存在する．酸化還元酵素の顕著な例として，CO デヒドロゲナーゼ（CODH）やスーパーオキシドジスムターゼ（SOD）がある．CODH は，$CO + H_2O \rightleftharpoons CO_2 + H_2$ の式に示す相互変換反応を触媒する．この機能はアセチル補酵素 A シンテターゼ（ACS）と密接に関連する．ACS は，CODH 由来の CO とメチルコバラ

ミン由来のメチル基からアセチル基を生成する反応，およびアセチル基が補酵素 A のチオール基に結合する反応を媒介する．CODH の活性中心は，鉄–ニッケル–硫黄クラスターで構成されている．ACS の活性中心には$[Fe_4S_4]$フェレドキシンに連結した二核ニッケル中心があり，システイン残基で架橋されている．スーパーオキシドジスムターゼは，スーパーオキシドから H_2O_2 と O_2 に不均化する反応をつかさどっている．そのニッケル中心は，平面 S_2N_2 構造と正方錐 S_2N_3 構造の間を相互変換する．

　ウレアーゼはニッケルに依存するヒドロラーゼである．この酵素は，尿素からカルバミン酸とアンモニアに加水分解する反応を触媒する．ウレアーゼの二つのニッケル中心は，OH^- とアミドを構成するリシンのカルバメートが架橋している．尿素の活性化は，その二つのニッケル中心にカルボニル酸素と片方のアミノ基で μ_2 配位することから始まり，中間体として尿素の炭素と架橋 OH^- の間で結合が形成される．

参考論文

Ferry, J.C., CO in methanogenesis. *Ann. Microbiol.*, **60**, 1–12 (2010).
［CO の代謝経路が概観されている］

Thauer, R.K., Functionalization of methane in anaerobic microorganisms. *Angew. Chem. Int. Ed.*, **49**, 6712–6713 (2010).
［メタン酸化細菌およびメタン酸化古細菌によるメタンの嫌気的酸化反応の機構に関する短い総説］

Himes, R.A., Barnese, K., Karlin, K.D., One is lonely and three is a crowd: two coppers are for methane oxidation. *Angew. Chem. Int. Ed.*, **49**, 6714–6716 (2010).
［可溶性および微粒子状メタンモノオキシゲナーゼの反応機構について，特に銅および鉄の活性中心に焦点を当てて記述されている］

Ragsdale, S.W., Nickel–based enzyme systems. *J. Biol. Chem.*, **284**, 18571–18575 (2009).
［8 種類の含ニッケル酵素の触媒機構および金属サイトの構造特性に焦点を当てた総説］

引用文献

1) （a）Kamat, S.S., Williams, H.J, Raushel, F.M., Intermediates in the transformation of phosphonates to phosphate by bacteria. *Nature*, **480**, 570–573 (2011).
（b）Kamat, S.S., Williams, H.J., Dangott, L.J., *et al.*, The catalytic mechanism for aerobic formation of methane by bacteria. *Nature*, **497**, 132–136 (2013).

2) （a）Lenhart, K., Bunge, M., Ratering, S., *et al.*, Evidence for methane production by saprophytic fungi. *Nat. Commun.*, **3**, 1046–1054 (2012).
（b）Metcalf, W.W., Griffin, B.M., Cicchillo, R.M., *et al.*, Synthesis of methylphosphonic acid by marine microbes: A source for methane in the aerobic ocean. *Science*, **337**, 1104–1107 (2012).

3) Lane, N., Martin, W.F., The origin of membrane bioenergetics. *Cell*, **151**, 1406–1416 (2012).

170   10. メタン循環とニッケル酵素

4) Thauer, R.K., Kaster, A–K., Goenrich, M., *et al.*, Hydrogenases from methanogenic archaea, nickel, a novel cofactor, and H_2 storage. *Annu. Rev. Biochem.*, **79**, 507–536 (2010).

5) Kim, Y.J., Lee, H.S., Kim, E.S., *et al.*, Formate–driven growth coupled with H_2 production. *Nature*, **467**, 352–356 (2010).

6) Ferry, J.G., Methanogenesis biochemistry. In: *Encyclopedia of life science.* Macmillan Publ., pp.1–9 (2002).

7) Cedervall, P.E., Dey, M., Li, X., *et al.*, Structural analysis of a Ni–methyl species in methyl–coenzyme M reductase from *Methanothermobacter marburgensis. J. Am.Chem. Soc.*, **133**, 5626–5628 (2011).

8) Ettwig, K.F., Butler, M.K., Le Paslier, D., *et al.*, Nitrite–driven anaerobic methane oxidation by oxygenic bacteria. *Nature*, **464**, 543–548 (2011).

9) (a) Shima, S., Krueger, M., Weinert, T., *et al.*, Structure of a methyl–coenzyme M reductase from Black Sea mats that oxidize methane anaerobically. *Nature*, **481**, 98–101 (2012).
(b) Thauer, R.K., Anaerobic oxidation of methane with sulfate: on the reversibility of the reactions that are catalyzed by enzymes also involved in methanogenesis from CO_2. *Curr. Opin. Microbiol.* **14**, 292–299 (2011).

10) Balasubramanian, R., Smith, S.M., Rawat, S., *et al.*, Oxidation of methane by a biological dicopper centre. *Nature*, **465**, 115–119 (2010).

11) (a) Kovaleva, E.G., Neibergall, M.B., Chakrabarty, S., *et al.*, Finding intermediates in the O_2 activation pathways of non–heme iron oxygenases. *Acc. Chem. Res.*, **40**, 475–483 (2007).
(b) Lee, S.J., McCormick MS, Lippard SJ, *et al.*, Control of substrate access to the active site in methane monooxygenase. *Nature*, **494**, 380–384 (2013).

12) Culpepper, M.A., Rosenzweig, A.C., Architecture and active site of particulate methane monooxygenase. *Crit. Rev. Biochem.Mol. Biol.*, **47**, 483–492 (2012).

13) (a) Pandelia, M–E., Nitschke, W., Infossi, P., *et al.*,Characterization of a unique [FeS] cluster in the electron transfer chain of the oxygen tolerant [NiFe] hydrogenase from *Aquifex aeolicus. Proc. Natl. Acad. Sci. USA*, **108**, 6097–6102 (2011).
(b) Goris, T., Wait, A.F., Saggu, M., *et al.*, A unique iron–sulfur cluster is crucial for oxygen tolerance of a [NiFe]–hydrogenase. *Nat. Chem. Biol.*, **7**, 310–318 (2011).

14) Marques, M.C., Coelho, R., De Lacey, A.L., *et al.*, The three–dimensional structure of [NiFeSe] hydrogenase from *Desulfivibrio vulgaris* Hildenborough: a hydrogenase without a bridging ligand in the active site in its oxidised, "as–isolated" state. *J. Mol. Biol.*, **396**, 893–907 (2010).

15) Gong, W., Hao, B., Wei, Z., *et al.*, Structure of the $\alpha_2\varepsilon_2$ Ni–dependent CO dehydrogenase of the *Methanosarcina barkeri* acetyl–CoA decarbonylase/synthase complex. *Proc. Natl. Acad. Sci. USA*, **105**, 9558–9563 (2008).

16) Barondeau, D.P., Kassmann, C.J., Bruns, C.M., *et al.*, Nickel superoxide dismutase structure and mechanism. *Biochemistry*, **43**, 8038–8047 (2004).

17) Zambelli, B., Musiani, F., Benini, S., *et al.*, Chemistry of Ni^{2+} in urease: sensing, trafficking, and catalysis. *Acc. Chem Res.*, **44**, 520–530 (2011).

光 合 成

　地球の原始大気中の酸素はほんのわずかであり，その状態はおよそ20億年続いた．その後，光合成を行うシアノバクテリアの進化が始まったため，大気や海中の酸素が増加し，生命体はこの新しい環境に適応するか，酸素のない場所に退くことを迫られた．シアノバクテリアは，光をエネルギー源としてCO_2と水を有機物と酸素に変換できる細胞小器官であるチラコイドをもっていた．チラコイドは，細胞内共生により藻類や植物の葉緑体に発達し，酸素濃度は現在のレベルまでに急上昇し始めた．

　光合成は金属に依存する．特に集光性クロロフィル（LHC）中のマグネシウム，H_2OがO_2に酸化される酸素発生複合体（OEC）中のマンガン，水の酸化反応で放出された電子を最終的に基質のCO_2に運んで還元的に有機化合物に変換する電子伝達系の鉄や銅に依存している．

　本章は，光合成における金属中心の関わりについて概説し，特にクロロフィルや酸素発生複合体のおもな役割について詳しく説明する．シアノバクテリア，藻類，植物は，CO_2と水から有機物とO_2に変換する際に太陽光をエネルギー源として利用する．これを受けて，自然界のプロセスの模倣体，すなわち"人工光合成"に向けた研究が始まった．この状況についても本章でふれる．

11・1　はじめに

　原始地球の大気は，放電や高エネルギー放射線（紫外線や宇宙線）により水や二酸化炭素のような分子が分裂することにより生じる遊離酸素がほんのわずか存在す

172   11. 光 合 成

るのみであり，還元的であった（第2章）．この状況は約24億年前の"大酸化イベ
ント"とともに変化し，光合成を行うシアノバクテリア（ラン藻）が，有機物の酸化
分解のような酸化的過程や鉄（Ⅱ）から鉄（Ⅲ），硫化物から硫酸塩，アンモニアか
ら硝酸塩への変換により消去されるより多くのO_2を産生し，大気中に放出するよ
うになった．この変化により，新しい環境に適応できなかった生命体は酸素のない
環境に追いやられた．

　8億〜5億5千万年前に再び光合成による酸素供給が急上昇し，現在の大気のよ
うに酸素含有量が20.95％（体積率，乾燥空気）となり，酸素は好気性生物の生命維
持に不可欠なエネルギー産生源となった．海水中のO_2の平均濃度（10^5 Pa≒1気
圧，15℃）は，1Lの水に6mLのO_2，すなわち0.25mMである．今日の光合成
による地球全体の太陽エネルギー変換量は，年間$1.25×10^{14}$ Wに達する．対して，
2013年の産業や家庭での地球全体のエネルギー消費量はおよそ$2.0×10^{13}$ Wである
（$1×10^{12}$ W/年＝$3.154×10^{19}$ J）．

　成層圏のO_2の一部は，280 nm以下の紫外線Cの放射により，オゾンO_3に変換
される．オゾンは310 nm付近の紫外線Bを吸収することにより，さらにO_2とO
に分裂する．これらの変換反応により，紫外線Cと紫外線Bのほとんどを効率的
に除去し，地球表面の生命体を保護している．これにより進化が促されてもいる．

　水から酸素への酸化反応は（11・1式），pH 7で＋0.815 Vの酸化還元電位が必要
である．全体の過程は複雑で，2〜3の連続する段階的電子移動を含んでいる．光
合成において酸素が生成する共通の反応過程を（11・2）式に示す．水から酸素への
酸化反応は，CO_2からグルコース$C_6H_{12}O_6$やデンプンのような炭水化物への還元反
応（炭素固定）と対になっている．（11・2）式ではこれらは$\{CH_2O\}$で表している[*1].
（11・2）式の＊印は，光合成で生成する酸素は水に由来することを示している．

$$2H_2O \longrightarrow O_2 + 4H^+ + 4e^- \qquad\qquad (11・1)$$
$$CO_2 + 2H_2O^* + h\nu \longrightarrow \{CH_2O\} + O_2{}^* + H_2O \qquad (11・2)$$

光合成は独立栄養炭素固定や同化とよばれ，光$h\nu$をエネルギー源とする．クロ
ロフィルやカロテノイドのような"アンテナ"分子は，青紫，赤，黄橙色の光を吸
収する．緑色光は吸収されないため，ほとんどの植物の葉は緑色に見える．研究者
は，光合成のような機能，すなわちエネルギー源として太陽光を利用する機能を再
現し，この自然に存在する過程の基礎となる多くの入り組んだ経路を解明すること

[*1]　1862年にドイツ人の植物学者 Julius Sachs は，緑色植物は光合成によりデンプンを生成する
　　　ことを示した．

にますます意欲的になった."効率良く太陽光を貯蔵できる化学エネルギーに変換する人工光合成マシンを開発するためには，この複雑な 4 電子 4 プロトン反応を制御する基本因子を理解する必要がある."[1]

陸上植物による地球全体の炭素固定は，炭素原子に換算すると約 120×10^{12} kg/年に達する．樹齢 100 年のブナの木は，毎日約 10^3 L の O_2 と 12 kg の炭水化物を産生するが，これは 1 m^2 の葉に換算すると 100 mL の O_2 と 1.2 g のグルコースに相当する．光合成と相補的な反応は呼吸（好気的異化）である（11・3 式）．このエネルギーを発生する過程により，炭水化物のような有機物は，炭酸水素塩とプロトンに分解（代謝）され，プロトンは O_2 と NADH と反応して最終的には水を生成する．多くの古細菌や真正細菌は，CO_2 の代わりに CH_4 や C_4H_{10} のような炭化水素，ギ酸塩（11・4 式），CS_2 を用いる．CS_2 の場合（11・5 式），CS_2 ヒドロラーゼにより CS_2 の加水分解が触媒されて CO_2 が生成する（§12・2・2）．

$$O_2 + \{CH_2O\} \longrightarrow HCO_3^- + H^+ + エネルギー \qquad (11・3)$$

$$HCO_2^- + H_2O \longrightarrow HCO_3^- + H_2 \qquad (11・4)$$

$$CS_2 + 2H_2O \longrightarrow CO_2 + 2H_2S \qquad (11・5)$$

光合成は，集光性装置の一部であるクロロフィルに依存する．藻類や高等植物のクロロフィルは葉緑体とよばれる細胞小器官に収納されている．ほとんどの藻類や高等植物の細胞小器官は先祖シアノバクテリアの流れをくんでおり，これは細胞内共生の結果といえる．藻類の葉緑体も他の生命体に細胞内共生の形で取込まれることが可能であり，それらはズークロレラとよばれる．例として，繊毛原生動物であるゾウリムシがあげられる．一方脊椎動物でさえ，サンショウウオ *Ambystoma maculatum* の胚の例に示されるように，藻類と共生関係をもつことができる[2]．

還元等価体として水の代わりに硫化水素を用いる光合成細菌（11・6 式）がもつクロロフィル（ここでは，バクテリオクロロフィルとよばれる）は細菌の細胞膜にあり，クロロソームの不可欠な一部分である．細菌型光合成は，酸素非発生型の光合成ともよばれている．

$$CO_2 + 2H_2S + h\nu \longrightarrow \{CH_2O\} + \frac{1}{n}S_{2n} + H_2O \quad (n=3, 4) \qquad (11・6)$$

葉緑体をもたない場合は，エネルギー源として光を利用する代わりに"化学エネルギー"（化学反応の過程で放出されるエネルギー）を炭素固定に使うことができる．さらに，CO_2 以外の炭素源として，たとえば CO や酢酸塩を利用することができる．光栄養生物（光エネルギー）と化学栄養生物（化学エネルギー），あるいは無機栄養

生物（炭素源は CO_2）と従属栄養生物（他の炭素源）はエネルギーや炭素源の種類に従って（第2章の図2・4を参照せよ）区別することができる.

(11・1)式に示すように，反応全体では光に依存する反応と依存しない暗反応が連続して起こる. これらの光反応では，葉緑体のチラコイド膜に埋め込まれている光化学系Ⅱ（photosystem Ⅱ, PSⅡ）および光化学系Ⅰ（PSⅠ）の二つが関わっている. 光化学系は，集光性クロロフィル（light-harvesting chlorophyll, LHC）とよばれる光を捕集するアンテナ分子に囲まれている. これらのアンテナは200もの色素からなる. クロロフィル a（黄緑色）とクロロフィル b（青緑色）が主成分であるが，アントシアニン（pHにより赤，紫，青色に変化する），キサントフィル（黄色），カロテノイド（橙色）のような色素も含まれている. 細菌型光合成は，アンテナ分子としてバクテリオクロロフィルを含む単一の光化学系に頼っている.

生物無機化学の観点から，クロロフィル類は優れた色素であるといえる. クロロフィル類は配位中心に Mg^{2+} をもつポルフィリノーゲン（テトラピロール）系錯体であり，生体内の酸化還元活性がない非遷移金属イオンが重要な役割を示す珍しい例である. 生体内でのマグネシウムの役割に関するより一般的な説明については§3・4を参照せよ.

11・2 反応経路

地球全体の光合成装置の制御には100種類以上のタンパク質が関わっており，50以上の化学変換反応をつかさどっている. 図11・1には，光化学系Ⅱにおける光駆動電子生成の主要段階を示す. また図11・2には，電子が光化学系Ⅱから光化学系Ⅰへ移動し，さらにニコチンアミドアデニンジヌクレオチドリン酸の酸化型

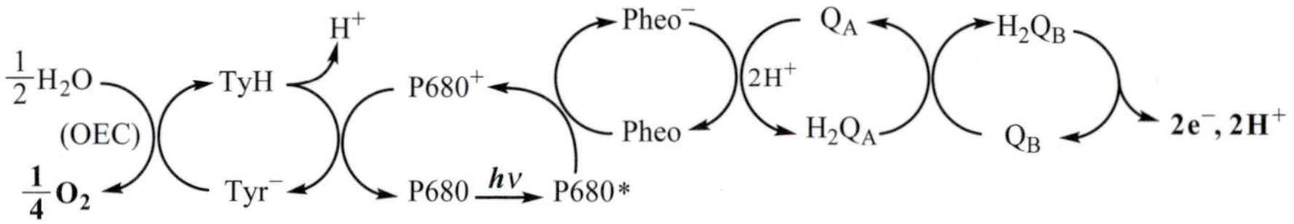

図11・1 光化学系Ⅱにおけるクロロフィル a（P680, 図11・3）の四量体光駆動電子移動の最初のステップ. この経路は，酸素発生複合体OEC（図11・5）による水から O_2 への酸化反応と連動している. キノン/ヒドロキノンプールは2電子と2プロトンを用いる. 電子シャトルの詳細については図11・2を参照せよ. Tyr=チロシン，Pheo=フェオフィチン（Mg^{2+}が2個のH$^+$に置き換わったクロロフィル），Q=プラストキノン，H_2Q=ヒドロプラストキノン.

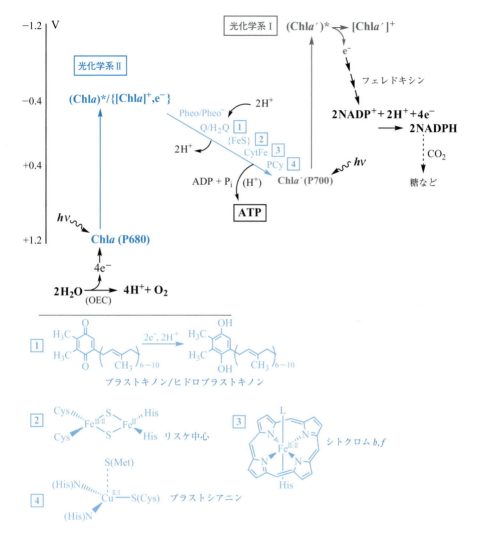

図11・2 光化学系Ⅱおよび光化学系Ⅰの間の電子シャトルのエネルギー図(青,水色,灰色部分をZスキームとよぶ).+の値が大きいポテンシャルは,低エネルギーの系に相当し,-の値が大きいポテンシャルは高エネルギーの系に相当する.P680から光化学的に電子が放出される最初のステップについては,図11・1を参照せよ.電子シャトルに関わるタンパク質の官能基は水色で示してある.$H_2O \longrightarrow \longrightarrow NADP^+$ の変換に必要な4電子($4e^-$)を運ぶためには2×4個の光子が必要である.ATP合成はプロトン駆動力により推進される.プロトンはOECおよび$H_2Q \longrightarrow Q + 2H^+ + 2e^-$の反応により与えられる.リスケ中心,シトクロム類,鉄-硫黄タンパク質/フェレドキシンの詳細についてはBox 5・1およびBox 5・2を参照せよ.

（NADP$^+$）に至る経路における代表的な反応をまとめた．（11・7）式には光化学系 II の光反応，（11・8）式には光化学系 I の光反応，（11・9）式には暗反応（カルビン回路）について反応全体をいくぶん簡略化してまとめてある．光化学系 II と光化学系 I の間を行き来する電子は太字で示した（11・7a 式と 11・8b 式）．光化学系 II から光化学系 I への電子移動（11・1式）はプロトンも与え，生じたプロトン勾配はアデノシン二リン酸（ADP）と無機リン酸からエネルギー貯蔵系のアデノシン三リン酸（ADP）への合成を可能にする．

光化学系 II：（OEC により触媒される）

$$\text{P680} + h\nu \longrightarrow \{\text{P680}\}^* \longrightarrow [\text{P680}]^+ + \mathbf{e}^- \qquad (11 \cdot 7\text{a})$$

$$[\text{P680}]^+ + \frac{1}{2}\text{H}_2\text{O} \longrightarrow \text{P680} + \frac{1}{4}\text{O}_2 + \text{H}^+ \qquad (11 \cdot 7\text{b})$$

光化学系 I：
$$\text{P700} + h\nu \longrightarrow [\text{P700}]^+ + \mathbf{e}^- \qquad (11 \cdot 8\text{a})$$

$$[\text{P700}]^+ + \mathbf{e}^- \longrightarrow \text{P700} \qquad (11 \cdot 8\text{b})$$

$$\text{NADP}^+ + 2\mathbf{e}^- + \text{H}^+ \longrightarrow \text{NADPH} \qquad (11 \cdot 8\text{c})$$

暗反応：　$2\,(\text{NADPH} + \text{H}^+) + \text{CO}_2 \longrightarrow \{\text{CH}_2\text{O}\} + 2\,\text{NADP}^+ + \text{H}_2\text{O} \qquad (11 \cdot 9)$

　二つの光化学系における主要な反応中心となる P680 と P700 は，それぞれ 680 nm と 700 nm に吸収極大をもつクロロフィル分子の四量体（図 11・3）であり，周辺の環境はわずかに異なる．今後，OEC（oxygen evolving complex，11・7b 式）を

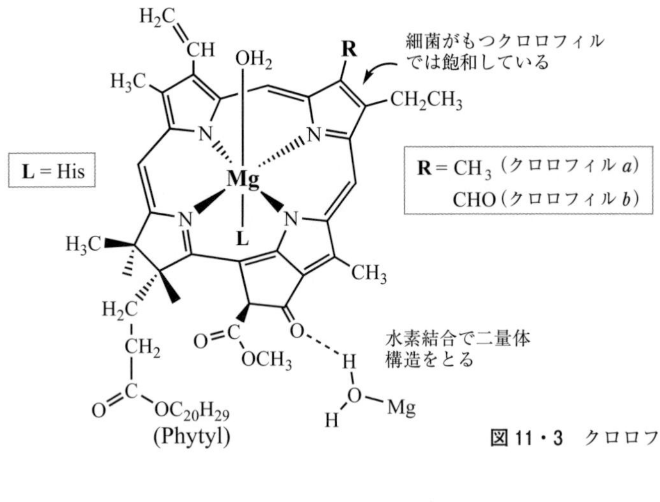

図 11・3　クロロフィルの構造

酸素発生複合体の略語として用いることにする. NADPH (NADP$^+$の還元型) については Box 9・2 を参照せよ.

この結果, クロロフィル a (P680) は光を吸収してクロロフィル a^* (P680*) に励起され, 次に中心 Mg^{2+} がないクロロフィル a であるフェオフィチンに 1 電子を移す. この電子はさらにプラストキノン Q に移動する. プラストキノンは, 2 位にイソプレン単位が 6 個から 10 個つながった側鎖をもつ 5,6-ジメチルキノンである (図 11・2). 2 電子の移動と同時に 2 プロトンが移動すると, ヒドロプラストキノン H$_2$Q が生成する. フェオフィチンとプラストキノンの間の電子移動は, 活性鉄中心 {Fe(His)$_4$Glu} (直接電子移動には関わらない) をもつ酵素により触媒される. ここには二つの Q/H$_2$Q 対が含まれる. 最初に P680 (クロロフィル a) で生じた電子は, リスケ中心, シトクロム類, プラストシアニンの助けを借りて, 最終的に酸化された P700 (クロロフィル a') とやりとりされる. 光化学的にクロロフィル a' から生じた電子は (11・8a 式), 暗反応に導入される. クロロフィル a の酸化型 P680$^+$ は, 最終的にチロシンにより還元されて P680 に戻る. チロシンからチロシルラジカルへの酸化反応 (TyrH $\longrightarrow$ Tyr・+ H$^+$ + e$^-$) は, 近くのヒスチジンへのプロトン移動を伴う. このように生じたチロシルラジカルは, OEC の水分解で発生した電子の一つを受容する.

図 11・2 に, 光化学系 II から光化学系 I への電子シャトルに関わるいくつかの重要なタンパク質の活性中心を示した. このシャトルの最後のステップでは, Cu^{II} が Cu^I に還元される. プラストシアニン (タイプ 1 あるいはブルー銅タンパク質, Box 6・2) の活性中心では, 図 11・4 のように, 銅中心は三方錐型で二つのヒスチ

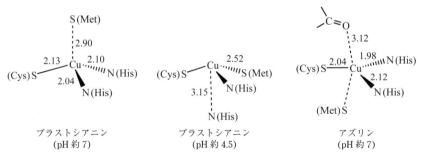

図 11・4 プラストシアニン (植物, 藻類, シアノバクテリア) およびアズリン (細菌) の電子移動に関わる銅中心の配位環境. プラストシアニンの Cu^I 錯体の配位環境は三角形に近い. これらの配位環境は pH に依存する[3]. 結合距離の単位は Å である.

ジンと一つのシステイン残基が配位している．そのアキシアル位にはメチオニンのスルフィドのS原子が配位し，その結合距離は 2.90 Å とかなり長い．

細菌の光合成では，プラストシアニンの代わりにアズリンが使われている．アズリンでは，銅中心は大きくひずんだ三方両錐型構造をとる．一方のアキシアル位にはタンパク質主鎖のカルボニル基が配位し，その結合距離は 3.12 Å である．

以前に述べたように，水から酸素への酸化反応（11・10式および図11・1）は，活性部位として酸素発生複合体（OEC）をもつ光化学系 II により触媒される．

$$4\text{TyrO}\cdot + 2\text{H}_2\text{O} \xrightarrow{\{OEC\}} 4\text{TyrOH} + \text{O}_2 \quad (11\cdot10)$$

この複合体は，四つのマンガンイオンと一つのカルシウムイオンを含む．その還元型においては，五つのオキシド基とアミノ酸側鎖（アスパラギン酸とグルタミン酸）の六つのカルボキシ基（このうち五つが二座配位している）が金属中心に結合している（図11・5a）[4]．この結果，水の酸化反応から生じた電子はチロシルラジカルを還元してチロシンを生成し，このチロシンが P680$^+$ に電子を与える．この酸化

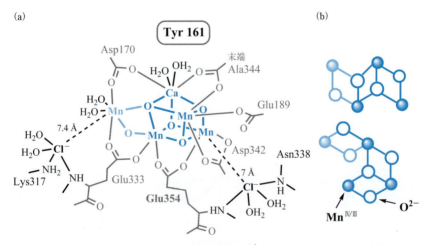

図11・5 (a) 光化学系 II の酸素発生複合体 OEC[4a]．CaMn$_4$O$_5$ クラスターは青色で強調し，CaMn$_3$O$_4$ 中心は濃青色，塩化物イオンの周辺を黒色，アミノ酸残基は灰色で示してある．チロシン（Tyr161, 略号 Y$_Z$）は酸化還元反応に関わっている．Glu354 はクロロフィル結合タンパク質に由来する．(b) MnO$_2$ を基本構造とするトンネル型鉱物ホランダイトの結晶構造から抜粋した {Mn$_4$(μ-O)$_{4/5}$} クラスター（§11・2の最後の部分を参照せよ）．

還元活性なチロシン（Tyr161）は，CaMn$_4$O$_5$ クラスターに直接結合していないが，近くに存在する．このクラスターでは，少しひずんだ CaMn$_3$O$_4$ 立方体が μ-オキソ架橋により，"外部"の単核のマンガンに結合している．この"外部"のマンガンとカルシウムイオンに水分子が二つずつ結合している．さらに，結合しない約 7 Å 離れたところに二つの塩化物イオンが結合する部位がある．それぞれの塩化物イオンは二つの水分子と結合し，これらはさらに，カルボキシ側鎖を介して Mn^{n+} に直接結合しているアミノ酸（Glu333 と Glu354）の主鎖の窒素と結合している．この構造は，塩化物イオンが酸化還元反応の間のクラスター構造の安定化，あるいは活性中心に水分子を運ぶ役割をもつことを示唆する．

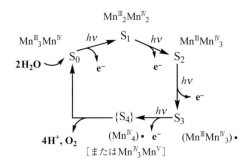

図 11・6 水から O$_2$ への酸化反応における OEC の S 状態遷移（文献 6 を改変した Kok サイクル）．準安定な {S$_4$} 状態になると O$_2$ が放出される．S の下付文字は，S$_0$(Mn$^{III}_3$Mn^{IV}) を最初の状態として累積した酸化等価体の数を表す．四つのプロトンの放出は，酸化反応段階 S$_0$→S$_1$→S$_2$→S$_3$ と S$_3$→{S$_4$}→S$_0$ と関連している．S$_3$ 状態の (Mn^{III}Mn$^{IV}_3$)・は，オキシル酸素上にラジカルをもつ反応性の高い Mn^{IV}-O・を表している．

図 11・6 に示すように，水分解反応においては，OEC は五つの連続した状態（S$_0$ から S$_4$）を駆動する．S$_0$→S$_1$→S$_2$→S$_3$→{S$_4$} の 4 段階の反応は光が必要であるが，5 番目の S$_4$→S$_0$ は水中の O^{2-} の酸化反応と酸素発生とともに進行する．この回路の間に，マンガン中心は異なる酸化状態 III，IV（そして，おそらく V）の間を変化する[5]．水分子が Mn^{n+} 中心に配位することに伴い，O-H 結合の不安定化（Mn-OH や Mn=O 部分の安定化）により脱プロトンがかなり容易になる．また，この効果はマンガンの酸化数が大きくなるにつれてますます顕著になる．O-O

Box 11・1 電子スピン共鳴(ESR)

電子スピン共鳴(electron spin resonance, ESR)法は，有機ラジカルや一つ以上の不対電子をもつ金属イオンを検出する．光化学系Ⅱ中のチロシルラジカル Tyr• は前者の例であり，後者の例には，光化学系ⅡのOEC中のMn^{n+}があげられる．

有機ラジカルは通常不対電子を一つもつ．磁場Bにおいては磁場と平行に並ぶことができ，↑の記号で表す（スピン量子数$M_s=-1/2$，基底状態）．あるいは，磁場の向きと反対に並ぶときは↓の記号で表す（スピン量子数$M_s=+1/2$，励起状態）．これらの二つの状態のエネルギー差はΔEである．電磁放射$h\nu$により，共鳴条件$\Delta E=h\nu=g\beta B$が満たされる場合，電子は基底状態から励起状態になる（ここでβはボーア磁子，gはg因子である）．

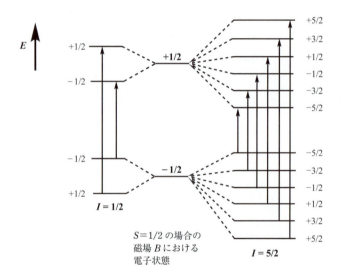

外部磁場B/高周波電磁界Eにおいて，核スピン$I=1/2$（たとえば^1H）あるいは$I=5/2$（たとえば^{55}Mn）とカップリングする電子の電子遷移．

典型的なESRの実験では，磁場の強さ$B \fallingdotseq 0.5\,T$で，電磁波の周波数は約$10\,GHz$である．$S=1/2$の有機ラジカルのg値は常に，何からも影響を受けていない電子のg値（$g=-2.0023$）に近い．化学的環境がおもに配位子-金属間結合の共有結合性の程度に影響される金属錯体においては，g値やスペクトルは金属中心の性質（および酸化状態）により変わる．たとえば，^{55}Mn（$I=5/2$）や^{59}Co（$I=7/2$）の

ような核スピン>1/2の四極子金属核の場合，特にそうである．

　1個の電子のスピン（スピン状態 $S=1/2$）が核スピン(I)に接していると，たとえばプロトン($I=1/2$)の場合，その二つのスピンの間のカップリングが起こる．磁場 B の場合，このようにして生じた磁性状態が分裂する．たとえば $I=1/2$ の場合，図の左部分に示すように $M_S=-1/2 \rightarrow M_I=+1/2$ と $-1/2$，$M_S=+1/2 \rightarrow M_I=-1/2$ と $+1/2$ に分裂する．$\Delta M_S=1$ および $\Delta M_I=0$ の選択則を考慮すると，二つの遷移が許容される．その結果，ESR シグナルはダブレットとなる．ここで，カップリングの程度，すなわち二つの成分の間隔は超微細結合定数 $A=B_2-B_1$（通常単位は $10^{-4}\,cm^{-1}$）で定量化される．

　核が 1/2 以上の核スピンに加えて，四極子モーメントをもつ場合，マルチプレットが得られる．上図の右部分に示すように，^{55}Mn（$I=5/2$）の場合，6 種類の遷移が許容される．たとえば，高スピン型の Mn^{III}（四つの不対電子，$S=2$）や Mn^{IV}（三つの不対電子，$S=3/2$）のように 2 個以上の不対電子がある場合は，状況はもっと複雑になる．ESR シグナルは，$g \simeq 2$ 付近の多重線とともに，$g \gg 2$ の領域に観察される．Mn^{IV} の三つの電子のうち二つが対をつくり，その結果，電子状態が $S=1/2$ になるような最も単純な場合では，図の右部分に示すように，マンガン核が局所的に O_h 対称性の錯体のように等方的だと仮定すると六重線のパターンが現れるだろう．

　たとえば，C_{4v} 対称性をもつ錯体 ［$MnL_2L'_4$］（L と L'は異なる配位子）のように，理想の対称性からずれる場合は軸対称異方性（アキシアル）スペクトルが得られる．z 軸がその分子の 4 回回転対称軸である場合，それぞれ異なる結合定数 A_z と $A_{x,y}$ をもつ（一部が重なっている）2 セットの六重線が観察される．対称性がより低い場合は，3 セットの線形シグナル（したがって，結合定数は A_z，A_x，A_y）を含む三軸異方性(ロンビック)スペクトルが得られる．ESR スペクトルの結合定数の大きさは，錯体中の配位子のドナー・アクセプター性や，ヒスチジン側鎖のイミダゾールのような環状配位子の場合は，その幾何学的な配向により変化する（スピン状態については第 4 章の Box 4・3，対称性については Box 4・4 も参照せよ）．

　スピン状態が 1/2 よりも大きくなり，OEC のように多核中心間での結合が起こる場合，結合様式はさらに複雑になり，g 値は 2 よりもかなり大きくなる．このように，OEC の S_1 状態（図 11・6）は整数のスピン量子数をもち，$g=12$ を中心とする多重線シグナルを示す[8]．S_2 状態（$Mn^{III}Mn^{IV}_3$）では，立方体内の三つの Mn は強磁性的に結合し，立方体外の一つの Mn と立方体内の一つの Mn は反強磁性的に結合している．その全体のスピンは $S=5/2$ であり，$g \simeq 2$ のあたりに分裂した多重線シグナルとともに[9]，$g \simeq 4.1$ に幅の広い ESR シグナルが現れる．

結合の形成を可能にする重要なステップは，S_3 状態の Mn^{IV} オキシルラジカル（$Mn^{IV}-O\cdot$）の生成であろう．モデル研究により，クラスター中の Ca^{2+} がルイス酸であるために，基質である H_2O の活性化がより容易になることが示唆されている（§11・3）．

$S_0 \rightarrow S_1 \rightarrow S_2 \rightarrow S_3 \rightarrow \{S_4\}$ の各段階は 1 光子 $h\nu$ を必要とし，その際に 1 電子 e^- を供給し，ほとんどの場合一つのプロトンを放出する[4d]．マンガン中心の酸化状態は電子スピン共鳴（ESR）をもとに提案されている（Box 11・1）．これに関連して興味深いのは，カタラーゼが行っている H_2O_2 から O_2 と H_2O への不均化反応は（Box 6・1），単純な MnO_2 でも触媒できることである（11・11式）．一方，MnO_2 のカタラーゼ活性と OEC の間には明らかな違いがある．カタラーゼはすでに存在している $O-O$ 結合に 2 電子を供給できるのに対して，OEC は $O-O$ 結合の生成とも関連して 4 電子を供給する．

$$H_2O_2 \longrightarrow H_2O + \frac{1}{2}O_2 \qquad (11\cdot11)$$

OEC のような非常に複雑な系はどのように進化したのだろうか？ これまでに進化の起源として提案されているのは，おもにヒスチジン残基が配位しているマンガン中心を一つもつマンガンスーパーオキシドジスムターゼと，O^{2-}/OH^- やグルタミン酸残基に架橋されている二つのマンガン中心をもつマンガンカタラーゼがある[6a]．OEC の無機前駆体は，おそらく海底の熱水噴出孔で発見された鉱物のホランダイトであろう[7]．ホランダイトはトンネル型鉱物で，そのおよその化学組成は MnO_2 に相当する．その結晶構造固有のひずみのために，一部の Mn^{IV} サイトは Mn^{III} に置き換わっており，電荷のバランスはトンネルの中の Mn^{II} や Ca^{2+} により保たれている．その構造に含まれるクラスター中の Mn…Mn 間の距離は 2.8 Å および 3.4 Å であり（図11・5b），これらは OEC の $\{Mn_4(\mu\text{-}O)_{4/5}\}$ 中心と一致する．

この類似性は，マンガン酸化物の鉱物は水分解酵素の前駆体であったという憶測を呼び起こしてきた．とはいっても，鉱物化した金属酸化物クラスターが細分化して生命体のタンパク質構造中に導入されるということはやや考えにくい．むしろ，水媒体中で細胞の助けを借りて，マンガンとカルシウムのそれぞれの酸化物の断片が自然に形成されたことにより，光化学系II中に存在する無機-有機ハイブリッド構造を生成するというシナリオがつくられた．§11・3では，これらのシナリオおよび関連事項について，さらに詳しく説明する．

11・3 光合成モデル

OEC のマンガンオキシドクラスターと先に述べたホランダイトのような鉱物の構造単位の類似性は、"人工光合成"に向けた生物模倣的な水の酸化触媒の開発の基盤となっている。同様に、マンガンやその他の遷移金属の配位化合物の開発は、実用（ここでは、太陽光から他の形態のエネルギーや水素のようなエネルギー貯蔵が可能な一次燃料への変換）を指向した生物模倣的な配位化学において、ひき続き大きな研究課題である。

ペロブスカイト型構造をもつ鉱物は、特別に設計すると、水分解反応を効率良く触媒することが示されてきた。しかしながら、機構的には OEC とは明らかに異なり、おそらく水酸化物イオン OH^- からヒドロキシルラジカル $OH \cdot$ への酸化反応を経由する。鉱物ペロブスカイトはチタン酸カルシウム $CaTiO_3$ である。Ca^{2+}, Ti^{IV} のどちらもそれぞれ他のアルカリ土類および遷移金属イオンに置き換えることができる。その一例は $Ba_{0.5}Sr_{0.5}Co_{0.8}Fe_{0.2}O_{3-\delta}$ である。添え字の δ は $CaTiO_3$ に対して酸素が準化学量論的であることを意味している。このペロブスカイトでは、その表面にさらされている遷移金属の σ 結合性の e_g 軌道[*2] は 1 電子により占有されている。この特別な占有率により、金属イオンと H_2O や OH^- の間の金属-酸素結合の共有結合性はより大きくなり、その結果、M^{IV} (M=Co, Fe) と（H_2O や OH^- 由来の）O^{2-} 間の電子移動が促進され、O^{2-} が酸化される[10]。

これらの光活性な鉱物は、太陽エネルギー合成の触媒のような人工物質の未来開発の点で非常に興味深いものである一方、自然界で OEC のような複雑な系がなぜ進化の過程で利用されるようになったかを理解するための根拠は得られない。適当な前駆体の化合物から、その場で調製される前駆的な鉱物系では説明は難しい。これまでに Mn^{II}、過マンガン酸塩 $Mn^{VII}O_4^-$、Ca^{2+} を含むアルカリ水溶液から、およそ $CaMn^{III}_{0.4}Mn^{IV}_{1.6}O_{4.5}(OH)_{0.6}(\cdot xH_2O)$ という組成をもったカルシウム-マンガンオキシドの沈殿が生じることが知られている[11]。X 線吸収分光法（Box 11・2 を参照せよ）による構造評価に基づくこの特定の組成は、天然に存在するバーネサイト $(Na, Ca, K)_{0.6}(Mn^{III}, Mn^{IV})_2O_4 \cdot 1.5H_2O$ に似ている。

これらの原子価が混合したオキシドは、水分子が一時的に配位するための一部のマンガン中心は不飽和であり、水の酸化反応の触媒となりうる。よって、これらは

[*2] e_g 軌道は、二重に縮退している (e) 偶 (gerade 由来の g) の軌道である。通常は d_{z^2} と $d_{x^2-y^2}$ のセットである。

OECのCaMn₄O₅クラスターの機能モデルとなる．その非晶質沈殿は，OECに類似した構造モチーフ，すなわち一つのCa^{2+}と三つのMnがオキシドイオンで架橋されているキュバン型構造CaMn₃O₄（図11・7a）をもっており，より優れたモデルといえる．カルシウム-マンガンオキシドクラスターにより触媒される自然界の水の酸化反応における酸化剤は，チロシルラジカルである．モデル系の場合の酸化剤は，Ce^{IV}（11・12式）や[Ru(bpy)₃]$^{3+}$のような1電子酸化剤である．

$$4Ce^{IV} + 2H_2O \longrightarrow 4Ce^{III} + 4H^+ + O_2 \qquad (11・12)$$

[CaMn^{IV}₃O₄]$^{6-}$核を含むキュバン型クラスターは適切な多座配位子により安定化され[12]，単離も可能である．例として[CaMn₃O₄(THF)(Ac)₃L]がある（図11・7b）．Ca^{2+}に配位しているのはTHF（テトラヒドロフラン），AcはCa^{2+}と三つのMn^{IV}中心を架橋している酢酸塩，Lは三つのMn^{IV}中心と三つの{N-O$^-$}基を連結する（ここでNはピリジン窒素，O$^-$はアルコキシド酸素）3価陰イオンの六座配位子である．これらのMn^{IV}の一つのみが，可逆的にMn^{III}に還元される．したがって，OEC中のマンガンの酸化状態の両方が模倣されたことになる．クラスター中のCa^{2+}の存在により，Mn^{IV}とMn^{III}の間の相互変換が容易になる．自己集合化を伴うMn^{II}とMnO₄$^-$の共均一化反応は*3 Ph₂PO₂$^-$の存在下，キュバン型クラスターMn^{III}₂Mn^{IV}₂(O₂PPh₂)₆を与える（図11・7c）[13a]．ナフィオン*4のマトリックスに図

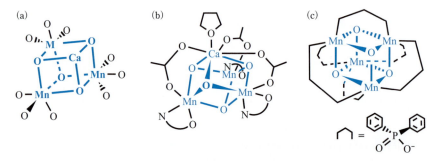

図11・7 水の酸化触媒反応を担う光化学系ⅡのOEC中のキュバン型クラスターのモデル化合物．化合物(a)は，バーネサイトの組成に似ている人工の非晶質物質の構造を切取ったものである[11]．化合物(b)[12]および化合物(c)[13]は，合成クラスターである．中央の立方体は青色で強調してある．詳細は本文を参照．

---

*3 異なる酸化状態の同種の元素を含む二つの化学種が反応して，これらの酸化状態の中間である一つの酸化状態の元素を含む生成物を生じるとき，これを共均一化という．その逆の反応は，不均一化である．
*4 ナフィオンは，硫酸化されたテトラフルオロエチレンのポリマーである．

Box 11・2　X線吸収分光法（XAS, XANES, EXAFS）

　X線吸収分光法（XAS）は，非晶質（アモルファス）試料の構造情報を与える．特に結合距離については，単結晶や微結晶粉末のX線回折（XRD）に匹敵する精度が得られるが，結合角，配位数，配位構造に関する精度は高くない．XASは，元素に特異な方法である．すなわち，複雑な化合物中の特定の元素を励起するためには，シンクロトロン放射光の特定のエネルギー窓が必要とされる．研究分野に応じて，X線吸収端近傍構造（XANES）と広域X線吸収微細構造（EXAFS）を使い分けることができる．ここで"端（エッジ）"は，電子の励起に必要なエネルギーのことをさし，通常はK殻（1s電子）から最外殻原子価状態およびイオン化限界までのエネルギー領域である．XRDに対してXASの利点は，侵襲性が低いことである．したがって，構造を壊すことが少なく，金属タンパク質の構造同定に必要な条件になることもある．

　Mnのような遷移金属の場合，K吸収端の変曲点（1s電子の結合エネルギーの閾値）は，双極子許容電子遷移（1s→4p）に相当する．理想的な正八面体型構造の場合，これが唯一観察できるエッジピークの特性である．O_h 対称性から少しでもずれると，程度の差はあるが1s→3dの遷移に由来する強いプレエッジの特性が観察される．配位化合物中の金属イオンのK吸収端のエネルギー値は，その金属イオンの酸化状態の評価基準になる．また，その金属に結合している配位子の官能基の電気陰性度の和とも密接に相関がある．エネルギー的により小さい電子遷移は2pから3pへ起こり，L吸収端スペクトルとして観察される．

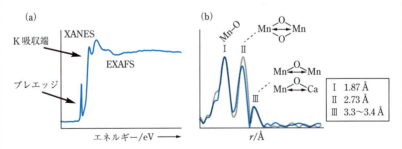

(a) バナジウム依存ブロモペルオキシダーゼ（§7・2）のXASスペクトル.
(b) 光化学系ⅡのOEC中に含まれるCaMn$_4$O$_5$クラスターのXASスペクトル.
　　（S$_1$は青色，S$_2$は灰色で示す．S$_1$とS$_2$については図11・6を参照）
EXAFS領域をフーリエ変換した．[Yano, J. *et al.*, *J. Biol. Chem.*, **286**, 9257 (2011)]
OECについては，下記の説明と図11・5aを参照せよ．

　中心の遷移金属のK殻に由来するK電子は，イオン化限界を超えて励起され，中心金属に結合している配位子の価電子殻と相互作用する．これは後方散乱，あるいは電子の波動性を考えると，金属の1s状態のイオン化により放出された電

子に相当する電子波と，第一配位圏の電子波の干渉と関連する．このような相互作用は，金属と配位子の結合距離や，金属に直接結合する配位原子（O, N, S など）の性質に関する情報を与え，さらには第二，第三配位圏の金属間の距離や金属と配位原子についても，およそ 5 Å までの範囲の情報を提供する．また，第一，第二配位圏のおよその原子数も見積もれる．この領域から高エネルギーの K 吸収端まで（EXAFS 領域）のスペクトルは，通常フーリエ変換して表される．

前ページの図(b)の OEC のスペクトルはその例である．1.87 Å のピーク I は，すべての Mn−O 結合を反映しており，Mn は 6 配位と考えられる．中央のキュバン型構造 $CaMn_3O_4$（図 11・5a 中の青色の部分）の Mn⋯Mn の距離は，ピーク II に示されている．一方ピーク III からは，立方体外の Mn（図 11・5a 中の水色の部分）との Mn⋯Mn および Mn⋯Ca 間の距離に関する情報が得られる．

11・7(c)を飽和させると，バーネサイトのようなナノ粒子に再組織化し，マトリックス中に分散される．この乱雑な $Mn^{III/IV}$-オキシド相は，水の酸化触媒反応において活性である[13b]．

化石燃料によるエネルギー産生の代替を獲得するために，人工光合成を精査することは魅力的なゴールであると同時に，大きな挑戦でもある．光合成の核となる反応は，代替燃料に利用できるかもしれない H_2 や CH_3OH のような還元体を産生するための還元等価体（電子）を水から生成し運搬する過程である．これまでさまざまな研究室でこの目標の達成を目指した研究が行われてきており，少数ではあるが

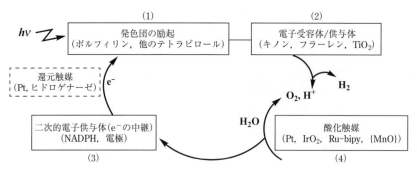

図 11・8 人工光合成の重要なステップ．実際に使用されている化学種のいくつかの例を( )内に示す．Ru-bipy は，$[\{Ru(bipy)_2H_2O\}_2\mu\text{-}O]^{4+}$ のようなビピリジン-ルテニウム錯体．水素は，メタノールやアンモニアのような他の燃料に置き換えることができるが，このような反応の電子源は常に水である．

将来性のあるアプローチも報告された．しかしながら光合成を模倣した安定で効率良い方法は，いまだに見つかっていない．生物学的な設計図に従う場合，人工光合成は以下の点を満たすことが必要である．(1) 太陽光を捕集するためのアンテナの役割を担う発色団の光励起，(2) 発色団から受取った電子を還元される基質（例：H^+）に輸送する電子受容体，(3) 発色団をもとの基底状態に戻すための補助的な電子供与体，(4) 水の酸化反応を促進する触媒．図11・8には，このような過程に関わる構成部分の概略図を示し，自然界の光合成の連続機能を具現化するために利用できる代表的な化学種を追記した[14]．

➕ ま　と　め

　地球は約24億年の間に，一部の嫌気的な環境を除いて酸素が豊富になり，最終的には体積で現在の大気の約21%を酸素が占めるまでに至った．この酸素は光合成により供給されている．光合成では植物，藻類，シアノバクテリア，数種類の真正細菌による水の酸化反応が行われ，CO_2 の還元的固定と連動している．植物の光合成装置は葉緑体の中にあり，二つの光化学系Ⅰおよび光化学系Ⅱをもっている．光はアンテナ分子であるクロロフィル a およびクロロフィル b により捕集される．これらは配位中心に Mg^{2+} をもつポルフィリノーゲン（テトラピロール）系錯体である．光化学系Ⅱおよび光化学系Ⅰの光活性クロロフィル a 中心は，それぞれ P680 と P700 である．

　P680 による光吸収は活性化された P680* を生じ，ひき続き酸化されて P680$^+$ を生成する．その電子はフェオフィチン（Mg^{2+} がないクロロフィル a）が受取り，その後プラストキノン Q により酸化される．この酸化還元反応により生成したヒドロプラストキノン H_2Q は，光化学系Ⅱと光化学系Ⅰを連結している電子シャトル系に電子を運ぶ．P680$^+$ は，チロシン残基 Tyr$^-$ により再還元される．ここで生成したチロシルラジカル Tyr・は，水の酸化反応で生成した電子により還元されて Tyr$^-$ が再生する．この過程は，水の酸化反応のためのマンガン活性中心をもつ，光化学系Ⅱ中の酸素発生複合体 OEC により触媒される．

　光化学系Ⅱと光化学系Ⅰの間の電子シャトルに関わる酸化還元酵素は，リスケ中心，シトクロム b およびシトクロム c，プラストシアニンからなる．プラストシアニンは，ブルー銅タンパク質の一つであり，$Cu^{I/II}$ 中心には一つのシステインと二つのヒスチジンが配位し三角形配位構造を形成し，アキシアル位にはメチオニンが弱く配位している．光化学系Ⅰの P700$^+$ は，プラストシアニンの Cu^I 錯体から1電子を受取る．光により P700 から放出された電子は，NADP$^+$ が受取り NADPH になり，さらに CO_2 の還元的固定のために暗反応の経路に入る．

OEC は，中央にキュバン型 $CaMn_3O_4$ 核を含む $\{CaMn_4(\mu\text{-}O)_5(H_2O/OH)_4\}$ の組成をもつクラスターである（H_2O/OH の数は確定されていない）．これらの金属イオンにはさらに，三つのグルタミン酸と二つのアスパラギン酸のカルボキシ基および末端のアラニンが結合している．触媒回転においては，S_0（$Mn^{III}_3Mn^{IV}$）から S_4（Mn^{IV}_4）・への四つの連続する酸化状態を経由し，それぞれの過程で 1 電子と 1 プロトンを放出する．最後のステップ $S_4 \to S_0$ は O_2 の放出と連動している．OEC と似ている構造単位は，ホランダイトやバーネサイトのようなマンガンオキシド鉱物の中にも存在する．

　光合成は，太陽光を他のエネルギーあるいは一次燃料に変換しようとする取組みを促してきた．人工触媒は，ペロブスカイト構造をもつ合成"鉱物"を含み，たとえば $CaMn^{III}_{0.4}Mn^{IV}_{1.6}O_{4.5}(OH)_{0.6}$ の組成をもつバーネサイト型のマンガン酸化物が合成されている．さらに，多座配位子で安定化されたマンガンを含むキュバン型クラスターもその例である．しかしながら，これらの鉱物を基礎とする触媒は，機構的には OEC に及ぶものではない．

📖 参 考 論 文

Spiegel, F.W., Contemplating the first plantae. *Science*, **335**, 809–810（2012）.
［光合成細胞（シアノバクテリア）に侵された真核生物を通して，どのように葉緑体が普及したかを紹介している］

Berg, I.A., Kockelkorn, D., Ramos–Vera, W.H., *et al.*, Autotrophic carbon fixation in archaea. *Nat. Rev. Microbiol.*, **8**, 447–460（2010）.
［真核生物のカルビン回路とは基本的に異なる特定の古細菌による独立栄養の炭素固定法を中心とした，CO_2 固定過程に関する概説］

Barber, J., Photosynthetic generation of oxygen. *Phil. Trans. R. Soc. B*, **363**, 2665–2674（2008）.
［最近の高分解能 X 線回折研究をもとにした，光化学系 II とその酸素発生中心の分子構造を概説している］

Gust, D., Moore, T.A., Moore, A.L., Solar fuels via artificial photosynthesis. *Acc. Chem. Res.*, **42**,1890–1898（2009）.
［まだ実用化できるほど効率は良くないが，光合成反応中心を模倣した人工反応中心を用いて，太陽光を利用した燃料生産が可能であることを述べている］

Wiechen, M., Berends, H–M., Kurz, P., Water oxidation by manganese compounds: from complexes to 'biomimetic rocks'. *Dalton Trans.*, **41**, 21–31（2012）.
［酸素発生中心を構造と機能の両面から模倣している将来性の高い手法について，最近の動向と展望を述べている］

🌐 引 用 文 献

1) Eisenberg, R., Gray, H.B., Preface on making oxygen. *Inorg. Chem.*, **47**, 1697–1699（2008）.

引 用 文 献　　　189

2) Kerney, R., Kim, E., Hangarter R.P., *et al.*, Intracellular invasion of green algae in a salamander host. *Proc. Natl. Acad. Sci. USA*, **108**, 6497–6502 (2011).

3) Sas, K.N., Haldrup, A., Hemmingsen, L., *et al.*, pH–dependent structural change of reduced spinach plastocyanin studied by perturbed angular correlation of γ–rays and dynamic light scattering. *J. Biol. Inorg. Chem*, **11**, 409–418 (2006).

4) (a) Umena, Y., Kawakami, K., Shen, J–R., *et al.*, Crystal structure of oxygen–evolving photosystem II at a resolution of 1.9 Å. *Nature*, **473**, 55–61 (2011).
   (b) Barber, J., Photosynthetic generation of oxygen. *Phil. Trans. R. Soc. B*, **363**, 2665–2674 (2008).
   (c) Grundmeier, A., Dau, H., Structural models of the manganese complex in photosystem II and mechanistic implications. *Biochim. Biophys. Acta*, **1817**, 88–105 (2012). Part of a special issue, vol. 1817(1), on 'photosystem II', containing 21 subject-related articles.
   (d) Dau, H., Limberg, C., Reier, T., *et al.*, The mechanism of water oxidation: from electrolysis via homogeneous to biological catalysis. *ChemCatChem*, **2**, 724–761 (2010).

5) Armstrong, F.A., Why did nature choose manganese to make oxygen? *Phil. Trans. R. Soc. B*, **363**, 1263–1270 (2008).

6) (a) Najafpour, M.M., A possible evolutionary origin for the Mn_4 cluster in photosystem II: from manganese superoxide dismutase to oxygen evolving complex. *Orig. Life Evol. Biosph.*, **39**, 151–163 (2009)
   (b) Zaharieva, I., Wichmann, J.M., Dau, H., Thermodynamic limitations of photosynthetic water oxidation at high proton concentrations. *J. Biol. Chem.*, **286**, 18222–18228 (2011).

7) Sauer, K., Yachandra, V.K., A possible evolutionary origin for the Mn_4 cluster of the photosynthetic water oxidation complex from natural MnO_2 precipitates in the early oceans. *Proc. Natl. Acad. Sci. USA*, **99**, 8631–8636 (2002).

8) (a) Haddy, A., EPR spectroscopy of the manganese cluster of photosystem II. *Photosynth. Res.*, **92**, 357–368 (2007).
   (b) Boussac, A., Sugiura, M., Rutherford, A.W., *et al.*, Complete EPR spectrum of the S_3–state of the oxygen–evolving photosystem II. *J. Am. Chem.Soc.*, **131**, 5050–5051 (2009).

9) Pantazis, D.A., Ames, W., Cox, N., *et al.*, Two interconvertible structures that explain the spectroscopic properties of the oxygen-evolving complex of photosystem II in the S_2 state. *Angew. Chem. Int. Ed.*, **51**, 9935–9940 (2012).

10) Suntivich, J., May, K.J., Gasteiger, H.A., *et al.*, A perovskite oxide optimized for oxygen evolution catalysis from molecular orbital principles. *Science*, **334**, 1383–1385 (2011).

11) Zaharieva, I., Najafpour, M.M., Wiechen, M., *et al.*, Synthetic manganese–calcium oxides mimic the water–oxidizing complex of photosynthesis functionally and structurally. *Energy Environ. Sci*, **4**, 2400–2408 (2011).

12) Kanady, J.S., Tsui, E.Y., Day, M.W., *et al.*, A synthetic model of the Mn_3Ca subsite of the oxygenevolving complex in photosystem II. *Science*, **233**, 733–736 (2011).

13) (a) Dismukes, G.H., Brimblecombe, R., Felton, G.A.N., *et al.*, Development of bioinspired Mn_4O_4–cubane water oxidation catalysts: lessons from photosynthesis. *Acc. Chem. Res.*, **42**, 1935–1943 (2009).
   (b) Hocking, R.K., Brimblecombe, R., Chang, L–Y., Water–oxidation catalysis by manganese in a geochemical–like cycle. *Nat. Chem.*, **3**, 461–466 (2011).

14) Hammerström, L., Hammes–Schiffer, S., (Eds.), Artificial photosynthesis and solar fuels. *Acc. Chem. Res.*, **42**, 1859–2029 (2009).
   Contains 17 subject–related articles by research groups working in related fields (including ref. 13a).

亜鉛の生化学

　亜鉛はすべての生命体において，鉄についで多く存在する遷移金属である．構造や機能において亜鉛に依存する2000〜3000種類のタンパク質の存在が確認されている．鉄とは対照的に，亜鉛には生理学的条件下では酸化還元活性がない．実際の亜鉛の役割は構造を安定化するか，金属の酸化状態の変化を必要としない触媒的機能に限られている．

　多くの亜鉛タンパク質からいくつか例を選び，おもにアミノ酸残基が配位している亜鉛イオンに関する多様な作用様式に焦点を当てる．以下の五つの項目について，亜鉛が構造的な役割や触媒過程の調節を担うタンパク質の例を述べることとする．① 加水分解における酵素活性，② 酸化的解毒化における基質活性化，③ 二酸化炭素と炭酸水素イオンの相互変換，④ タンパク質合成のためのデオキシリボ核酸 (DNA) に含まれる遺伝情報に基づく転写と翻訳過程，⑤ メチル化により損傷したDNAの脱メチ(修復)．

　これを受けて，当然次の疑問が出てくるであろう．① 亜鉛イオンは食物中のタンパク質の分解をどのように触媒し，アミノ酸の吸収やタンパク質合成への利用が可能になるのか？ ② エタノールはどのようにアセトアルデヒド（アルコール飲料を飲んだ後の二日酔いの原因）に変換されるのか？ ③ 代謝により遊離した二酸化炭素はどのように肺に運ばれるのか？ ④ DNAに書込まれている情報はどのようにアミノ酸に翻訳されるのか？ ⑤ 生命体は，たとえば食物中に含まれるメチル化剤による望ましくないメチル化（過剰メチル化）で生じるDNA損傷にどのように対処するのか？

　最後に，チオネインとよばれる小さなタンパク質による亜鉛イオンの貯蔵，運搬，

放出について述べ，チオネイン類が体内での亜鉛の恒常性の制御にどのように貢献しているかを議論する．チオネインにおけるシステイン残基の比率は特に高い．したがって，チオネインに関するもう一つの課題は，Cd^{II}やHg^{II}のように硫黄への親和性が高い毒性イオンを消去する機能である．

12・1　亜鉛に関する概説

亜鉛の本質的な生物学的な役割は，J. L. Raulin が 1869 年に初めて報告した．Raulin はクロカビの培養研究において，培養液中に亜鉛がないと菌の増殖が阻害されることを発見した．現在では，亜鉛の本質的な性質は詳細に解明されている．亜鉛はすべての体組織に存在し，そのうちの約 85% は筋肉や骨に含まれている．局所濃度が最も高いのは，前立腺や目の組織（網膜や脈絡膜）である．体重 70 kg の平均的なヒトの体内には約 2 g の亜鉛が含まれている．このように亜鉛は，4～5 g 存在する鉄についで，ヒトに 2 番目に多く含まれる遷移金属である．

吸収された Zn^{II} はさまざまな組織に分散する前に，おもに血清アルブミンに結合して運搬される．血清-亜鉛の平均濃度は 0.6 mM である．血清アルブミンには Zn^{II} の結合部位が 2 カ所ある．サイト 1 では，二つのヒスチジンと一つのアスパラギンに由来する三つの窒素ドナー原子およびアスパラギン酸のカルボキシ基が提供され，サイト 2 では，一つのヒスチジンと三つの酸素官能基が提供される．亜鉛中心への配位の強さは，脂肪酸のアルブミンへの同時結合により調節される[1]．

1 日に必要な亜鉛の量は 3～25 mg であり，そのうち 10～15 mg は食物から摂取される．したがって，亜鉛吸収や体内分布の機能障害がなければ，通常の栄養状態で亜鉛の供給バランスが取れている．しかし発展途上国では，栄養不良による亜鉛不足はかなり一般的で[2a]，成長の遅れをまねいている．また，Zn^{II} の生物学的再生量は歳とともに減少し，高齢であるほど亜鉛不足になりやすい（後述）．どちらの場合も，亜鉛不足は亜鉛を補給することで防ぐことができる．亜鉛利用障害は，心疾患や糖尿病にも関連している[2b]．

亜鉛不足は，細胞性免疫やアポトーシス[*1]などにも関わる多くの体細胞の機能不全の原因となる．通常の免疫応答は多くの場合，亜鉛の酢酸塩あるいはグルコン

[*1]　アポトーシスは衰弱した細胞などの細胞死であり，生物学的にプログラム，制御されている．けがや寄生虫感染症による壊死に起因する細胞死とは異なる．

酸塩といった栄養の補給により回復できる．また，NADPH オキシダーゼ[*2]の阻害，銅–亜鉛スーパーオキシドジスムターゼ (§6・2) による酸化ストレスの軽減，チオネイン類の合成誘導により，Zn^{II} は活性酸素種 (ROS) に対して間接的にも抵抗する．メタロチオネインは，システインを多く含む低分子量タンパク質であり，活性酸素種を除去する．スーパーオキシドラジカルアニオンの消滅については，(12・1)式に示す．酸化亜鉛の軟膏は，皮膚の保護や創傷治癒に用いられ，何十年もの間，広く利用されている．

$$3\,RSH + O_2^{\bullet -} + H^+ \longrightarrow 1\tfrac{1}{2}\,RS\text{–}SR + 2\,H_2O \qquad (12\cdot1)$$

亜鉛の恒常性は，亜鉛インポーター (ZIP) や亜鉛トランスポーター (ZnT) により維持されている[*3]．亜鉛インポーターは細胞膜を通過して Zn^{II} を細胞質へ送入し，また細胞内の細胞小器官からの送出を調節する．それぞれの膜タンパク質の亜鉛結合領域には，ヒスチジン (His) のイミダゾール基やグルタミン酸 (Glu) のカルボキシ基がたくさんみられる．亜鉛トランスポーターあるいは亜鉛シャペロンは，細胞膜を通した Zn^{II} の送出や，亜鉛捕捉小胞体や神経のシナプス小胞体を含む細胞小器官への Zn^{II} の送入を調節する．これらの金属結合領域は，ヒスチジンが豊富なループ構造により特徴づけられる．亜鉛の恒常性に関わる他の亜鉛結合タンパク質として，前述のシステイン (Cys) 残基で Zn^{II} に結合するチオネイン類があげられる．

亜鉛酵素である炭酸脱水酵素は，1940 年になってようやく同定された[3]．炭酸脱水酵素は赤血球中に存在し，CO_2 の水和と H_2CO_3 の脱水を触媒する（詳細については §12・2・1 を参照）．およそ 14 年後，2 番目の亜鉛酵素カルボキシペプチダーゼが発見された．亜鉛が体内で 2 番目に多い遷移金属であり，現在知られている含亜鉛タンパク質が 2000～3000 種類もあることを考えると，それらの検出や同定が遅れ，初期のころもなかなか進展しなかったことは一見まったくの驚きである．

亜鉛タンパク質の発見において，初期の進展が非常に遅かったのは，亜鉛イオン固有の化学的および物理的性質によるものである．Zn^{II} は生理学的には酸化還元不活性であり，d^{10} の閉殻構造をもつため紫外–可視分光法や電子スピン共鳴法 (ESR) による検出が一般的に困難であるからだ．さらに，亜鉛同位体のなかで唯一磁気的

---

*2 NADPH オキシダーゼは，膜に結合した酵素複合体で，O_2 への電子移動により活性酸素種であるスーパーオキシド $O_2^{\bullet -}$ を生じる．NADPH の分子構造については Box 9・2 を参照せよ．

*3 "金属イオンインポーター"や"金属イオントランスポーター"という言葉は，文献では統一的には使われていない．インポーターも（細胞膜を通して細胞質にイオンを運ぶ）トランスポーター (輸送体) とよばれることもある．細胞内のイオンを細胞区画などに運ぶトランスポーターについては，通常メタロシャペロンという言葉が使われている．

に活性な ^{67}Zn（天然存在率 4.1%，核スピン 5/2，核四重極モーメント 15 fm²）の核の特性は，核磁気共鳴分光法（NMR，Box 14・2）による亜鉛のシグナル検出をきわめて困難にしている．したがって，亜鉛酵素はしばしば Zn^{II} を Cd^{II} か Co^{II} に置換してから同定されている．核種 ^{111}Cd と ^{113}Cd は用途の広い NMR プローブであり，常磁性である $Co^{II}(d^7)$ は，ESR（Box 11・1）や紫外-可視分光法に適用できる．また，Zn^{II} を Co^{II} に置換したタンパク質のうち特に金属の配位圏に近い有機部分に関する構造情報は，常磁性 ^1H-NMR から得られる．

亜鉛イオンは，触媒機能，構造維持機能，調節機能などさまざまな生理機能を果たしている．機能に関しては，いくつかのカテゴリーに分けられる．代表的な亜鉛タンパク質について，a〜e に詳しく述べる．

a. 触媒機能: 炭酸脱水酵素，加水分解酵素とリパーゼ，シンターゼ，イソメラーゼ，リガーゼ，オキシダーゼ/レダクターゼ

加水分解酵素（ヒドロラーゼ）であるエステラーゼ，ペプチダーゼ，ホスファターゼやリパーゼは，水による結合の開裂を触媒する．リガーゼは，ATP のような生化学的エネルギー源を用いた結合形成反応を触媒する．一方，シンターゼはエネルギー源を用いずに合成反応を触媒する．アルコールデヒドロゲナーゼの触媒中心のように，酸化還元反応を触媒する亜鉛酵素は，酸化還元活性は補因子（ここでは $NADH/NAD^+$）を必要とする．加水分解酵素の亜鉛中心は，通常三つのアミノ酸残基（グルタミン酸かアスパラギン酸，システイン，ヒスチジン）と H_2O/OH^- が配位した四面体型配位構造をもつ．この亜鉛酵素では，水分子が亜鉛に結合して活性化され，優れた求核体となる（図 12・1）．混合金属加水分解酵素の例として，二核活性中心 ${Fe^{II}(\mu\text{-}Asp,\mu\text{-}OH)Zn^{II}}$ をもつパープル酸性ホスファターゼがあげられる．

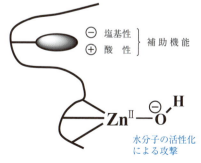

図 12・1 加水分解酵素の亜鉛中心の模式図．ループ部分はタンパク質の主鎖を表す．Zn^{II} はグルタミン酸かアスパラギン酸，システイン，ヒスチジンと優先的に結合する（図 12・3）．平衡反応 ${Zn^{II}\text{-}OH_2} \rightleftharpoons {Zn^{II}\text{-}OH} + H^+$ の pK_a は約 7 となり，水分子は求核体として活性化される．

b. 構造維持機能

1) 分子レベルの構造維持機能: タンパク質オリゴマーやドメインの三次構造の安定化. 構造を維持する Zn^{II} には, システイン残基が配位している. 代表的な例として, 銅-亜鉛スーパーオキシドジスムターゼ, シトクロム c オキシダーゼ[*4], アルコールデヒドロゲナーゼがあげられる. DNA の情報伝達に関わる転写因子の亜鉛フィンガーにおいて, Zn^{II} はタンパク質ループ構造を安定化し, メッセンジャー RNA への転写を担う DNA の三塩基の認識が可能になる. ここでは通常, Zn^{II} にはタンパク質の二つのシステイン残基と二つのヒスチジン残基(クラス I), あるいは, 頻度は少ないが四つのシステインが配位する (クラス II). 貯蔵体のインスリン六量体には, 三つのヒスチジンと三つの水分子が *facial* 型に配位した 6 配位構造がみられる. ここでは, インスリン二量体が二つまたは四つの Zn^{II} により会合している.

2) 材料レベルでの構造維持機能: 熱帯に生息するマレーシアのカエル *Polypedates leucomystax* の受精卵の泡巣は, 青色の 26 kDa の二量体タンパク質, ラナスムルフィンを含む. シスチンと 5 配位の Zn^{II} 錯体が, 二つの同種のサブユニットを架橋している[4] (図 12・2a).

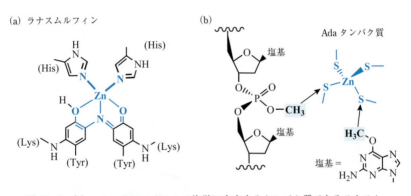

図 12・2 (a) マレーシアのカエルの泡巣に由来するタンパク質であるラナスムルフィンの亜鉛中心は, 二つのサブユニット (ここではヒスチジン残基で表している) を架橋してタンパク質二量体を形成する. (b) Ada タンパク質は, 核酸塩基をつなぐリン酸エステル基の脱メチル化を行う. メチル化されたグアニン塩基のメチル基も, 亜鉛に配位しているシステインの硫黄に転移する.

[*4] 銅-亜鉛スーパーオキシドジスムターゼおよびシトクロム c オキシダーゼについては, それぞれ §6・2 および §5・3 を参照せよ.

c. DNA 修復機能

核酸塩基（グアニン，チミン）あるいはリン酸結合のアルキル化による DNA 損傷は "Ada タンパク質" により修復されている．"Ada" は "adaptive" を表しており，細胞がアルキル化剤により損傷を受けたときにこの酵素が誘導されることを意味している．Zn^{II} には四つのシステイン残基が結合している．図 12・2b に示すように，核酸の塩基やリン酸基からシステイン残基にアルキル基（ほとんどはメチル基）が転移することにより修復される[5]．

d. シナプスを含む細胞(内)シグナル応答や伝達の調節

亜鉛イオンは広い範囲の生理学的応答を調節する[6]．遊離状態の亜鉛イオンによる細胞増殖の調節や脳細胞のシナプス活性の調節がその例である．

e. 亜鉛の貯蔵

チオネインとよばれるシステインを多く含む小さなタンパク質（分子量は約 6000）は，最高 7 個の硫黄との親和性が高い陽イオン（Zn^{II}, Cu^{I}, Cd^{II}）に結合できる．

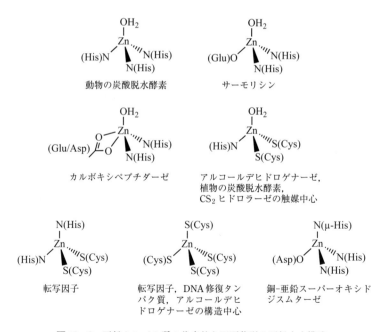

図 12・3 亜鉛タンパク質の代表的な四面体型の亜鉛中心構造

196　　　　　　　　　　12. 亜 鉛 の 生 化 学

これらは亜鉛やシステインの貯蔵タンパク質であるといってよく，さらにはスーパーオキシドやペルオキシドの酸化還元による消滅を担うこともできる．

　生体内の Zn^{II} の共通の配位様式は，図 12・3 に示すように，四面体型の 4 配位構造により特徴づけられる．この配位様式により，ひずみが最小になり，タンパク質の結合ポケットの中でエネルギー的に最小の幾何構造をとることが可能になる[7]．

　亜鉛の配位環境は多様である．ハード（酸素 O），中間（窒素 N），ソフト（硫黄 S）配位子が利用でき，窒素および硫黄配位子は，もっぱらヒスチジンおよびシステインである．亜鉛の一般的な配位化学には，より柔軟な面がみられる．すなわち 3，5，6 配位構造もみられるし，4 配位の平面四角形構造も知られている．図12・4 はそれぞれの例を示している．

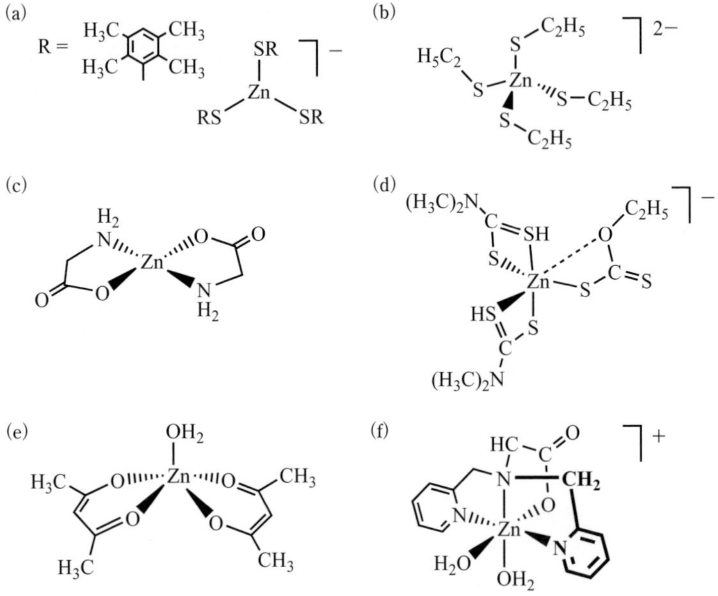

図 12・4　亜鉛錯体の 3〜6 配位構造の例．(a) 三角形，3 配位，配位子はテトラメチルフェニルチオール基．(b) 四面体型，4 配位，配位子はエチルチオール基．(c) 平面四角形，4 配位，配位子はグリシン．(d) ひずんだ三方両錐型，5 配位，配位子はジチオカルバメート．(e) 四方錐型，5 配位，配位子はアセチルアセトン．(f) 八面体型，6 配位，配位子はジピコリルグリシン．(d) の図中の破線は，Zn^{II} とエチルキサントゲン酸塩の酸素の間の弱い相互作用を示す．

12・2 亜 鉛 酵 素

12・2・1 炭酸脱水酵素

§12・1の最初に述べたように,炭酸脱水酵素は初期に構造が決定された亜鉛タンパク質である.ヒトの体にはこの分子量29.3 kDaのタンパク質が1〜2 g存在する.炭酸脱水酵素の役割は,触媒なしではきわめて遅い炭酸水素イオンと二酸化炭素/水酸化物イオンの間の平衡($k_\rightarrow = 8.5 \times 10^3$ M^{-1}s^{-1} と $k_\leftarrow = 2 \times 10^{-4}$ s^{-1})(12・2式)を速やかに制御することである.炭酸脱水酵素が存在すると,この過程は10^7倍加速される.

$$CO_2 + OH^- \rightleftharpoons HCO_3^- \qquad (12・2)$$

このようにCO_2は発生した場所で,炭酸脱水酵素により速やかに(すなわち有機物の酸化分解が起こっている組織で代謝が即時に起こり)HCO_3^-に変換される.炭酸水素イオンは血流を介して肺胞に運ばれる.ここでは,ヘモグロビン(Hb)によりHCO_3^-のプロトン化が起こり,同時にオキシヘモグロビンが生成する(12・3

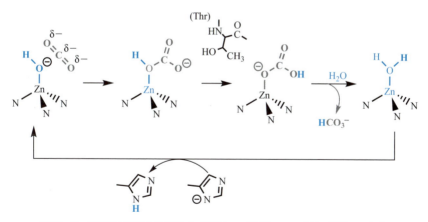

図12・5 炭酸脱水酵素の作用様式.Nはタンパク質のヒスチジン残基のε窒素,Thrはタンパク質の結合ポケットの活性部位においてプロトン移動を調節するトレオニン残基を表している.

式）．このようにして生成した炭酸は，水と CO_2 に分解され，吐き出される．

$$HCO_3^- + Hb \cdot H^+ + O_2 \longrightarrow Hb \cdot O_2 + H_2CO_3 (\longrightarrow H_2O + CO_2) \qquad (12 \cdot 3)$$

炭酸脱水酵素の亜鉛中心には，三つのヒスチジン残基の ε 窒素と，H_2O か OH^- が配位している．図 12・5 に示すように，OH^- 配位子の酸素原子が CO_2 の炭素を求核的に攻撃することで CO_2 は活性化され，プロトンの再分配により炭酸水素イオンが配位した錯体が生成する．この過程は，近くにあるトレオニン（Thr）により調節されている．最後のステップで，炭酸水素塩は水分子に置き換わる．おそらく脱プロトンしたヒスチジン残基が塩基としてプロトンを収容することで，活性化された OH^- 体が再生する．トリス（ピラゾリル）ボレートのような三脚型の三座窒素ドナーは Zn^{II} と錯体を生成し，炭酸脱水酵素のモデルとなる[8]（図 12・6）．

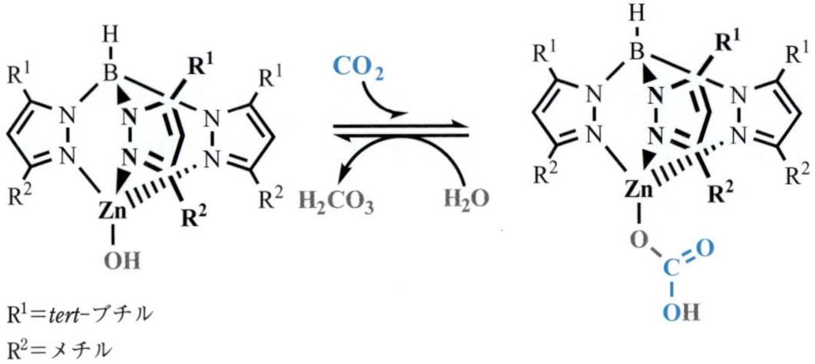

$R^1 = tert$-ブチル
$R^2 =$ メチル

図 12・6 このトリス（ピラゾリル）ボレート亜鉛錯体は，炭酸脱水酵素の構造，機能モデルである．

高等植物では，炭酸脱水酵素は光合成のための無機炭素の獲得（H_2CO_3/HCO_3^- から CO_2 への変換）に関わっており，三つのヒスチジンのうち二つはシステインに置き換わり，アルコールデヒドロゲナーゼの触媒中心と同様に $\{Zn(His)(Cys)_2OH_2\}$ という構造モチーフを形成している（図 12・3）．このような配位構造は，海洋ケイ藻 *Thalassiosira weissflogii* から単離された，亜鉛をカドミウムに置き換えた炭酸脱水酵素にもみられる[9]．Cd^{II} は通常 Hg^{II} のように亜鉛酵素中の Zn^{II} と置き換わって亜鉛酵素の機能を低下させるため，高毒性の金属に分類される．海洋環境では亜鉛の濃度は非常に低いため，ケイ藻のような藻類は，カドミウムに依存することによりその環境に適応してきたようである．

12・2・2 加水分解酵素

　加水分解酵素（ヒドロラーゼ）類は，もともとつながっていた分子の断片に水のOH^-とH^+を移動させ，化学結合を切断する酵素である．(12・4)式では，これを断片 A と B を含む分子 AB と表している．数多くの亜鉛に依存する加水分解酵素が知られているが，そのなかでペプチダーゼ類とホスファターゼ類を含む 4 種類の加水分解酵素について，以下により詳しく述べる．

$$A-B + H_2O \longrightarrow A-H + HO-B \tag{12・4}$$

　食物中のタンパク質は消化管でペプチダーゼにより分解されてより小さな断片のペプチド[*5]になり，最終的にはアミノ酸になる．これらは吸収され，体内のペプチドやタンパク質の構成単位として利用される．エンドペプチダーゼは，ポリペプチド鎖の内部のペプチド結合の加水分解を触媒し，エキソペプチダーゼはタンパク質の N 末端か C 末端のアミノ酸の加水分解を触媒する．加水分解による結合開裂を (12・5)式に示す．

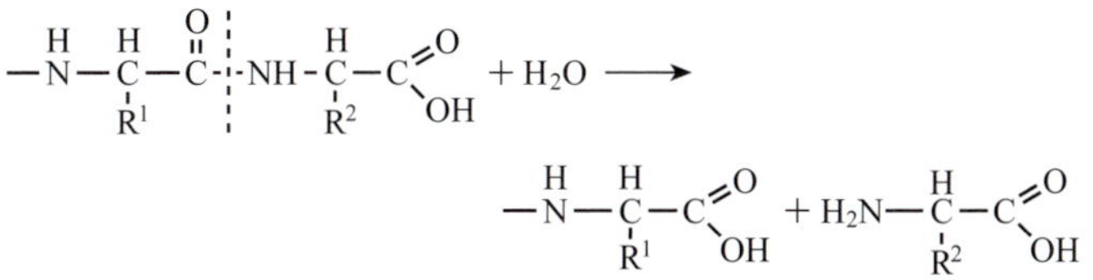

$$\tag{12・5}$$

　アミノペプチダーゼとカルボキシペプチダーゼはどちらもエキソペプチダーゼであるが，ペプチドの N 末端と C 末端のどちらから分解するかで区別される．特に詳しく研究されているエキソペプチダーゼは，ウシの膵臓から単離されるカルボキシペプチダーゼ A（分子量 34.6 kDa）である．この亜鉛中心には（図 12・3），二つのヒスチジンの ε 窒素，一つのグルタミン酸のカルボキシ基（η^2 配位），一つの水分子が配位している．もう一つのグルタミン酸残基と一つのチロシン残基は活性中心の近くに存在し，触媒過程に関わっている．エンドペプチダーゼの例として，

---

*5　"タンパク質"と"ペプチド"という用語にははっきりとした境目はない．"ペプチド"は通常，数個（オリゴペプチド）から数十個（ポリペプチド）のアミノ酸の重合体の総称である．さらに大きな集合体をタンパク質とよぶ．ペプチドやタンパク質の合成に関わるアミノ酸の数にかかわらず，アミノ酸の C 末端のカルボキシ基と，隣のアミノ酸の N 末端のアミノ基を縮合してできる結合をペプチド結合とよぶ．

65℃という高温環境に生息する好熱性細菌 *Bacillus thermoproteolyticus* から単離されたサーモリシンがあげられる．サーモリシンでは，グルタミン酸残基は活性中心に η^1 配位している．サーモリシンの三次構造は，四つの Ca^{2+} により高温でも失活せず安定である(§3・5)．

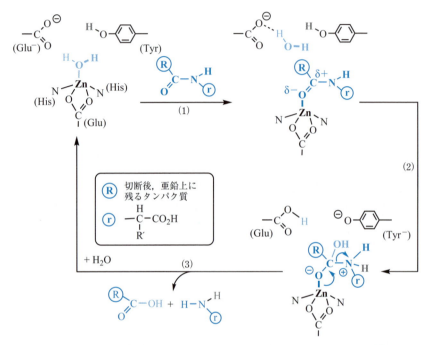

図 12・7 活性中心 {Zn(Glu)(His)$_2$H$_2$O} をもつ典型的なペプチダーゼの反応機構．近傍のグルタミン酸 (Glu) とチロシン (Tyr) の残基は，ペプチド結合の加水分解に関わっている．ステップ(1)〜(3)については，本文を参照せよ．

図 12・7 に，ペプチダーゼによるペプチド結合の加水分解の機構を示す．ステップ(1)では，タンパク質（主鎖のカルボニル基の酸素原子）は亜鉛に結合している水分子と置き換わることにより活性化される．一方，その水分子は近傍のグルタミン酸残基と水素結合を形成する．ここでいう活性化は，カルボニル基の極性が効果的に増加することを意味する．ステップ(2)では，グルタミン酸残基と水素結合をして活性化されている水分子から，水酸化物イオンがカルボニル炭素に移動する．同時に，グルタミン酸残基とペプチドのアミド窒素がプロトン化される．この際，

近傍のチロシン残基から一つのプロトンが供給される．このように生成した中間体はペプチド結合の開裂をひき起こし，ステップ(3)に示すように，もとのタンパク質から新しいC末端とN末端をもつ二つのペプチド断片を与える．

極限環境微生物から単離されたもう一つの加水分解酵素は，CS_2 ヒドロラーゼである[10]．八量体のサブユニット (24 kDa) では，二つのシステイン残基と一つのヒスチジン残基が Zn^{II} に配位している．好酸性，好熱性古細菌 *Acidianus* は，CS_2 ヒドロラーゼを用いて CS_2 を (COS を経て) CO_2 と H_2S に変換してエネルギーを得る (12・6式)．H_2S はさらに非酵素的に酸化されて硫酸を生成し，これらの古細菌の生息地である火山の硫気孔を強酸性の環境にしている．

$$CS_2 + H_2O \longrightarrow COS + H_2S$$
$$COS + H_2O \longrightarrow CO_2 + H_2S$$

$$(12 \cdot 6)$$

亜鉛の配位環境は炭酸脱水酵素と同じである (§12・2・1)．このことは，CS_2 ヒドロラーゼによる疎水性の CS_2 の活性化が，炭酸脱水酵素による CO_2 の最初の活性化と同様であることを示唆している (図12・1)．

リン酸エステル結合の加水分解を触媒する酵素は (12・7式)，ホスファターゼとよばれる．リン酸エステルは，エネルギー貯蔵，代謝過程における基質の活性化，DNA や RNA のヌクレオチドの架橋など，生体内においてきわめて重要な役割を果たしている．Box 12・1 では，生体内で機能をもつリン酸エステルとリン酸アミドについて概説する．また，構造が似ているためリン酸と競合する，バナジウム酸塩やヒ酸塩に関する基礎知識についても説明する．アルカリホスファターゼや酸性ホスファターゼは，それぞれ弱アルカリ性あるいは弱酸性条件下で，エステル結合を切断する．亜鉛依存アルカリホスファターゼの例を図12・8(a)に示す．活性中心は，協同的に作用する二つの Zn^{II} と構造維持のための Mg^{2+} (図12・8には示していない) を一つ含む．

$$H_2PO_3(OCH_3) + H_2O \longrightarrow H_2PO_4^- + CH_3OH + H^+ \qquad (12 \cdot 7)$$

パープル酸性ホスファターゼは，Fe^{III}-Zn^{II} が協同的に作用する異核金属酵素の代表例である[*6]．この酵素は，pH 4〜7 の範囲でリン酸エステルの加水分解を触媒する．インゲン豆由来のパープル酸性ホスファターゼは，分子量 55 kDa のサブユニットの二量体である[11]．高スピン型の Fe^{III} と Zn^{II} のどちらの中心もルイス酸として働

[*6] Fe^{III}-Mn^{II} あるいは Fe^{III}-Fe^{II} をもつホスファターゼも知られている．

Box 12・1　生体内リン酸とそのエステルおよびアミド結合

リン酸とその誘導体，特にオルトリン酸 H_3PO_4 のエステルは，生体内で多くの機能をもつ．体内のリン酸の平均濃度は約 1 mM であり，pH 7 で無機リン酸は $H_2PO_4^-$ と HPO_4^{2-} の形でほぼ同じ濃度で存在する．

$$H_2PO_4^- \;\rightleftharpoons\; HPO_4^{2-} + H^+ \qquad (pK_a = 7.21)$$

体内の無機リン酸はおもにヒドロキシアパタイト $Ca_5(PO_4)_3(OH)$ として貯蔵されている．ヒドロキシアパタイトは，骨の支持機能をもつ（§3・5）．

有機リン酸誘導体のおもな機能を以下に示す．

- RNA/DNA のリボース/デオキシリボース部分の間の連結（a）.
- エネルギー貯蔵：エネルギー貯蔵分子の例として，アデノシン三リン酸（ATP, §3・4 の図 3・8）やグアノシン三リン酸（GTP）のようなヌクレオチドのリン酸塩がある．エネルギー貯蔵，移動，放出を担う分子としては，他にクレアチンリン酸（§3・4 の図 3・10），アシルリン酸（b），アルギニンリン酸（c），グアニジンリン酸（d）がある．リン酸エステル結合が加水分解で切断されると，エネルギーが放出される．以下に例を示す（ΔG はギブズの自由エネルギー）.

$$ATP^{3-} + H_2O \longrightarrow ADP^{2-} + H_2PO_4^- \qquad \Delta G = -30.5 \text{ kJ mol}^{-1}$$

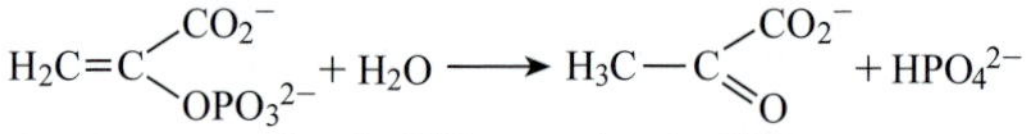

$$H_2C=C\genfrac{}{}{0pt}{}{CO_2^-}{OPO_3^{2-}} + H_2O \longrightarrow H_3C-C\genfrac{}{}{0pt}{}{CO_2^-}{O} + HPO_4^{2-} \qquad \Delta G = -61.9 \text{ kJ mol}^{-1}$$

ホスホエノールピルビン酸塩　　　ピルビン酸塩

- ニコチンアミドアデニンジヌクレオチドリン酸（NADPH/NADP$^+$，第 9 章の Box 9・2）のような補酵素の不可欠な部分.
- 膜構造中のリン脂質（e）.
- 代謝過程における基質．例：グルコース 6-リン酸（f）の活性化.
- 環状アデノシン一リン酸 cAMP（g）やイノシトール三リン酸（h）のようなシグナル分子やメッセンジャー分子.

リン酸とバナジン酸の拮抗　　バナジン酸は生理学的条件ではおもにモノバナジン酸 $H_2VO_4^-$ の形をとるが，リン酸 $H_nPO_4^{(3-n)-}$（$n = 1, 2$）と構造が似ている（§14・3・4，図 14・16）.バナジン酸はさまざまな生理学的機能において，リン酸との競合あるいは調節に関わることができる．V^V のイオン半径は四面体型構造の場合 0.50 Å，P^V のイオン半径は 0.52 Å であり，ほぼ同じである．このように，バナジン酸はリン酸に依存する過程において，リン酸と置き換わることができる．遷移金属バナジウムは，リンとは対照的に，容易に安定な 5 配位構造をとることができる（リン酸に依存する代謝過程では，まさに遷移状態である）．ホスファターゼやキナーゼに対するバナジン酸によくみられる阻害効果は，これらの特異な性質に由来するものである．もう一つのバナジン酸とリン酸の顕著な違いは，バナジン酸は生理学的な

条件下でV^{IV}に還元されやすいが,リン酸は還元されにくいことである.

ヒ酸とリン酸 ヒ酸エステルとリン酸エステルは,構造的および熱力学的に非常によく似ている.この事実をもとに,カリフォルニアのモノ湖のようにヒ酸の濃度が約 200 μM と高い場所に生息する細菌が,リン酸ではなくヒ酸をエステル架橋に利用する潜在的能力あるかどうかについて,活発な議論がなされた.しかしながら,ヒ酸エステルは速度論的にきわめて単寿命である.DNA にみられるようなリン酸ジエステル結合の場合は,リン酸エステルの半減期が 3×10^7 年であるのに対し,ヒ酸エステルの半減期は 6×10^{-2} 秒である.ヒ酸とリン酸のもう一つの違いは,前者の方が明らかに還元されやすいということである.

生命体はどのようにしてヒ酸とリン酸を区別するのか,そしてヒ酸の毒性をどのように防御しているのだろうか? グラム陰性菌のペリプラズムは,細胞内にリン酸を運ぶ運搬体にリン酸を受渡すリン酸結合タンパク質(phosphate-binding protein, PBP)をもつ.これらはおよそ 10^3 倍の選択性で,ヒ酸 $HAsO_4^{2-}$ よりもリン酸 HPO_4^{2-} を強く認識する.この差は,P/As-O-H···O(アスパラギン酸)の相互作用における HPO_4^{2-} の対称性と $HAsO_4^{2-}$ の非対称性の違いによる[12].

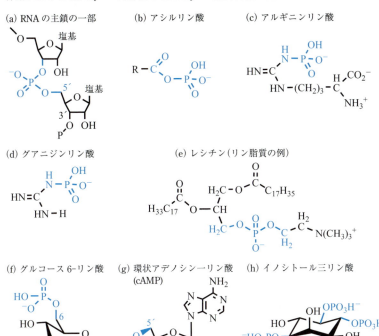

く．リン酸エステルは二座配位子として二つの金属イオンに架橋して結合し，5 価の状態を経由するエステル結合の加水分解を促進する．図 12・8(b)〜(d)に，活性中心の配位構造と加水分解の反応機構を示す．

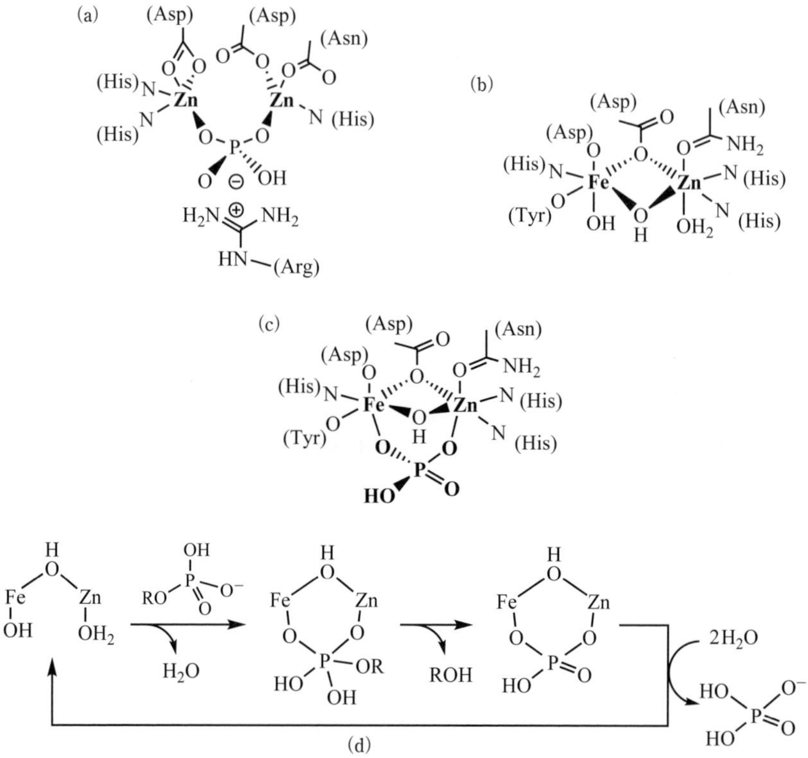

図 12・8　(a) ヒトの胎盤由来のアルカリホスファターゼの亜鉛二核中心．(b)インゲン豆由来のパープル酸性ホスファターゼの活性中心．(c)(b)のリン酸塩付加体．(d)リン酸エステルの加水分解の触媒サイクル．中央は 5 配位の遷移状態．

リン酸依存酵素，特にホスファターゼやキナーゼは，リン酸に似ているバナジン酸 (Box 12・1) により阻害されうる．このことは，バナジン酸やバナジウム化合物 (§14・3・4) が医薬品になりうることを意味しており興味深い．生理学的なバナジン酸の濃度は，リン酸依存酵素やそのプロセスの制御に関係しているかもしれない．Box 12・1 では，リン酸とバナジウム酸の拮抗についても簡単に説明している．

12・2・3　アルコールデヒドロゲナーゼ

　アルコールデヒドロゲナーゼ（ADH）は 80 kDa のホモ二量体で，アルコール（特にエタノール）を脱水素してアルデヒドに変換する反応を触媒する．ADH の二つのサブユニットはそれぞれ，Zn^{II} に四つのシステイン残基が四面体型に配位した構造的な亜鉛中心と，Zn^{II} に二つのシステイン残基と一つのヒスチジン残基と一つの H_2O/OH^- が配位した触媒的な亜鉛中心をもつ．触媒中心の役割は，基質のアルコールを活性化し，アルコールから近くの補因子 NAD^+ にヒドリドを移動させる．図 12・9 には触媒部位の構造，(12・8)式には反応全体を示す．

　アルデヒドデヒドロゲナーゼの NAD^+ 補因子により，アルデヒドはさらに酸化され，無毒化される(12・9式)．アルデヒドデヒドロゲナーゼは，基質活性化のた

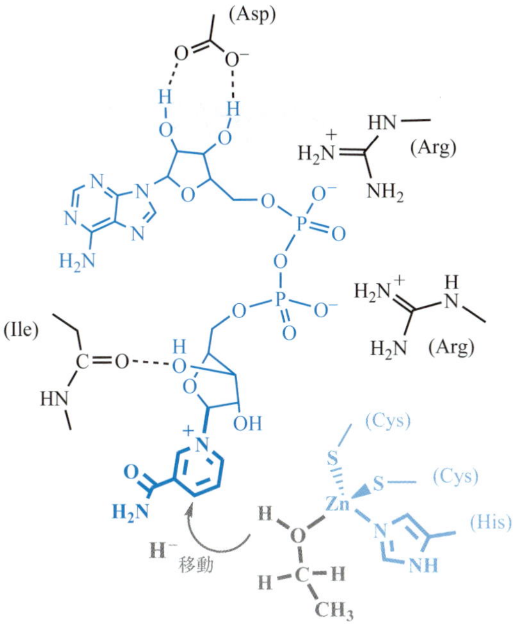

図 12・9　肝臓アルコールデヒドロゲナーゼの活性中心．亜鉛触媒中心は水色，基質のアルコールは灰色，補因子の NAD^+ は青色で示す．$NAD^+/$ NADH については Box 9・2 を参照せよ．Zn^{II} に配位する三つのアミノ酸残基とともに，活性中心を安定化しているタンパク質マトリックス由来の数種類のアミノ酸も示している．[Lippard, S.J., Berg, J.M., Principles of bioinorganic chemistry. Mill Valley, CA: University Science Books, (1994) を改訂]

めの金属中心をもたないが，構造安定化のための Mg^{2+} を備えている．

$$RCH_2OH + NAD^+ \longrightarrow RCHO + NADH + H^+ \quad (12・8)$$
$$RCHO + NAD^+ + H_2O \longrightarrow RCO_2H + NADH + H^+ \quad (12・9)$$

図 12・10 では，ADH の触媒中心でのアルコールの脱水素反応を説明している．

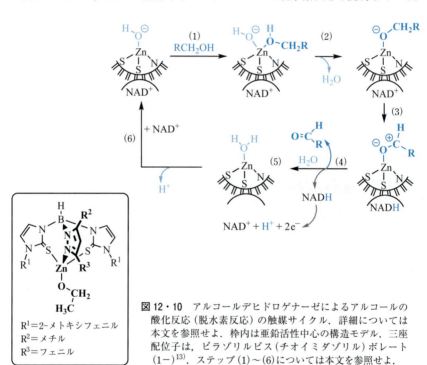

図 12・10　アルコールデヒドロゲナーゼによるアルコールの酸化反応（脱水素反応）の触媒サイクル．詳細については本文を参照せよ．枠内は亜鉛活性中心の構造モデル．三座配位子は，ピラゾリルビス（チオイミダゾリル）ボレート $(1-)^{13)}$．ステップ (1)～(6) については本文を参照せよ．

最初にアルコールが Zn–OH⁻ 中心に求核的に結合し(1)，脱プロトンしてアルコキシドになるとともに亜鉛中心から H_2O が解離する(2)．次にヒドリド H⁻ が，アルコキシド配位子から近傍の補因子 NAD^+ のニコチンアミド環に移る(3)．中間体として生成した炭素陽イオンはアルデヒドになることにより安定化される．その生成物のアルデヒドと NADH は，最後に活性部位から解離し(4)，その際に水分子を捕捉する(5)．このサイクルは，H_2O 配位子から脱プロトンが起こり，NAD^+ が再び入ってくることにより 1 サイクルが終了する(6)．この亜鉛活性部位の 4 番目の位置にエタノールが配位している構造モデルを図 12・10 に示す．

12・3 遺伝子の転写における亜鉛の役割

ペプチドやタンパク質をつくるときは，常にアミノ酸が供給されなければならない．ペプチド合成の際に正しくアミノ酸を供給するために，DNA 上に遺伝子の形で指示がコードされている．遺伝子発現の最初のステップでは，アミノ酸に関する情報がメッセンジャー RNA(mRNA)に伝えられる．次に mRNA の情報は，細胞内のタンパク質合成工場であるリボソームにより解読される．リボソームはその情報を翻訳し，伸長しているペプチド（タンパク質）の末端に正しいアミノ酸を結合させる．リボソームへのアミノ酸の輸送は，転移 RNA (tRNA) により行われる．全体の工程の順序については図 12・11 に示した．鋳型 DNA に基づく mRNA の合成は，RNA ポリメラーゼにより触媒される．この酵素は，転写因子により DNA 上の正しい場所に移動する．

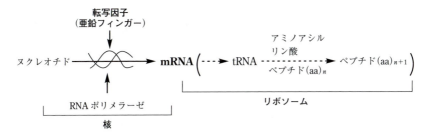

図 12・11 遺伝情報の転写 (DNA→mRNA) と翻訳 (tRNA を経由するペプチド/タンパク質合成) の簡略図．DNA は二重らせんで表している．アミノ酸によるリボソーム内のペプチド/タンパク質(aa)$_n$ の伸長は，新しいペプチド/タンパク質(aa)$_{n+1}$ を生成する．この移動反応において，アシルリン酸(Box 12・1 中の b)に結合しているアミノ酸とペプチドの両方が，tRNA のリボース部分の 3′ 位への一時的な結合により活性化される．

代表的な転写因子として，亜鉛フィンガータンパク質があげられる[14]．亜鉛フィンガーは，指のようなループ構造をもち，ループの基点で Zn^{II} に配位することで安定化されている．そのループには特定のアミノ酸配列が含まれ（図 12・12 a），亜鉛フィンガーは水素結合を介して DNA の転写される部位，すなわち相補的な mRNA に転写される DNA 中の遺伝情報を含む部位（図 12・13）に会合できる．このように，亜鉛フィンガーは事実上 RNA ポリメラーゼを正しい場所に導いている．亜鉛フィンガーのそれぞれのループは，DNA の三塩基を認識する．

ヌクレアーゼ活性をもつ人工の亜鉛フィンガータンパク質が応用に向けて開発されてきた．これらの亜鉛フィンガーヌクレアーゼ (ZFN) は，DNA 結合部位に加えて，DNA をターゲットとする触媒ヌクレアーゼのドメインをもち，目的部位の二

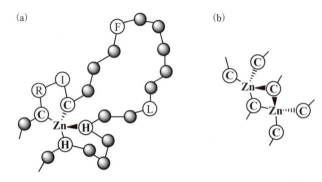

図 12・12 (a) 亜鉛フィンガータンパク質の簡略図．一般的に，Zn^{II} は二つのシステイン (C) と二つのヒスチジン (H) が配位した四面体型構造をとる．アミノ酸は○で表している．システインとヒスチジンの間の 12 残基の配列は，亜鉛フィンガーによくみられるモチーフである．アルギニン (R)，イソロイシン (I)，フェニルアラニン (F)，ロイシン (L) は，亜鉛フィンガー Zif-268 の成分である．Zif-268 は，神経や細胞増殖に関わる遺伝子を調節する．(b) 二核の Zn$_2$(μ-Cys)$_2$Cys$_4$ モチーフは，*Saccharomyces cerevisiae* などの酵母の亜鉛フィンガータンパク質に存在する．

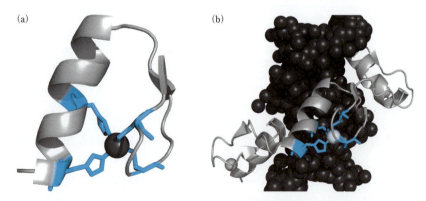

図 12・13 (a) 亜鉛フィンガーのサブドメイン部分．Zn^{II} (黒丸) は，二つのヒスチジン残基を介してらせんサブユニットと結合し，さらには二つのシステイン残基を介してループと結合している．(b) 亜鉛フィンガーと DNA の主溝 (黒色の部分，灰色の丸は Zn^{II}) との複合体．(His)$_2$(Cys)$_2$ モチーフは青色で示す．[J. Crowe による．PDB 1AAY に基づく]

本鎖を解離し，ノックアウト遺伝子をつくる．これまでに，さまざまな植物や動物のゲノムを操作できるようなZFNがつくられてきた．また，肺癌[15]やエイズの原因となる遺伝子のノックアウトによる治療に向けても開発されている．

12・4 チオネイン

　メタロチオネインは，広く存在する低分子量の（ヒトのチオネイン類は62〜68個のアミノ酸からなる）タンパク質であり，スーパーファミリーを形成する．しばしば芳香族アミノ酸を含まずZn^{II}やCu^{I}に優先的に結合するシステイン残基を多く含むため（全体の3分の1に達する），これらの金属イオンの恒常性維持に役立つ．これらはCd^{II}, Hg^{II}, Ag^{I}に効率良く結合することにより生体異物として機能し，最終的にはフリーラジカルを消失させることにより酸化ストレスを防いでいる（§12・1，12・1式）．さらにこれらは，まだ明らかにされていないが，神経変性疾患において役割を果たすと予想されている．脊椎動物のメタロチオネインにおける金属イオンの結合部位はシステインにより供給されているが，細菌や植物のチオネインにおいてはヒスチジンも同様の役割を果たすことができる．

　ヒトのメタロチオネインは，これまでにMT-1〜MT-4の四つが同定されている[16]．これらのアミノ酸配列は互いによく似ており，そのうちの20個はシステインである．またこれらはすべて，二つの{Zn^{II}-S(Cys)}クラスター，すなわち$Zn_3(Cys)_9$中心と$Zn_4(Cys)_{11}$中心を，それぞれタンパク質のβドメインとαドメインにもっ

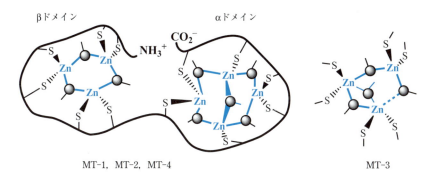

図12・14　亜鉛が結合したヒトのチオネイン．Zn_3およびZn_4クラスターの架橋しているシステイン残基は，灰色の丸で表している．MT-3のZn_3クラスターを右側に示す．破線は弱い相互作用を表す（距離2.90 Å）．

ている．これらのクラスターを図 12・14 に示す．亜鉛四核クラスターの二環式 $Zn_4(\mu-S)_5S_6$ 中心は，アダマンタンによく似た構造である．MT-1，MT-2，MT-4 の三核クラスターの環状 $Zn_3(\mu-S)_3S_6$ 中心においては，$Zn_3(\mu-S)_3$ 環がシクロヘキサンのいす型構造をとるのに対して，MT-3 では Zn^{II} イオンの二つは二重に架橋されているが，片方の Zn-S(μ-Cys) の相互作用は特に弱い．

⊕ まとめ

　亜鉛はタンパク質において，構造維持機能と触媒機能を担うことができる．構造的機能として，タンパク質ドメインの構造支持，一般的には酸化還元活性中心のような触媒活性部位近傍の重点的安定化が考えられる．これらの構造的亜鉛中心においては，Zn^{II} には四つのシステインが優先的に配位している．構造的亜鉛中心 $\{Zn(Cys)_4\}$ と触媒的亜鉛中心 $\{Zn(OH_2)(Cys)_2His\}$ をもつ酵素の一例として，アルコールデヒドロゲナーゼ（ADH）があげられる．ADH は，その酵素の補因子 NAD^+ への $\{H^- + H^+\}$ の移動を活性化させることにより，アルコール（特にエタノール）からアルデヒドへの酸化変換を触媒し，それにより無毒化を行っている．

　亜鉛中心の触媒機能は，多くの酵素にみられる $\{Zn^{II}-OH^-\}$ により発現する．すなわち水分子は亜鉛に結合して活性化され，優れた求核体となる．触媒活性をもつ亜鉛酵素中の Zn^{II} の配位環境を決めているアミノ酸は，ヒスチジン，システイン，アスパラギン酸かグルタミン酸である．

　触媒機能をもつ亜鉛依存タンパク質の例として，炭酸脱水酵素，CS_2 ヒドロラーゼ，サーモリシン，カルボキシペプチダーゼ，アルカリホスファターゼ，酸性ホスファターゼがあげられる．炭酸脱水酵素は，水と二酸化炭素と炭酸水素塩/炭酸の間の相互変換を触媒することができる．その結果，① 組織中の有機物の酸化的分解により生成された CO_2 の放出，② 光合成に必要な CO_2 を捕集するための炭酸から CO_2 への変換において重要な役割を果たす．極限環境微生物 *Acidianus* は，CS_2 ヒドロラーゼを用いて，CS_2 を CO_2 と H_2S に変換してエネルギーを獲得する．サーモリシンやカルボキシペプチダーゼは，分子内ペプチド結合（例：エンドペプチダーゼのサーモリシン），あるいはタンパク質の C 末端ペプチド結合（エキソペプチダーゼのカルボキシペプチダーゼ）の加水分解による切断反応を触媒する酵素（エキソペプチダーゼ）である．協同的に作用する二つの金属中心をもつ亜鉛依存ホスファターゼは，亜鉛二核錯体である酸性ホスファターゼの場合と異核錯体（Zn^{II},Fe^{II} のパープル酸性ホスファターゼ）の場合がある．これらの酵素は，リン酸基のエネルギーの付与（グルコース 6-リン酸や ATP）や DNA 構造を架橋する，さまざまな基質のリン酸エステル結合の加水分解を触媒できる．

他の亜鉛タンパク質には，メチル化された DNA の修復，遺伝子の転写，亜鉛の恒常性に関わるものがある．それぞれの機能性タンパク質すべてにおいて，Zn^{II}中心は四つのシステイン残基が結合した四面体型構造をとる．Ada タンパク質は，メチル化された DNA 塩基やリン酸基の脱メチルを行い，そのメチル基を修復タンパク質中の亜鉛に配位しているシステイン残基に移す．転写因子は，RNA ポリメラーゼを（転移 RNA がリボソームに運ぶ）特定のアミノ酸の情報がメッセンジャー RNA に転写される DNA の部分に誘導する．亜鉛の恒常性はチオネインにより調整される．これらはシステインを多く含む小さなタンパク質で，最高で7個の Zn^{II} を取込み，二つの領域に分けてそれぞれ3個と4個の Zn^{II} を収納する．またチオネインは，Cu^{I} や毒性のある Cd^{II}，Hg^{II}，Ag^{I} に結合する．さらに，システイン残基は抗酸化剤としての機能をもつ．

参 考 論 文

Chasapis, C.T., Loutsidou, A.C., Spiliopoulou, C.A., *et al.*, Zinc and human health: an update. *Arch. Toxicol.*, **86**, 521–534 (2012).
［亜鉛不足による健康障害や，亜鉛の補強による弊害と改善に関する，最近の包括的な概観を示している］

Parkin, G., Synthetic analogues relevant to the structure and function of zinc enzymes. *Chem. Rev.*, **104**, 699–767 (2004).
［亜鉛酵素の構造と機能，およびこれらの酵素の構造と機能モデルに関する概説］

Metallothioneins: chemical and biological challenges. *J. Biol. Inorg. Chem.*, **16**, no. 7 (2011).
［チオネインのさまざまな側面を詳説した特集号］

引 用 文 献

1) Lu, J., Stewart, A.J., Sleep, D, *et al.*, A molecular mechanism for modulating plasma Zn speciation by fatty acids. *J. Am. Chem. Soc.*, **134**, 1454–1457 (2012).
2) (a) Prasad, A.S., Zinc: role in immunity, oxidative stress and chronic inflammation. *Curr. Opin. Clinic. Nutr. Metab. Care*, **12**, 646–652 (2009).
   (b) Foster, M., Samman, S., Zinc and redox signaling: perturbation associated with cardiovascular disease and diabetes mellitus. *Antiox. Redox Signal.*, **13**, 1549–1573 (2010).
3) Keilin, D., Mann, T., Carbonic anhydrase. Purification and nature of the enzyme. *Biochem. J.*, **34**, 1163–1176 (1940).
4) Oke, M., Ching, R.T.T., Carter, L.G., *et al.*, Unusual chromophores and cross-links in ranasmurfin: A blue protein from the foam nests of a tropical frog. *Angew. Chem. Int. Ed.*, **47**, 7853–7856 (2008).
5) Myers, L.C., Terranova, M.P., Ferentz, A.E., *et al.*, Repair of DNA methylphosphotriesters through a metalloactivated cysteine nucleophile. *Science*, **261**, 1164–1167 (1993).
6) Fukada, T., Yamasaki, S., Nishida, K., *et al.*, Zinc homeostasis and signaling in health and disease. *J. Biol. Inorg. Chem.*, **16**, 1123–1134 (2011).
7) Dudev, T., Lim, C., Tetrahedral vs. octahedral zinc complexes with ligands of biological

212 12. 亜鉛の生化学

interest, a DFT/CDM study. *J. Am. Chem. Soc.*, **122**, 11146-11153 (2000).
8) Looney, A., Parkin, G., Alsfasser, R., *et al.*, Zinc pyrazolylborate relevant to the biological function of carbonic anhydrase. *Angew. Chem. Int. Ed.*, **31**, 92-93 (1992).
9) (a) Lane, T.W., Saito, M.A., George, G.N., *et al.*, A cadmium enzyme from a marine diatom. *Nature*, **435**, 42 (2005).
　 (b) Xu, Y., Feng, L., Jeffrey, P.D., *et al.*, Structure and metal exchange in the cadmium carbonic anhydrase of marine diatoms. *Nature*, **452**, 56-61 (2008).
10) Smeulders, M.J., Barends, T.R.M., Pol, A., *et al.*, Evolution of a new enzyme for carbon disulphide conversion by an acidothermophilic achaeon. *Nature*, **478**, 412-416 (2011).
11) Schenk, G., Gahan, L.R., Guddat, L.W., Crystal structure of a purple acid phosphatase, representing different steps of this enzyme's catalytic cycle. *BMC Struct. Biol.*, **8**, 6 (2008).
12) Elias, M., Wellner, A., Goldin-Azulay, K., *et al.*, The molecular basis of phosphate discrimination in arsenate-rich environments. *Nature*, **491**, 134-137 (2012).
13) Seebacher, J., Shu, M., Vahrenkamp, H.,The best structural model of ADH so far: a pyrazolylbis(thioimidazolyl)borate zinc ethanol complex. *Chem. Commun.*, 1026-1027 (2001).
14) (a) Pabo, C.O., Peisach, E., Grant, R.A., Design and selection of novel Cys_2His_2 zinc finger proteins. *Ann. Rev. Biochem.*, **70**, 313-340 (2001).
　 (b) Razin, S.V., Borunova, V.V., Maksimenko, O.G., *et al.*, Cys_2His_2 zinc finger protein family: classification, function and major members. *Biochemistry (Moscow)*, **77**, 217-226 (2012).
15) Sigma-Aldrich. ZFN Technology-have your genomic work cut out for you. *Biowire*, **10**, 7-11 (2010).
16) Vašák, M., Meloni, G., Chemistry and biology of mammalian metallothioneins. *J. Biol. Inorg. Biochem.*, **16**, 1067-1078 (2011).

金属‒炭素結合

13

　前章までに示したように，生物学的に活性な金属錯体にはさまざまなものがあり，中央の金属イオンには，程度の差はあるが複雑な有機配位子の酸素，窒素，硫黄ドナー原子が結合している．生物に特異なこの配位化合物は通常，金属‒有機化合物とよばれる．これとは対照的に，配位子が炭素官能基を介して直接金属中心に結合する場合，その化合物は有機金属化合物とよばれる．いくつかの非金属元素，たとえばヨウ素やヒ素，あるいはセレンのような金属と非金属の中間状態の元素も，生理活性分子において元素‒炭素結合を形成する．これらの金属は，半金属とよばれる．水銀のような金属やヒ素のような半金属の場合，金属(半金属)‒炭素結合の形成と切断は，その毒性と無毒化を決定するうえできわめて重要な役割を果たす．

　本章では，CO，CO_2，N_2，CH_4，アルケン，アルキンのような基質の活性化における遷移金属‒炭素結合の役割について，すでに前章までに扱ってきた金属酵素のいくつかに焦点を当てて考える．これと関連して，金属‒炭素結合に特異な結合特性についても簡単にふれる．次に，アデノシルコバラミンおよびメチルコバラミン(ビタミン B_{12} 補酵素)の特別な役割について考える．メチルコバラミンは，生理学的に重要なメチル基転移反応に関わっている．また，セレン‒炭素結合の生理学的意味についても言及する．最後に，水銀，鉛，ヒ素による中毒と無毒化における金属(半金属)‒炭素結合の形成と切断について，生物地球化学的な観点から説明する．

13・1 遷移金属の有機金属化合物

鉄-炭素結合

モリブデンニトロゲナーゼの M クラスター {Fe$_7$MoS$_9$} の中央にある三方柱型の Fe$_6$ ユニットは，中におそらく炭素原子を取込んでいる[1] (図 13・1a)．Fe−C の平均距離は 2.04 Å であり，Fe^{II}-カーバイド(C^{4-})の σ 結合の通常の値である．N$_2$ が結合し還元される間は，二つの Fe−C 結合距離はそれぞれ約 2.6 Å に伸びる．詳しくは§9・2の図 9・4 を参照せよ．モリブデンニトロゲナーゼによる触媒反応の全体を(13・1)式に示す．

$$N_2 + 10H^+ + 8e^- \longrightarrow 2NH_4^+ + H_2 \tag{13・1}$$

モリブデンニトロゲナーゼやバナジウムニトロゲナーゼの副反応には (§9・1)，CO からメタンやその他の炭化水素への還元反応(13・2式)，イソニトリルから第一級アミンへの還元的プロトン化反応(13・3式)，ならびにアセチレンからエチレンへの還元的プロトン化反応(13・4式)が含まれる．

$$CO + 3H_2 \longrightarrow CH_4 + H_2O \tag{13・2}$$

$$RNC + 6H^+ + 6e^- \longrightarrow RNH_2 + CH_4 \tag{13・3}$$

$$C_2H_2 + 2D^+ + 2e^- \longrightarrow (Z)\text{-}C_2H_2D_2 \tag{13・4}$$

これらの反応では，基質はおそらく鉄中心に配位して活性化されることが前提となっている．アセチレンの還元的プロトン化において，シス位に 2 カ所重水素化されて(Z)-ジジュウテリオエチレンが生成することから，図 13・1b の(1)のようにアセチレンが一つの鉄中心に η^2-サイドオン型で配位する，あるいは図 13・1b の(2)のようにアセチレンが二つの鉄中心を架橋する機構が考えられる．Box 13・1 に，さまざまな結合様式 (σ, π, エンドオン，サイドオン型配位) を説明する．

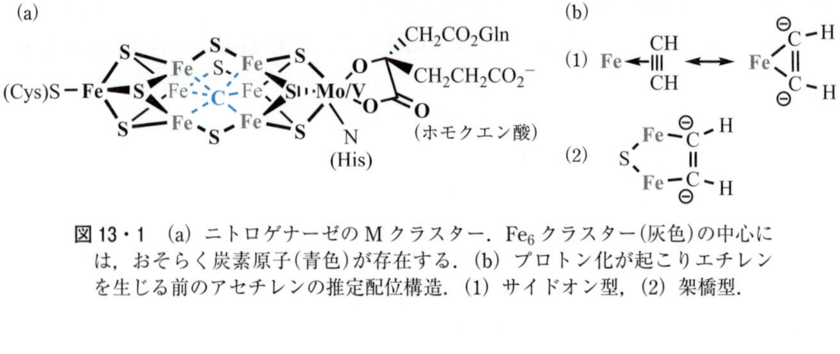

図 13・1　(a) ニトロゲナーゼの M クラスター．Fe$_6$ クラスター(灰色)の中心には，おそらく炭素原子(青色)が存在する．(b) プロトン化が起こりエチレンを生じる前のアセチレンの推定配位構造．(1) サイドオン型，(2) 架橋型．

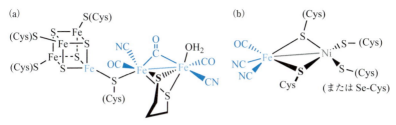

図 13・2 鉄-炭素結合をもつ鉄酵素. (a) 鉄ヒドロゲナーゼ, (b) 鉄-ニッケルヒドロゲナーゼ. Se-Cys はセレノシステインを表す. 最近のモデル研究では, ジチオレンの橋頭位は CH_2 ではなく NH であるという報告もある.

鉄中心にシアノ基とカルボニル基が配位する例として, 鉄ヒドロゲナーゼ[2] (図13・2a), および鉄-ニッケルヒドロゲナーゼ[3] (図13・2b) があげられる[*1]. CO と CN^- の生合成は, 通常 p-クレゾールとともに CO と CN^- を生成するチロシンの分解により行われる[4] (13・5式).

$$\text{(13・5)}$$

CO と CN^- は強い配位子であるため, 鉄の低スピン状態が保たれ, H_2 が効率良く結合できる. CO 配位子は強い π 受容体であるため, 鉄中心のルイス酸性が強くなり, 分子状水素の結合と活性化が容易になる. (13・6)式にヒドロゲナーゼ反応を示すように, このルイス酸性の増強により, H_2 は非対称に開裂しやすくなる.

$$H_2 \rightleftharpoons H^+ + H^- \quad \text{および} \quad H^- \longrightarrow H^+ + 2e^- \qquad (13・6)$$

一酸化炭素 CO とシアン化物イオン CN^- は, 外界から生命体に入ると非常に毒性が高い. この毒性は, これらが配位子としてヘモグロビンやシトクロム c オキシダーゼの鉄中心に効率良く結合することが原因とされ, 血液中の酸素運搬の阻害や酸素還元の阻害をひき起こす (第5章). 有機物の断片を運ぶ他の分子も, 酸素の代謝を妨げる可能性がある. フェニルヒドラジンはその一例で, 毒性はフェニル基 (C_6H_5) をヘモグロビンの鉄中心に結合させて酸素の運搬機能を阻害することに起因する (13・7式).

$$Hb(Fe^{II}) + C_6H_5NH-NH_2 + H^+ + e^- \longrightarrow Hb(Fe^{III}-C_6H_5) + H_2N-NH_2 \qquad (13・7)$$

[*1] 鉄ヒドロゲナーゼおよび鉄-ニッケルヒドロゲナーゼについては, §10・2 の図 10・3 および §10・4 を参照せよ.

Box 13・1　有機金属化合物の配位子-金属結合

　有機配位子の5種類の結合様式を図示する（左：原子価結合による表記，右：軌道の簡略表記）．プラスの軌道のローブは影付き，マイナスの軌道のローブは影なしで示してある．←はσ供与結合，←→はメソメリー効果を表す．

シクロペンタジエニル錯体のσ結合とπ結合の一つ（サンドイッチ錯体の半分のみ示す）

　アルキルおよびアシル金属錯体〔アルキル陰イオン R_3C^- およびアシル陰イオン $O=C(R)^-$（R＝H，アルキル基，アリール基）〕は，σ供与結合を介して陽イオンの金属中心に結合する．炭素上の供与性軌道は，通常 sp^3 混成（アルキル基）あるいは sp^2 混成（アシル基）である．また，金属上の受容性軌道は，sp^3 混成（四面体型錯体），dsp^3 混成（三方両錐型錯体），あるいは d^2sp^3 混成（八面体型錯体）である．

　カルボニル-金属化合物の CO は，σ供与性結合とπ受容性結合の組合わせにより通常低原子価の金属に配位し，二重結合性をもつ M−C 結合を生成する．σ結合の場合，その電子密度は M−C 結合軸の方向に最大値をもつ．一方，π結合

の場合，その電子密度は結合軸の上下に最大値をもち，軸方向はゼロである．
図の枠内: カルボニル基は二つの金属中心にも μ 架橋型で結合できる (ハプト 2, η^2). 通常，その二つの金属間には (弱い) 結合相互作用がある．

アルケンやアルキンはサイドオン型で配位する．原子価結合の表記では，この結合様式は，2 価の正の形式電荷をもつ金属中心と負の電荷をもつ配位ドナー原子からなる三角形構造 (サイドオン型: 左側) と，配位子と金属間のドナー-アクセプター相互作用の形 (サイドオン型: 右側) の混成として記述できる．ここでドナーは配位子の π 軌道，アクセプターは金属上の σ 型混成軌道であり，形成される結合は σ 結合である．これに加えて，金属の d 軌道と配位子の π 軌道間の重なり図に示すように，金属とアルケン/アルキン間の π 結合相互作用が生じる．

シクロペンタジエニル配位子 (η^5-$C_5H_5^- \equiv Cp$) や他の芳香族分子は，一般にサイドオン型 (ハーフサンドイッチ型) で金属に配位する．金属と Cp の間の結合相互作用は三重結合 ($\sigma + \pi + \pi$) で最もよく説明できる．金属上の結合軌道は，σ 結合は d_{z^2} (および P_z)，二つの π 結合は d_{xz} と d_{yz} である．Cp 上の結合軌道は，五つの炭素の p_z 軌道の線形結合により形成される．

ニッケル-炭素結合

ニッケル-炭素結合は，鉄-ニッケル CO デヒドロゲナーゼ(CODH)や鉄-ニッケルアセチル補酵素 A シンテターゼ(ACS)が触媒する反応で生成する[5](§10・4 も参照せよ)．CO デヒドロゲナーゼのニッケル活性中心は，システイン残基を架橋配位子として[3Fe,4S]クラスターにつながっている(図 13・3a)．全体の可逆反応は，水性ガスシフト反応に似ている (13・8 式)．

$$CO + H_2O \rightleftharpoons CO_2 + 2H^+ + 2e^- \qquad (13 \cdot 8)$$

(13・9a)式にアセチル補酵素 A シンテターゼが触媒する反応の過程，(13・9b)式にその過程を含む全体の反応を示す．第 1 段階では，(13・8)式の逆反応に従って CO_2 の触媒的還元により供給された CO が，アセチル補酵素 A シンテターゼのニッケル中心 {Ni} に運ばれる．次に，メチル基がニッケル中心に結合する (13・9a 式の **2**，図 13・3b)．本章で後述するように，このメチル基の転移はメチルコバラミン CH_3Cb により行われる．メチル基は CO 上に転移し，ニッケルに σ 結合したアセチル基を生成する．最終段階では，このアセチル基が補酵素 A に結合する．

Ni−C 結合形成のもう一つの例として，MeSCoM レダクターゼのポルフィリノーゲン補因子 F430 のニッケル中心へのメチル基配位があげられる (図 13・3c)．こ

こでメチル補酵素 M は $CH_3SCH_2CH_2SO_3{}^-$ であり，このメチル基は補因子 F430 の
ニッケル中心に転移し，Ni^{III} から 2.1 Å という近位にある[6a]．次に，メタンの還元
的脱離（メタン生成の最終段階）が起こる（メタン生成については§10・2 を参照
せよ）．(13・10)式はこれらの反応全体を表しているが，基本的には可逆反応であ
る[6b]*2．

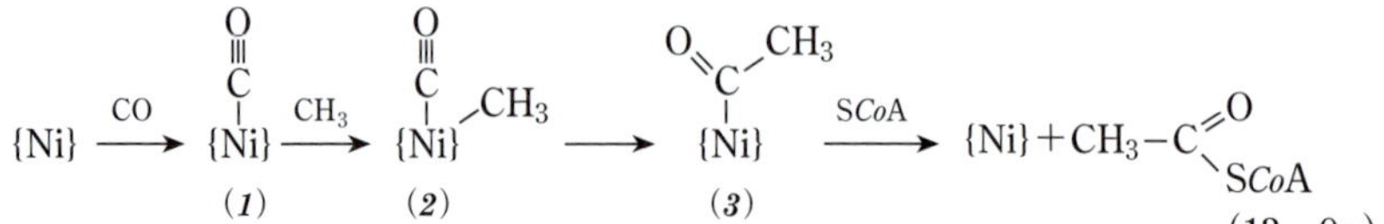

$$\{Ni\} \xrightarrow{CO} \{Ni\} \xrightarrow{CH_3} \{Ni\} \longrightarrow \{Ni\} \xrightarrow{SCoA} \{Ni\} + CH_3-C\begin{smallmatrix}O\\SCoA\end{smallmatrix}$$

$$\text{(1)} \qquad \text{(2)} \qquad\qquad \text{(3)} \tag{13・9a}$$

$$CO + HSCoA + Cb \cdot CH_3 \rightleftharpoons CH_3C(O)SCoA + H^+ + Cb^- \tag{13・9b}$$

$$\{Ni^{III}-CH_3\} + H^+ + 2e^- \rightleftharpoons \{Ni^I\} + CH_4 \tag{13・10}$$

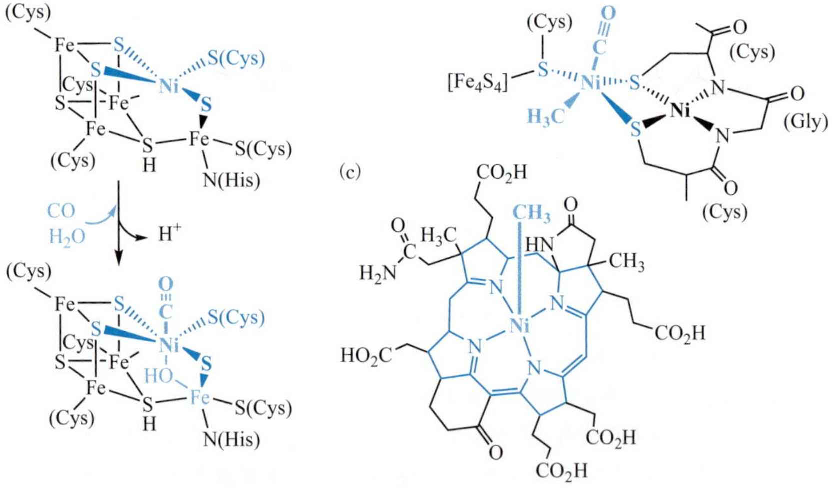

(a)

(b)

(c)

図 13・3 （a）鉄-ニッケル CO デヒドロゲナーゼ（CODH）の活性中心．下図は CO
から CO_2 への変換過程における活性中間体構造．（b）(13・9a)式の中間状態であ
る(2)を反映したニッケル-鉄アセチル補酵素 A シンテターゼ（ACS）の活性中心．
（c）Ni^{III} 中心にメチル基が結合している MeSCoM レダクターゼの補因子 F430．
すべての図で，活性化部位は青で強調してある．

---

*2　メタン生成の逆反応における酸化剤は硫酸塩であり，酸化生成物は CO_2 である．この反応は
メタン酸化細菌により行われる．

13・1 遷移金属の有機金属化合物

モリブデン-炭素結合

メタン生成の第1段階では，CO_2 がサイドオン型でモリブデンに配位して活性化され，CO_2 からモリブデンに O^{2-} が移ると同時にプロトン化とホルミル基の σ 錯体が生成する（図13・4）．この反応過程では，分子内で Mo^{IV} から Mo^{VI} への酸化が伴う．次に，ホルミル基はメタノフランに転移し，ホルミルメタノフランを生成する．全体の過程はメチルメタノフランデヒドロゲナーゼにより触媒されるが，その補因子 {Mo} はモリブドピラノプテリン補因子をもつ亜硫酸オキシダーゼファミリーに属している（§7・1）．Mo^{VI} から Mo^{IV} への還元は $FADH_2$ により行われる[*3]．

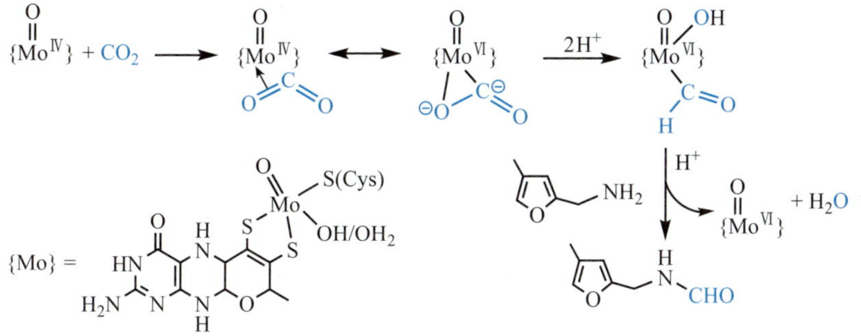

図13・4 メチルメタノフランデヒドロゲナーゼのモリブドピラノプテリン補因子 {Mo} による CO_2 の活性化とホルミル基転移．

コバルト-炭素結合

1926 年に生の肝臓から発見された抗悪性貧血因子あるいはビタミン B_{12}（シアノコバラミン）は，コリノイド配位子（ヘムに関連する配位子系）の四つの窒素ドナーがエクアトリアル方向から Co^{III} に配位し，さらにアキシアル方向から 5,6-ジメチルベンゾイミダゾールの窒素ドナーとシアン化物イオンが配位した Co^{III} 錯体である．メチルコバラミンとアデノシルコバラミンについては図13・5を参照せよ．生体内ではコバラミンのシアニド配位子(CN^-) は H_2O/OH^-，メチル基，5′-デオキシアデノシル基（アデノシルコバラミン，ビタミン B_{12} 補酵素）に置換されている．多くの細菌や古細菌では，5,6-ジメチルベンゾイミダゾールは他のベンゾイミダゾール基あるいはアデノシル基に置き換わっている．これらの変異体はコバミドとよばれている．

[*3] $FADH_2$ はフラビンアデニンジヌクレオチドの還元型である（Box 9・2）．

コバラミンやコバミドは，さまざまな酵素過程において重要な補因子である．イソメラーゼやメチルトランスフェラーゼがその例である．これらの過程では，コバラミン (II) およびコバラミン (I) とよばれる中間体が存在する．これらのどの酸化状態においても，コバルトイオンは低スピン配置をとる[*4].

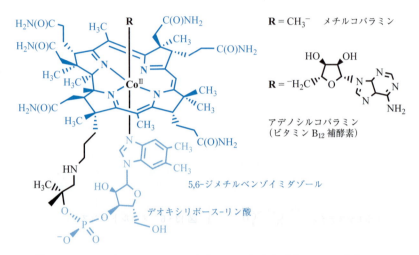

図 13・5 メチルトランスフェラーゼ ($R=CH_3^-$) およびイソメラーゼ〔$R=5'$-デオキシアデノシン(1−)〕の補因子であるコバラミンの構造．エクアトリアル方向のポルフィリノーゲン配位子(青)は，コリノイドあるいはコリン配位子とよばれている．

酵素反応における Co−C 結合の役割を例示する二つの反応について，少し詳しく探ってみよう．① メチオニンシンターゼによるホモシステインからメチオニンへのメチル化，および ② グルタミン酸ムターゼによるグルタミン酸から 3-メチルアスパラギン酸への変換について述べる．① は補因子メチルコバラミンが関わるメチル基の転移の例であり，② は炭素鎖の転位におけるアデノシルコバラミンの役割の例である．

① コバラミンに依存するメチオニンシンターゼ反応．全体の反応経路は図 13・6 に示し[7]，ホモシステインから必須アミノ酸のメチオニンへのメチル化の全体の反応式を(13・11)式に示す．ここで Cb はコバラミン，fol は葉酸塩を表す．また，

[*4] 高スピン配置および低スピン配置については Box 4・3 を参照せよ．

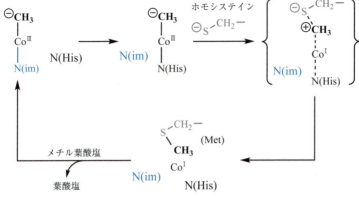

図 13・6 メチルトランスフェラーゼにより触媒されるホモシステインへのメチル基転移．メチルコバラミンはメチル基の移動のための補因子として使われ，メチルテトラヒドロ葉酸はもとのメチルコバラミンの状態に戻すために使われる．ホモシステインのモデルとして CH_3S^- を用いた密度汎関数法に基づき，中括弧に示した遷移状態が提案されている[7b]．

CH_3Cb からホモシステインへ移動しメチオニンの生成に関わるメチル基は，イタリックで強調してある．

$$CH_3\text{Cb} + \text{HS}(CH_2)_2\text{CH}(NH_2)\text{CO}_2\text{H} + CH_3-\text{fol} \longrightarrow \\ CH_3\text{Cb} + \mathit{CH_3}\text{S}(CH_2)_2\text{CH}(NH_2)\text{CO}_2\text{H} + \text{Hfol} \quad (13・11)$$

② 補因子 5′-デオキシアデノシルコバラミン（ビタミン B_{12} 補酵素）を用いる酵素の一例として，グルタミン酸 (Glu) をメチルアスパラギン酸 (MeAsp) へ変換するグルタミン酸ムターゼがあげられる．この可逆反応の全体は，図 13・7 の左下に破線矢印で表している．*Clostridium* 属のような消化管にいる嫌気性細菌は，

MeAsp の発酵の最初の段階にこの異性化反応を利用する．MeAsp はさらに分解されて，酪酸塩，CO_2，NH_4^+，H_2 を生成する[8a]．

この反応サイクルのステップ (1) では（図 13・7），ムターゼがビタミン B_{12} 補酵素（図 13・7 中の {Co^III}）に結合し，ベンゾイミダゾール N(im) をムターゼのヒスチジン残基と置き換える．これと同時に Co−C 結合は均等に開裂し，その結果 Co の酸化状態は II になりアデノシルラジカルが生成する[8b]．ステップ (2) ではアデノシルラジカルがグルタミン酸の C_γ 位の水素ラジカルを引抜き，グルタミン酸ラジカルが生成する．ステップ (3) では，グルタミン酸ラジカルの炭素鎖転位によりメチルアスパラギン酸ラジカルが生成する．ステップ (4) では，MeAsp ラジカルとアデノシンの間で水素原子の交換が起こり，メチルアスパラギン酸が生成し，もとのアデノシルラジカルが再生する．

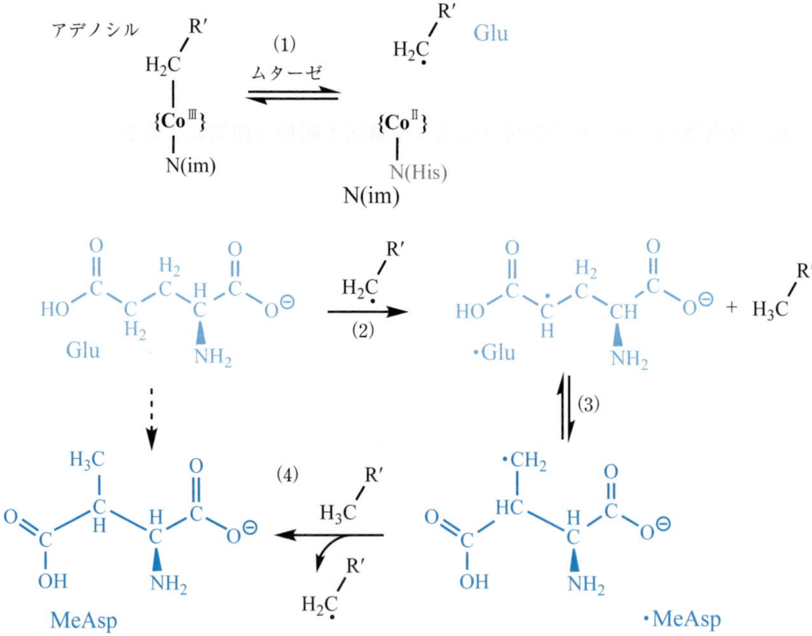

図 13・7　ビタミン B_{12} 補酵素に依存するグルタミン酸ムターゼによるグルタミン酸からメチルアスパラギン酸への異性化の反応経路．黒色：アデノシルコバラミン（ビタミン B_{12} 補酵素）およびアデノシルラジカル，灰色：グルタミン酸ムターゼ〔N(His) で表す〕，水色：グルタミン酸，青色：メチルアスパラギン酸．N(im) はベンゾイミダゾール．破線矢印（Glu から MeAsp）は全体の反応を示す．

13・2　典型金属(半金属)-炭素結合

　本節では，環境や生体内の水銀，鉛，ヒ素，セレンを含む化学種における金属-炭素結合や半金属-炭素結合の関わりについて，特にこれらの元素から有毒種への変換やそれらの無毒化に重点を置いて考える．

13・2・1　水　　銀

　地球上の年間の水銀放出量は，毎年 2×10^6 kg に達している[9a]．それにもかかわらず，地球規模では水銀による環境の大規模な汚染はない．実際自然源や人為起源による環境への水銀の放出は，水銀の再沈着と平衡を保っている．しかしながら，局所的な環境の水銀汚染は深刻な問題になりうる．一例として水俣病があげられる．工業廃棄物が日本の水俣湾に捨てられた結果，猛毒のメチル水銀が貝や魚の体内に蓄積され，1950 年代半ばから地元の住民が集団中毒にかかり，死亡者は約 3000 人にのぼった．また，妊娠中の胎児にも影響が及んだ．自然界の水銀源は，岩石中の自然水銀の液滴や鉱物のシナバー HgS である．

　火山放出物や，ある種の細菌（後述）や遺伝子組換え植物による Hg^{II} 化合物の除染は，単体の水銀の大気への自然放出の原因である．重要な人為的発生源としては，アマルガム法の塩素アルカリ電解質，アマルガム法を経る金の抽出，冶金および溶錬プロセス，清掃工場（水銀電池や電球）や火葬場（アマルガム歯科充填剤）からの排出があげられる．

　単体の水銀や水銀化合物は，いったん大気中や水圏に入るとさまざまな化学種を形成する傾向がある．図 13・8 に概要を示す．大気中の代表的な水銀種は気体状態の単体の水銀であり，北半球での平均濃度は 1.6 ng m^{-3} で，大気中の滞留時間は約 1 年である．この化学種から出発し，以下の化学種形成反応が観察できる．

1. 大気中の単体の水銀 (Hg) は，ヨウ化メチルとの酸化的付加反応によりヨウ化メチル水銀 CH_3HgI を生成する反応により減少する．また，Hg は海水由来の臭素やオゾンの存在下，酸化的に臭化水銀（I）や臭化水銀（II）に変換されうる．臭素とオゾンから生成する活性種は BrO である可能性が高い．さらに，メチル水銀も $HgBr_2$，あるいは他の臭化水銀（II）と酢酸塩から生成しうる．

2. CH_3HgI が海水中に蓄積されると，さらにメチル化されて $Hg(CH_3)_2$ を生成する．ヨウ化物イオンが海水中に大量にある塩化物イオンに置き換わると，塩化メチ

ル水銀 CH$_3$HgCl が生成する.
3. 光により Hg−CH$_3$ 結合が均一に開裂すると,エタンが生成すると同時に Hg が大気中に戻る.あるいは,塩素と OH ラジカルはメチル水銀を無機水銀化合物に変換する.
4. 腐植性有機物を多く含む堆積物中などの無酸素環境では,H$_2$S が CH$_3$HgCl を CH$_3$HgSH に変換する.CH$_3$HgSH は不均化反応により,難溶性の HgS と揮発性の Hg(CH$_3$)$_2$,(CH$_3$Hg)$_2$S に変換されうる.
5. 硫黄酸化細菌は,不溶性の HgS を水溶性の塩化水銀に変換し,メチル化サイクルに戻すことにより水銀を再結集することができる.この再結集は,非生物的に酢酸塩との光反応によっても起こる.
6. 水銀の非可逆的な移動と最終的に堆積物中に蓄積される過程は,セレン化水素 H$_2$Se 存在下でのセレン化水銀への変換により起こる.

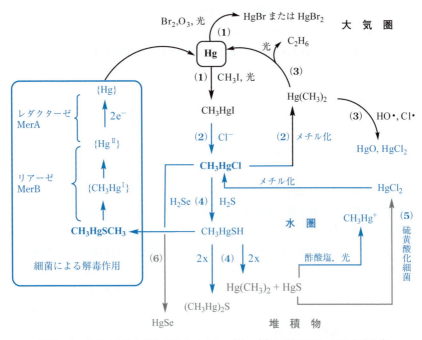

図 13・8 水銀の生物地球化学的サイクル.(1)〜(6)の詳細については本文を参照せよ.青枠内の細菌による解毒作用については図 13・9 も参照せよ.大気中で起こっている化学反応は黒,水圏は青,堆積物中は灰色で示してある.

水銀耐性細菌は，メチル水銀を無毒化する特殊な能力をもつ．これらの細菌は，水銀-メチル間の結合を不均一に開裂し，Hg^{II} を直接的には毒性のない単体の水銀に還元することにより解毒作用を示す．全体の反応を(13・12)式に示す．この細菌の解毒作用の詳細については図13・8の枠内に示してある．この有機物から無機水銀への変換機構については，下記を参照せよ．

$$CH_3Hg^+ + H^+ \longrightarrow CH_4 + Hg^{II} \tag{13・12}$$

二つの連続する過程に関わる酵素，MerB（CH_3-Hg^{I}結合の加水分解のための有機水銀分解酵素であり，CH_4 と Hg^{II} を生成する）と MerA（Hg^{II} を Hg^0 に還元するための水銀レダクターゼ）は，細菌 DNA の *merB* および *merA* オペロンにコードされている[*5]．この *mer* オペロンのもつ効能は，バイオテクノロジーで改変した植物（シロイヌナズナ，タバコ，深い根をもつポプラなど）により，工業汚染地域の水銀汚染土壌の改善に使用できる可能性が注目されている[9b,c]．

水銀の毒性は，Hg^{II} や CH_3Hg^+ がタンパク質のシステイン残基のチオール基に高い親和性をもち，酵素や他のタンパク質を失活させることによる[*6]．無機の水銀 (I) および水銀 (II) は，いったん体内に取込まれると，メチルコバラミンによるメチル基転移により CH_3Hg^+ に変換される（§14・1）．脂溶性の CH_3Hg^+ は血液脳関門を通過できるため，特に動物やヒトに対して有害である．

有機水銀結合の加水分解は水銀耐性細菌の有機水銀分解酵素の MerB に触媒される．機構の詳細については図13・9に示してある．

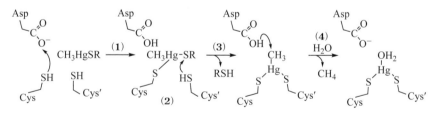

図 13・9 有機水銀分解酵素 MerB が触媒する，有機水銀結合の開裂機構[10a]．生物地球化学的な水銀の化学種形成の全体の背景は図13・8を参照せよ．またステップ(1)〜(4)の詳細については本文を参照せよ．この過程において，水銀は常にII価の酸化状態をとる．次の Hg^0 への還元反応はレダクターゼ MerA が触媒する．

[*5] オペロンは DNA の機能単位で，関連する機能をもつ複数のタンパク質をコードしている．この場合は，水銀 (*mer*) の解毒作用である．

[*6] チオール基に対する Hg^{II} の高い親和性は，水銀中毒のキレート療法にも利用されている．ジメルカプトプロパンスルホン酸（ジマバル®）のような化合物は Hg^{II} と 2:2 の錯体を形成し，体外に効率良く運ばれる．

MerB の脂溶性活性中心は，CH_3Hg^+のチオール残基への高い親和性を利用している．二つのシステイン残基（図 13・9 の CysH と CysH′）および活性部位のアスパラギン酸残基（Asp^-）は，Hg−C 結合の開裂に関わっている．MerB の基質は，直線状の RS−Hg−CH_3 である（R はメチル基，まれに他のアルキル基をさす）．MerB の結晶構造[10a]と密度汎関数法[10b]に基づき，以下のステップが考えられる．

1. Asp^-はシステインのチオール (-SH) 基からプロトンを受取る．
2. 生成したチオラート基 (-S^-) は水銀に結合し，$RSHgCH_3$ 中の RS−Hg 結合を弱める．
3. 水銀に結合した RS^- は HCys′よりプロトン化され，チオール RSH が水銀から解離する．それと同時に，Cys'^-が CH_3Hg^+に結合して三角形構造をもつ CH_3Hg-Cys(Cys′) を生成する．
4. アスパラギン酸は水銀に結合している CH_3^-をプロトン化し，CH_4 が放出されると同時に水分子が配位する．

MerB の活性部位に組込まれた Hg^{II} は，最終的には細胞周辺腔タンパク質の MerB とともに，MerA は細胞質中のレダクターゼ MerA に運ばれる $FADH_2$（Box 9・2 を参照せよ）の助けを借りて Hg^{II} を Hg^0 に還元する（13・13 式）．Hg^0 は細胞膜を介して拡散し，細胞から離れる．

$$Hg^{II} + FADH_2 \longrightarrow Hg + FAD + 2H^+ \qquad (13 \cdot 13)$$

13・2・2 鉛

環境中の鉛のほとんどは人間の活動に由来する．鉛は水道管，電池，コンピューター，テレビ画面，ステンドグラスの窓，いまだガソリンの添加物であるテトラエチル鉛 $Pb(C_2H_5)_4$ としても使われている．水道管には $Pb(OH)_2 \cdot 2PbCO_3$ の難溶性の被膜が生成するが，弱酸性水により Pb^{II}がわずかに溶け出す．ガソリンに含まれる揮発性のアンチノック剤である $Pb(C_2H_5)_4$ は，直接大気中に放出された後に分解されてテトラメチル鉛とエタン（Pb^0 が生成することもある）を生成するか，あるいは燃焼機関中で分解して Pb^0 になり放出された後，酸化されて Pb^{II}になる（図 13・10）．

このようにして生成した鉛の酸化物，水酸化物，ハロゲン化物は，水圏に移動してさらに化学反応を起こす[11]．たとえば，硫化物は Pb^{II} と反応して不溶性の硫化鉛 PbS を生成し，ヨウ化メチルは Pb (II) 化合物を酸化してトリメチル鉛 (IV)

$Pb(CH_3)_3^+$ に変換し,さらに H_2S の存在下,不均化してテトラメチル鉛と PbS を生成する.

鉛化合物,特に $Pb(C_2H_5)_4$ のような有機鉛化合物の大きな問題は,それらの高毒性である.有機鉛化合物への暴露は吸入,摂取,皮膚との接触により起こる.鉛の毒性は,酵素やタンパク質のシステイン残基のチオール基に対する高い親和性によるものであり,この点は水銀の毒性に似ている.また有機鉛化合物は,酸化ストレスもひき起こす.生成した OH ラジカルやペルオキシドは,DNA や神経の損傷をひき起こす.酵素失活に起因する鉛の病理学的効果の一例として,ヘム生合成の阻害とそれによる貧血があげられる.

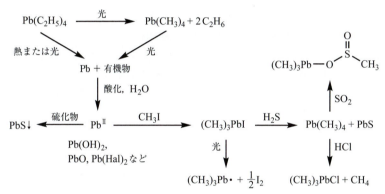

図 13・10　テトラエチル鉛の環境中での化学変化の例.
Hal は Cl,Br,I を表す.

13・2・3　セ レ ン

セレンは本章で扱っている他の元素(水銀,鉛,ヒ素)とは異なり,潜在的に有毒の可能性はあるものの,ヒトにとっては微量必須元素でもある.アミノ酸であるセレノシステイン Se-Cys やセレノメチオニンに含まれ,また,セレンを含む RNA にはセレノウリジンとして含まれている.Se-Cys は必須の栄養素であるため,タンパク質を構成する 21 番目のアミノ酸といわれている.Se-Cys はシステインの硫黄原子がセレンに置き換わった形であり,システインと関連が深い.しかしながら高濃度のセレンは有毒である.食事での摂取不足といわれる量(1 日当たり 40 μg 以下)と毒性量(1 日の摂取量が 400 μg 以上)の間は比較的狭い[12].有機セレン化合物,特に $Se(CH_3)_2$ は無機セレン化合物の亜セレン酸塩 $HSeO_3^-$ やセレン酸塩

SeO_4^{2-} に比べて毒性は低い．したがって，無機セレン化合物から有機セレン化合物への生体内変化は，無毒化過程であると考えられる．

Se-Cys はいくつかの酵素に含まれている．例として，グルタチオンペルオキシダーゼやギ酸デヒドロゲナーゼがあげられる．グルタチオンペルオキシダーゼは，ペルオキシドを用いてグルタチオン (GSH) からそのジスルフィド体への酸化反応を触媒する．また，ペルオキシドを除去することにより逆に酸化的損傷を抑える．それぞれの反応を(13・14)式に示す．ギ酸デヒドロゲナーゼは，酸化型のニコチンアミドアデニンジヌクレオチド (NAD^+) と連携してギ酸から CO_2 への酸化反応を触媒する (13・15式)．ギ酸デヒドロゲナーゼは，モリブデン中心にセレノシステインが配位したモリブドピラノプテリン補因子を含む (§7・1)．

$$2GSH + H_2O_2 \longrightarrow GS-SG + 2H_2O \qquad (13・14)$$

$$HCO_2^- + NAD^+ \longrightarrow CO_2 + NADH \qquad (13・15)$$

図 13・11(a)に示すように，Se-Cys の生合成は転移 RNA に結合しているセリン残基のセレン化を介して進行する．このセリンから Se-Cys への変換に必要なセレンは，セレノリン酸シンターゼが触媒する[13]アデノシン三リン酸 (ATP) とセレン化物イオン Se^{2-} からセレノリン酸が生成する反応により供給される (図 13・11b)．

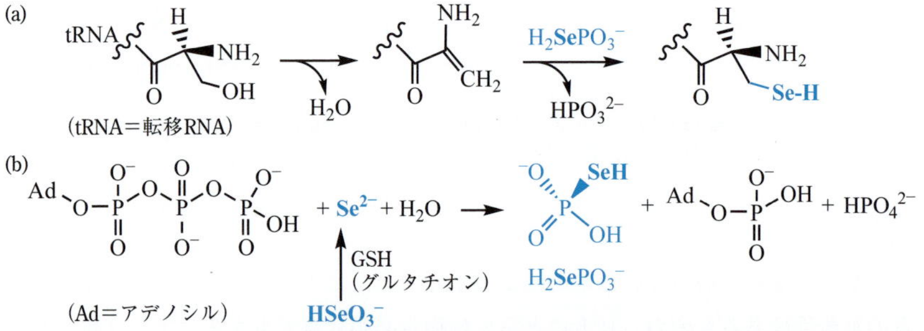

図 13・11 セレノリン酸が用いられる，セリン-tRNA 中のセリンからセレノシステインへの変換反応 (a)，およびセレン化物 Se^{2-} とアデノシン三リン酸 (ATP) からセレノリン酸への変換反応 (b)．反応 (a) はセレノシステインシンターゼ，反応 (b) はセレノリン酸シンターゼにより触媒される．ここには示していないが，実際にはセリン部分のアミノ基はピリドキサールリン酸により官能基化される．

いくつかの側面から見たセレンの環境中の化学変化を図 13・12 にまとめた．環境中のおもなセレン源は，火山ガス中の H_2Se，石炭燃焼による SeO_2，生物相に存在する $Se(CH_3)_2$ と $Se_2(CH_3)_2$ である．大気，海洋，土壌中にいったん放出されると，

低原子価セレン化合物は，酸化されて亜セレン酸塩 $HSeO_3^-$ やセレン酸塩 SeO_4^{2-} になる．生物圏に到達した無機セレン化合物は，再び亜セレン酸メチルやセレン酸メチルの生成を介して，Se^{-I} および Se^{-II} を含むアルキル（おもにメチル）セレン化合物に還元的に変換される[14]．セレン化合物のための代表的な生物学的メチル化剤は S-アデノシルメチオニン（図 13・12 の枠中）であるが，最終的にメチル基はメチルコバラミンにより転移されることもある．

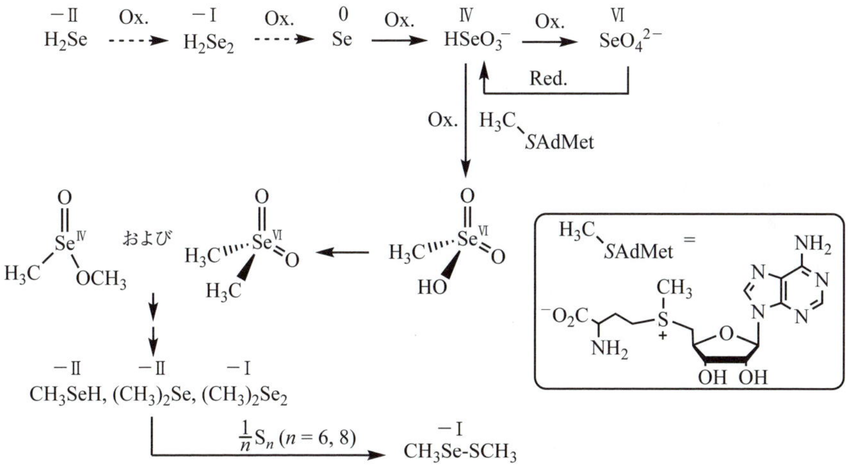

図 13・12 代表的なセレンの生物地球化学的な化学変化．ローマ数字はセレンの酸化数を示す．Ox. は（O_2 や O_3 による）酸化，Red. は還元を意味する．

13・2・4 ヒ　素

ヒ素はほとんどの生命体に対して猛毒な元素である．しかし，いくつかの微生物は無機，有機ヒ素化合物を代謝し，高濃度のヒ素を含む水域環境に耐えられる．ヒ酸塩(V) $HAsO_4^{2-}$（AsO_3OH^-）は，特殊な細菌がヒ酸塩から亜ヒ酸塩(III) $H_2AsO_3^-$〔または $AsO(OH)_2^-$〕への還元を利用して電子伝達系の最終的な電子受容体として使っている．ヒ素はおもに亜ヒ酸塩の形で，地球上のいくつかの地域で飲料水と関連して大きな懸念事項になっている．すなわちヒ素は，硫ヒ鉄鉱 $FeAsS$ のような鉱質沈着物やヒ素を含む農薬から地下水に漏れ出てくる．

生物体内に無機ヒ素化合物が一度入ってしまうと，形式的にはヒ酸塩や亜ヒ酸塩から誘導され，最高三つの OH/O^- 基がメチル基に置き換わったメチル化ヒ素体に

代謝される．ヒ素中毒の際にヒトからおもに排出される化学種は，ジメチルアルシン酸塩 $(CH_3)_2As^VO_2^-$ である．図 13・13 には，ヒ酸塩 (V) と亜ヒ酸塩 (III) の間の変化や，無機ヒ素化合物と有機（メチル化）ヒ素化合物の間の化学変化を含む代謝経路の概略を示す．

　ヒ酸塩と亜ヒ酸塩は環境中で，共通の酸化還元反応により相互変換する．ヒ酸塩はリン酸塩と類似しており，リン酸輸送系を介して細胞膜を通過する．一度（細菌

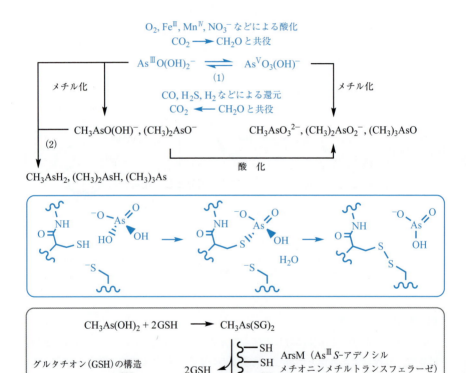

図 13・13　ヒ素化学種の代表的な生体内変換反応．上部に概略を示す．青枠内にヒ酸塩から亜ヒ酸塩への生体内還元反応を，灰色の枠内には亜ヒ酸とメチルアルシン酸からトリメチルアルシン $As(CH_3)_3$ への変換反応を示す．CH_3-SAdMet（S-アデノシルメチオニン）については図 13・12 の枠内と説明文を参照せよ．

13・2 典型金属(半金属)-炭素結合 231

細胞に入ると[*7]，さまざまな酸化還元活性種により亜ヒ酸塩に還元されたり，再びヒ酸塩に酸化されたりする[15]．ヒ酸塩から亜ヒ酸塩への還元反応はヒ酸塩レダクターゼにより触媒され，その過程ではヒ酸塩が一時的にシステイン残基に結合し，酵素の活性部位でジスルフィド結合を形成する[16]．この過程を図13・13の青枠内に示した．図13・13の灰色の枠内には，ヒ酸塩とメチルアルシン酸からトリメチルアルシン $As(CH_3)_3$（ゴシオ毒[*8]）への変換反応の詳細を示す．

ヒ素のメチル化は，亜ヒ酸のオキシ/ヒドロキシ基とグルタチオン（GSH）のチオール基の交換，すなわち $(CH_3)_n As(SG)_{3-n}$（$n=0, 1, 2$，$n=1$ の場合については図13・13の灰色の枠を参照せよ）の生成から始まるといわれている．次に，このグルタチオンが結合した As^{III} に，As^{III} S-アデノシルメチオニンメチルトランスフェラーゼ ArsM の三つのチオール基が配位する[17]．最終的にメチル化は，S-アデノシルメチオニン，つまりセレン酸メチル化合物の生成においてメチル化剤として同定されたその補因子により達成される．

亜ヒ酸塩（III）は，解糖系の最終段階，すなわちピルビン酸の脱炭酸反応を触媒するピルビン酸デヒドロゲナーゼの補因子であるリポ酸のビスチオラート基に結合する[18]．例として図13・14(a)に，生物兵器の成分として使用された As^{III} 化合物ル

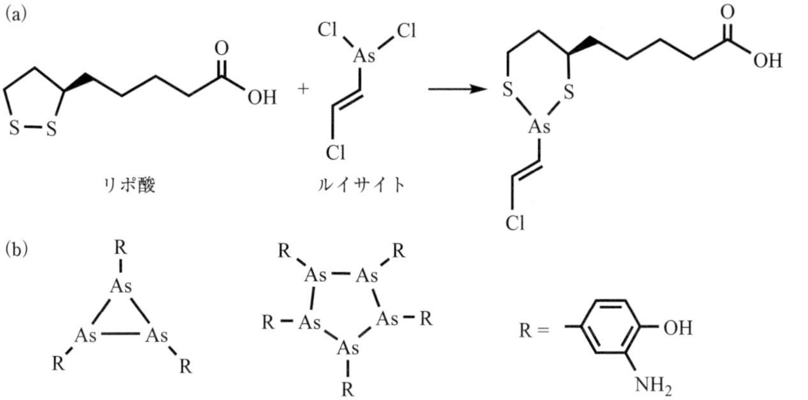

図13・14　(a) 毒ガスのルイサイトによるリポ酸の阻害．
(b) 抗梅毒薬サルバルサンの化学構造式．

[*7] Box 12・1 にヒ酸塩の取込みに対して細菌がどのように防御しているかについて概観した．
[*8] ゴシオ毒は，色素であるシェーレグリーン(亜ヒ酸銅 $Cu_3As_2O_6$)を含んだ湿ってカビ臭い壁紙の中で，生体内の還元反応やメチル化反応により生成するメチルアルシン酸類の混合物である．

232　　　　　　　　　　　　13. 金属-炭素結合

イサイト"死の露"を示した.

　一方,ヒ素化合物は治療にも用いられてきた.有名な例は,1909年にパウル・エールリッヒ研究所で開発されたサルバルサン"癒やしのヒ素"である.これは,梅毒や他のいくつかの微生物病の治療に用いられてきた.サルバルサン(図13・14b)は,酸化状態が I のヒ素からなる三員環および五員環の有機ヒ素化合物の混合物である[19].

⊕ ま と め

　本章は,有機金属化合物および有機半金属化合物と生物との関わりについて述べ,さらに生物地球化学的な循環におけるこれらの化合物の化学変化について説明した.

　ニトロゲナーゼの M クラスター中の三方柱型 Fe_6 中心ユニットは,中に炭素原子を一つ含み,この炭素原子は Fe-C の距離を制御することにより N_2 の活性化を調節する.さらに,ニトロゲナーゼ中の F_6 クラスターの Fe イオンに基質(CO,イソニトリル,アルキン,アルケン)が結合して活性化され還元的プロトン化が起こるが,その際に Fe-C 結合が形成される.

　鉄ヒドロゲナーゼおよびニッケルヒドロゲナーゼにおいて,H_2 の活性化は Fe の配位圏にある CO や CN^- により助けられている.ここで CO や CN^- は基質の変化には直接関わっていない.CO の直接的活性化の一例として,鉄やニッケルを含む CO デヒドロゲナーゼがあげられる.ここでは,メチルコバラミンがニッケルに配位した CO に CH_3^- を転移させ,アセチル-ニッケル錯体を形成する.

　メタン生成(生物が行う CO_2 からメタンへの還元)における最初の段階は,メチルメタノフランデヒドロゲナーゼのモリブドピラノプテリンのモリブデン中心に CO_2 が配位することによる CO_2 の活性化である.ひき続き CO_2 は還元され,ホルミル基が配位したモリブデン錯体が生成する.メタン生成の一連の反応の最終段階では,ポルフィリン様補因子 F430 のニッケル中心へ CH_3^+ が転移し,還元的プロトン化によりニッケルに結合したメチル基はメタンになる.

　多くのメチル基 (CH_3^-) 転移反応は,メチルコバラミンを補因子にもつ酵素により触媒される.コバラミンは,ポルフィリン系のコリン配位子とアキシアル位にベンゾイミダゾールが配位した Co^n (n=I, II, III) を含む.アデノシルコバラミン(補酵素 B_{12})はイソメラーゼの補因子である.具体的な例として,グルタミン酸ムターゼがある.この酵素は,アデノシルラジカルを一時的に生成するラジカル機構により,グルタミン酸塩をアスパラギン酸メチルに可逆的に異性化する.

半金属のセレンやヒ素は，地球規模で複雑に化学変化する．必須栄養素であるセレノシステインの成分であるセレンは H_2Se や亜セレン酸塩の形で，ヒ素は亜ヒ酸塩やヒ酸塩の形で環境中に放出される．S-メチルアデノシンによるメチル化により，セレンやヒ素の無機化合物は，セレン酸メチル/ヒ酸メチル，亜セレン酸メチル/亜ヒ酸メチル，$(CH_3)_2Se$ や $(CH_3)_3As$ のようなメチルセレン/メチルアルシンなどさまざまな有機化合物に変換される．ヒ素の場合，後半部分の変換反応は，中間体として $As(SG)_3$（ここで HSG はグルタチオンである）を生成して進行する．

参 考 論 文

Gordon, J.C., Kubas, G.J., Perspectives on how nature employs the principle of organometallic chemistry in dihydrogen activation in hydrogenases. *Organometallics*, **29**, 4682-4701 (2010).
［自然界はなぜ一酸化炭素とシアン化物イオンを生成したか，またなぜヒドロゲナーゼの反応中心の鉄の活性化のために"無機物"を配位子として用いたのかに関する洞察を述べた総説］

Kräutler, B., Jaun, B., Metalloporphyrins, metalloporphinoids, and model systems. In: Kraatz, H.-B., Metzler-Nolte, N.（eds）*Concepts and models in bioinorganic chemistry.*, ch.9 Weinheim: Wiley-VCH (2006).
［コバラミン（B_{12}）に依存する酵素反応に関する総説．コバラミンの構造，コバラミンと他のポルフィリン系やモデル化合物との関連性について紹介している］

Steffen, A., Douglas, T., Amyot, M., *et al.*, A synthesis of atmospheric mercury depletion event chemistry in the atmosphere and snow. *Atmos. Chem. Phys.*, **8**, 1445-1482 (2008).
［大気，海洋の水と雪（極地付近）への水銀の複雑な流入経路，水銀の化学変化や大気からの流出に関する概説である．水銀の分布や化学変化を分析する方法にも焦点を当てている］

引 用 文 献

1) Dance, I., Ramifications of C-centering rather than N-centering of the active site FeMo-co of the enzyme nitrogenase. *Dalton Trans.*, **41**, 4859-4865 (2012).
2) (a) Bruska, M.K., Stiebritz, M.T., Reiher, M., Regioselectivity of H cluster oxidation. *J. Am. Chem. Soc.*, **133**, 20588-20603 (2011).
   (b) Berggren, B., Adamska, A., Lambertz, C., *et al.*, Biomimetic assembly and activation of [FeFe]-hydrogenases. *Nature*, **499**, 66-69 (2013).
3) Ogata, H., Lubitz, W., Higuchi, Y., [NiFe] hydrogenases: structural and spectroscopic studies of the reaction mechanism. *Dalton Trans.*, **37**, 7577-7587 (2009).
4) Shepard, E.M., Duffus, B.R., George, S.J., *et al.*, [FeFe]-Hydrogenase maturation: HydG-atalyzed synthesis of carbon monoxide. *J. Am. Chem. Soc.*, **132**, 9247-9249 (2010).
5) Ragsdale, S.W., Metals and their scaffolds: to promote difficult enzymatic reactions. *Chem. Rev.*, **106**, 3317-3337 (2006).

234   13. 金属-炭素結合

6) (a) Cedervall, P.E., Dey, M., Li, X., *et al.*, Structural analysis of a Ni-methyl species in methyl-coenzyme M reductase from *Methanothermobacter marburgensis. J. Am. Chem. Soc.*, **133**, 5626-5628 (2011).
   (b) Scheller, S., Goenrich, M., Boecher, R., *et al.*, The key nickel enzyme of methanogenesis catalyses the anaerobic oxidation of methane. *Nature*, **465**, 606-609 (2010).

7) (a) Matthews, R.G., Koutmos, M., Datta, S., Cobalamin- and cobamide-dependent methyltransferases. *Curr. Opin. Struct. Biol.*, **18**, 658-666 (2008).
   (b) Kozlowski, P.M., Kamachi, T., Kumar, M., *et al.*, Reductive elimination pathway for homocysteine to methionine conversion in cobalamin-dependent methionine synthase. *J. Biol. Inorg. Chem.*, **17**, 611-619 (2012).

8) (a) Buckel, W., Unusual enzymes involved in five pathways of glutamate fermentation. *Appl. Microbiol. Biotechnol.*, **57**, 263-273 (2011).
   (b) Rommel, J.B., Kästner, J., The fragmentation-recombination mechanism of the enzyme glutamate mutase studied by QM/MM simulations. *J. Am. Chem. Soc.*, **133**, 10195-10203 (2011).

9) (a) Streets, D.G., Devane, M.K., Lu, Z., *et al.*, All-time release of mercury to the atmosphere from human activities. *Environ. Sci. Technol.* **45**, 10485-10491 (2011).
   (b) Mathema, V.B., Thakuri, B.C., Sillanpää, M. Bacterial *mer* operon-mediated detoxification of mercurial compounds: a short review. *Arch. Microbiol.*, **193**, 837-844 (2011).
   (c) Ruiz, O.N., Daniell, H., Genetic engineering to enhance mercury phytoremediation. *Curr. Opin. Biotechnol.*, **20**, 213-219 (2009).

10) (a) Lafrance-Vanasse, J., Lefebvre, M., Di Lello, P., *et al.*, Crystal structures of the organomercurial lyase MerB in its free and mercury-bound forms. Insights into the mechanism of methylmercury degradation. *J. Biol. Chem.*, **284**, 938-944 (2009).
    (b) Parks, J.M., Guo, H., Momany, C., *et al.*, Mechanism of HgeC protonolysis in the organomercurial lyase MerB. *J. Am. Chem. Soc.*, **131**, 13278-13285 (2009).

11) Shotyk, W., Le Roux, G., Biochemistry and cycling of lead. In: Sigel, A., Sigel, H., Sigel, R.K.O., (eds) *Biogeochemical cycles of elements*. Boca Raton, FL: Taylor & Francis, **43**, 239-275 (2005).

12) Winkel, L.H.E., Johnson, C.A., Lenz, M., *et al.*, Environmental selenium research: from microscopic processes to global understanding. *Environ. Sci. Technol.*, **30**, 571-579 (2011).

13) Itoh, Y., Sekine, S.-i., Matsumoto, E., *et al.*, Structure of selenophosphate synthase essential for selenium incorporation into proteins and RNAs. *J. Mol. Biol.*, **385**, 1456-1469 (2009).

14) Chasteen, T.G., Bentley, R., Biomethylation of selenium and tellurium: microorganisms and plants. *Chem. Rev.*, **103**, 1-26 (2003).

15) Stolz, J.F., Basu, P., Oremland, R.S., Microbial arsenic metabolism: new twists on an old poison. *Microbe*, **5**, 53-59 (2010).

16) Messens, J., Martins, J.C., Van Belle, K., All intermediates of the arsenate reductase mechanism, including an intramolecular dynamic disulfide cascade. *Proc. Natl. Acad. Sci. USA*, **99**, 8506-8511 (2002).

17) Marakapala, K., Qin, J., Rosen, B.P., Identification of catalytic residues in the As (Ⅲ) *S*-adenosylmethionine methyltransferase. *Biochemistry*, **51**, 944-951 (2012).

18) Ord, M.G., Stocken, L.A., A contribution to chemical defense in World War Ⅱ. *Trends Biochem. Sci.*, **25**, 253-256 (2000).

19) Lloyd, N.C., Morgan, H.W., Nicholson, B.K., *et al.*, The composition of Ehrlich's salvarsan. *Angew. Chem. Int. Ed.*, **117**, 963-966 (2005).

無機医薬品[*1]

　スイスの医薬の錬金術師であり哲学者でもあるTheophrastus Bombastus von Hohenheim (1493～1541. Paracelsus の名でよく知られる) は，"すべての物質は毒である．毒となるか，ならないかを決めるのは服用量なのだ"と述べた．一般にヒ素，セレン，白金や金のような重金属は有毒であると考えられてる．しかしヒ素化合物はいくつかの微生物病の治癒に使われており，微量のセレンは必須アミノ酸のセレノシステインの合成に必要である．また白金化合物や金化合物はそれぞれ，癌や関節炎のような炎症の治療に広く用いられ，成功してきた．鉄や銅のような金属は多くの生体機能に必須であるが，過剰に摂取すると健康上致命的な結果をもたらす．

　本章では，鉄や銅の恒常性（鉄と銅の平衡濃度）が崩れると，私たちの健康にどのような影響が及ぶかを説明する．特に銅に関して，メンケス病，ウィルソン病，アルツハイマー病について述べる．また，白金や金を含む医薬の作用形態，胃粘膜の炎症の治療におけるビスマスの役割，リチウムを使う双極性障害の治療，消毒薬としての銀の使用について考察する．さらに，リン酸の類似体であるバナジン酸が，インスリン増強に基づく抗糖尿病薬としてどのような可能性を秘めているかも検討する．

　悪性腫瘍の治療や転移性骨癌の患者の苦痛緩和への短寿命放射性核種の応用についても紹介する．これと関連して，病組織のγ線イメージングにおけるγ放射体

[*1] 本章で述べられている診断薬や治療薬に関する臨床試験や医薬品の認可，治療薬の処方については，国により状況が異なる．本書では，この点について原書に忠実に翻訳してあるため，特に日本の状況については関連の専門書や資料などを参照せよ．

236　　　　　　　　　　　　　14. 無 機 医 薬 品

(例: 準安定な ^{99m}Tc) や, ^{123}I のような陽電子放射体の使用についても考察する. また, 造影剤として常磁性ガドリニウム錯体を用いる核磁気共鳴法に基づくイメージング技術についても説明する. これらのイメージング法は確立しており, 通常ポジトロン断層撮影法 (positron emission tomography, PET) および核磁気共鳴画像法 (magnetic resonance imaging, MRI) とよばれている.

　本章の最後にもう一度 Paracelsus に戻り, 一酸化炭素, 一酸化窒素, 硫化水素といった気体に関連した毒物について述べる. これらの気体は間違いなく有毒であるが, 生体内で少量生成されるものでもあり, たとえば血圧調節には必須である. 一酸化窒素放出治療法はすでに数十年使用されており, 現在標的特異的な一酸化炭素や硫化水素の放出のためのプロドラッグも開発中である. この分野の将来性についても概観する.

14・1　金属と半金属の体内への導入

　金属と半金属は食物, 飲料水, 空気, あるいは皮膚吸収を通じて体内に導入される. また金属医薬品の形で注射や経口的に, 人為的にも体内に取込まれる. 水溶性の塩のような単純な無機金属イオン化合物は, その遊離金属イオンを直接利用できる. 金属イオンが配位化合物の中に"隠れている"多くの金属医薬品の場合, すべてあるいは一部の配位子が体液中で除去あるいは交換されることで, 中の金属イオンが次のステップに移行して作用できるようになる. このような医薬品は, 通常プロドラッグとよばれる. もとの配位子が除去, あるいは体液中の配位子と交換される程度は, その金属錯体の安定性, 活性化障壁, 速度論に依存する.

　体内に取込まれた金属イオンの標的には, 塩化物イオン, 炭酸イオン, リン酸イオンのような単純な無機イオン以外に (§14・3・1), 体液中の低分子量のキレート剤, タンパク質, DNA の三つがある. キレート剤[*2] は, 金属イオンに協同して結合できる数個の配位ドナー原子をもつ. 自己完結型の低分子量のキレート剤の例として, アルカリ金属イオンに結合する環状オリゴペプチド (イオノホア, §3・3) や, $Co^{I/III}$ に結合するコリノイド配位子 (§13・1) があげられる. しかしキレート剤は

[*2]　キレート配位子は, 二つ以上 (通常六つまで) の配位ドナー原子をもつ配位子である. キレート配位子は, 錯体形成におけるギブズの自由エネルギーにエントロピー効果で寄与するキレート効果を利用している. ここでいう"エントロピー"は, 錯体形成による単位体積あたりの分子/イオン数の増加をさす. 一例を §3・3の(3・2)式に示してある.

14・1 金属と半金属の体内への導入　　237

多くの場合，シトクロム中の $Fe^{II/III}$ に結合する鉄ポルフィリン類（ヘム，Box 5・2）や，$Mo^{IV/VI}$ に結合するモリブドピラノプテリン補因子のジチオレン配位子（§7・1）のような，タンパク質中の不可欠な機能部位である．金属イオンキレート剤が不可欠であるタンパク質は，触媒機能も非触媒機能も担うことができ，それに応じて，金属酵素あるいは金属タンパク質とよばれる．

金属タンパク質の例として，金属イオン運搬体や，金属貯蔵や遺伝子発現に関わるタンパク質があげられる．本来これらの構造中に含まれる金属イオンが，食物や金属医薬品により体外から取込まれた金属イオンに置き換わると，タンパク質の本来の機能が失われ毒性効果をひき起こす．また，金属イオンは非特異的にタンパク質の官能基に結合して異常な折りたたみ構造を誘起するため，タンパク質の異常な凝集による神経変性疾患をひき起こすことがある．

ペプチドやタンパク質を構成する 21 の必須アミノ酸（セレノシステインを含めた場合）のなかには，金属イオンに結合できる官能基を側鎖にもつものがかなりある．ヒスチジン，アルギニン，チロシン，セリン，アスパラギン酸，グルタミン酸，システイン，セレノシステイン，メチオニン，リシン，トレオニン，トリプトファンがその例である．さらに，タンパク質のペプチド結合も関与しうる．水，水酸化物イオン，硫化物イオン，リン酸イオンのような無機配位子は，しばしば配位圏を補完している．ペプチドやタンパク質における金属イオンのさまざまな結合様式については図 1・2 を参照せよ．

先に述べたように，金属イオンは DNA にも結合する．通常の DNA は，2 本の右巻きらせん鎖からなるワトソン–クリック[*3]型二重らせん構造をとる．2 本の鎖は 4 種類の核酸塩基[*4]（アデニン，グアニン，チミン，シトシン）からなり，逆平行になるように会合している．図 14・1 に示すように，同じ鎖内の核酸塩基はデオキシリボースに結合し，それらがリン酸ジエステル結合により連結し一本鎖ができる．二本鎖は塩基間の水素結合により相補的に会合している．核内の限られた空間内に収まるように，DNA はヒストンとよばれるタンパク質に巻きつき，他のタンパク質と複合してクロマチンを形成し，さらに折りたたまれて染色体となる．このような組織化により，DNA は損傷を軽減することができる．しかしながら，RNA

[*3]　ワトソンとクリックは 1953 年に DNA の構造を共同で発見し，現在よく知られている二重らせん構造を提案した．

[*4]　リボースに核酸塩基が結合したものをヌクレオシド，リボースに核酸塩基とリン酸基が結合したものをヌクレオチドとよぶ．

合成やタンパク質の合成，DNA複製の際に，DNAは部分的にほどかれる．ほどけて露出したDNAは金属医薬品の標的になりやすくなり，変異の危険性が高くなる（変異するとDNA配列は正確に読まれなくなる）．遊離の金属イオンや配位化合物を含め，このようにDNAを標的とする医薬品は一般に遺伝毒性があるとみなされる．

　金属イオンが優先的に結合する部位は，アデニンや（やや親和性は低いが）グアニンのイミン窒素N7，そして負電荷をもつリン酸基のオキシドである．それぞれの場所は図14・1に矢印で示した．金属イオンは同じ鎖の隣り合う二つの核酸塩基（鎖内配位），あるいは二重らせんの二本鎖の核酸塩基（鎖間配位）を架橋することができる．さらに金属イオンは，DNA塩基とタンパク質，あるいは二つのDNA分子間を架橋することもある．芳香族や擬似芳香族化合物のような，平面構造をも

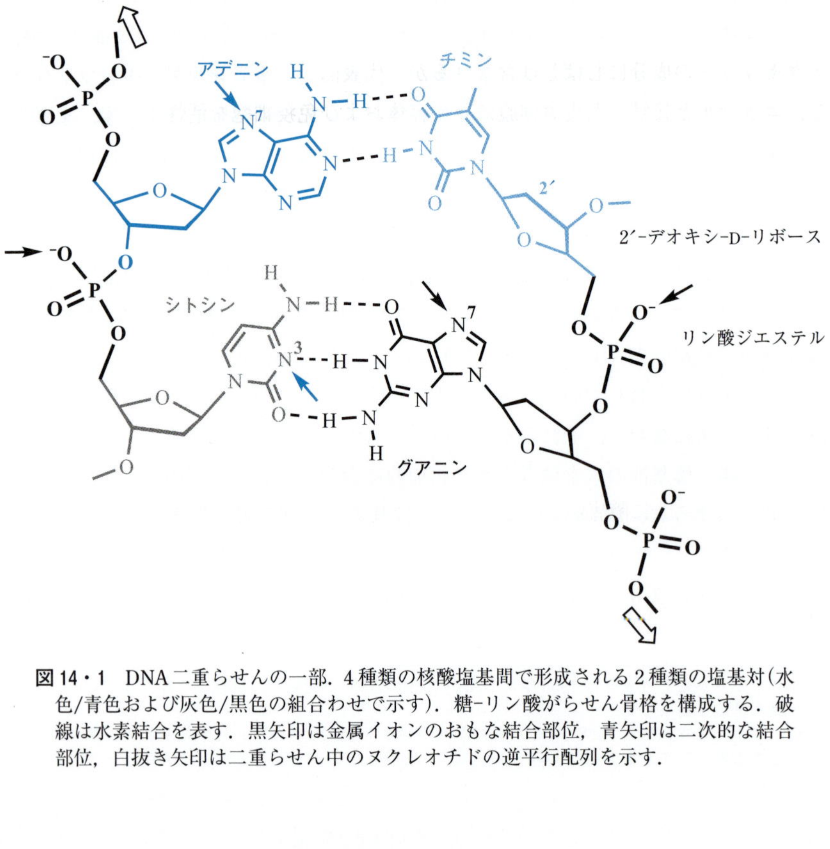

図14・1　DNA二重らせんの一部．4種類の核酸塩基間で形成される2種類の塩基対(水色/青色および灰色/黒色の組合わせで示す)．糖-リン酸がらせん骨格を構成する．破線は水素結合を表す．黒矢印は金属イオンのおもな結合部位，青矢印は二次的な結合部位，白抜き矢印は二重らせん中のヌクレオチドの逆平行配列を示す．

14・1 金属と半金属の体内への導入

つ疎水性配位子は塩基対間に挿入することができ，この相互作用はインターカレーションとして知られている．

さまざまな金属や半金属は，消化管を介して体内に入る場合，毒性が高く死に至ることさえもある．たとえばヒ素，カドミウム，水銀，バリウムがあげられる．毒性は通常化学種そのものや，潜在的な毒が体内に取込まれたことで受ける化学変化に相関している．たとえば単体の水銀は，Hg^IやHg^{II}より毒性が低い．また，遊離のBa^{2+}は毒性が高いが，ほとんど不溶性の硫酸バリウムは，腸内の潰瘍のような欠陥を検出するための放射線不透過性物質として数十年間用いられてきた．

他の金属は少量では直ちに毒性は示さないが，長い年月の間に特定の細胞小器官に蓄積して毒性作用を生じるようになる．亜鉛に拮抗するカドミウムはその一例である．Cd^{II}は亜鉛タンパク質の脱プロトンしたシステイン残基のチオール基に強く結合し[1]，タンパク質の機能を障害し[*5]，最後にはタンパク質を変性させて不溶性の CdS を生じる．

無害な金属であっても，重篤なアレルギーをひき起こすことがある．ニッケルはアクセサリーの成分にしばしば含まれるが，代表的な皮膚アレルゲンの一つでもある．ニッケルと接触した皮膚細胞は，受容体および免疫細胞を活性化して，皮膚の炎症を促進することにより[2]アレルゲンから身を守る．

§13・2 では，金属である水銀と鉛，半金属であるヒ素とセレンの毒性について，これらの化学変化により生成する有機金属中間体と関連させて説明した．§14・2 では，鉄と銅の代謝経路の機能障害およびこれらの撹乱による病気のパターンについて説明する．恒常性の機能不全（通常ならば必須金属の過負荷），中毒（有毒な金属や半金属），治療や診断（重金属や放射性核種）による有毒レベルの金属イオンは，通常"キレート療法"により対処される．この治療法では，イオン選択的有機配位子を投与し，効率良く標的イオンでのを捕捉しその分泌量を調整する．理想的なケースでは，銅や鉄のような機能的金属イオンでの治療法は，これらの金属イオンの本来の生体機能に障害を与えることなく効果的なはずである．また，キレート療法に適用されるキレート剤は無害（少なくとも低毒性）であり，かつその金属イオンが効率良く標的の部位に達して金属イオンを排泄できるように，水溶性と脂溶性のバランスがとれた設計が施されている必要がある．

---

*5 カドミウムは，タンパク質の機能を維持するために亜鉛と置換することもある．海洋ケイ藻のカドミウム依存炭酸脱水酵素がその一例である．詳細は§12・2・1を参照せよ．

14·2 鉄および銅の恒常性の機能障害

恒常性とは，さまざまな生体内の過程や経路が正しく機能するための境界値を調整し維持する生命体の能力をさす．これは生命体の生理的機能が最適な環境で働くための金属イオンの量を調節し維持する方法を含んでいる．鉄や銅のような必須金属は，量が多すぎても少なすぎても通常の代謝に必須の過程や経路の重篤な機能障害をもたらす．

14·2·1 鉄

成人は体内に約 4 g の鉄を保持し，その約 70％はヘモグロビンに含まれている．残りの 30％のほとんどは輸送タンパク質のトランスフェリンやフェリチンのような鉄貯蔵タンパク質（§4·2）に結合している．ヘムの再構築のような代謝経路に関わる遊離の鉄イオンのほとんどは再循環しているため，鉄の体内プールを維持するためには 1 日に 1〜2 mg の鉄を摂取すれば十分である．十二指腸における鉄の再吸収機能やヘモグロビン生合成に障害（サラセミアあるいは地中海貧血）があり，鉄不足になると貧血になる．一方，鉄が過剰である場合は，組織中に水酸化鉄（Ⅲ）の沈着物が蓄積して害を及ぼし酸化ストレスをひき起こす．

鉄が過剰になると，血清中のトランスフェリンに結合しない鉄の比率が上昇する．おもに鉄-クエン酸-アルブミン三元錯体[3]の形で存在するこの"遊離"鉄イオンは，(14·1)式のフェントン反応で示されるヒドロキシルラジカルやヒドロペルオキシルラジカル，(14·2)式のハーバー-ワイス機構に従ってスーパーオキシドから生成するヒドロキシルラジカルのような有害な活性酸素種を非生理学的に過剰量生成することにより，酸化ストレスをひき起こす．

$$Fe^{II} + H_2O_2 \longrightarrow Fe^{III} + HO\cdot + OH^-$$
$$Fe^{III} + H_2O_2 \longrightarrow Fe^{II} + HOO\cdot + H^+$$
$$\tag{14·1}$$

$$\cdot O_2^- + H_2O_2 \longrightarrow \cdot OH + OH^- + O_2 \quad (Fe^{III}\text{に触媒される}) \tag{14·2}$$

鉄恒常性[4]の重要なステップのいくつかを図 14·2 に示す．食事由来の鉄は，腸管腔の腸細胞とよばれる吸収細胞により第一鉄イオン Fe^{II} の形で取込まれ，膜貫通鉄輸送タンパク質であるフェロポーチンにより，再び Fe^{II} の形で血清中に放出される．Fe^{II} は次に銅含有オキシダーゼにより Fe^{III} に酸化され，Fe^{III} は輸送タンパク質のトランスフェリンに強く結合する（§4·2，図4·5）．体内で循環する鉄の大部分は，最終的には老化した赤血球を貪食するマクロファージに取込まれる．ヘモグ

ロビンから回収されたFe^{II}は，フェロポーチンにより血清中に放出され，Fe^{III}に酸化された後トランスフェリンに結合する．

マクロファージと腸細胞による鉄イオンの血清中への放出過程は，肝臓でつくられるペプチドホルモン，ヘプシジンにより調節される．鉄が血清中に過剰量あるときは，ヘプシジンがフェロポーチンの分解を開始し，血清中へのFe^{II}の放出を下方制御する．一方，鉄が不足しているときは，ヘプシジンの発現が抑制され，血清中へのFe^{II}の放出が促進される．ヘモクロマトーシスタンパク質とよばれる鉄センサータンパク質がヘプシジンの発現を調節する．

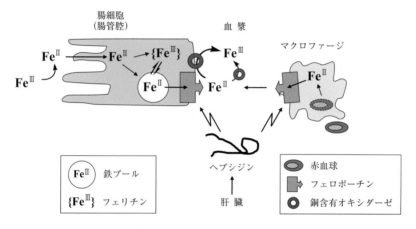

図 14・2 食事による腸管腔での鉄イオンの摂取(左)と体内の鉄恒常性の調節(ヘモグロビンからの鉄の再循環，右)．肝臓でつくられるペプチドホルモン，ヘプシジンは，鉄 (II) 輸送体のフェロポーチンを標的とする．健常人の場合，血清鉄が過剰であると，ヘプシジンの量が増え鉄の吸収や血清中への放出が抑えられるが，血清鉄が不足していると，ヘプシジンの量は抑えられ鉄の吸収や血清中への放出は増加する．［文献 4 を参照せよ．口絵 9 にもカラーで掲載］

遺伝性ヘモクロマトーシスは，肝臓，心臓，膵臓のような臓器における鉄の過剰により起こる病気である．過剰な鉄は，これらの臓器の重篤な機能障害をひき起こし，肝硬変，心筋症(心筋機能の低下)，糖尿病の原因となる．腸の鉄吸収は通常1日 1～2 mg である．遺伝性ヘモクロマトーシスはそれが 8～10 mg まで異常に上昇することにより起こる．この吸収上昇は，組織中の鉄の進行性蓄積の原因となる．

242　　　　　　　　　　　　　14. 無 機 医 薬 品

　食事由来の鉄の過剰吸収は，細胞内の鉄恒常性を調節するタンパク質を発現する
遺伝子の一塩基突然変異が原因となって起こる．この突然変異タンパク質ではシ
ステイン(Cys260)がチロシンに置換され，酵素の二次構造や三次構造が変化する．
そのため，本来のヘプシジンの発現機能が失われ鉄恒常性が損なわれる．

　肝臓や心臓の鉄過剰はサラセミアの治療によっても起こる．サラセミアは遺伝性
疾患であり，おもにマラリア感染が起こる地域で蔓延している．サラセミア患者は
マラリアに対する耐性がある．進化論的にいえば，サラセミアはマラリアからの防
御のために選択されてきたのである．サラセミア患者はヘモグロビンの合成機能に
部分的な障害があり，一般に輸血による治療を繰返すが，数年内に鉄が蓄積して支
障をきたす．鉄の過剰を軽減するために三つの代表的なキレート剤，デスフェラー
ル，デフェリプロン，デフェラシロクス(図 14・3)を用いるキレート療法が行われ
る．

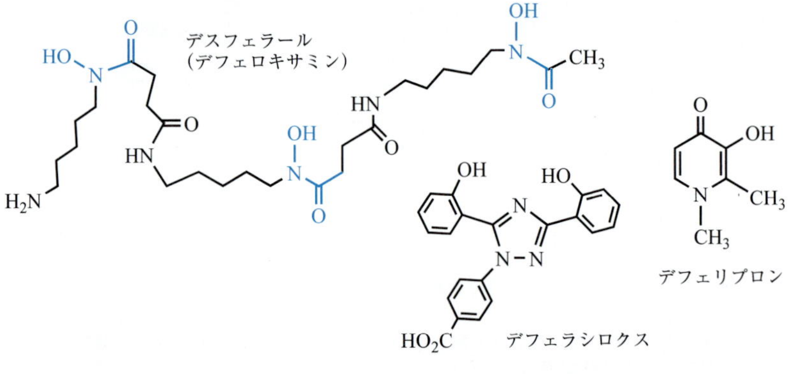

図 14・3　鉄過剰症のキレート療法で用いられている Fe^{III} のキレート剤．鉄に
結合するデスフェラールのヒドロキサム酸の部分は青で強調した．

　これら三つのキレート剤はすべて，鉄-クエン酸-アルブミン三元錯体の形で血清
中に存在するトランスフェリンに結合せずに Fe^{III} に効率良く結合する．デフェロキ
サミンとしても知られているデスフェラールは，細菌 *Streptomyces pilosus* が産生す
る天然に存在するシデロフォアである．デスフェラールは，三つのヒドロキサム酸
(Fe^{III} への主たる配位部位)，二つのアミド結合，一つの末端アミノ基をもつ．デフェ
リプロンはヒドロキシピリジノンであり，デフェラシロクスは 1,2,4-トリアゾール
の誘導体である．

14・2・2 銅

銅は，酸化還元反応に関わるさまざまな酵素に不可欠な補因子であり，Cu^{I}とCu^{II}の間の相互変換を利用している．Fe^{II}からFe^{III}への酸化反応を触媒する酵素，セルロプラスミンやヘファエスチン（図14・2中に輪で示した銅含有オキシダーゼ）が例としてあげられる．いくつかの神経変性疾患は，銅の過剰（ウィルソン病），銅の不足（メンケス病），あるいは銅の平衡失調（アルツハイマー病）と関係している．銅の供給不足はモリブデンが誘起する場合もあり，水溶性のモリブデン酸塩$MoO_4{}^{2-}$の形でモリブデンを大量にもつ牧草地の反すう動物にとっては致命的な問題になる可能性がある．すなわち，モリブデン酸塩は反すう動物の消化管においてテトラチオモリブデン酸塩$MoS_4{}^{2-}$に変換され，Cu^{I}やCu^{II}と不溶性のクラスター化合物を生成してしまう．

チオモリブデン酸塩$MoS_4{}^{2-}$に基づく[Cu,Mo]クラスター構造は30年以上前に初めてモデル化された[5a]．図14・4aに示す擬キュバン型構造がその一例である．さらに最近では，{Cu[(CuAtx1)$_3$MoS$_4$]}の組成をもつクラスターの構造が決定された[5b]（図14・4b）．Atx1は出芽酵母から得られる金属シャペロンである[*6]．四つのCu^{I}中心，チオモリブデン酸，三つのAtx1タンパク質分子（三つの銅中心は六つのシステイン残基で架橋されている）を含むこのクラスターの構造決定により，チオモリブデン酸$MoS_4{}^{2-}$はタンパク質から銅イオンを除くわけではなく，タンパク質に結合している銅に直接結合することによって銅輸送を妨げることが証明されている．

成人の体内の銅の総量はわずか80 mgであり（鉄の4 gと比べ少ない），1日の食事による摂取や排出は0.8 mgである[6]．食事で摂取する銅は通常II価であり，体内の血液循環に入るとグルタチオンのような還元剤でI価に還元される．銅は，小腸の栄養吸収を行う腸細胞を介して体内に入る．吸収されるとさらに体の血液循環系で分散し，最終的には肝細胞を介して胆汁に分泌される．遊離の銅イオンは(14・1)式のフェントン反応に似た反応をひき起こし，毒性を示す可能性がある．その結果，遊離の銅イオンは金属イオン運搬体（シャペロン）に捕捉され，たとえば(14・3)式に従ってスーパーオキシドを効率良く無毒化する銅-亜鉛含有酵素，スーパーオキシドジスムターゼ（SOD）の作用部位に運ばれる．SODについては§6・2を参

---

*6　金属シャペロンは，細胞質の特定の標的に金属イオンを運ぶタンパク質である．シャペロンの代表的な標的は，金属中心が欠けている金属酵素であるアポ酵素である．出芽酵母のAtx1は，オキシダーゼのセルロプラスミンに銅イオンを運ぶヒトのシャペロンAtox1と深い関係がある．Atox1は一つのメチオニン残基と二つのシステイン残基をもつ部位にあるCu^{I}に結合する．

244　14. 無機医薬品

照せよ.

$$2O_2^- + 2H^+ \longrightarrow H_2O_2 + O_2 \qquad (14\cdot3)$$

銅輸送 ATP アーゼは，Cu^I を血清中から細胞内のゴルジ体[*7] に運ぶ際にきわめて重要な役割を果たす．この酵素は，アデノシン三リン酸（ATP，§3・4）の末端 γ-リン酸の加水分解を駆動力とする Cu^I のポンプである．哺乳類の細胞には，それぞれ腸細胞（ATP7A）と肝細胞（ATP7B）にある2種類の異なる銅輸送 ATP アーゼがある．腸細胞の ATP7A をコードしている遺伝子の突然変異は，食事由来の銅吸収とそれに続く組織への分散に異常をもたらし銅欠乏症（メンケス病）をひき起こす．一方，肝細胞の ATP7B をコードする遺伝子の突然変異は，肝細胞を介する銅の分散や無毒化に異常をきたし銅過剰症（ウィルソン病）[6] をひき起こす．

ウィルソン病の場合の銅過剰は，神経症状や肝臓障害をひき起こす．神経症状には運動障害や精神病，肝臓障害には重篤な肝炎が含まれる．この病気は，眼の虹彩の周りに銅の蓄積による緑色から茶色を帯びた輪（カイザー・フライシャー輪）の

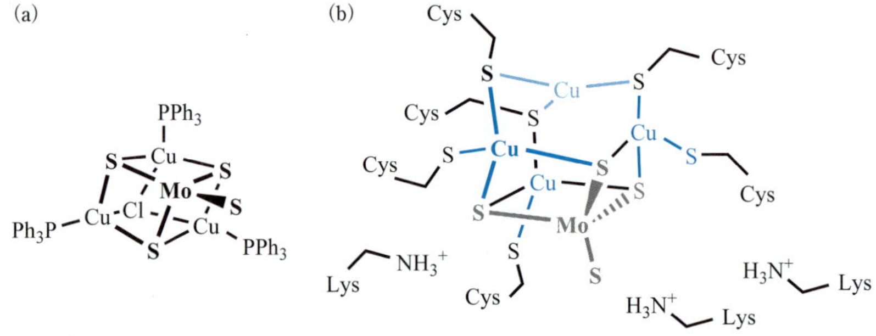

図 14・4　構造が決定されている銅イオンと MoS_4^{2-} から生成したクラスターの例．（a）Cu^I を含む擬キュバン型構造は，$CuCl_2$，MoS_4^{2-}，トリフェニルホスフィン PPh_3 から合成できる初期のモデル錯体である[5a]．（b）巣状クラスター $[Cu(CuAtx1)_3MoS_4]^{4-} \equiv [Cu_4(Cys)_6\{MoS_4\}]^{4-}$ [5b] は MoS_4^{2-} と銅シャペロン Atx1 の直接相互作用により生成する．六つのシステイン（Cys）のチオール側鎖を介して四つの Cu^I に結合している三つの Atx1 ユニットは，クラスター中心の周辺に C_3 対称性を維持して配列している[*8]．灰色：MoS_4^{2-}，青色：チオモリブデン酸に結合したひずんだ四面体型配位構造の Cu^I，水色：三角形配位構造の Cu^I．さらに，負電荷をもつクラスターと正電荷をもつ三つのリシン側鎖のアンモニウム基の間に静電相互作用や水素結合がみられる．

[*7]　酵素類（ここでは，セルロプラスミンやヘファエスチンのような銅酵素類）は，細胞内のゴルジ体により収納，選別され，細胞の別の部分に運ばれた後，最終的には細胞膜を通過する．

[*8]　"対称性"については Box 4・4 を参照せよ．

有無により診断される．

サイトゾル中は還元的条件下にあるため，本質的には銅は Cu^{I} の形で存在し，Cu^{I} を標的とするキレート療法は，硫黄を含むソフト配位子を用いた製剤により優先的に行われている．例として，D-ペニシラミン，ジメルカプロール（*R,S*-2,3-ジメルカプト-1-プロパノール），チオモリブデン酸 MoS_4^{2-} があげられる．これらはすべて Cu^{I} に強く結合し，尿への銅の排出を促進する．図 14・5 に配位子の構造を示す（チオモリブデン酸については図 14・4 も参照せよ）．細胞外の Cu^{I} を細胞内の銅シャペロンに運ぶ膜結合性銅運搬体 Ctr1 のような銅運搬体の構造モチーフをもつ小さなペプチドは，将来銅の除去薬の候補になるだろう．Ctr1 の銅結合領域は，その細胞外部分にはメチオニン，細胞内部分にはシステインとヒスチジンをもつ[7]．細胞外部分のモデルペプチドを図 14・5 に示す．

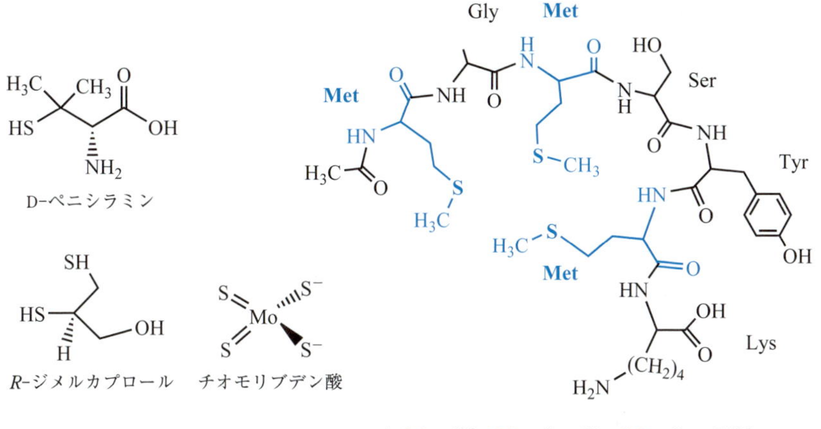
D-ペニシラミン
R-ジメルカプロール
チオモリブデン酸
Gly
Met
Ser
Tyr
Lys
AcMet-Gly-Met-Ser-Tyr-Met-Lys-NH2

図 14・5　銅過剰症のキレート療法のための薬物（D-ペニシラミン，*R*-ジメルカプロール，チオモリブデン酸）およびプロドラッグ．右のペプチドは，膜結合性銅運搬体 Ctr1 の銅結合部位のモデルである．チオエーテル基で Cu^{I} に結合している三つのメチオニン部分は青で強調した．

メンケス病は銅の不足をひき起こす腸の銅吸収に関わる遺伝病で，銅輸送タンパク質をコードする遺伝子の劣性突然変異によるものである．この遺伝子は X 染色体上にあるため，ほぼ例外なく男性に影響を与える．表現型特性として縮れ毛や白面がある．精神遅滞や成長遅滞は典型的症状である．治療しなければ幼少期に死に

至る．誕生後，最初の 2 カ月以内にヒスチジン銅治療，あるいは出産前に親への治療を行うことにより，症状を効果的に改善することができる．

ウィルソン病やメンケス病は比較的まれであるのに対し（前者は 10 万人に 1〜4 人，後者は 30 万人に 1 人），アルツハイマー病の場合，65 歳以上では 20 人に 1 人，80 歳以上では 5 人に 1 人が発症し，進行性認識機能障害により自立性を喪失してしまう．アルツハイマー病は，銅の化学種生成の障害，すなわち銅の配位能（親和性や配位子交換活性）や酸化状態（Cu^I と Cu^{II} の存在量）の異常が起こるという意味では，脳への銅供給の平衡障害[8,9]（恒常性不全）から始まるといってよい．脳内に活性な銅の量が増え，ペプチドであるアミロイド β (Aβ) の増量によりアルツハイマー病を進行させる．

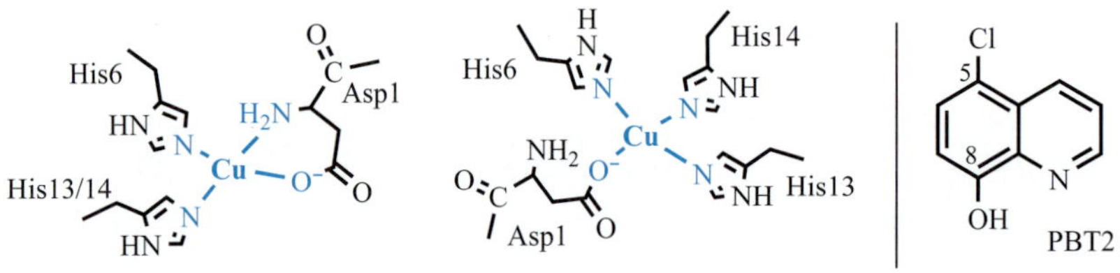

図 14・6　アミロイド β の Cu^{II} の配位部位のモデル[9a]，および脳内の銅の正常平衡化のための薬剤候補，PBT2 (5-クロロ-8-ヒドロキシキノリン)．PBT2 は，ピリジン窒素とフェノラート酸素により，Cu^{II} にキレート結合する．

アミロイド β は，通常は 40 個あるいは 42 個のアミノ酸をもつ膜貫通糖タンパク質である"アミロイド β 前駆体タンパク質"から切断されたペプチドである．正常な脳内や体液中では単量体の形で存在し，抗酸化剤として機能すると考えられている．活性な銅プール中の Cu^{II} は，可溶なアミロイド β オリゴマー（毒性を示す）の生成を促進し，酸化ストレスによる脳組織損傷をひき起こす．すなわち，スーパーオキシドやヒドロキシルラジカルのような高毒性の活性酸素種により，機能的な脳構造が破壊される．最終的には銅，鉄，亜鉛を多く含む不溶性のアミロイド斑が脳に蓄積し，アルツハイマー病を発症する．

Cu^{II} は三つのヒスチジン窒素（あるいは二つのヒスチジンと一つの主鎖アミド）とアスパラギン酸の一つのカルボキシ基が配位した，ひずんだ平面四角形の配位様式でアミロイド β に結合すると考えられている[9a]（図 14・6）．アルツハイマー病は脳内の銅の不均等分布と関連があるため，銅の除去や補充といった治療よりも，

14・3 治療で用いられる金属と半金属　　247

脳内の銅プールの平衡状態の改善に向けた治療を行うことが提案されている．図14・6のPBT2（5-クロロ-8-ヒドロキシキノリン）はこの観点において臨床試験で期待できる効果を示している．この化合物はCu^{II}に結合し，タンパク質の結合部位にCu^{II}を速やかに運ぶことができる．

14・3　治療で用いられる金属と半金属

14・3・1　はじめに

　金属を用いる治療の歴史は，人類の歴史と同じくらい古いかもしれない．伝統薬には，水銀，金，アンチモンを用いたものがある．16世紀初期，Paracelsusは疥癬のような皮膚病の治療に使われるアラビアの水銀軟膏に触発され，水銀を梅毒，ハンセン病，紅斑性狼瘡の治療に用いた．中世の錬金術師にとって，水銀は中心的な存在であった．Paracelsusが治療で用いた水銀は"赤い水銀"（シナバー HgS），甘汞（カロメル）Hg_2Cl_2，昇華体$HgCl_2$という形の"変化する物質"であった．

　金を含む"万能薬"は関節リウマチの薬剤の有効成分であり，さまざまな文化で用いられてきた．紀元前600年の中国の記録には，"不死の妙薬"の作り方が書かれている．その処方に従い，酢酸，硝酸カリウム，硫酸鉄（II）を含む水溶液を竹の茎に入れ金箔を懸濁する．すると驚いたことに，直ちにAu^Iを含むアニオン性錯体の二ヨウ化金酸塩$[AuI_2]^-$が生成する．ここで用いられた硝酸カリウムは不純物としてヨウ素酸カリウムを含んでいたらしく，これが強力な酸化剤およびヨウ素源として働いたのである．酸性溶液では，竹由来の有機不純物が媒介しつ

(1)　$IO_3^- + 5Fe^{II} + 6H^+ \longrightarrow \frac{1}{2}I_2 + 5Fe^{III} + 3H_2O$

　　（KIO_3 は，KNO_3 中の微量成分として存在する）

(2)　$I_2 + 2e^- \longrightarrow 2I^-$

　　（還元等価体は竹から抽出した有機物により供給される）

(3)　$2Au + \frac{1}{2}O_2 + 4I^- + 2H^+ \longrightarrow 2[AuI_2]^- + H_2O$

図14・7　金から生理学的に強力な抗酸化剤である二ヨウ化金酸塩への変換．竹の茎に入れた硝酸カリウムと硫酸鉄（II）の酸性水溶液に，金のティンセルを懸濁させて調製する．

つ，ヨウ素酸塩 (V) は Fe^{II} によりヨウ素，さらにはヨウ化物イオンに還元される．ヨウ化物イオンの存在下では，大気中の酸素が金を Au^I に酸化する．図 14・7 に反応順序をまとめた．§14・3・2 では，今日の金化合物の医薬用途について説明する．

もう一つの中世の製剤はアンチモンを含む粉末状の輝安鉱 Sb_2S_3 であり，感染性の皮膚病の治療に使われていた．酒石酸アンチモニルカリウム $K_2Sb_2(C_4H_2O_6)_2$（"吐酒石"）は Paracelsus が好んだ薬剤の一つである．この化合物は，酒石酸（赤ワインの成分）や酒石（難溶性の酒石酸カリウム）がアンチモンを含む器に接触すると生成する．吐酒石は嘔吐をひき起こすため，あらゆる胃の疾患の"治療"に用いられてきた．アンチモンは有毒であり，ヒ素中毒[*9]と症状が似ているため，この治療法は 19 世紀には評判を落としたが，リーシュマニア症や住血吸虫症のような熱帯病の治療に再び用いられるようになった．

表 14・1　ヒト血液中の金属イオンに結合しうる配位子の平均濃度 c

	c (mM)		c (mM)
リン酸イオン $H_2PO_4^-/HPO_4^{2-}$	1.2	グリシン	2.3
炭酸イオン HCO_3^-	25	ヒスチジン	0.08
塩化物イオン	104	システイン	0.03
硫酸イオン	0.3	グルタミン酸	0.06
乳酸イオン	1.5	グルタチオン (GSH)	0.003
クエン酸イオン	0.1	アルブミン（分子量≅70 kDa）	0.6
シュウ酸イオン	0.015	トランスフェリン	0.035
アスコルビン酸イオン	0.06	（分子量≅80 kDa）	
		免疫グロブリン G	0.084
		（分子量≅150 kDa）	

§14・1 で述べたように，体内に入った金属医薬品は通常最終標的（組織中のタンパク質や DNA）に到達する前に化学変化を受ける．金属医薬品に用いられている配位子は，腸での吸収や体内運搬が最適に機能し急性毒性が最小化するように設計されているが，この化学変化の間に血清中，細胞外の体液中，サイトゾルに存在する成分により部分的あるいは完全に置換される．血清中の代表的な成分を表 14・1 に示す．金属医薬品の配位子を置換できる血清中のおもな無機陰イオンとして，水/水酸化物イオン以外に，塩化物イオン，リン酸水素イオン，炭酸水素イオ

[*9]　ヒ素中毒については，§13・2 を参照せよ．

ンがある。(14・4)式の平衡式のpK_a値に示すように、リン酸一水素イオンおよびリン酸二水素イオンはpH 7においてほぼ等量存在する。

$$H_2PO_4^- + H_2O \rightleftharpoons HPO_4^{2-} + H_3O^+ \qquad (pK_a=7.21) \qquad (14・4)$$

炭酸水素イオンHCO_3^-は溶存している二酸化炭素全体の約90%を構成しており、残りはおもに水和された$CO_2 \cdot aq$である。CO_2とH_2Oから炭酸水素イオンの生成は遅いが、この反応の速度は亜鉛酵素である炭酸脱水酵素により10^7倍加速される(§12・2・1)。無機イオンとともに、乳酸塩やグリシンのような低分子量の有機配位子や、特にアルブミンやトランスフェリンのような高分子量の有機配位子は金属イオンの二次的配位子として働く傾向がある。

細胞質のグルタチオン(GSH)濃度(約3 mM)は血清中濃度より3桁大きく、二次的配位子として重要である。また、酸化還元活性な遊離金属イオンにより細胞質で生成する活性酸素種(過酸化水素、OHラジカル、スーパーオキシド)の保護剤でもある。GSHはその酸化体のジスルフィド(GSSG)と酸化還元平衡にある(14・5式)。

$$2GSH \rightleftharpoons GSSG + 2H^+ + 2e^- \qquad (14・5)$$

細胞内は還元的な環境にあるため、GSH:GSSGの比は約500:1である。酸化されて生成したGSSGはNADHに還元されてGSHに戻る。この反応はグルタチオンレダクターゼにより触媒される。

難溶性硫化物を生成する金属イオンのもう一つの解毒剤候補は、システインが豊富で通常は亜鉛を貯蔵しているタンパク質、メタロチオネインである(§12・4)。細胞質のメタロチオネイン濃度は約2 mMであるが、非生理学的に他の金属イオンの濃度が高くなると、メタロチオネインの濃度は高くなる。

14・3・2 金化合物による関節炎の治療

関節リウマチは炎症を伴う慢性全身性自己免疫疾患であり、免疫システムがおもに柔軟な関節を攻撃するようになる。この疾患により関節包に十分な量の潤滑流体が行き渡らなくなると、腫れ、関節痛、骨構造の破壊と奇形、ついには関節の柔軟性の喪失が起こる。この病気は、白血球(食細胞)が関節の組織や滑膜組織に移動することにより発症し持続する。

現代化学に導入された金化合物はジシアノ金酸(I)ナトリウム$Na[Au(CN)_2]$であった。1890年、R. Kochがこの化合物が結核菌の成長を阻害することを発見した。関節炎は結核の一つの異形であるという間違った仮定のもとではあったが、

1920年代にK. Landé, 1927年にE. Pick, さらに1929年にはF. Forestierが[10]より系統的に, 毒性が低い金のチオラート錯体を用いた関節炎の治療に成功した. 初期の治療に用いられたこれらの金化合物, ソルガノールやアロクリシンは現在も使用されている. 最近開発された治療薬ミオクリシンとともに図14・8に示す. これらの高分子錯体すべてにおいて, Au^Iには有機硫化物の二つのチオール基が直線的に配位している[11]. 高分子化は, チオラートの硫黄が二つのAu^Iとその有機部分を架橋することにより起こる. 図14・8に示す4番目の化合物, オーラノフィンは単量体であり, アセチルチオグルコースとトリエチルホスフィンの二つの配位子が直線的に配位している. チオール類とホスフィン類は, $Au^I(d^{10})$の代表的なソフト配位子である.

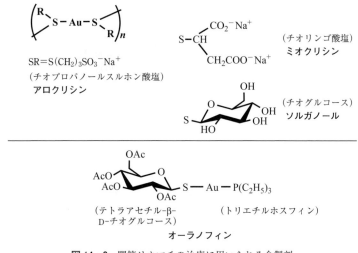

図14・8 関節リウマチの治療に用いられる金製剤

金製剤のほとんどは静脈内に投与されるが, オーラノフィン AcGluS-Au-PEt₃ は経口で投与される. オーラノフィンの服用後の化学変化を推定したものを図14・9に示す. 吸収後はチオラート配位子が速やかに解離し, {Et₃PAu^I}部分は血清アルブミン(Alb)のシステイン(Cys34)のチオラート基に結合する. アルブミンはこのようにホスフィン-金部分の運搬体として働く. さらにジシアノ金(I)酸はテトラシアノ金(III)酸に酸化された後, 再びチオール基によりAu^{III}はAu^Iに還元される.

シアン化物イオンは，少量で無毒濃度であるが，体内に存在する（§13・1）．シアン化物イオンは，活性酸素種（ROS）によるチオシアン酸イオン SCN⁻ の酸化により供給される．活性酸素種濃度の急激な上昇が関節炎の特徴であるため，金の治療における作用の一つは，Au^I が CN⁻ を効果的に捕捉することにより，酸化還元平衡（ROS＋チオシアン酸イオン ⇌ 硫酸イオン＋シアン化物イオン）が右側にシフトすることである．ジシアノ金(I)酸は，たとえば次亜塩素酸塩によりテトラシアノ金(III)酸に酸化され，次に再びペプチドやタンパク質のチオール基により Au^I に還元される．この Au^I の最後の標的は，炎症の活性化と持続に関わるタンパク質のシステインあるいはセレノシステイン部位である．

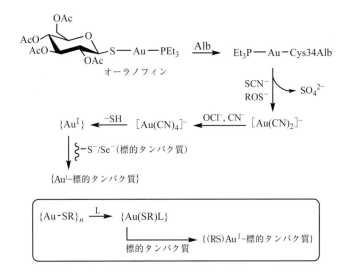

図 14・9 オーラノフィンを例とする含金抗関節炎薬の推定反応段階．詳細は本文を参照せよ．枠内は，ミオクリシンのような高分子薬（図 14・8，図 14・10）の推定反応を示す．Alb＝血清アルブミン，Cys＝システイン，-S⁻/Se⁻＝システイン/セレノシステイン残基，ROS＝酸素活性種，L＝体内のソフト配位子

Au^I のエフェクターレベルでの中心的な標的タンパク質の一つはカテプシン類，特にカテプシンKである．カテプシンKは骨芽細胞で発現するシステインプロテアーゼである．プロテアーゼは，ペプチド結合の加水分解により他のタンパク質を分解する．特にカテプシンKは骨の再構築に関わっている．また，再構築される骨

構造の断続的分解にも関与している．完全な骨構造の再生が妨げられる場合，たとえば骨粗しょう症や関節炎の場合，カテプシンKは破壊的にのみ働く．ここでAu^{I}が結合すると，カテプシンKの破壊的機能は阻害される．カテプシンKとミオクリシンの単量体が生成する複合体については構造が決定されている（図 14・8）．図 14・10 に，その構造に関連する部分構造を示す．

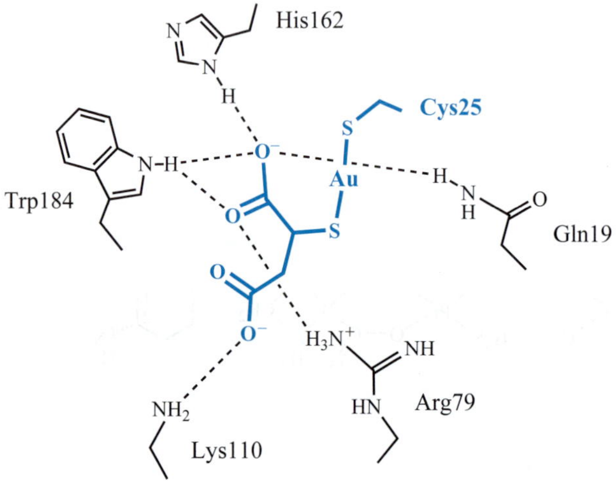

図 14・10 ミオクリシンの単量体によるプロテアーゼのカテプシンKの活性部位 Cys25 の阻害[12]．Au^{I}には，チオリンゴ酸配位子のチオラート基とタンパク質の Cys25 がほぼ直線的に配位している．この構造はさらに，配位子のカルボキシ基の酸素とタンパク質のアミノ酸側鎖の官能基の間の水素結合(破線)により安定化されている．図 14・9 の枠内も参照せよ．

14・3・3 癌 治 療

これまでさまざまな金属を含む何千もの配位化合物について，臨床検査も含めた抗癌活性が調べられてきた．チタンやバナジウムのような前周期遷移金属を含む化合物や，ルテニウム，ロジウム，パラジウム，白金，金のような後周期遷移金属を含む化合物などである．しかし，実際の癌治療において臨床的に用いられているのは白金錯体のみである．本節では白金を含む抗癌剤に焦点を当てる．また本節の最後の方では，他の金属についても臨床試験の結果有望なものを選んで簡略に説明する．§14・3・5では，癌治療で用いる放射性医薬品について説明する．

白　金

白金化合物の抗癌活性の発見は1960年代半ばに遡る．白金電極を用いて腸内細菌 *Escherichia coli* に対する電場の影響を調べているときに，細菌の細胞分裂が阻害されることがわかった[*10]．電場をかけた培地には塩化物イオンとアンモニウムイオンが含まれていたため，白金電極に由来する少量の単純な白金錯体が生成し，その中に *cis*-ジアンミンジクロロ白金 (II) *cis*-$[Pt(NH_3)_2Cl_2]$ （あるいはシスプラチンとよばれる）が含まれていた．図14・11に示すように，この $Pt^{II}(d^8)$ 錯体は平面四角形の配位構造をもつ．この化合物は，マウスに移植した肉腫の成長を阻害することが後に判明した[*11]．シスプラチンの臨床試験は1970年代初期に開始され，1978年には精巣癌と卵巣癌の治療に使用を承認された．その結果，精巣癌による死亡率は90%以上から5%以下に減少した．

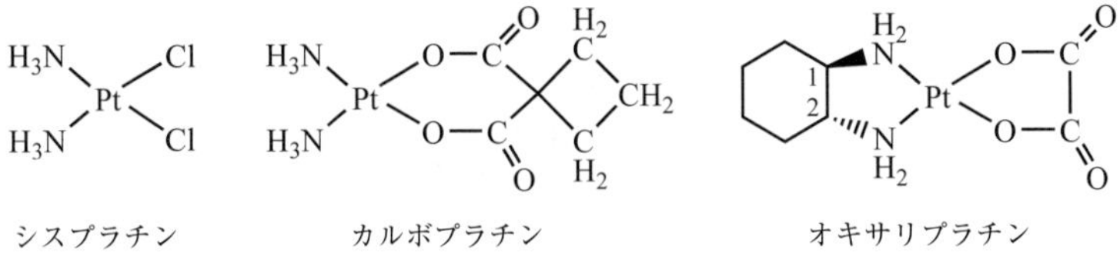

図14・11 癌の臨床治療に世界的に承認されている白金化合物．カルボプラチンの二座配位子はシクロブタン-1,1-ジカルボキシレート，オキサリプラチンの二座配位子はシュウ酸塩とシクロヘキサン-1,2-ジアミン(C1とC2は*R*配置)．

精巣癌や卵巣癌以外に，子宮頸癌や頭頸部癌を含む2～3種類の腫瘍も白金製剤を用いる治療に感受性を示す．シスプラチンが臨床に導入された後の新開発の指針は，(1) 薬効範囲を広げる，(2) 薬物の生理学的安定性を向上させる，(3) 毒性を最小化する，(4) 徐々に増す薬物耐性を抑えることに向けられてきた．現在ではさらに二つの白金製剤（カルボプラチン，オキサリプラチン）が世界中で臨床的に使用されている（図14・11）．これら三つの薬剤は，同じ基本的な要件をもつ．すなわち，Pt^{II} は4配位でシス形の平面配位構造 *cis*-$[PtL_2L'_2]$ をもつ（ここでは，Lは中性の窒素系配位子，L′は陰イオン性の単座配位子である）．カルボプラチンとオキサリプラチンは，どちらも二座配位子をもつため，生理的条件下ではキレート効果のためシスプラチンよりも安定である(Box 4・1)．

[*10] 本研究は，ミシガン州立大学（イーストランシング）のB. Rosenbergのグループが始めた．
[*11] 肉腫は，結合組織の細胞に由来する癌の一種であるため，上皮性腫瘍とは区別される．

254　　14. 無機医薬品

　シスプラチンは通常，μ-ヒドロキシドオリゴマーの生成を抑えるために pH を約
4 に調整した食塩水溶液（154 mM NaCl）の形で，静脈内注射で投与される．細胞
外での塩化物イオン濃度が 104 mM で pH 7.4 の生理的な溶液においては化学反応
が起こる（図 14・12）．おもに変化するのは {Pt-Cl} の部分で，{cis-Pt(NH₃)₂} の
部分は比較的安定である[13]．塩化物イオンからアクア配位子への交換は遅く，そ
の擬一次速度定数[*12]は 10^{-6}〜10^{-5} s^{-1} 程度である．これとは対照的に，水分子か
ら水酸化物イオン配位子への脱プロトンは非常に速い．その pK_a 値から，血清中の
優勢な化学種はモノヒドロキシド錯体である．水溶液中ではカルボプラチンは単量
体と二量体の間の平衡にあるため，カルボプラチンの配位子交換反応はシスプラチ
ンより遅い．このことはカルボプラチンが長時間安定であることを説明している．
　さらに後の段階では，シスプラチンやカルボプラチン由来の {(NH₃)₂Pt[II]} 部分は
血清アルブミンのヒスチジン，メチオニン，システイン-34 の残基に結合し，NH₃
配位子も交換されやすくなる．もとの白金錯体は電荷的に中性で親水性と親油性が
ほぼ釣り合っているため，白金錯体の一部は拡散による受動輸送により細胞膜を通
過し細胞内に運ばれる．細胞内の塩化物イオン濃度はより低いので（約 4 mM），図

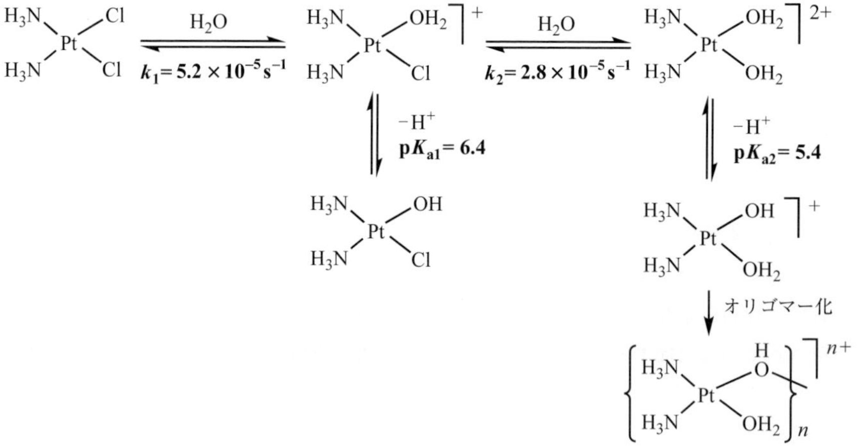

図 14・12　生理学的条件下でのシスプラチンの一連の化学変化[13]．カルボ
プラチンも同様に化学変化する．化学変化に炭酸水素イオンが関わる可
能性があるが，ここでは考慮していない．

[*12]　水溶液中の水の濃度は実質的に一定（55.5 mol L⁻¹）なので，この反応は擬一次反応である．

14・12の平衡は水分子と水酸化物イオンが配位した錯体の方にシフトするだろう.

もとの配位子が解離したPt^{II}の場合,本来銅イオンを運搬する膜結合性タンパク質も役に立つ[14].図14・5に示した膜結合性銅運搬体Ctr1がその一例である.細胞質では銅シャペロンによって運ばれる可能性がある.システインやメチオニン残基 {-SR} の硫黄ドナー配位子への結合は,熱力学的には窒素ドナー配位子の場合より不利であるが速度論的には有利である.したがって,細胞質中の中間体 {Pt-SR} が,Pt^{II}を標的に運んでいると考えられる.

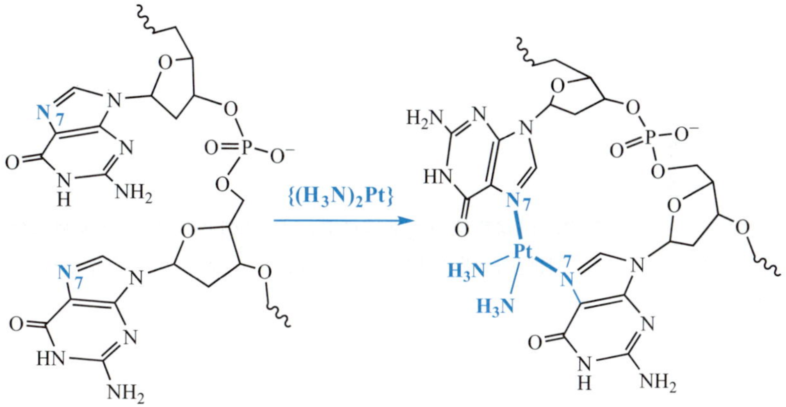

図14・13 鎖内の二つの隣接するグアニン塩基に結合する *cis*-{Pt(NH$_3$)$_2$} 部分の配置構造[文献16をもとに書き直した].Pt^{II}がグアニン塩基のN7位に結合するとDNAの主鎖が湾曲する.DNA二重らせんの部分構造については図14・1を参照せよ.

白金製剤およびそれらが化学変化した生成物のおもな最終標的はDNAである[15].白金化合物は正常な細胞と癌細胞のどちらにも入るが,特異的に精巣癌細胞と卵巣癌細胞のDNAを攻撃する.正常な細胞も癌細胞も白金治療に抵抗し(あるいは徐々に抵抗するようになり),白金化合物やそれらが化学変化した生成物を取除くことができる.銅運搬経路は,Pt^{II}を細胞外に追い出す役割も果たしている可能性がある.

DNA二重らせんのグアニン塩基のN7位は,{Pt(NH$_3$)$_2$}$^{2+}$のソフトなPt^{II}の選択的な標的部位である(図14・1).Pt^{II}は同じ鎖の二つの隣り合うグアニン塩基に優先的に結合する(図14・13).この鎖内の架橋型相互作用により,DNAは20~45°曲がる.このためDNAの読み取りをするタンパク質は,RNAやタンパク質合成の

ために複製あるいは転写されるべき DNA 配列をもはや認識できなくなる．よって，細胞分裂を含めたさまざまな細胞機能が失われる．DNA に白金錯体が結合することによるこの損傷が修復されないと，アポトーシス（プログラムされた細胞死）が起こる．腫瘍細胞は代謝過程や細胞分裂に関して特に活発で，潜在的な修復にかかる時間はより短い．このことは，腫瘍細胞が一般に無傷の細胞よりも損傷を受けやすくしている．また，先に述べた白金の細胞外排出のような無毒化過程の効率が低い可能性を示している．

ルテニウム

　近年ルテニウムは，白金とともに制癌研究の注目の的になっているが[17]，開発されたルテニウム錯体は細胞毒性を示し，第II相（フェーズII）臨床試験を通過したものはない．第I相（フェーズI）臨床試験では，Ru^{III}錯体の NAMI-A と KP1019（図 14・14a）について期待できる結果が得られている．両化合物とも八面体型構造をもち，エクアトリアル面に四つのクロリド配位子が結合している陰イオン性錯体である．NAMI-A のアキシアル位にはイミダゾールとジメチルスルホキシドが配位し，KP1019 では二つのベンゾピラゾールが配位している．対イオン

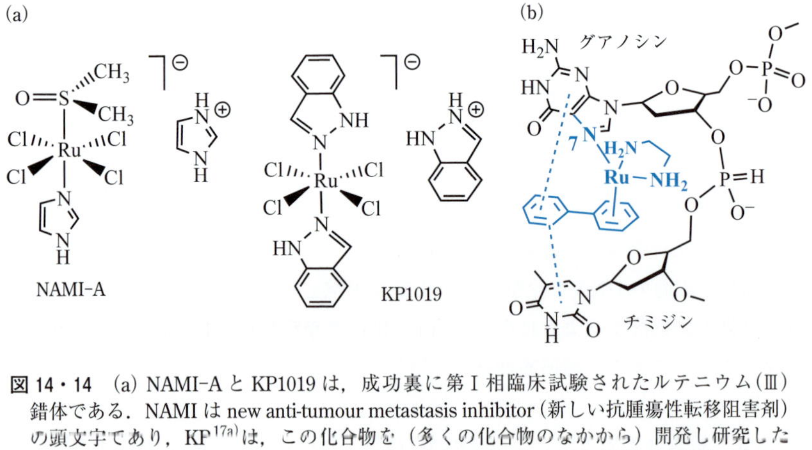

図 14・14　(a) NAMI-A と KP1019 は，成功裏に第I相臨床試験されたルテニウム(III)錯体である．NAMI は new anti-tumour metastasis inhibitor（新しい抗腫瘍性転移阻害剤）の頭文字であり，KP[17a]は，この化合物を（多くの化合物のなかから）開発し研究したウィーン大学のケプラーグループにちなむ．(b) ルテニウム (II) 錯体の〔(bp)Ru(en)-Cl〕〔PF$_6$〕（bp＝ビフェニル，en＝エチレンジアミン）[18b]は，DNA と二つの様式で相互作用する {bpRu(en)} 部分をもつ．一つはグアニン塩基の N7 位に Ru^{II}が結合する様式，もう一つは（破線で示した）ビフェニルのグアニン塩基とチミン塩基の間へのインターカレーションである．

はそれぞれイミダゾリウムイオンとベンゾピラゾリウムイオンである．クロリド配位子の存在は，メカニズムがシスプラチンのそれに相当することを示唆する．すなわち (1) Cl^- は H_2O か OH に置換され，(2) アルブミンのような血清中のタンパク質のヒスチジンかシステイン，あるいは両方が選択的に結合し，(3) 標的の腫瘍細胞に運ばれ，(4) DNA に結合する．しかしながら Pt^{II} とは対照的に，Ru^{III} (d^5) は生物学的に容易に Ru^{II} に還元され酸化還元活性であるため，活性酸素種の量を調整する働きがあるかもしれない．

　白金製剤やルテニウム製剤は異なる種類の腫瘍も標的とするため，別な作用機構も考えられている．シスプラチンは特に精巣癌や卵巣癌の治療に有効であるが，NAMI-A は腫瘍の体内の他の部分への転移を妨げ，KP1019 は選択的に結腸癌を標的にする．

　ほかにも，体内や体外で抗腫瘍活性を示すさまざまなルテニウム配位化合物がある[18a]．一つの例は，陽イオン性の $[(bp)Ru(en)Cl]^+$ である．このルテニウム (II) 錯体には，クロリドやエチレンジアミン (en) に加えて，ビフェニル (bp) がサイドオン型で配位している．塩化物イオンは交換が可能であり，$\{(bp)Ru(en)\}^{2+}$ 部分はグアニン塩基の N7 に結合する．結合様式はシスプラチンの様式と同等である（図 14・13）．しかしながら，シスプラチンとは対照的に，サイドオン型で配位しているビフェニルと隣接する DNA のグアニンおよびチミン塩基の間の π-スタッキング相互作用があり[18b]，その相互作用様式はインターカレーションともよばれている．この DNA への二通りの結合様式については図 14・14b を参照せよ．

その他の金属

　シスプラチンのような薬物は金属中心が核酸塩基の窒素官能基や，最終的にはリン酸基の酸素官能基に結合することにより DNA を変形するにすぎないが，金属インターカレーターの作用様式は，このような薬物の有効性を広め増幅する．金属を含む薬物やプロドラッグは他の作用様式も示し，酸化還元的相互作用，加水分解，水素の引抜きによるラジカル生成により，DNA に構造変化をもたらす．図 14・15 には，ウェルナー型錯体 (a と b) と有機金属錯体 (c と d) に分類して，体内外で抗腫瘍活性を示し，第 I 相臨床試験を通過したものを示す．

　これらの錯体すべては配位子に芳香族部分をもつため，DNA にインターカレーションする可能性がある．図 14・15(b〜d) の化合物は脱離性配位子（エトキシ基，塩化物イオン，擬塩化物イオン）ももつため，DNA の配位性官能基が直接金属中

心を攻撃することが可能である。ハードな前周期遷移金属イオンの Ti^{IV} (d^0) と V^{IV} (d^1) の場合は，リン酸基の O^- が結合する可能性が最も高い標的である。

二つのシクロペンタジエニドアニオンがサンドイッチ型に η^5 配位した有機金属化合物 (Box 13・1) はメタロセンとよばれる。バナドセンやチタノセンは，将来性のある制癌性化合物としてよく知られており，細胞毒性のあるチタン化合物に基づく研究が再び行われている[19]。しかしながら，現時点では臨床では使用されていない。

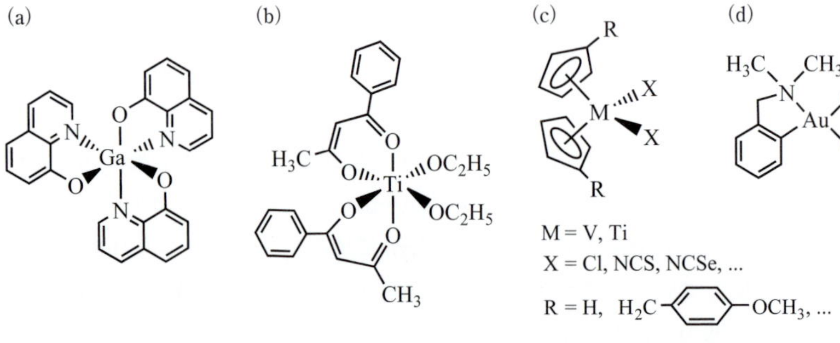

図 14・15 配位子に芳香族部分が含まれる代表的な抗腫瘍性金属錯体。以下の配位子をもつ錯体を示す。(a) 8-オキシキノリナト(1−)。(b) 1-フェニル-2-メチル-β-ブタンジケトナト(1−)。ブドチタンとして知られている。(c) η^5-シクロペンタジエニド(1−)の誘導体。(d) ジメチルアミノエチルフェニル(1−)。

平面四角形錯体(図 14・15d)は，Pt^{II} と等電子的な Au^{III} を含む。すなわち，どちらのイオンも d^8 の電子配置をもつため，金錯体は DNA に対して白金錯体と同じように振舞うと考えられたかもしれない。しかしながら，Au^{III} は酸化還元活性であるため，通常は容易に Au^I (d^{10}) に還元される。化合物 (d) における Au−C (σ) 結合は金のⅢ価の状態を安定化しているが，ペプチドやタンパク質のチオール基の還元電位を考慮すると，Au^{III} として存在し続けるのは難しそうである。

14・3・4 その他の金属医薬品

前節では，銅や鉄の恒常性に関連した疾患，金化合物を用いる関節リウマチの治療，癌治療で臨床的に用いる白金製剤，臨床試験に導入された抗腫瘍性金属医薬品といった，金属に関わる重要な健康問題をある程度詳しく説明した。本節では，糖尿病薬としてのバナジウムの可能性，気分障害の治療薬としてのリチウム，消化器

疾患治療のためのビスマス，創傷治癒のための銀といった，昔から現在に至るまで医薬学的に興味の対象である金属に焦点を当てる．梅毒の歴史的な治療に使われた半金属のヒ素については§13・2を参照せよ．

バナジウム

バナジウムが必須元素である可能性は非常に高い．ヒト体内での平均濃度は約 0.3 μm であり，体重 70 kg のヒトには約 1 mg のバナジウムが含まれていることになる．この元素はさまざまな場所に存在するため，食物や飲料水中のバナジウムの平均量で 1 日に必要な供給量を確保できる．生理学的な環境では，バナジウムのおもな酸化状態は V（VO^{3+}，VO_2^+，$H_2VO_4^-$）と IV（VO^{2+}）である．血清中のおもな錯化剤は，第二鉄イオン運搬体のトランスフェリンである．有酸素条件下，pH 7.4 の生理液中，μM 濃度で存在するバナジン酸（V）のおもな化学種は $H_2VO_4^-$ である．図 14・16 はバナジン酸塩とリン酸塩の類似性を示している．バナジン酸の本質的な性質は十中八九，リン酸塩が関わる代謝過程の制御であろう．

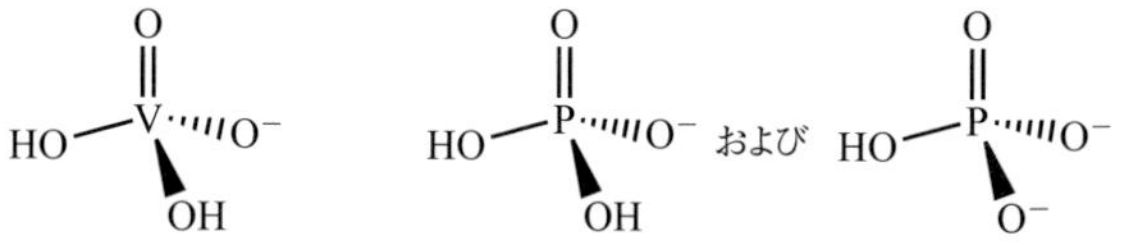

図 14・16 バナジン酸とリン酸の構造類似性．pH が約 7 のときのおもな化学種が示されている．

バナジン酸とリン酸の類似性（Box 12・1 も参照）は間違いなく，バナジウムのインスリン様効果（あるいはインスリン増強）の可能性を左右する鍵であろう[20]．糖尿病はインスリン供給の不足（1 型）あるいはインスリン感受性の低下（2 型）により起こる．1 型糖尿病においては，膵臓のランゲルハンス島の β 細胞によるインスリンの分泌が極度に減少する．2 型糖尿病においては，細胞内のインスリン受容体がインスリンに正しく反応しなくなる．1 型糖尿病は自己免疫疾患であり，β 細胞の死滅により起こり，しばしば幼児期や青年期に発症する．2 型糖尿病は 1 型糖尿病の 10 倍ほど頻繁に起こり，通常は年配の人が発症するが肥満体の青年の発症も問題になりつつある．どちらの場合も，細胞によるグルコースの取込みおよび細胞内のグルコース代謝が妨げられ，血漿中のグルコースが過剰になる（高血糖）．同時に脂肪の分解が促進され，脂質生成が抑制されるため，アセト酢酸のような有

害なオキソ酸が血中や組織中に蓄積する．これは，視覚障害や組織障害といった糖尿病の重篤な症状の要因になる．

バナジン酸の細胞レベルでの可能な作用様式を図 14・17 に示す．損傷を受けていないグルコース代謝の場合は，インスリンがその受容体(IR)の細胞外部分に結合すると，細胞内のチロシンがリン酸化され，グルコース運搬体 (GC) が活性化されるためのシグナル伝達が始まる．こうして，グルコースは細胞の中に運ばれ代謝を受ける．インスリンの供給が不足したり，インスリンの感受性が低下した場合は，加水分解によるインスリン受容体の脱リン酸を触媒するホスファターゼ（タンパク質-チロシンホスファターゼ，PTP）の作用により，インスリン受容体のリン酸化が阻害される．このようにして，グルコース運搬体のシグナル伝達が妨げられる．バナジン酸がここに到達すると，リン酸チャネルを介して細胞内に入ることができ，細胞質内で PTP の活性部位のシステイン残基に結合することにより PTP を阻害することができる．シグナル伝達系はこのようにして回復する．

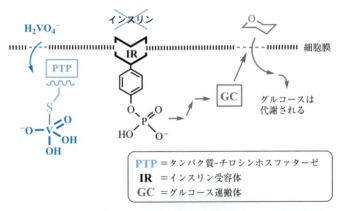

図 14・17　糖尿病患者のグルコース取込みのためのシグナル伝達系の復元．インスリンの供給や感受性の機能障害の場合，バナジン酸はタンパク質-チロシンホスファターゼ (PTP) の活性部位にあるシステイン残基 (S) に結合することにより PTP を阻害するため，PTP によるインスリン受容体 (IR) の脱リン酸を阻害し，グルコース運搬体の活性化のためのシグナル伝達系（黒色の矢印）の作用を維持する．

これまで体内外で調べられてきた非常に多くのバナジウム錯体のなかで，唯一ビス(エチルマルトラト)オキソバナジウム (Ⅳ) [VO(ethylmaltol)$_2$] (BEOV) は第Ⅰ相および第Ⅱ相の臨床試験に入った[21]．BEOV は，経口投与により消化管で容

易に吸収される．図14・18に示すように，この錯体は加水分解，酸化，血流中でVO^{2+}部分がトランスフェリンに結合する，といった化学反応を受ける．バナジウムは，エンドサイトーシスを介したトランスフェリン結合型輸送や，リン酸チャネルを介したバナジン酸の形での輸送により組織に分布する．バナジウムのうちかなりの量は一時的に骨に貯蔵されるが，これはバナジン酸とリン酸の内在的な類似性を示している．

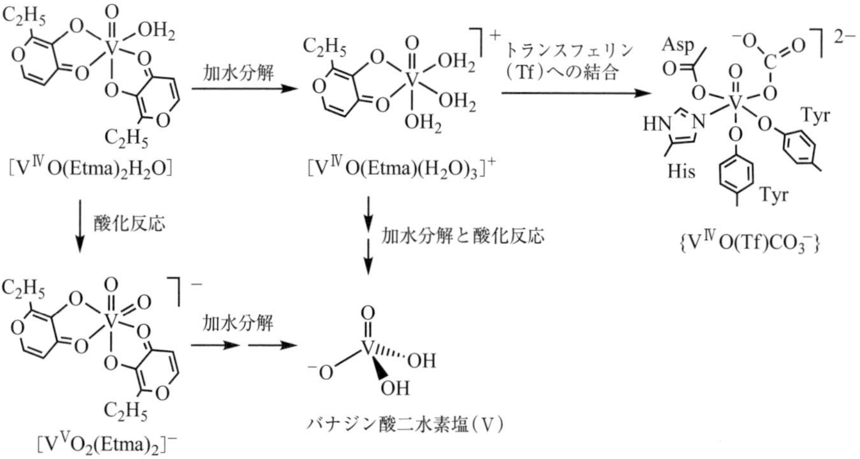

図14・18 抗糖尿病化合物 [VO(ethylmaltol)$_2$]（[VO(Etma)$_2$H$_2$O]，BEOV）の体液中でのおもな化学変化．

リチウム

気分障害やうつ病性障害としても知られる双極性障害の治療にリチウム療法が成功を収めつつある．躁状態とうつ状態のどちらの患者も Li$^+$ を用いた治療により改善される．§3・1ですでに概説したように，Li$^+$ と Mg^{2+} はほぼ同じ大きさである．Li$^+$ と Mg^{2+} のイオン半径はそれぞれ 0.76 Å および 0.72 Å であり，Mg^{2+} に依存する重要な酵素に対して Li$^+$ が競合的に作用する可能性を示唆する．また，Li$^+$ は治療濃度域が狭いため，毒性を示す可能性がある．一方，電荷密度[*13] は大きく異なるため（Li$^+$：1.32，Mg^{2+}：2.78），Li$^+$ の濃度が低い限り，多くの細胞内のマグネシウム含有タンパク質は Li$^+$ からの攻撃を免れる[22)]．

[*13] 電荷密度は，イオン電荷÷イオン半径（Å）で定義される（§3・1）．

双極性障害で苦しむ患者の重篤な躁うつ状態は，イノシトールモノホスファターゼ（IMPアーゼ）の活性上昇により生成する，かなり高濃度のイノシトールにより始まると考えられている．IMPアーゼは，イノシトールリン酸の加水分解を触媒するマグネシウム依存酵素である．図14・19aに，イノシトールリン酸→イノシトール→ホスファチジルイノシトールの反応経路をまとめた．このように，生成した遊離のイノシトールは，双極性障害に伴う病理学的情報伝達を含めた細胞情報伝達を担うリン脂質であるホスファチジルイノシトールに変換される．

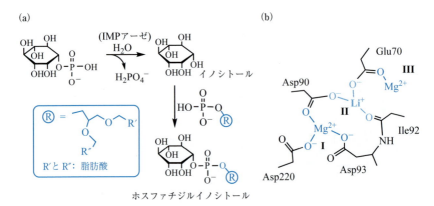

図14・19　(a) マグネシウム依存イノシトールモノホスファターゼ（IMPアーゼ）が触媒するイノシトールリン酸（IMP）の脱リン酸，およびひき続くイノシトールからホスファチジルイノシトールへの変換反応．(b) Li^+ に阻害された IMP アーゼ[23]，イオンの配位圏（Mg^{2+} は正八面体，Li^+ は正四面体）を補完するアクア配位子は省略してある．I～III は，阻害されていないときの IMP アーゼの三つのマグネシウム結合部位を示す．

IMPアーゼは三つの Mg^{2+} 結合部位をもつ．Mg^{2+} にはアスパラギン酸とグルタミン酸の側鎖と水分子が配位している．これらの結合部位のうちの一つが Mg^{2+} から Li^+ へ置換されると[23]（図14・19b）この酵素は不活性化される．このため，イノシトールリン酸の加水分解が阻害され，シグナル伝達に必要なイノシトールの生成が抑制される．

ビスマス

ビスマス化合物は，細菌ヘリコバクター・ピロリによる疾患の治療に長く使われている．この細菌は胃粘膜に定着し[24]，胃の pH の調整や食欲に関与する片利共生

微生物であると考えられている．この感染性の機能不全は，胃炎，胃潰瘍，十二指腸潰瘍の原因となる可能性があり，慢性感染症の場合は胃癌をひき起こす．現在米国で使用されているビスマス製剤は，ビスマス(III)の次サリチル酸塩および次クエン酸塩に基づくものである．接頭辞の“次”は，理想的な化学式 Bi(Hsal)$_3$ および [N]$^+$[Bi(cit)]$^-$ が部分的に加水分解されていることを表している．Hsal はサリチル酸塩(1−)，cit はクエン酸塩(4−)，[N]$^+$ はエチレンジアミンのような窒素塩基がプロトン化されている種をさす．これらの前駆体化合物の部分的加水分解は，図14・20 に示す基本構造単位からなるコロイドを生成する．

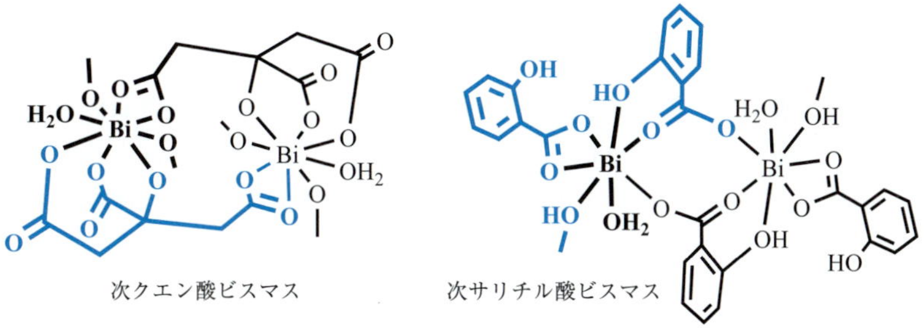

次クエン酸ビスマス　　　　次サリチル酸ビスマス

図 14・20 胃潰瘍や十二指腸潰瘍の治療に用いられるビスマス製剤のコロイド溶液に含まれる，構造決定されている高分子/オリゴマーの二核構造単位．承認された薬剤の例として，Pepto-Bismol® (次サリチル酸ビスマス) と De-Nol® (次クエン酸ビスマス) がある．単量体構造単位中のサリチル酸塩とクエン酸塩は青で強調してある．

ビスマス製剤の作用様式は多面的である．強酸性の胃液中では (0.5 M HCl, pH 約2)，ビスマス化合物は化学変化を受けて {BiOCl} や基本的なクエン酸ビスマスやサリチル酸ビスマスになる．これらは高分子種として保護被膜を生成し，ヘリコバクターが粘膜に吸着するのを防ぐ[24]．またビスマスは，トランスフェリン (§4・2) と同種の第二鉄イオン運搬体であるラクトフェリンにも相互作用できるため，ヘリコバクターによる鉄の獲得を阻害する．ヘリコバクターにビスマスが取込まれると，ヘリコバクターのウレアーゼ (ニッケル依存酵素，§10・4) 活性が抑制される．この効果は，Bi^{III} がウレアーゼに直接相互作用するか，あるいは Ni^{II} の恒常性を阻害することにより現れる．ウレアーゼは尿素からアンモニアへの分解を触媒し，ヘリコバクターの周辺を弱酸性から中性にする．すなわち，生命維持が可能な環境にするのである．

銀

銀は有効な滅菌剤である。その抗菌能は，偶然に飲料水の貯蔵に銀の器が使われたことで見つかり，創傷治癒で消毒にも使われ，何世紀にもわたり利用，開発されてきた。銀の処方薬はここ数十年間に，銀箔や金属銀を含浸した織物のようなバルク銀から，$AgNO_3$ のような銀イオン，ゼオライトのようなキャリア材料の細孔に吸収された銀イオン，銀ナノ粒子へと変化してきた。後者は生命活動によっても，また物理的にも化学的にも産生されうる。生体内の銀ナノ粒子の産生は，乳酸菌の *Lactobacillus fermentum* に依存する。この細菌は外部の Ag^I を電子伝達系の最終的な電子受容体として用いることができ，Ag^0 ナノ粒子を細胞外膜に沈着させる。生体内でできる銀ナノ粒子は比表面積が大きいため，化学的あるいは物理的にできる銀ナノ粒子よりも明らかに効率良く産生する[25a]。

銀イオンが体外での創傷消毒に用いられる場合，その抗菌能は硝酸銀や Ag^I を担持したゼオライトによる直接的な形か，銀ナノ粒子が Ag^I に酸化される形で実現される。Ag^0 から Ag^I への酸化反応は，大気中の O_2 による直接的な酸化反応か（14・6 式），炎症部分に存在する H_2O_2 による酸化反応により行われる（14・7 式）。

$$2Ag + \frac{1}{2}O_2 + H_2O \longrightarrow 2Ag^I + 2OH^- \qquad (14・6)$$

$$2Ag + H_2O_2 + 2H^+ \longrightarrow 2Ag^I + 2H_2O \qquad (14・7)$$

銀イオンの毒性は Au^I，Pt^{II}，$Cu^{I/II}$，Cd^{II}，Hg^I/Hg^{II} のような金属イオンの毒性と同じレベルである。細胞毒性[25b] のおもな機構は，(1) Ag^I が酵素や他のタンパク質のシステイン残基のチオラートに結合することによる機能障害，(2) DNA の核酸塩基に直接結合することによる DNA 複製の阻害，(3) 活性酸素種の生成である。さらに，細胞膜の直接損傷は細胞内の物質を漏出させ，その結果，細菌の成長や複製が抑制され，抗生物質の膜透過性が増加する[25c]。

14・3・5 放射性医薬品

放射線治療は，放射性イメージングのように（§14・4），短寿命放射性核種を用いる。すなわち安定核種とは異なり，壊変して娘核種を生成し，同時に放射線を放出する核種を用いる。薬物療法に用いる放射性核種は多くの場合に γ 線とともに α，β^-，β^+ 粒子を放出する（ニュートリノを放出する場合もある）。放射能については Box 14・1 を参照せよ。

Box 14・1 放 射 能

元素の同位体は核電荷 z と質量数 m により特徴づけられる．核電荷 z は原子核中の陽子数と等しく，元素記号の左下に示す．質量数 m は中性子数と陽子数の和であり，元素記号の左上に示す．以下にその例をあげ，放射性同位体は青で示す．

$${}^{1}_{1}\mathrm{H} \quad {}^{2}_{1}\mathrm{H} \quad {}^{3}_{1}\mathrm{H} \qquad \text{水素の三つの同位体：水素，重水素，トリチウム}$$

$${}^{12}_{6}\mathrm{C} \quad {}^{13}_{6}\mathrm{C} \quad {}^{14}_{6}\mathrm{C} \qquad \text{炭素のおもな三つの同位体}$$

$${}^{235}_{92}\mathrm{U} \quad {}^{238}_{92}\mathrm{U} \qquad \text{ウランの代表的な二つの同位体}$$

陽子数と中性子数が不均衡である同位体は不安定であるため（素粒子の性質は表を参照），通常は壊変し新しい元素を生成する．医学に関連するおもな壊変様式を下記の式に示す．${}^{99\mathrm{m}}\mathrm{Tc}$ は同位体 ${}^{99}\mathrm{Tc}$ の準安定状態の一つである．

$$\alpha\ \text{壊変：} \quad {}^{212}_{83}\mathrm{Bi} \longrightarrow {}^{208}_{81}\mathrm{Tl} + {}^{4}_{2}\mathrm{He}\ (\equiv \alpha)$$

$$\beta^{-}\ \text{壊変：} \quad {}^{89}_{38}\mathrm{Sr} \longrightarrow {}^{89}_{39}\mathrm{Y} + {}^{0}_{-1}\mathrm{e}^{-}\ (\equiv \beta^{-})$$

$$\beta^{+}\ \text{壊変：} \quad {}^{123}_{53}\mathrm{I} \longrightarrow {}^{123}_{52}\mathrm{Te} + {}^{0}_{1}\mathrm{e}^{+}\ (\equiv \beta^{+})$$

$$\gamma\ \text{壊変：} \quad {}^{99\mathrm{m}}_{43}\mathrm{Tc} \longrightarrow {}^{99}_{43}\mathrm{Tc} + \gamma$$

放射壊変は微分方程式 $-\mathrm{d}N/\mathrm{d}t = \lambda N$ で表される．N は核の個数，t は時間，λ は壊変定数（特定核の放射能に固有）である．これを積分すると $\ln(N/N_0) = -\lambda t$ あるいは $N = N_0 \mathrm{e}^{-\lambda t}$ となる（N_0 は $t=0$ のときの核の個数）．これより，半減期 $t_{1/2} = \ln 2/\lambda$ となる．半減期は，与えられた数の半分の放射性核種が壊変する時間間隔である．$t_{1/2}$ が短いほどその核の放射能は高い．

放射性核種の活性は，単位 Bq（Bequerel の名に由来）で定量化される．1 Bq は 1 秒あたりの壊変数である．放射線照射の生物学的効果の大きさは，吸収線量（グレイ，Gy）と等価線量（シーベルト，Sv）により評価される．Gy と Sv の単位は $\mathrm{J\ kg^{-1}}$ である．吸収線量と等価線量は無次元の係数 Q により関係づけられ，等価線量＝Q×吸収線量である．Q は放射線の性質に依存し，α線では Q＝20，β線，γ線，X 線では Q＝1，中性子線の場合速度に依存して Q＝3〜20 である．

代表的な素粒子

名　称	記　号	位置/由来	静止質量〔$\mathrm{g\ mol^{-1}}$〕	電　荷
陽　子	p, $\mathrm{H^{+}}$	核	1.00728	+1
中性子	n	核	1.00867	0
電　子	$\mathrm{e^{-}}$, β^{-}	原子核/中性子の崩壊	0.00055	−1
陽電子	$\mathrm{e^{+}}$, β^{+}	陽子の崩壊	0.00055	+1
ニュートリノ	ν	陽子の崩壊/中性子[†]	0	0

† 中性子から電子と陽子への壊変は反ニュートリノを放出し，陽子から中性子と陽電子への壊変はニュートリノを放出する．

従来の放射線治療，たとえば癌の治療で狭ビーム照射を行う場合，ビームの焦点が常に腫瘍に当たるように腫瘍の周辺を動かす．そのため周囲の組織はほんのわずかしか損傷を受けない．しかしこの治療法は局所腫瘍に限られ，転移性癌には適用できない．後者の問題に対処するために，放射性医薬品は特異的に悪性組織に集まり吸着するように設計されており，その組織を破壊する量の放射線を放出させる．すなわち，その薬剤が確実に標的に達して取込まれるように，放射性核種の配位圏のデザインに留意する必要がある．また，薬剤中の放射性核種は，腫瘍細胞の破壊が完了するように十分にゆっくり壊変する必要があると同時に，腫瘍の周囲の損傷を最小限にとどめ，正常な細胞に再構築できる程度に速やかに崩壊することを考慮して選ぶ必要がある．さらに，壊変生成物は無毒であるか，速やかに体外に排出されなければならない．

表 14・2 診断（§14・4）や治療（本節）で用いられる代表的な短寿命放射性核種（非金属のフッ素やヨウ素を含む）．放射壊変の詳細は Box 14・1 を参照せよ．

核　種	$q^{†1}$	応　用	おもな放射線種/娘核種	最大エネルギー〔MeV〕	半減期
^{18}F	9	イメージング	β^+, $\gamma^{†2}/^{18}$O	0.63	110 分
^{68}Ga	31	イメージング	β^+, $\gamma^{†2}/^{68}$Zn	1.9	67.6 分
^{89}Sr	38	治　療	$\beta^-/^{89}$Y	1.5	50.6 日
^{90}Y	39	治　療	$\beta^-+\gamma/^{90}$Zr	2.3	64.1 時間
^{99m}Tc	43	イメージング	$\gamma/^{99}$Tc	0.14	6 時間
^{123}I	53	イメージング	γ（電子捕獲）$/^{123}$Te	0.13	13 時間
^{153}Sm	62	治　療	$\beta^-+\gamma/^{153}$Eu	0.7	46.3 時間
^{186}Re	75	治　療	$\beta^-+\gamma/^{186}$Os	1.08	3.8 日
^{188}Re	75	治　療	$\beta^-+\gamma/^{188}$Os	2.12	17 時間

†1　核電荷（陽子数）．
†2　陽電子と電子の再結合により生成する．

適切な放射性核種を選ぶうえで重要な点は，半減期と壊変様式である．α線は作動距離が 0.1 mm 以下と非常に小さいため，もっぱら β 放射体が用いられる．β 放射体の作動範囲は β 線のエネルギーに依存し，通常は 2～3 mm から 1 cm の範囲にある．表 14・2 に，放射線治療や放射性イメージングに用いられる代表的な放射性核種の線源と性質をまとめた．組織の損傷は，β 線の放射により細胞が直接標的になる場合だけでなく，水の放射線分解により生じる OH ラジカルなどによっても起こることは注目すべきである．

14・3 治療で用いられる金属と半金属　　267

^{89}Sr は γ 線を放出せずに壊変する希少な核種である．このため，原発事故直後の放射性汚染成分として検出されにくい．ストロンチウムは化学的にカルシウムと類似しており，骨構造のヒドロキシアパタイト[*14]に組込まれる．^{89}Sr は SrCl$_2$ の水溶液の形で，前立腺癌，乳癌，肺癌の進行期における骨転移の苦痛緩和のために用いられてきた．骨芽細胞（骨の生成に関連する細胞）を優先的に標的とする処方薬には ^{90}Y，^{186}Re，^{188}Re を含むものがある．イットリウムおよびレニウム化合物は無機塩 YCl$_3$，Na[ReO$_4$] の形で医療現場に供給されるが，運搬体となる有機物と複合体を形成させてから適用する．図 14・21(a)，(b)に例を示す[26]．^{89}Sr とは対照的に，^{90}Y と $^{186/188}$Re の β$^-$ 壊変は γ 線放射を伴うためイメージングによる骨転移の同時局在診断が可能になる．

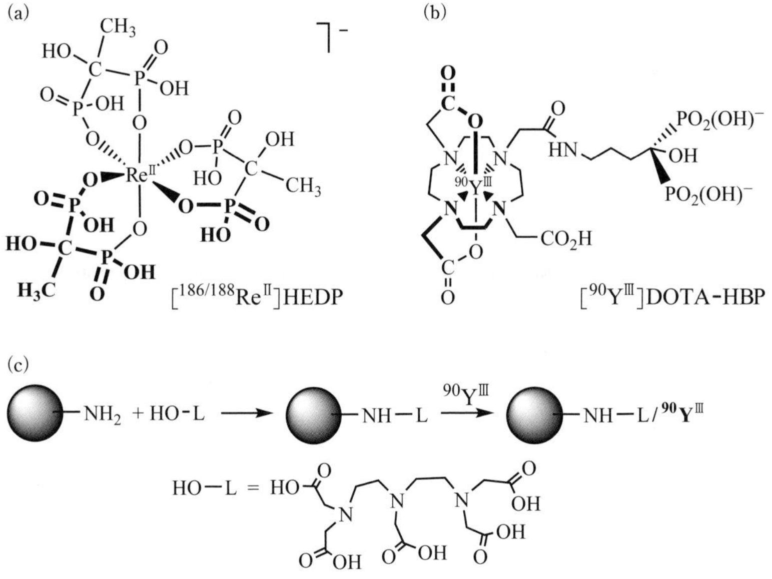

図 14・21 有機（架橋）配位子が結合した放射線核種の例．骨に転移した癌の緩和に用いられる．(a) ヒドロキシエタン-ジホスホン酸（HEDP）と $^{186/188}$Re^{II}（ReO$_4$$^-$ を SnCl$_2$ とアスコルビン酸で還元して調製する）から生成するオリゴマーの構造単位．(b) ^{90}Y^{III} の DOTA-HBP 錯体．（DOTA＝テトラアザシクロドデカン-テトラ酢酸，HTB＝4-アミノ-1-ヒドロキシブタン-1,1-ビス(ホスホン酸)．(c) モノクローナル抗体（球で表す）とジエチレントリアミン-ペンタ酢酸の連結体と ^{90}Y^{III} の錯体形成．

[*14] §3・5 を参照せよ．

268 　　　　　　　　　　　　14. 無機医薬品

　放射性医薬品による特異的な組織標的法の最近の例として，放射免疫治療があげられる．この方法では，$^{90}Y^{III}$のような放射活性な核種が補助的な多座配位子を介してモノクローナル抗体[27]（図 14・21c）に結合し，その形で放射性核種が運搬され標的組織に到達する．モノクローナル抗体は，抗原の特定の位置に結合する免疫的に活性なタンパク質である．

14・4　画像診断における金属と半金属

　体内の構造を対象とした非侵襲的画像診断のための，金属および半金属を用いた三つのおもな臨床応用法として，柔らかい組織のX線画像強調法，核磁気共鳴画像法，γ線画像法がある．X線画像強調法は強いX線吸収体を用い，通常の撮影法ではほとんど見られない柔らかい組織を可視化する．古典的な例としては，不溶性硫酸バリウム $BaSO_4$ と 1,3,5-トリヨードベンゼンがある．$BaSO_4$ は経口で投与され消化管に沈殿するため，たとえば小腸の潰瘍をX線で検出できる．ベンゼンのトリヨード誘導体は，冠動脈造影に用いられる．すなわち，心筋の血管の内部が可視化される．

　NMR（nuclear magnetic resonance, Box 14・2）は，解剖学的な見地から核磁気共鳴画像法（MRI）に用いられている．検査を受ける人体，あるいは捻挫した足首のような体の一部は，通常 1.5 T の超伝導電磁石の円筒空洞に入り，MHz 領域の電波周波数 $h\nu$ にさらされる．MRI は基本的に水のプロトンを標的とする．異なる組織中では，水由来のシグナルは，その水の環境，プロトン移動度や濃度に依存して異なる緩和時間 T を示す．再放射エネルギー $h\nu$ に基づく異なる T 値は検出器に記録され，画像に変換される．これにより，捻挫などによる組織の損傷に関する詳しい診断が可能になる．プロトンの NMR シグナルのコントラストを強調するために，高スピン状態の遷移金属イオンを含む造影剤が適用されている．高スピン状態は高磁気モーメントをもたらすため（Box 4・3），緩和効果を高め（T を減少させ），可視化処理の感度と画像のコントラストを改善する．

　造影剤で広く用いられている金属イオンは，ガドリニウム（III）と第二鉄イオンである．高スピン型の Gd^{III} と Fe^{III} は，それぞれ $4f^7$ および $3d^5$ である[*15]．これら

[*15]　ガドリニウム以外の効率の良い MRI プローブとして，ランタノイドのジスプロシウム（Dy）とホルミウム（Ho）があげられる[28]．Ho は特に大きな磁気モーメントをもち，その感受性（1.16×10^3）は Gd（0.124）よりも 4 桁大きい．

のプローブは，Fe^{III} は通常酸化鉄ナノ粒子の形で，Gd^{III} は配位化合物の形で静脈内投与される．Gd^{III} 錯体は水に可溶で高い安定性があり，毒性が低く，水との交換が可能な部位をもつように適切に設計される必要がある．高い安定性を確保するためには，ハードな O-あるいは ON-官能基をもつ多座配位子 L_n が必要である．外部の水が Gd^{III} 中心に近づくためには，アクア配位子を交換できるオープンな部位をもつ適当な構造の錯体が必要である．これにより，磁場中で励起した組織中の水が常磁性の Gd^{III} 中心を感知し，その結果，速やかに緩和する．この交換反応を(14・8)式に示す(＊は組織中の水を表す)．MRI で用いられる Gd^{III} 錯体を図14・22 に示す．

$$[GdL_n(H_2O)]^- + H_2O^* \rightleftharpoons [GdL_n(H_2O^*)]^- + H_2O \qquad (14・8)$$

非侵襲的画像診断法の医学や薬学への応用の二つ目は，放射性核種を発生源とする γ 線に基づく．γ 線は有効性は低いが広い断面積をもつため，注射後に特定の体組織に蓄積された γ 線源を体外に設置したガンマカウンターで検出できる．準安定なテクネチウム同位体 ^{99m}Tc は通常，直接の γ 線源として用いられる．また陽電子(ポジトロン)($β^+$)放射体は，診断ツールとして広く用いられている．^{18}F と ^{123}I は臨床的に定着しているが，^{68}Ga 標識トレーサーはまだ試験中である．これらの核種の性質については表14・2 を参照せよ．$β^+$ 壊変の例(^{123}I)は Box 14・1 に示した．

陽電子は電子の反粒子である．$β^+$ 壊変の場合，γ 線は $β^+$ 壊変の直後に起こる消滅放射により生成する ($β^+ + β^- \longrightarrow 2γ$)．直接の γ 線源から放出された γ 線，あるいは陽電子放射に由来する γ 線が検出されると，単光子放出コンピューター断層撮影法 (single photon emission computed tomography, SPECT) として知られる特殊なシステムで画像に加工される．γ 線が $β^+$ 放射体に由来する場合，その方法はポ

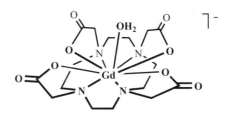

図 14・22　MRI に用いられている DOTAREM® の[Gd(DOTA)H$_2$O]$^-$ 部分．DOTA＝1,4,7,10-テトラアザシクロドデカン-N,N',N'',N'''-テトラ酢酸．対になる陽イオンは複雑な構造をもつ N-メチルアンモニウムグルカミンである．八つの配位子官能基 (四つのアミン窒素と四つのカルボキシラト酸素) が，正方逆プリズムを形成し Gd^{III} をボール状に包んでおり，内外の水分子が交換できるようになっている(14・8式)．

Box 14・2 核磁気共鳴分光法（NMR）

陽子と中性子のどちらか一方が奇数の核は核スピン I をもつ．すなわち，これらは対称軸の周りに回転する．陽子と中性子がともに偶数である核はスピンをもたないため，非磁性でNMRには適用できない．例として ^{12}C，^{16}O，^{32}S があげられる．磁性核の場合，I 値は 1/2 または $>$1/2 である．I=1/2 の核の例として ^1H，^{13}C，^{31}P，^{195}Pt，$I>$1/2 の核の例として ^2H (I=1)，^{14}N (I=1)，^{17}O (I=5/2)，^{99}Tc (I=9/2) があげられる．

正電荷をもつ核のスピンあるいは角運動量は，磁気モーメント μ を生じる．I=1/2 の核スピンが外部磁場 B_0 に入ると，B_0 に対して反平行（励起状態）あるいは平行（基底状態）な配向をとることができる．ここでは平行配向はエネルギー的に有利である．これらの二つの配向あるいはスピン状態の間のエネルギー差 ΔE は，外部磁場 B_0 の強さに依存する．マイクロ秒高周波パルスを照射するとき，共鳴のための条件 $h\nu = 2\mu B_{loc}$（loc は local の意）が満たされる場合にはエネルギー的に不利な配向が存在する．

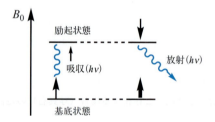

励起状態から基底状態に戻るときラジオパルスがエコー信号として放出され，外部から解析が可能である．B_{loc} は，化学的に変調された電子的環境で核が感じる磁場である．より複雑な（たとえば有機）化合物はプロトンに異なる化学的環境を与えるため，化学的に異なる水素のそれぞれに異なる局所電場が生じ，異なるエコー信号，すなわち化学シフトで表される NMR シグナルが得られる．分子の中の非等価な位置にあるプロトンの磁気モーメントは，さらなる相互作用や結合により NMR シグナルの分裂をもたらすため，その結合定数により定量的な解析が可能になる．

核磁気共鳴画像法（MRI）における主要な標的は，組織中の水のプロトンである．ここでのおもな化学的環境は，速やかに位置を変えるため一時的にしか存在しない水クラスターにより与えられる．組織中の成分，特に組織構造中のタンパク質との水素結合は，化学的環境に二次的な影響をもたらす（右図を参照せよ）．水も含めたこれらすべての構造配列中のプロトンの揺らぎは速いため，異なる化学的環境は平衡状態にあり，通常いくぶん広がったプロトン NMR シグナルが一つだけ得られる．ここで，NMR 分光法のもう一つのパラメーター，緩和時間 T の重要度が増す．T は，核が照射エネルギー $h\nu$ を吸収した励起状態が基底状態に緩和するのに必要

な時間である．組織中の水の濃度や環境の違いにより緩和時間 T は変調する．T の変調は NMR シグナルの強度や線幅の変化に変換され，これが処理されて MRI イメージのコントラストのレベルに反映される．

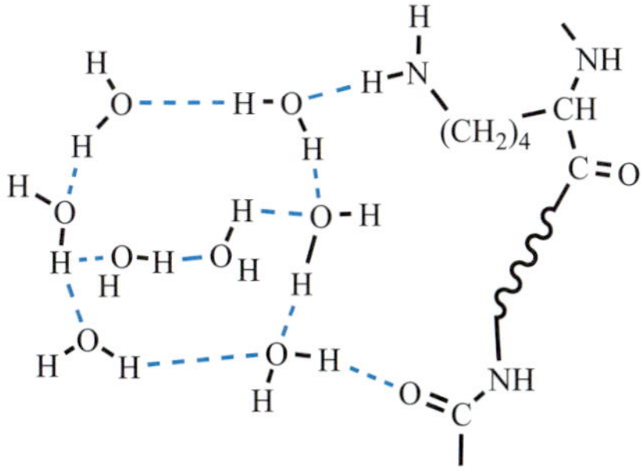

また，印加する磁場は，身体全体に対して一定ではない．むしろ磁場には勾配があるため，水分子が局在する（極小）体積要素に応じて共鳴条件を調整することが可能であり，画像を精緻化できる．

MRI における造影剤には，磁性酸化鉄ナノ粒子や，水分子に接近できるオープンな部位をもつ常磁性ガドリニウム（Ⅲ）(f^7) 化合物が使われ，これらは水分子のプロトンが磁場で励起した状態を緩和する時間 T を短縮する．造影剤がある特定の組織に優先的に入ると，コントラストは促進される．写真は，ガドリニウムを含む造影剤がない場合（写真左）と存在する場合（写真右）の足部を走査した MRI 画像である．この画像は，脛骨とくるぶしの骨の接合部分（矢印部分）にみられる充血を伴った囊胞性病変を示している．特に囊胞性領域や血管では，交換可能な水分子 H_2O^* はコントラストが促進されて画像中で明るく見える（写真右）．これは，水分子が $Gd^{Ⅲ}$ 上で速く交換するからである．

$$LGd(H_2O) + H_2O^* \rightleftharpoons LGd(H_2O^*) + H_2O$$

L については図 14・22 を参照せよ．

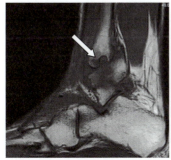 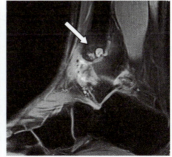

ジトロン断層撮影法（PET）とよばれる．

配位化合物に組込まれた準安定なテクネチウム同位体 ^{99m}Tc は，腎臓，肝臓，心臓，脳，特に骨のような組織の機能不全の部位の画像撮影に広く用いられている[29]．画像を得たい特定の組織（通常は肉眼で発見できない，癌患者の骨転移や他の骨疾患）に ^{99m}Tc のようなγ線源を導くために，二元機能性物質が用いられている．これらの錯体は，テクネチウムイオンが結合する部位と，標的細胞の特定の受容体を認識するために必要な生物学的に活性な官能基部分をもつ．骨芽細胞が関連するヒドロキシアパタイト $Ca_5(PO_4)_3(OH)$ は，患部の骨構造における選択的標的である．テクネチウム錯体の機能部位であるビスホスホン酸塩は，アパタイトに高い親和性を示す．

ビスホスホン酸塩（図 14・23）は無機二リン酸塩 $H_2P_2O_7^{2-}$（ピロリン酸ともいう）と構造が似ているが，$H_2P_2O_7^{2-}$ の不安定な P-O-P が安定な P-CRR′-P あるいは P-C(OH)R-P に置き換わっているという利点がある．Tc^{IV} はオリゴマーの $\{Tc(OH)MDP\}_n$（R=R′=H）のようなビスホスホン酸塩に直接結合するため，病変している骨の構造を調べるための有効な造影剤である．二元機能性分子によるア

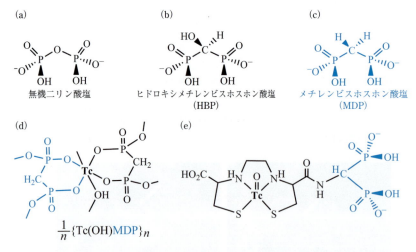

図 14・23　(a) 無機二リン酸塩．(b,c) ビスホスホン酸塩．直接骨を標的とする ^{99m}Tc のような放射性核種を含む処方薬(d)や二元機能性配位子の一部(e)として用いられている．ビスホスホン酸部分を青で示す．Tc の酸化状態は，オリゴマーの Tc(OH)MDP では IV で，二元性システムでは V である．Tc^V に結合している配位子は，二つのシステイン部分をもつ．HBP を含むガリウム錯体については図 14・24 を参照せよ．

プローチでは，運搬中の Tc^V を安定化する N_2S_2 型四座配位子，配位圏の周辺に標的指向のためのビスホスホン酸塩骨格をもつオキシドテクネチウム(V)錯体が導入されてきた．その一例を図 14・23 に示す．

骨指向性薬物の設計においても，二元機能性分子を用いる方法がポジトロン断層撮影法の診断用薬に適用された．NOTA-HBP 配位子（NOTA＝1,4,7-トリアザシクロノナントリ酢酸，HBP はそのヒドロキシビスホスホン酸塩部分)の ^{68}Ga 錯体は，その一例である[29]（図 14・24a）．図 14・24(b)には，ヨウ素で標識した有機化合物である脂肪酸誘導体 p-ヨードフェニル-3-メチルペンタデカン酸 (^{123}I-BMIPP) を示す．この β^+ 放射体である ^{123}I は，ヨウ素代謝に関連する甲状腺や，血管収縮により血液循環が制限されて組織に十分な酸素が供給されない機能不全の組織の画像化に用いられている．狭心症の場合の心臓の筋肉組織の画像化(心筋イメージング)がその一例である．

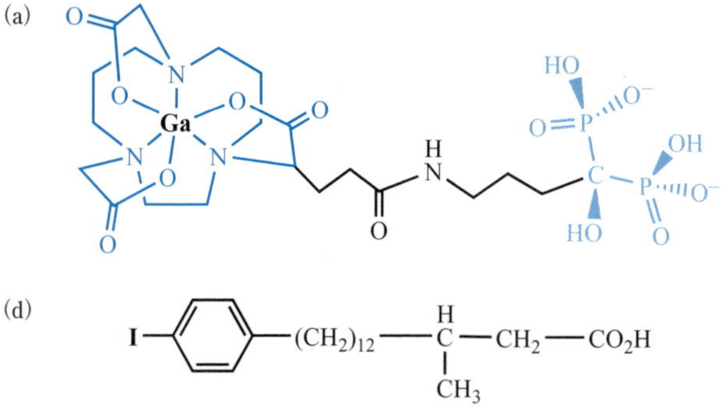

図 14・24 ポジトロン断層撮影法（PET）で用いられる核を含む化合物の例．(a) 二元機能性 ^{68}Ga 錯体 [Ga^{III}(NOTA-HBP)]（NOTA は青色，HBP は水色で強調した）は，骨の構造の可視化のために開発された．(b) フェニル-3-メチルペンタデカン酸の ^{123}I 誘導体は有効な心筋造影剤である．

14・5 一酸化炭素，一酸化窒素，硫化水素の毒性と治療の可能性

一酸化炭素 CO，一酸化窒素 NO，硫化水素 H_2S は高毒性の気体である．これらがシトクロム類の鉄中心に結合し細胞呼吸が阻害されることが，毒性のおもな原因である．NO はさらにラジカルの性質に基づいて作用するため，活性酸素種（ROS）と同様の異常をひき起こしうる．H_2S には腐った卵のような特徴的な悪臭があるため，私たちは非常に低濃度でも H_2S を感知できるが，CO や NO にはこのような警

告システムがない．一方，これら3種の気体は，微量ではあるがさまざまな体機能に必須で，必要量が体内で合成される．実際これらの気体は治療に使われる可能性がある．たとえば血管を拡張させることにより，高血圧症の際に血圧を調節できることがあげられる．

NO は燃焼過程の副生成物であり，自然界では大気中での放電（雷）によって生成する．一方，NO は生物学的な過程でも生成する．§9・3 の (9・11) 式で詳しく述べたように，硝酸塩 NO_3^- あるいは亜硝酸塩 NO_2^- から始まる脱窒はその一例である．硝酸塩は，特にほうれん草やその他の葉菜に含まれる一般的な栄養成分である．また，亜硝酸塩はおもに肉の防腐剤として摂取され，食物連鎖に入る．硝酸塩は，Fe^{II} を含むオキシヘモグロビンからメトヘモグロビン（Fe^{III} を含む MetHb）への変化を伴う NO の酸化反応（14・9 式）からも生成する．また亜硝酸塩は，銅依存酵素セルロプラスミンが触媒する O_2 による NO の酸化反応から生成する（14・10 式）．

$$NO + Hb(Fe^{II} - O_2) \longrightarrow NO_3^- + MetHb(Fe^{III}) \qquad (14 \cdot 9)$$

$$NO + \frac{1}{2}O_2 + [H] \longrightarrow NO_2^- + H^+ \qquad (14 \cdot 10)$$

（セルロプラスミンにより触媒される）

NO_3^- と NO_2^- はどちらも哺乳類の NO 貯蔵プールであり，一酸化窒素シンターゼが触媒するアルギニンから NO への酸素依存合成を補完したり（図 9・12），低酸素症の際にアルギニンから NO への合成を補助する[30]．一般に，哺乳類での硝酸塩から亜硝酸塩への変換は，唾液中や消化管で繁殖する細菌により行われる．胃の酸性条件下では，唾液中の亜硝酸塩はプロトン化して亜硝酸になり，NO と NO_2 のような高原子価の酸化窒素類に不均化する（14・11 式）．さらに，ビタミン C（アスコルビン酸 $AscH_2$）のような食事から摂取される還元体は，亜硝酸を一酸化窒素に還元できる（14・12 式）．この酸化還元反応では，$AscH_2$ はデヒドロアスコルビン酸（Asc）に酸化される．

$$NO_2^- + H^+ \longrightarrow HNO_2 \qquad (14 \cdot 11)$$

$$2 HNO_2 \longrightarrow NO + NO_2 + H_2O$$
$$2 HNO_2 + AscH_2 \longrightarrow 2 NO + Asc + 2 H_2O \qquad (14 \cdot 12)$$

胃腸内に存在する NO_2^-/NO は，胃粘膜の炎症や偶発的な腫瘍の原因となる細菌ヘリコバクター・ピロリを阻害することから，潰瘍の発生から保護する効果があ

14・5 一酸化炭素, 一酸化窒素, 硫化水素の毒性と治療の可能性 275

るといわれている[*16]. この効果は, ひき肉のような生の肉製品の防腐剤に使われる亜硝酸塩の抗菌効果に非常によく似ている. 血液循環に入った亜硝酸塩は, NO に結合し運搬を行うデオキシヘモグロビンにより NO に還元される (14・13 式). この点に関しては, ミオグロビンはより効果的である.

$$NO_2^- + Hb(Fe^{II}) + H^+ \longrightarrow NO + MetHb(Fe^{III}) + OH^- \qquad (14・13a)$$

$$NO + Hb(Fe^{II}) \longrightarrow Hb(Fe^{II}-NO) \qquad (14・13b)$$

亜硝酸アミルのような亜硝酸塩の有機源は, 体内で亜硝酸塩と NO に代謝されるため, 血流調節や血管収縮によりひき起こされる疾患の治療に古くから使われてきた. 例として, 狭心症や他の虚血性組織傷害があげられる. 無機亜硝酸塩の点滴も同程度の効果がある. μmol 以下の濃度の NO, 特に NO_3^-/NO_2^- に由来する NO の一般的で有益な役割として, 有害物に対する細胞の保護作用があげられる. 有害物としては, ミトコンドリアのシグナル伝達で過剰に産生された活性酸素種がある. すなわち, NO があると活性酸素種は消滅する. (14・14)式に一例を示す.

$$NO + OH \longrightarrow HNO_2 \qquad (14・14)$$

一酸化炭素はすでにヒトに対して臨床試験が行われ, 有望な結果が得られている. CO はヘモグロビン (Hb) の Fe^{II} に高い親和性をもつため, 吸入すると高い毒性を示す. CO は Hb に対して O_2 の約 250 倍強く結合して O_2 運搬を阻害するため, 低酸素状態になり組織が損傷を受ける. 一方 CO は, ヘムオキシゲナーゼが触媒する老化や損傷を受けた赤血球のヘムの酸化分解によって, 内因的にも生成する(14・15 式). この過程では CO や Fe^{II} 以外に胆緑素 (ビリベルジン) が生成され, これはさらに還元型ニコチンアミドアデニンジヌクレオチドリン酸 (NADPH, Box 9・2) により還元されて胆赤素 (ビリルビン) になる.

$$Hb(Fe^{II}) + 3O_2 + 4(NADPH + H^+)$$
$$\longrightarrow ビリベルジン + CO + Fe^{II} + 4NADP^+ + 3H_2O \qquad (14・15)$$

NO のように, CO はメッセンジャー分子として働くため, 炎症や心疾患において有益な役割を果たすことができる[31,32]. CO の吸入による毒性を考慮し, CO の血中濃度を毒性を示す濃度以下に抑えつつ, 経口投与あるいは静脈内注射により病変組織に CO を運搬できる適切な化合物の開発は重要である. これは, 赤血球により除去される前に危機にさらされている組織に到達し, 標的部位で CO を放出するプロドラッグにより達成しうる. CO はヘモグロビンやミオグロビンのヘム系の第

[*16] ビスマス化合物の胃の保護効果については§14・3・4を参照せよ.

一鉄中心に高い親和性をもつが，結合する速度は遅い．そのため，毒性を最小限に抑えた標的指向の CO 放出剤の応用が可能になる．

　NO を運搬する化合物とは異なり，CO を放出するプロドラッグはまだ臨床的には承認されていない．生物活性化刺激を受けて CO を放出する有望なプロドラッグとして，水溶性で少なくとも一部は標的部位に到達するまでの血液循環で存続し，ある引き金で CO を放出する遷移金属カルボニル錯体があげられる．金属カルボニルは通常水に不溶で，また M−CO の二重結合性（σ＋π，Box 13・1 を参照）により CO の放出が妨げられている．これはカルボニル錯体をプロドラッグとして使う場合の重要な要件である．図 14・25 に，CO を放出するプロドラッグの条件を満たす有望なカルボニル錯体を三つ示す．特に興味深いのは Fe^0 錯体の ［Fe(CO)₃(アセトキシシクロヘキサジエン)］ である．この錯体は，緩和な酸化的条件下でエステラーゼが存在すると CO を放出する[33]．

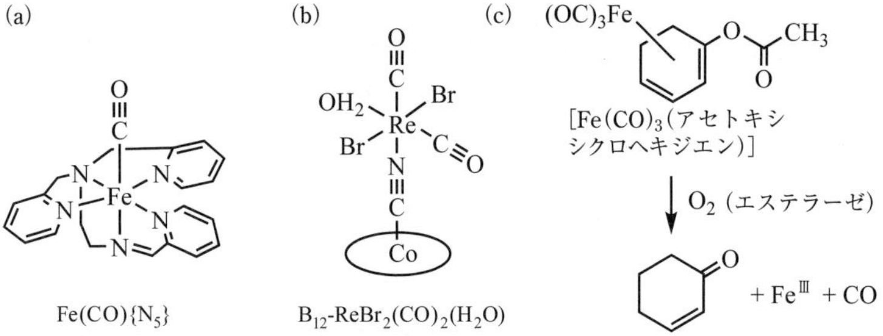

図 14・25　生理学的条件下で CO を放出する三つの遷移金属カルボニル錯体．(a) $Fe(CO)\{N_5\}$ に含まれる五座配位子の五つの窒素ドナーは，アミノ基とイミノ基が一つずつと三つのピリジンに由来する．(b) レニウム(II)錯体の楕円で囲んだコバルトは，ビタミン B_{12} のコリノイド系を表している（§13・1，図 13・5）．(c) 鉄錯体 ［Fe(CO)₃(アセトキシシクロヘキサジエン)］ の CO の放出はエステラーゼにより触媒される．

　硫化水素 H_2S は CO と同程度の毒性をもつ．吸入した空気に 800 ppm の硫化水素が含まれていると数分で死に至る．CO とは異なり，H_2S はその悪臭で感知でき，私たちの嗅覚は 5 ppb の濃度でも感知できる．硫酸還元細菌や有機物の微生物分解により H_2S が生成する自然環境では，私たちはその存在に即座に気づけるのだ．

　H_2S は消化管の細菌によっても産生される．H_2S は腸管筋を緩和し，便秘を防ぐ役割を果たす．一方 H_2S が過剰に産生されると，腸粘膜でチオ硫酸塩 $S_2O_3^{2-}$ に酸

化し,反対向きに作用する.酸素ラジカルはチオ硫酸塩をさらにテトラチオン酸塩 $S_4O_6^{2-}$ に酸化し,腸炎をひき起こす病原菌であるサルモネラ菌の電子伝達系の電子受容体として働く[34].(14・16)式にその反応順序をまとめた.

$$2H_2S + 3H_2O \longrightarrow S_2O_3^{2-} + 8e^- + 10H^+$$
$$2S_2O_3^{2-} \rightleftharpoons S_4O_6^{2-} + 2e^- \quad (14\cdot16)$$

CO や NO の場合と同様に,体内の組織中でも微量の H_2S が産生され,代謝や血管拡張の調節に使われている.後者の効果は,H_2S が血管平滑筋の外部膜のカリウムチャネルを開けられることに由来する.その結果,K^+ は押し出され Ca^{2+} の流入が抑えられることにより筋肉が弛緩し,血管が拡張され血流が改善される.体内での H_2S 合成の出発物質はシステインである.この内因的な H_2S 合成はシスタチオニン γ-リアーゼにより触媒される.この酵素はいくつかのトランススルフレーション経路[35]や,システインをピルビン酸,H_2S, NH_3 に加水分解する反応を触媒する(図 14・26).この酵素はニンニクの含硫黄成分の一つでもあり,心臓保護作用やニンニクによる他の健康増進効果に関連するといわれている S-アリル-L-システインから H_2S を合成する.

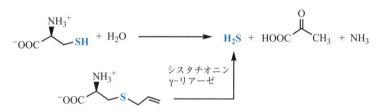

図 14・26 L-システインおよびニンニク成分の S-アリル-L-システインから内因的に生成する硫化水素.

● まとめ

医療に用いられる無機物の処方薬のほとんどは金属と半金属に基づいているが,フッ素やヨウ素のような非金属や,CO, NO, H_2S のような分子の重要性も認識されてきている.

金属医薬品は体内に投与されると化学変化を受ける.すなわち,もともと結合している(一部の)配位子は,H_2O/OH^- や Cl^- のような単純な配位子,ポルフィリンのようなより複雑な配位子,タンパク質や DNA のような生体高分子中の配位子に置換される.タンパク質の代表的な結合部位は,アミノ酸側鎖のチオール基,アミ

ノ基，カルボキシ基，ヒドロキシ基である．また，DNAのおもな結合部位はグアニン塩基のN7位である．サイトゾル中では，グルタチオンは金属イオンに結合する重要な還元体である．多くの金属は毒性をもつ可能性があるが，毒性の程度はおもにその濃度，生理学的効果，体内物質との相互作用に依存する．体内から毒性金属を除く一般的な方法はキレート療法である．すなわち，金属に効率良く結合し体内から除去する配位子を注入する方法である．

鉄と銅は必須元素の例である．一方で，摂取しすぎると重篤な機能障害が起こる．たとえば小腸で第一鉄イオンの吸収が上昇すると，ヘモクロマトーシスになる．また，銅の恒常性が保たれなくなり，銅の過負荷に至るとウィルソン病が進展する．一方，銅（メンケス病）や鉄の供給不足は同様に有害である．マラリアに抵抗を示す遺伝病であるサラセミアの患者は，Fe^{II}依存酸素運搬体であるヘモグロビンの供給不足に苦しむ．アルツハイマー病は，脳における銅の恒常性不全に密接に関係すると予想されている．

水銀，金，アンチモンの処方薬はそれぞれ，梅毒(Hg)，関節炎(Au)，皮膚感染(Sb)を治すために何千年もの間使われてきた．金はビスマス，銀，白金，リチウムとともに，特に現代の臨床応用に密接に関わっている．金を含む抗関節炎薬は，二つのチオラート配位子か，チオラートとホスフィン配位子が結合した直線二配位型のAu^Iを含む．チオリンゴ酸を配位子とするAu^I含有薬であるミオクリシンは，チオラート金の単量体とタンパク質のシステイン残基を架橋することにより，カテプシンK（関節炎の骨の変成に関わるプロテアーゼ）を阻害する．

3種類の白金製剤，シスプラチン，カルボプラチン，オキサリプラチンは臨床で使用されている．これらはすべて平面四角形の配位構造をもつPt^{II}錯体で，二つのアンミン配位子がシス形に配位している．これらの薬物は体内で運ばれている間に，部分的に化学変化を受ける．また，銅運搬体はPt^{II}の運搬と分配に関わることができる．Pt^{II}はおもに，同じ鎖の二つの隣り合うグアニン塩基のN7位に結合する．これによりDNAはよじれ，本来の機能が失われる．将来，癌の治療に利用できる可能性があるその他の金属として，特に芳香族配位子をもち，DNAへのインターカレーションが可能な場合，ルテニウム，チタン，バナジウム，ガリウム，金があげられる．

医薬品に用いられるその他の金属として，バナジウム（臨床応用には至っていない），リチウム，ビスマス，銀がある．バナジウム化合物は，バナジン酸がリン酸依存酵素の活性部位のリン酸と競合できるため，抗糖尿病活性をもつ．リチウムは双極性障害の治療への適用に成功している．作用機序は，Li^+とMg^{2+}のイオン半径がほぼ同じであることに基づいている．よってLi^+は，Mg^{2+}依存細胞シグナル

伝達を抑えることができる．コロイド状の次クエン酸ビスマスや次サリチル酸ビスマスのようなビスマスの処方薬は，ヘリコバクター・ピロリによりひき起こされる胃潰瘍の治療に長く使われている．銀は，$AgNO_3$，あるいはゼオライトやナノ粒子に担持したAg^Iの形で，有効な消毒剤であり創傷治療に用いられる．

悪性腫瘍の治療には放射性医薬品も使用される．例として ^{90}Y，^{153}Sm，^{186}Re，^{188}Re のような放射性核種を含む薬物があり，これらはすべて，β線やγ線を放出する短寿命核種（数時間から数日間）であり，β線は組織の破壊の原因となる．骨転移がみられる患者の苦痛緩和に適用するために，これらの放射性核種はビスホスホン酸塩骨格をもつ配位子に組込まれ，患部の骨芽組織に関連するヒドロキシアパタイトを標的とすることが可能である．

画像法は，柔らかい体組織を可視化するために用いられている．定着している方法の例として，γ線画像法や核磁気共鳴画像法（MRI）がある．MRIでは，組織の水のプロトンが高エネルギーの高周波パルスにより励起され，異なる環境にある水のプロトンについて異なる緩和時間が検出され，画像に変換される．画像のコントラストは，特に酸化鉄ナノ粒子やガドリニウム（III）錯体により向上する．γ線画像法（SPECT）に用いられる一般的な短寿命放射性核種は準安定な ^{99m}Tc（$\longrightarrow$ $^{99}Tc + \gamma$）および ^{123}I（$\longrightarrow$ $^{123}Te + \beta^+$，$\beta^+ + e^- \longrightarrow 2\gamma$）のような陽電子放出体である．後者は，ポジトロン断層撮影法（PET）とよばれている．画像化する組織，たとえば患部の骨構造に ^{99m}Tc を導くためには，そのテクネチウム化合物に標的の組織を認識できるような修飾が必要である．骨の場合，ビスホスホン酸塩が適していることが証明されている．標的指向性のヒドロキシメチレンビスホスホン酸塩も，ガドリニウム ^{68}Ga（$\longrightarrow$ $^{68}Zn + \beta^+$）に基づく PET 用の配位化合物の一つとして，現在臨床試験が行われている．

猛毒ガスである NO，CO，H_2S は，生体内で μmol 以下の濃度で産生される．これらは血管拡張や細胞保護を含めたシグナル伝達経路において不可欠な調節分子である．低酸素の環境では，硝酸塩と亜硝酸塩は哺乳類の NO 貯蔵プールとして働く．NO は，酵素による亜硝酸塩 NO_2^- の脱窒反応，あるいは消化管の酸性領域における非酵素的な還元反応と不均化反応から遊離する．NO 放出剤は血管収縮を抑えるための医薬品として用いられているが，CO を放出するプロドラッグはまだ試験中である．CO は NO に匹敵する血管拡張効果をもち，特に炎症性疾患の治療に効力がある．血管拡張による血圧の調節は，システインとその誘導体から内因的に産生される H_2S のきわめて重要な調節機能である．H_2S は腸内菌により産生され，便秘と逆の方向に働く．一方サルモネラ菌のような感染性の腸内細菌は，H_2S の酸化生成物であるチオ硫酸塩を電子伝達系の電子受容体として獲得して繁殖する．

参 考 論 文

Berdoukas, V., Wood, J., In search of optimal iron chelation therapy for patients with thalassemia major. *Haematologica*, **96**, 5–8 (2011).
［鉄過剰に起因する疾患における鉄キレート治療の応用および新たな開発に関する重要な解説書］

Faller, P., Copper in Alzheimer disease: too much, too little, or misplaced? *Free Radical Biol. Med.*, **52**, 747–748 (2012).
［アルツハイマー病の銅の不均衡配分に関する新しい知見に焦点を当て，ウィルソン病，メンケス病，アルツハイマー病のいくつかの側面を比較し整理された概説］

Dabrowiak, J., Metals in medicine. Chichester, UK, Wiley & Sons (2009).
［医薬学的応用における金属医薬品およびプロドラッグの役割について，化学と薬学の側面に重きを置いて，丁寧かつ包括的にまとめた成書］

Jones, C.J., Thornback, J.R., Medicinal applications of coordination chemistry. Cambridge, UK, The Royal Society of Chemistry (2007).
［序章で配位化学の一般的な説明を行い，配位化合物の診断薬や治療薬への応用に関するさまざまな状況を取上げている］

Sigel, A., Sigel, H., Sigel, R.K.O., Interrelations between essential metal ions and human diseases. In: *Metal ions in life science*, vol. 13. New York, Marcel Dekker Inc. (2013).
［診断薬や治療薬における金属や半金属の特徴を説明している］

Das, D.K., Hydrogen sulfide preconditioning by garlic when it starts to smell. *Am. J. Physiol Heart Circ. Physiol.*, **293**, H2629–H2630 (2007).
［ニンニクに含まれる有機硫黄化合物，およびそれらの有益と思われる心臓保護効果に関する入門書］

引 用 文 献

1) Leszcyszyn, O.I., Zeitoun-Ghandour, S., Stürzenbaum, S.R., *et al.*, Tools for metal ion sorting: *in vitro* evidence for partitioning of zinc and cadmium in *C. elegans* metallothionein isoforms. *Chem. Commun.*,**47**, 448–450 (2011).
2) Schmidt, M., Raghavan, B., Müller, V., *et al.*, Crucial role of human Toll-like receptor 4 in the development of contact allergy to nickel. *Nat. Immunol.*, **11**, 814–819 (2010).
3) Evans, R.W., Rafique, R., Zarea, A., *et al.*, Nature of non-transferrin-bound iron: studies on iron citrate complexes and thalassemia sera. *J. Biol. Inorg. Chem.*, **13**, 57–74 (2008).
4) Pantopoulos, K., Function of the hemochromatosis protein HFE: lessons from animal models. *World J. Gastroenterol.*, **7**, 6893–6901 (2008).
5) (a) Müller, A., Bögge, H., Scimanski, U., Molybdenum–copper–sulphur containing cage system and its bioinorganic relevance. *J. Chem. Soc. Chem. Commun.*, 91–92 (1980).
(b) Alvarez, H.M., Xue, Y., Robinson, C.D., *et al.* Tetrathiomolybdate inhibits copper trafficking proteins through metal cluster formation. *Science*, **327**, 331–334 (2010).
6) Delangle, P., and Mintz, E., Chelation therapy in Wilson's disease: from D-penicillamine to the design of selective bioinspired intracellular Cu (I) chelators. *Dalton Trans.*, **41**, 6359–6370 (2012).
7) Rubino, J.T., Riggs-Gelasco, P., Franz, K-J., Methionine motifs of copper transport proteins provide general and flexible thioether-only binding sites for Cu (I) and Ag (I). *J. Biol. Inorg. Chem.*, **15**, 1033–1049 (2010).

引 用 文 献　　　　281

8) James, S.A., Volitakis, I., Adland, P.A., et al., Elevated labile Cu is associated with oxidative pathology in Alzheimer disease. *Free Radical Biol. Med.*, **52**, 298-302 (2012).

9) (a) Faller, P., and Hureau, C., Bioinorganic chemistry of copper and zinc ions coordinated to amyloid-β peptide. *Dalton Trans.*, 1080-1094 (2009).
   (b) Hung, Y.H., Bush, A.I., Cherny R.A., Copper in the brain and Alzheimer's disease. *J. Biol. Inorg. Chem.*, **15**, 61-76 (2010).

10) Healy, M.L., Lim, K.K.T., Travers, R., Jaques Forestier (1890-1978) and gold therapy. *Int. J. Rheumatic Disease*, **12**, 145-148 (2009).

11) (a) Bhabak, K.P., Bhuyan, B.J., Mugesh, G., Bioinorganic and medicinal chemistry: aspects of gold(I)-protein complexes. *Dalton Trans.*, 2099-2111 (2011).
    (b) Bernes-Price, S.J., Filipovska, A., Gold compounds as therapeutic agents for human diseases. *Metallomics*, **3**, 863-873 (2011).

12) Weidauer, E., Yasuda, Y., Biswal, B.K., et al., Effects of disease-modifying anti-rheumatic drugs (DMARDs) on the activities of rheumatoid arthritis-associated cathepsins K and S. *Biol. Chem.*, **388**, 331-336 (2007).

13) Dabrowiak, J.C., Cisplatin. In: *Metals in medicine*, ch. 3, Chichester, UK, Wiley & Sons, (2009).

14) Du, X., Wang, X., Li, H., et al., Comparison between copper and cisplatin transport mediated by human copper transporter 1 (hCTR1). *Metallomics*, **4**, 679-685 (2012).

15) Reedijk, J., Increased understanding of platinum anticancer chemistry. *Pure Appl. Chem.*, **83**, 1709-1719 (2011).

16) Ummat, A., Rechkoblit, O., Jain, R., et al., Structural basis for cisplatin DANN damage tolerance by human polymerase η during cancer chemotherapy. *Nat. Struct. Mol. Biol.*, **19**, 628-633 (2012).

17) (a) Hartinger, C.G., Jakupec, M.A., Zorbas-Seifried, S., et al., KP1019, a new redox-active anticancer agent—preclinical development and results of a clinical phase I study in tumor patients. *Chem. Biodivers.*, **5**, 2140-2155 (2008).
    (b) Costa Pessoa, J., Tomaz, I., Transport of therapeutic vanadium and ruthenium complexes by blood plasma components. *Curr. Med. Chem.*, **17**, 3701-3738 (2012).

18) (a) Liu, H-K., Sadler, P.J., Metal complexes as DNA intercalators. *Acc. Chem. Res.*, **44**, 349-359 (2011).
    (b) Liu, H-K., Berners-Price, S.J., Wang F, et al., Diversity in guanine-selective DNA binding modes for an organometallic ruthenium arene complex. *Angw. Chem. Int. Ed.*, **45**, 8153-8156 (2006).

19) Tshuva, E.Y., Ashenhurst, J.A., Cytotoxic titanium (IV) complexes: renaissance. *Eur. J. Inorg. Chem.*, **15**, 2203-2218 (2009).

20) (a) Rehder, D., The potentiality of vanadium in medicinal applications. *Future Med. Chem.*, **4**, 1823-1837 (2012).
    (b) Rehder, D., The future of/for vanadium. *Dalton Trans.*, **42**, 11749-11761 (2013).

21) Zhompson, K.H., Lichter, J., LeBel, C., et al., Vanadium treatment of type 2 diabetes: a view to the future. *J. Inorg. Biochem.*, **103**, 554-558 (2009).

22) Dudev, T., Lim, C., Competition between Li^+ and Mg^{2+} in metalloproteins. Implications for lithium therapy. *J. Am. Chem. Soc.*, **133**, 9506-9515 (2011).

23) Maimovich, A., Eliav, U., Goldbourt, A., Determination of the lithium binding site in Inositol monophosphatase, the putative target for lithium therapy, by magic-angle–spinning solid-state NMR. *J. Am. Chem. Soc.*, **134**, 5647-5651 (2012).

24) Li, H., Sun, H., Recent advances in bioinorganic chemistry of bismuth. *Curr. Opin. Chem. Biol.*, **16**, 74-83 (2012).

25) (a) Sintubin, L., De Gusseme, B., Van der Meeren, P., et al., The antibacterial activity of biogenic silver and its mode of action. *Appl. Microbiol. Biotechnol.*, **91**, 153-162 (2011).
    (b) Marambio-Jones, C., Hoek, E.M.V., A review of the antibacterial effects of silver

282 14. 無 機 医 薬 品

nanomaterials and potential implications for human health and enviromment. *J. Nanopart. Res.*, **12**, 1531-1551 (2010).

(c) Morones-Ramirez, J.R., Winkler, J.A., Spina, C.S., *et al.*, Silver enhances the antibiotic activity against Gram-negative bacteria. *Sci. Transl. Med.*, **5**, 190ra81 (2013).

26) Ogawa, K., Saji, H., Advances in drug design of radiometal-based imaging agents for bone disorder. *Int. J. Mol. Imaging*, article ID 537687 (2011).

27) Ogawa, K., Kawashima, H., Shiba, K., *et al.*, Development of [^{90}Y]DOTA-conjugated bisphosphonate for treatment of painful bone metastases. *Nucl. Med. Biol.*, **36**, 129-135 (2009).

28) Norek, M., Peters, J.A., MRI contrast agents based on dysprosium and holmium. *Progr. Nucl. Magn. Reson. Spectrosc.*, **59**, 64-82 (2011).

29) Palma, E., Correie, J.D.G., Campello, M.P.C., *et al.*, Bisphosphonates as radionuclide carriers for imaging or systemic therapy. *Mol. BioSyst.*, **7**, 2950-2966 (2011).

30) Lundberg, J.O., Weitzberg, E., Gladwin, M.T., The nitrate-nitrite-nitric oxide pathway in physiology and therapeutics. *Nat. Rev. Drug Discov.*, **7**, 156-167 (2008).

31) Romão, C.C., Blättler, W.A., Seixas, J.D., *et al.*, Developing drug molecules for therapy with carbon monoxide. *Chem. Soc. Rev.*, **41**, 3571-3583 (2012).

32) Otterbein, L.O., The evolution of carbon monoxide into medicine. *Respiratory Care*, **54**, 925-932 (2009).

33) Romanski, S., Kraus, B., Schatzschneider, U., *et al.*, Acyloxybutadiene iron tricarbonyl complexes as enzyme-triggered CO-releasing molecules (ET-CORMs). *Angew. Chem. Int. Ed.*, **50**, 2392-2396 (2011).

34) Winter, S.E., Thiennimitr, P., Winter, M.G., *et al.*, Gut inflammation provides a respiratory electron acceptor for *Salmonella*. *Nature*, **467**, 426-429 (2010).

35) Huang, S., Chua, J.H., Yew, W.S., *et al.*, Site-directed mutagenesis on human cystathionine-γ-lyase reveals insight into the modulation of H_2S production. *J. Mol. Biol.*, **396**, 708-718 (2010).

索 引

あ

IMP アーゼ　262
アイソマーシフト　50
亜　鉛　190, 191
　　——酵素　71, 197
　　——錯体　196
　　——シャペロン　192
　　——タンパク質　190
　　——の構造維持機能　194
　　——の触媒機能　193
　　——の貯蔵　195
　　——の DNA 修復機能　195
亜鉛インポーター（ZIP）　192
亜鉛トランスポーター（ZnT）
　　　192
亜鉛フィンガータンパク質　208
人工——　208
亜鉛フィンガーヌクレアーゼ
　　　208
アクア錯体　25, 26
亜硝酸塩　140, 141
亜硝酸レダクターゼ　141
アシルリン酸　203
アスコルビン酸　142
アスコルビン酸オキシダーゼ
　　　91, 93
アスポリン　40
アズリン　95, 178
アセチルコリン　27
アセチル補酵素 A（アセチル CoA）
　　　45, 123, 163
アセチル補酵素 A シンテターゼ
　　　161, 163, 217
　　——の中心部　164
アセチレンヒドラターゼ　109
アゾトバクター　130, 136
アデニン　238

アデノシルコバラミン
　　　213, 220
S-アデノシルメチオニン
　　　229, 230
S-アデノシルメチオニントラン
　　スフェラーゼ　231
アデノシルラジカル　222
アデノシン 5′-ホスホ硫酸　125
アデノシン三リン酸→ATP
アデノシン二リン酸→ADP
亜ヒ酸塩　229
アポフェリチン　55
アマバジン　113
アミロイド β　246
アモルファス　185
亜硫酸オキシダーゼ
　　　104, 108, 124, 219
亜硫酸デヒドロゲナーゼ　108
亜硫酸レダクターゼ　124, 157
RNR→リボヌクレオチド
　　　　　　　レダクターゼ
RNA　83, 201
RNA ポリメラーゼ　207
RNA ワールド　14
ROS→活性酸素種
アルカリ金属　1, 23
アルカリ土類金属　1, 23
アルカリホスファターゼ　204
アルギニン　145
アルギニンリン酸　203
アルコールデヒドロゲナーゼ
　　　195, 205
アルツハイマー病　246
アルデヒドオキシダーゼ　105
アルデヒドオキシドレダクター
　　ゼ　106
アルデヒドフェレドキシンオキシ
　　ドレダクターゼ　104, 105, 110
アロクリシン　250
アンタマニド　32

安定度定数　49
　錯体の——　25
アンモニアモノオキシゲナーゼ
　　　144

い, う

ESR→電子スピン共鳴
ESR シグナル　181
EXAFS（extended X-ray
　absorption fine structure）　185
硫　黄　119
　　——の生体内代謝　124
硫黄酸化細菌　224
硫黄循環
　環境中の——　120
　生体内の——　126
イオノホア　25, 33
イオンチャネル　26, 28
イオンポンプ　25
異化型還元反応　125
異化型硝酸還元　133
一重項酸素　69
一酸化炭素　273, 275
CO デヒドロゲナーゼ（CODH）
　　　107, 136, 163, 164, 217
　　——の活性中心　164
　　——の推定反応機構　164
一酸化窒素　27, 71, 129, 141,
　　　145, 147, 273
　　——の毒性　146
一酸化窒素シンターゼ
　　　38, 148, 274
一酸化窒素レダクターゼ　143
一酸化二窒素　143
一酸化二窒素レダクターゼ
　　　143, 144
イットリウム　267
遺伝子　207

284 索　引

イノシトール三リン酸　203
イノシトールモノホスファターゼ　262
イノシトールリン酸　262
インスリン　259
インターカレーション　257
インドールキノン　91

ウィルソン病　244
Wächtershäuser によるシナリオ　13
ウレアーゼ　166, 263
　——の活性中心　167

え，お

エキソペプチダーゼ　199
Se-Cys → セレノシステイン
SOR → スーパーオキシドレダクターゼ
SOD（スーパーオキシドジスムターゼ）
　　77, 82, 84, 165, 243
　cambialistic——　87
　鉄——　86
　銅-亜鉛——　88, 192, 195
　ニッケル——　86
　マンガン——　86, 182
XRD（X-ray diffraction）　185
XAS（X-ray absorption spectrometry）　185
XANES（X-ray absorption near-edge structure）　185
X 線回折　185
X 線吸収端近傍構造　185
X 線吸収分光法　185
Ada タンパク質　195
ADH → アルコールデヒドロゲナーゼ
ADP　34, 75, 133
ATP　24, 75, 133, 176, 202, 244
　——の加水分解　34
NAMI-A　256
NAD$^+$　228
NADH　76
NADP$^+$　142, 176
NMR → 核磁気共鳴分光法
NOTA-HBP 配位子　273
Enemark-Feltham 表記法　146

APS → アデノシン 5′-ホスホ硫酸
F430　79, 159
FeMoco（鉄-モリブデン補因子）　136, 137
FAD　76, 105, 142
FMN　76, 142
MRI → 核磁気共鳴画像法
mRNA　207
MerA　225
MerB　225
MMO（methane monooxygenase）
　可溶性——　161
　膜結合性——　161
MOP　29
LHC → 集光性クロロフィル
円石藻類　39
エンテロバクチン　52
エンドペプチダーゼ　199
エンニアチン A　32

OEC（oxygen evolving complex）　176, 178, 179, 184
OH ラジカル　227
オキサリプラチン　253
オキシゲナーゼ　84, 90
オキシダーゼ　90, 104
オキシドレダクターゼ　104
オゾン　67, 145
オーラノフィン　250, 251

か

回映操作　63
開口型チャネル　25, 26
回転対称　63
解糖系　231
壊　変　265
解離定数　49
化学シフト　270
化学発光　148
核酸塩基　237
核磁気共鳴画像法　268, 270
核磁気共鳴分光法（NMR）　270
加水分解酵素　36, 199
活性酸素種（ROS）　67, 82, 192, 251, 273
カテコールオキシダーゼ　91
カテプシン K　251

ガドリニウム　271
鎌状赤血球貧血　72
ガラクトースオキシダーゼ　90, 96
K$^+$　23, 24, 30
カリウムチャネル　29, 277
カリックスアレーン　33
Ca^{2+}　23, 24, 35
　——の恒常性　36
　——の膜貫通輸送　36
Ca^{2+}-ATP アーゼ　37, 40
カルシウムイオンポンプ　36
カルシウムマンガンオキシド（CaMn$_4$O$_5$）クラスター　179, 184
カルシトリオール　40
カルバミン酸　166
カルボキシペプチダーゼ　192, 195
カルボプラチン　253
カルモジュリン　24, 37, 148
還元等価体　16, 90, 98, 158, 173
環状アデノシン一リン酸　→ cAMP
環状グアノシン一リン酸　→ cGMP
関節リウマチ　249
カンラン石　155
緩和時間　271

き〜こ

キサンチンオキシダーゼ　104, 105
キサンチンデヒドロゲナーゼ　106
ギ酸デヒドロゲナーゼ　109, 228
鏡映操作　63
強磁性　60
極限環境微生物　11, 17, 18, 86, 201
キレート効果　49
キレート療法　225, 239, 245
銀　264
筋細胞　36
金製剤　250
筋　肉
　——の収縮/弛緩　36

索　　引　　285

グアニジンリン酸　203
グアニン　238
グアノシン三リン酸→GTP
クラウンエーテル　33
グラム陰性菌　203
クリプタンド　33
グルコース 6-リン酸　34, 203
グルタチオン　228
グルタチオン還元体→GSH
グルタチオンペルオキシダーゼ
　　　　　　228
グルタミン酸　27
グルタミン酸ムターゼ　221
グルタミン酸ラジカル　222
クレアチン
　　──のリン酸化/脱リン酸
　　　　　　35
クレアチンキナーゼ　35
クレアチンリン酸　35
クロロフィル　24, 79, 173
クロロフィル a　174
クロロフィル b　174
クロロペルオキシダーゼ
　　　　　　112

ケイ素（Si^{IV}）　5
Kok サイクル　179
ゲータイト　48
ゲート型チャネル　25, 27
解毒作用　225
KP1019　256
嫌気性アンモニア酸化　133
原生生物　15

広域 X 線吸収微細構造　185
光化学系 I　174, 175
光化学系 II　174, 175, 184
光合成　16, 171
光合成モデル　183
高スピン錯体　49
高スピン状態　44
紅藻　18
恒等操作　63
好熱性細菌　39, 200
古細菌　12, 14
ゴシオ毒　231
コハク酸塩　75
コバラミン　79, 159
コラーゲン　36
コンドロイチン硫酸　124

さ

細　菌　12, 14
サイドオン型　217
細胞呼吸　66, 273
細胞内共生　171, 173
細胞膜電位　24
錯形成定数　49
錯　体　49
サブユニット　28, 30
サーモリシン　39, 195, 200
サラセミア　242
サルバルサン　231
サルモネラ菌　277
酸化還元酵素　84
酸化還元電位　45
酸化等価体　160
三重項酸素　69
酸　素　66
酸素運搬　95
　ヘムエリトリンとヘモシアニ
　　ンによる──　72
　ヘモグロビンやミオグロビン
　　による──　67
酸素運搬体　72
酸素活性化　95
酸素親和性　70
酸素発生複合体→OEC

し

シアノコバラミン　219
シアノバクテリア　15, 16, 40,
　　66, 111, 130, 165, 172
cAMP　202
GSH（グルタチオン還元体）
　　　　　　142
CS$_2$ ヒドロラーゼ　201
CO デヒドロゲナーゼ（CODH）
　　107, 136, 163, 164, 217
　　──の活性中心　164
　　──の推定反応機構　164
シグナル伝達　24, 147
cGMP　147
四重極ダブレット　50
シスタチオニンγ-リアーゼ　277
シスプラチン　253
　　──の化学変化　254

ジスムターゼ　84
始生代　12
GTP　202
シデロフォア　49, 51
シトクロム　47, 177
シトクロム F450　79
シトクロム c（Cyt-c）　76, 108
シトクロム c オキシダーゼ
　　77, 92, 143, 215
シトクロム b　108
シトクロム P450　97, 148
シトシン　238
シナプス　195
ジメチルスルホキシドレダク
　　　　　ターゼ　109
ジメルカプロール　245
蛇紋石　155
周期表
　生体元素の──　2
集光性クロロフィル　174
自由生活性窒素固定細菌　130
従属栄養生物　17
Cu$_A$ 中心　95
Cu$_B$ 中心　95
硝　化　129, 133, 140, 141
硝化菌　133
硝酸塩　140
硝酸レダクターゼ　108
常磁性　60
真核生物　14, 15
神経変性疾患　87
人工光合成　183, 186

す〜そ

水　銀　223
　　──による解毒作用　224
　　──の生物地球化学的サイ
　　　　　クル　224
　　──の毒性　225
水銀レダクターゼ　225
ストロマトライト　15, 18
ストロンチウム　267
スーパーオキシド
　　72, 77, 82, 88, 136, 165
　　──の不均化反応　165
スーパーオキシドイオン　67
スーパーオキシドジスムターゼ
　　（SOD）　77, 82, 84, 165, 243

スーパーオキシドジスムターゼ
（つづき）
　cambialistic—— 87
　鉄—— 86
　銅-亜鉛—— 88, 192, 195
　ニッケル—— 86
　マンガン—— 86, 182
スーパーオキシドラジカルアニ
　　　　オン 86
スーパーオキシドレダクターゼ
　　　77, 82, 89, 136
スピンクロスオーバー 47, 61
スピン磁気モーメント 60
スピン量子数 180

生体元素 1
　——の周期表 2
セカンドメッセンジャー 36
石　膏 40
ZIP→亜鉛インポーター
ZnT→亜鉛トランスポーター
Zスキーム 175
ゼーマン分裂 50
セルロプラスミン 274
セレノウリジン 227
セレノシステイン
　　　109, 163, 215, 227
セレノメチオニン 227
セレノリン酸 228
セレン 227
遷移金属 1
　——の有機金属化合物 214
染色体 237
全生物最終共通祖先（LUCA）
　　　　　　　　　　14
選択フィルター 27

造影剤 272
双極性障害
　——の治療 261
走磁性細菌 15, 58
ソフト金属 8, 49
ソフト配位子 8, 49
素粒子 265
ソルガノール 250

た, ち

第一鉄イオン（Fe^{II}）44
大環状化合物 33

対向輸送 31
大酸化イベント 16, 18, 66, 172
対称性 49, 62
対称操作 63
第二鉄イオン（Fe^{III}）44
タイプ1銅 95, 141, 177
タイプ2銅 95, 141
タイプ3銅 95
脱　窒 19, 129, 133, 140, 141
タングステン 102
タングストピラノプテリン
　　　　　　　　103, 157
単光子放出コンピューター断層
　　　　　撮影法 269
炭酸カルシウム 39
炭酸脱水酵素 71, 195, 197
炭素結合 217, 219
　コバルト-—— 219
　ニッケル-—— 217
　モリブデン-—— 219
炭素固定 173
タンパク質-チロシンホスファ
　　　　ターゼ 260

チオ酢酸メチルエステル 45
チオネイン 190, 195, 209
チオモリブデン酸 245
チオレドキシン 125
窒　素 129
窒素固定 19, 133
　工業的—— 129
　生物学的—— 129
窒素酸化物 145
窒素循環 129, 133
チミン 238
超交換 56, 61
超好熱性古細菌 87
超常磁性 60
チロシナーゼ 92
チロシルラジカル 85

て, と

tRNA 207
DNA 201, 237, 255
Tf→トランスフェリン
DMSOレダクターゼ 105, 109
DOTA-HBP 267
低スピン錯体 49

低スピン状態 44
Dpsタンパク質 56
デオキシゲナーゼ 84
テクネチウム 272
デスフェラール 242
鉄 44, 240
　——のバイオミネラリゼー
　　　　　ション 57
鉄-硫黄クラスター
　　　46, 55, 78, 134
鉄-硫黄タンパク質 78
“鉄-硫黄ワールド”仮説 11
鉄オキシゲナーゼ
　非ヘム—— 98
　ヘム—— 97
鉄循環 51
鉄貯蔵タンパク質 56
[Fe_3NiS_4]クラスター 164
{FeNiSe}ヒドロゲナーゼ 162
鉄-ニッケルヒドロゲナーゼ
　　　158, 159, 162, 215
鉄ヒドロゲナーゼ 215
鉄ポルフィリン 79
鉄-モリブデン補因子→FeMoco
テトラエチル鉛 227
デヒドロゲナーゼ 104
デフェラシロクス 242
デフェリプロン 242
転移RNA→tRNA
典型金属
　——-炭素結合 223
電子供与体 98
電子受容体 46, 160, 162, 229
電子スピン共鳴（ESR）
　　　　　　　180, 182
電子伝達系 70, 74, 229
転　写 207
転写因子 195, 207
銅 243, 244
銅イオン-金属有機多面体
　　　　　　　　（MOP）29
Cu_A中心 95
Cu_B中心 95
同化型還元反応 125
銅酵素 90
銅シャペロン 87
銅タンパク質 94
[Cu, Mo]クラスター 243
独立栄養生物 17

索　引　287

ドーパ　27, 91
ドーパミン　91
トランスフェリン
　　　　53, 54, 240, 259, 261

な 行

Na$^+$　23, 24, 30
Na$^+$, K$^+$-ATP アーゼ　30
Na$^+$, Ca^{2+}-ATP アーゼ　33
鉛　226

二核鉄 RNR　85
二核銅中心　77
二核マンガン RNR　85
ニコチンアデニンジヌクレオ
　　　　チドリン酸 → NADP$^+$
ニコチンアミドアデニンジ
　　　　ヌクレオチド → NADH
ニッケル酵素　161
ニトロゲナーゼ　78, 111, 130, 138
　　——モデル　137
　　——の M クラスター　214
　　バナジウム——　136, 214
　　モリブデン——　19, 133, 214
ニトロホリン　141
乳酸菌　264
尿　素
　　——の加水分解　167

ヌクレオチド　238

粘土有機体　13
"粘度様生命体" 仮説　11

能動輸送　30
ノナクチン　32

は, ひ

配位化合物　49
配位子　6
配位子場分裂　49
バイオマーカー　58
バイオミネラリゼーション
　　　　40, 57
パイライト　12, 45, 122

白金製剤　253, 255
ハード金属　8, 49
ハード配位子　8, 49
バナジウム　102, 111, 202
　　——のインスリン様効果　259
バナジウム依存ハロペル
　　　　オキシダーゼ　111
バナジウムニトロゲナーゼ
　　　　136, 214
バナジン酸　204, 259
バーネサイト　183
ハーバー–ボッシュ法　129, 132
ハーバー–ワイス機構　240
パープル酸性ホスファターゼ
　　　　193, 201, 204
反強磁性　60, 72
半金属　1
半減期　26
反磁性　60

P450　92
P680　176
P700　176
PS I → 光化学系 I
PS II → 光化学系 II
POM　29
ビオプテリン　148
非金属　1
ヒ 酸　203
ヒ酸塩　229
ヒ酸塩レダクターゼ　231
非晶質　184, 185
非侵襲的画像診断法　269
ビスマス　262
ビスマス製剤　263
ヒ 素　229
ヒ素化学種
　　——の生体内変換反応　230
ビタミン C　142
ビタミン B$_{12}$　219
ビタミン B$_{12}$ 補酵素　219
ヒドロキシアパタイト
　　　　36, 202, 267
　　——の結晶構造　39
ヒドロキシエタン-ジホスホ
　　　　ン酸　267
ヒドロキシルアミンオキシドレ
　　　　ダクターゼ　145
ヒドロキシルラジカル　82
ヒドロキノン　52

ヒドロペルオキシド　72
ヒドロラーゼ　199
非ヘム鉄　143
ピラノプテリン　106, 115
ピロール　70

ふ～ほ

フェオフィチン　177
フェリ磁性　60
フェリチン　55, 56
フェリハイドライト　48
フェレドキシン　76, 162, 175
フェロキラターゼ　70
フェロポーチン　241
プラストキノン　177
プラストシアニン　95, 177
フラタキシン　57
フラビンアデニン
　　　　ジヌクレオチド → FAD
フラビンモノヌクレオチド
　　　　→ FMN
フリードライヒ運動失調症　57
プリン代謝　106
フルオロアパタイト
　　——の結晶構造　39
ブルー銅タンパク質　94, 177
プロトポルフィリン IX　54, 70
プロドラッグ　236, 276
ブロモペルオキシダーゼ　113

β$^-$壊変　23
D-ペニシラミン　245
ベニテングダケ　113
ヘファエスチン　55
ペプチダーゼ　199
　　——の反応機構　200
ヘ ム　79, 140, 143, 215
ヘムエリトリン　72
ヘモグロビン
　　　　47, 69, 146, 215, 274, 275
ヘモクロマトーシス　241
ヘモシアニン　72, 95
ヘリコバクター・ピロリ
　　　　262, 166, 274
ペルオキシダーゼ　82, 84
ペルオキシド　67, 72, 88, 227
ペロブスカイト　183

索　引

ボーア効果　71
放射壊変　265
放射性医薬品　264, 268
放射性核種　23, 266
放射性同位体　23
放射能　265
ホウ素（B^{III}）　5
補酵素 A　163
補酵素 M　159
ポジトロン断層撮影法　269
ホスファターゼ　34, 199, 201
ホタル
　——の化学発光　148
ホランダイト　182
ポリオキソ金属酸塩（POM）　29
ポルフィリノーゲン　25, 79, 174
ポルフィリン　70, 79
ホルミルメタノフラン
　　　　　デヒドロゲナーゼ　157

ま行

膜貫通タンパク質　22, 26
膜結合性同化型硝酸
　　　　　レダクターゼ　109
Mg^{2+}　23, 24, 34, 174
マグネタイト　15, 58
マグネトソーム　15, 58
マンガン-鉄 RNR　85
{Mn, Fe} レダクターゼ　86

ミオクリシン　250, 252
ミオグロビン　70
ミトコンドリア　74
水俣病　223
Miller-Urey によるシナリオ　13

無機硫黄化合物　122
無機医薬品　235
無機栄養生物　16
無機リン酸　75
無毒化　225

メスバウアー同位体　50
メスバウアー分光法　47, 50
メソメリー効果　216
メタロセン　258
メタロチオネイン　209
メタン　153
メタン酸化古細菌　160
メタン酸化細菌　161
メタン産生
　——に関わる酵素群　158
メタン生成菌　155
　——による還元的変換　156
メタン生成古細菌　154
メタンモノオキシゲナーゼ
　　　　　　　　　→ MMO
メチオニンシンターゼ　220
メチルアスパラギン酸　221
メチルコバラミン　163, 213, 220
メチル水銀　223
メチルトランスフェラーゼ　220
メチル補酵素 M（MeS*Co*M）
　　　　　123, 158, 159, 218
MeS*Co*M レダクターゼ　159, 217
メチルメタノプテリン　159
メッセンジャー RNA → mRNA
メトヘムエリトリン　73
メトヘモグロビン　71
メトヘモグロビンレダクターゼ
　　　　　　　　　　　　71
メンケス病　244

モノクローナル抗体　267
モリブデン　102
モリブデンニトロゲナーゼ
　　　　　　19, 133, 214
Mo/W-ピラノプテリン　115
　——のモデル　115
モリブドピラノプテリン
　　　　103, 111, 141, 157

や行

Yandulov-Schrock システム
　　　　　　　　　　　139

有機硫黄化合物　122
有機栄養生物　16
有機金属化合物　216
　　遷移金属の——　214
有機水銀分解酵素　225
有機鉛化合物　227
ユビキノール　76
ユビキノン　76, 142
ユビセミキノン　76

陽電子　269
葉緑体　171

ら～わ

ラナスムルフィン　194
ラン藻 → シアノバクテリア

リスケ中心　76, 92, 177
リゾフェリン　52
リチウム　24
リチウム療法　261
リボ核酸 → RNA
リボヌクレオチドレダクターゼ
　　　　　　　　　　　83
硫化水素　273, 276
硫酸還元細菌
　　　　78, 125, 161, 163, 275
リン酸エステル
　——の加水分解　35, 204
リン酸結合タンパク質　203

ルイサイト　231
ルシフェリン　148
ルテニウム　256
ルブレドキシン　78
ルブレリトリン　89

レシチン　203
レダクターゼ　104
レニウム　267

ワトソン-クリック型二重らせ
ん構造　237

塩谷　光彦
しおのや　みつ　ひこ
1958 年 東京に生まれる
1982 年 東京大学薬学部 卒
現 東京大学大学院理学系研究科 教授
専門 生物無機化学, 超分子化学
薬学博士

第 1 版 第 1 刷 2017 年 11 月 20 日 発行

レーダー 生物無機化学

ⓒ 2017

訳　者　　　塩　谷　光　彦
発行者　　　小　澤　美　奈　子
発　行　　株式会社 東京化学同人
東京都文京区千石 3 丁目 36-7 (〒112-0011)
電話 (03) 3946-5311・FAX (03) 3946-5317
URL: http://www.tkd-pbl.com/

印刷・製本　新日本印刷株式会社

ISBN978-4-8079-0918-6
Printed in Japan
無断転載および複製物 (コピー, 電子
データなど) の配布, 配信を禁じます.